HZ BOOKS

华 章 图 书

一本打开的书，一扇开启的门，
通向科学殿堂的阶梯，托起一流人才的基石。

U0178977

Zero
Basis

零基础学
JavaScript

黄传禄　罗凌云　丁士锋◎编著

机械工业出版社
China Machine Press

图书在版编目（CIP）数据

零基础学 JavaScript / 黄传禄，罗凌云，丁士锋编著 . —北京：机械工业出版社，2020.9
（零基础学编程）

ISBN 978-7-111-66462-8

I. 零…　II. ①黄…　②罗…　③丁…　III. JAVA 语言 – 程序设计　IV. TP312.8

中国版本图书馆 CIP 数据核字（2020）第 168909 号

零基础学 JavaScript

出版发行：机械工业出版社（北京市西城区百万庄大街 22 号　邮政编码：100037）

责任编辑：栾传龙

印　　刷：北京文昌阁彩色印刷有限责任公司

开　　本：185mm×260mm　1/16

书　　号：ISBN 978-7-111-66462-8

责任校对：李秋荣

版　　次：2020 年 9 月第 1 版第 1 次印刷

印　　张：30.25

定　　价：99.00 元

客服电话：（010）88361066　88379833　68326294

华章网站：www.hzbook.com

投稿热线：（010）88379604

读者信箱：hzit@hzbook.com

前　　言

近几年来，网络发展越来越迅速，网络媒体成了除传统媒体之外的无可替代的强势媒体，在 Internet 上发布信息也变得越来越普及。

在网络中发布信息，最简单、最直接的办法就是编写好网页放在 Internet 上，而 HTML 就是编写网页的基本语言。HTML 允许网页开发者在网页上设置文本格式、添加图片及插入多媒体信息。但是 HTML 只是一个标记语言，其作用只能是标记出文档中的内容，使之可以被浏览器解释并显示。如果需要实现一些动态效果，如表单校验、跑马灯等效果，就可能要使用 JavaScript 语言了。

JavaScript 是一种描述性客户端脚本语言，可以嵌入 HTML 代码中由客户端浏览器运行。客户端脚本语言有很多种，如 ECMAScript、VBScript、JScript、JavaScript 等。其中，JavaScript 是最早出现的客户端脚本语言，也是使用最多的客户端脚本语言之一。用 JavaScript 语言可以设计出很多特效，也可以响应用户的事件、与用户互动、增加网站的安全性，因此 JavaScript 是动态网页设计的一个最佳选择。

本书首先介绍什么是 JavaScript，之后介绍 JavaScript 的语法，如数据类型、表达式、语句等，然后介绍 JavaScript 的对象以及事件，最后介绍目前网络中最流行的 Ajax 技术，以及 JavaScript 在 Ajax 中的运用。

书中针对 JavaScript 语言的各部分内容编写了大量实例，每个实例都是经过反复实验并验证无误的。由于浏览器不同，甚至同一浏览器的不同版本对 JavaScript 的支持也不同，因此这些实例的显示在细节上有可能有些不同。不过只要读者可以灵活运用这些示例，就可以充分地掌握 JavaScript 的知识。

本书特点

1. 实例丰富，内容充实

本书使用了近 400 个实例来介绍 JavaScript 中的对象，以及对象的属性和方法，几乎涉及 JavaScript 中的每一个领域。除此之外，对每一个实例（有动态效果的实例除外），都使用了插图配合讲解。

2. 讲解通俗，步骤详细

书中的每个实例都是以通俗易懂的语言描述的，并配以插图讲解和文字说明。读者可以通过图片直观地了解 JavaScript 的功能，也可以通过运行实例或查看实例源代码来深入了解 JavaScript 对象的方法和属性的用法。

3. 由浅入深，逐步讲解

本书面对的是入门级读者，对 JavaScript 的介绍都是由浅入深地逐步讲解的。

4. 附加实例，帮助学习

本书的所有实例都已经存储为 HTML 文件，读者只需要打开这些文件，就可以直接执行其中的代码。对于 Ajax 部分，一些示例可能需要用到 Web 服务器，书中也提供了相关 URL，读者可以通过网络来查看结果。

本书内容

第一篇是基础篇，包括第 1 ～ 7 章。

第 1 章介绍什么是 JavaScript、JavaScript 的作用，随后介绍使用什么来编辑 JavaScript 以及 JavaScript 的优点和局限。

第 2 章主要介绍 JavaScript 的数据类型，如基本数据类型、复合数据类型等，然后介绍各种数据类型之间的转换，JavaScript 中的常量、变量和保留字。

第 3 章主要介绍 JavaScript 中的表达式和运算符，如算术运算符、关系运算符、字符串运算符、赋值运算符、逻辑运算符、逐位运算符等。

第 4 章主要介绍 JavaScript 中的语句，如选择语句、循环语句、跳转语句、异常处理语句等。

第 5 章主要介绍 JavaScript 中的函数运用，包括什么是函数、如何调用函数、如何递归调用函数、函数的参数如何传递以及函数的属性与方法，最后介绍一些常用的系统函数。

第 6 章主要介绍 JavaScript 中对象的基本概念，包括什么是对象、如何创建对象、对象属性是什么、对象的原型与继承等，随后介绍一些 JavaScript 中的系统对象，如 Object 对象、Arguments 对象、布尔对象、日期对象、数字对象、数学对象、字符串对象、函数对象、Error 对象等。

第 7 章主要介绍 JavaScript 的数组，包括什么是数组、如何定义数组、如何操作数组中的元素以及数组对象中的一些常用方法。

第二篇是实用篇，包括第 8 ～ 14 章。

第 8 章主要介绍 JavaScript 的对象层次和事件处理，包括什么是客户端对象层次、事件驱动与事件处理、如何设置对象事件以及一些常用的事件。

第 9 章主要介绍 JavaScript 中的 Window 对象，包括什么是 Window 对象、Window 对象的方法和属性的运用以及 Window 对象下的一些子对象。

第 10 章主要介绍 JavaScript 中的屏幕对象和浏览器对象，重点介绍这两个对象的方法和属性的运用。

第 11 章主要介绍 JavaScript 中的历史对象和地址对象，重点介绍这两个对象的方法和属性的运用。

第 12 章主要介绍 JavaScript 中的文档对象，包括什么是文档对象以及文档对象的方法和属性的运用，最后还介绍文档对象下的图像对象、链接对象和锚对象。

第 13 章主要介绍 JavaScript 中的表单对象，包括什么是表单对象、表单对象的方法和属性的运用，并针对表单中的各种元素组成的对象分别介绍，如文本框、按钮、单选框、复选框等。

第 14 章介绍 JavaScript 中的 cookie，包括如何创建与读取 cookie，如何设置 cookie 的编码、生存期、路径、secure 等。

第三篇是 Ajax 篇，包括第 15 ～ 17 章。

第 15 章主要介绍 Ajax，如什么是 Ajax、Ajax 与传统 Web 技术的区别，以及如何实现一个简单的 Ajax。

第 16 章主要介绍与 Ajax 相关的一些技术，如局部刷新技术、文档对象模型（DOM）、层叠样式表（CSS）、XML 等。

第 17 章主要介绍与 Ajax 相关的一些框架，如 Prototype 框架和 jQuery 框架等。

本书适合的读者

由于 JavaScript 代码是嵌入 HTML 代码中执行的脚本语言，因此本书要求读者必须具有 HTML 基础。本书具有实例丰富、知识全面的特点，可用于以下方面：
- ❑ 作为 JavaScript 初学者的学习教程
- ❑ 作为大中专院校和培训学校的教材
- ❑ 作为前端开发人员的参考资料

致谢

本书在编写过程中参阅了大量国内外文献资料，同时还得到了南昌翰诚信息咨询有限公司相关人员的支持和帮助，并参考了该公司的一些工作成果和相关文献，在此表示诚挚的谢意。

由于作者的水平有限，书中疏漏、错误之处在所难免，敬请同行专家及广大读者批评指正。

目　　录

前言

第一篇　基　础　篇

第1章　JavaScript 简介 ··· 1

1.1　什么是 JavaScript ··· 1

1.2　JavaScript 与 Java 的区别 ·· 2

1.3　JavaScript 程序的运行开发环境 ··· 3

1.4　JavaScript 的优点与局限 ·· 4

1.5　小结 ·· 5

1.6　本章练习 ·· 5

第2章　数据类型、常量与变量 ·· 6

2.1　基本数据类型 ·· 6

2.2　复合数据类型 ·· 7

2.3　其他数据类型 ·· 8

2.4　数据类型的转换 ·· 9

2.5　常量 ··· 11

2.6　变量 ··· 15

2.7　保留字 ·· 26

2.8　小结 ··· 28

2.9　本章练习 ··· 28

第3章　表达式与运算符 ·· 29

3.1　表达式 ·· 29

3.2　操作数 ·· 29

3.3　运算符介绍 ··· 30

3.4　算术运算符 ··· 31

3.5　关系运算符 ··· 38

3.6　字符串运算符 ·· 48

3.7　赋值运算符 ………………………………………………………… 48

3.8　逻辑运算符 ………………………………………………………… 49

3.9　逐位运算符 ………………………………………………………… 51

3.10　其他运算符 ……………………………………………………… 57

3.11　运算符的优先级 ………………………………………………… 68

3.12　小结 ……………………………………………………………… 69

3.13　本章练习 ………………………………………………………… 69

第4章　语句 ……………………………………………………………… 70

4.1　表达式语句 ………………………………………………………… 70

4.2　语句块 ……………………………………………………………… 70

4.3　选择语句 …………………………………………………………… 71

4.4　循环语句 …………………………………………………………… 78

4.5　跳转语句 …………………………………………………………… 83

4.6　异常处理语句 ……………………………………………………… 87

4.7　其他语句 …………………………………………………………… 91

4.8　小结 ………………………………………………………………… 97

4.9　本章练习 …………………………………………………………… 97

第5章　函数 ……………………………………………………………… 98

5.1　函数介绍 …………………………………………………………… 98

5.2　调用函数 ………………………………………………………… 103

5.3　函数的参数 ……………………………………………………… 108

5.4　函数的递归调用 ………………………………………………… 115

5.5　函数的属性与方法 ……………………………………………… 117

5.6　系统函数 ………………………………………………………… 125

5.7　小结 ……………………………………………………………… 130

5.8　本章练习 ………………………………………………………… 130

第6章　对象 …………………………………………………………… 132

6.1　对象的介绍 ……………………………………………………… 132

6.2　创建对象 ………………………………………………………… 134

6.3　对象的属性 ……………………………………………………… 136

6.4　构造函数 ………………………………………………………… 139

6.5　对象的原型与继承 ……………………………………………… 142

6.6　Object 对象 ……………………………………………………… 146

6.7　其他系统对象 …………………………………………………… 155

6.8　小结 ……………………………………………………………… 184

6.9　本章练习 ………………………………………………………… 184

第 7 章　数组 ·· 185

7.1　数组的介绍 ··· 185

7.2　定义数组 ·· 186

7.3　数组元素 ·· 189

7.4　数组的方法 ··· 193

7.5　小结 ·· 203

7.6　本章练习 ·· 203

第二篇　实　用　篇

第 8 章　JavaScript 的对象层次与事件处理 ························ 205

8.1　JavaScript 的对象层次 ··· 205

8.2　事件驱动与事件处理 ··· 209

8.3　常用的事件 ··· 217

8.4　小结 ·· 225

8.5　本章练习 ·· 225

第 9 章　窗口与框架 ··· 227

9.1　Window 对象 ·· 227

9.2　Window 对象事件 ··· 229

9.3　对话框 ·· 238

9.4　状态栏 ·· 242

9.5　窗口操作 ·· 245

9.6　超时与时间间隔 ·· 262

9.7　框架操作 ·· 267

9.8　Window 对象的子对象 ·· 276

9.9　IE 浏览器中的方法和属性 ··· 277

9.10　小结 ··· 277

9.11　本章练习 ··· 278

第 10 章　屏幕对象与浏览器对象 ································· 279

10.1　屏幕对象 ··· 279

10.2　浏览器对象 ··· 283

10.3　小结 ··· 291

10.4　本章练习 ··· 291

第 11 章　历史对象与地址对象 ··································· 292

11.1　历史对象 ··· 292

11.2　地址对象 ··· 295

11.3　小结 ··· 306

11.4　本章练习 ……………………………………………………………… 307

第 12 章　文档对象 ……………………………………………………………… 308

12.1　文档对象 ……………………………………………………………… 308

12.2　文档对象的应用 ……………………………………………………… 313

12.3　图像对象 ……………………………………………………………… 333

12.4　链接对象 ……………………………………………………………… 343

12.5　锚对象 ………………………………………………………………… 348

12.6　小结 …………………………………………………………………… 352

12.7　本章练习 ……………………………………………………………… 352

第 13 章　表单对象 ……………………………………………………………… 353

13.1　表单对象 ……………………………………………………………… 353

13.2　表单对象的应用 ……………………………………………………… 355

13.3　表单元素 ……………………………………………………………… 361

13.4　文本框 ………………………………………………………………… 363

13.5　按钮 …………………………………………………………………… 373

13.6　单选框和复选框 ……………………………………………………… 378

13.7　下拉列表框 …………………………………………………………… 387

13.8　文件上传框 …………………………………………………………… 401

13.9　隐藏域 ………………………………………………………………… 406

13.10　Fieldset 元素 ………………………………………………………… 408

13.11　小结 …………………………………………………………………… 411

13.12　本章练习 ……………………………………………………………… 411

第 14 章　cookie ………………………………………………………………… 412

14.1　cookie 介绍 …………………………………………………………… 412

14.2　创建与读取 cookie …………………………………………………… 413

14.3　获取 cookie 的值 ……………………………………………………… 415

14.4　cookie 的编码 ………………………………………………………… 417

14.5　cookie 的生存期 ……………………………………………………… 418

14.6　cookie 的路径 ………………………………………………………… 422

14.7　cookie 的 secure ……………………………………………………… 425

14.8　使用 cookie 的注意事项 ……………………………………………… 425

14.9　小结 …………………………………………………………………… 426

14.10　本章练习 ……………………………………………………………… 426

第三篇　Ajax 篇

第 15 章　Ajax 介绍 …………………………………………………………… 427

15.1　传统的 Web 技术 ……………………………………………………… 427

励志照亮人生　编程改变命运

15.2 Ajax 技术原理 ··· 428

15.3 Ajax 技术的优点和缺点 ··· 428

15.4 Ajax 技术的组成部分 ·· 429

15.5 XMLHttpRequest 对象 ··· 430

15.6 实现 Ajax 的步骤 ·· 433

15.7 小结 ·· 441

15.8 本章练习 ·· 441

第 16 章 深入分析 Ajax ··· 442

16.1 客户端脚本语言 ·· 442

16.2 服务器端脚本语言 ··· 444

16.3 文档对象模型 ··· 448

16.4 层叠样式表 ·· 452

16.5 XML ·· 454

16.6 小结 ·· 457

16.7 本章练习 ·· 457

第 17 章 常见的 Ajax 框架 ··· 458

17.1 什么是框架 ·· 458

17.2 Prototype 框架 ··· 460

17.3 jQuery 框架 ··· 467

17.4 小结 ·· 471

17.5 本章练习 ·· 471

第一篇
基 础 篇

第 1 章 JavaScript 简介

在数百万张 Internet 页面中，JavaScript 被用来改进设计、验证表单、检测浏览器、创建 cookies 等。JavaScript 是 Internet 上最流行的脚本语言，并且可在所有主要的浏览器中运行，例如，Internet Explorer、Firefox、Netscape 和 Opera。本章将对 JavaScript 语言的定义、特点等进行介绍。

本章重点：
- ❏ 了解什么是 JavaScript；
- ❏ 了解 JavaScript 的运行环境；
- ❏ 了解 JavaScript 的优点与局限。

1.1 什么是 JavaScript

1995 年，Netscape（网景）公司（现在的 Mozilla 公司）的 Brendan Eich（布兰登·艾奇）在网景导航者浏览器上首次设计出了 JavaScript。1996 年，网景公司在 Navigator2.0 浏览器中正式内置了 JavaScript 脚本语言后，微软公司也开发了一种与 JavaScript 相近的语言 Jscript，内置在 Internet Explorer3.0 浏览器中发布。此时，网景公司面临丧失浏览器脚本语言的主导权，于是将 JavaScript 提交给 Ecma 国际组织，该组织发布了 262 号标准文件（ECMA-262），规定了浏览器脚本语言的标准，并将这种语言称为 ECMAScript。2015 年，Ecma 国际组织发布了新版本 ECMAScript2015，人们习惯称之为 ECMAScript6（简称 ES6），相比前面的版本，这一版本做出了大量的改进。

JavaScript 是一种基于对象（object）和事件驱动（event driven）并具有安全性能的脚本语言。使用这种语言的目的是与 HTML 超文本标记语言、Java Applet（Java 小程序）一起实现在一个 Web 页面中链接多个对象，与 Web 客户交互作用，从而开发出客户端的应用程序等。JavaScript 是通过嵌入或调入在标准的 HTML 语言中实现的，它的出现弥补了 HTML 语言的缺陷，是折中 Java 与 HTML 的选择，它具有以下几个基本特点：

- ❏ JavaScript 是一种脚本编程语言。其采用小程序段的方式实现编程。像其他脚本语言一样，JavaScript 同样也是一种解释性语言，其提供了一个非常方便的开发过程。

❑ JavaScript 的语法基本结构形式与 C、C++、Java 十分类似。但在使用前，不像这些语言一样需要先编译，而是在程序运行过程中被逐行地解释。JavaScript 与 HTML 结合在一起，从而方便用户的使用及操作。

❑ JavaScript 是一种基于对象的语言，同时它也可以被看作一种面向对象的语言。这意味着 JavaScript 能运用其已经创建的对象。因此，许多功能可以来自于脚本环境中对象的方法与脚本的相互作用。

❑ JavaScript 具有简单性。其简单性主要体现在：首先，JavaScript 是一种基于 Java 基本语句和控制流之上的简单而紧凑的设计，从而对于学习 Java 或其他 C 语系的编程语言是一种非常好的过渡，而对于具有 C 语系编程功底的程序员来说，上手 JavaScript 也会非常容易。其次，其变量类型采用的是弱类型，并未使用严格的数据类型。

❑ JavaScript 具有非常高的安全性。JavaScript 作为一种安全性语言，不被允许访问本地的硬盘，且不能将数据存入服务器，不允许对网络文档进行修改和删除，只能通过浏览器实现信息浏览或动态交互，从而有效地防止数据丢失或对系统的非法访问。

❑ JavaScript 是动态的，可以直接对用户或客户输入做出响应，无须经过 Web 服务程序。JavaScript 对用户的反映响应，是采用以事件驱动的方式进行的。在网页中执行了某种操作所产生的动作，被称为"事件"（event）。例如按下鼠标、移动窗口、选择菜单等都可以被视为事件。当事件发生后，可能会引起相应的事件响应，执行某些对应的脚本。这种机制被称为"事件驱动"。

❑ JavaScript 具有跨平台性。JavaScript 依赖于浏览器本身，与操作环境无关，只要是能支持 JavaScript 的浏览器的计算机就可正确执行。从而实现了"编写一次，走遍天下"的梦想。

综上所述，JavaScript 是一种新型的描述语言，可以嵌入 HTML 文件中。JavaScript 语言可以做到响应使用者的需求事件（如表单的输入），而不需要任何网络来回传输资料。所以，当一位使用者输入一项资料时，此资料数据不用经过传给服务器（server）处理再传回来的过程，而直接可以被客户端（client）的应用程序处理。

1.2　JavaScript 与 Java 的区别

JavaScript 和 Java 在语法上很类似，但其本质有着根本的区别。Java 是一种比 JavaScript 更加复杂的程序语言，而 JavaScript 相对于 Java 来说，则容易上手得多。

注意	JavaScript 程序员者可以不那么注重程序的编写技巧，所以许多 Java 的特性在 JavaScript 中并不支持。

虽然 JavaScript 与 Java 有紧密的联系，但它们却是两个公司开发的不同的产品。Java 是 Sun 公司推出的新一代面向对象的程序设计语言，其前身是 Oak 语言，特别适合 Internet 应用程序开发；而 JavaScript 是基于 Netscape 公司的产品，最初是为了扩展 Netscape Navigator 功能，而开发的一种可以嵌入 Web 中的基于对象和事件驱动的解释性语言，其前身是 Live Script。下面比较这

两种语言的异同。

（1）基于对象和面向对象。Java 是一种真正的面向对象的语言，即使是开发简单的程序，也必须设计对象。JavaScript 是一种脚本语言，可以用来制作与网络无关的，与用户交互作用的复杂软件。JavaScript 是一种基于对象（object based）事件驱动（event driver）的编程语言。因而 JavaScript 本身可提供非常丰富的内部对象以供设计人员使用。

（2）解释和编译。两种语言在浏览器中的执行方式不一样。Java 的源代码在传递到客户端执行之前，必须经过编译，因而客户端上必须具有相应平台上的仿真器或解释器，从而通过编译器或解释器实现独立于某个特定平台编译代码。

JavaScript 是一种解释性编程语言，其源代码在发往客户端执行之前不需要经过编译，所以只需将文本格式的字符代码发送给客户端由浏览器解释执行。

（3）强变量和弱变量。两种语言所采取的变量是不一样的。Java 采用强类型变量检查，即所有变量在编译之前必须声明。举例如下：

```
Integer x;
String y;
x=1234;
y="4321";
```

其中，x = 1234 说明是一个整数，y = "4321" 说明是一个字符串。

JavaScript 中的变量声明，采用弱类型，即变量在使用前无须做声明，解释器在运行时会检查其数据类型，举例如下：

```
x=1234;
y = "4321";
```

前者说明 x 为数值型变量，后者说明 y 为字符型变量。

（4）代码格式不一样。Java 是一种与 HTML 无关的格式，必须通过像 HTML 引用外媒体那样进行装载，其代码以字节代码的形式保存在独立的文档中。

JavaScript 的代码是一种文本字符格式，可以直接嵌入 HTML 文档中，并且可动态装载。编写 HTML 文档就像编辑文本文件一样方便。

（5）嵌入方式不一样。在 HTML 文档中，这两种编程语言的标识不同，JavaScript 使用 <Script>...</Script> 来标识，而 Java 使用 <applet>...</applet> 来标识。

（6）静态联编和动态联编。Java 采用静态联编，即 Java 的对象引用必须在编译时进行，以使编译器能够实现强类型检查。JavaScript 采用动态联编，即 JavaScript 的对象引用在运行时进行检查，若不经编译，则无法实现对象引用的检查。

1.3 JavaScript 程序的运行开发环境

JavaScript 程序的运行开发环境包括如下内容。

要想编写和运行 JavaScript 脚本，需要用到浏览器和 JavaScript 代码编辑器。浏览器用于执行、调试 JavaScript 代码，JavaScript 代码编辑器用于编写代码。

常见的浏览器主要有 Internet Explorer、Microsoft Edge、Google Chrome、Mozilla Firefox、Safari 等。

常用的 JavaScript 代码编辑器有 Windows 自带的记事本、Notepad++、Sublime Text、WebStorm、Dreamweaver 等。

在 Windows 操作系统中，记事本是一个小的应用程序，采用一个简单的文本编辑器进行文字信息的记录和存储。

由于记事本的功能简单，稍有经验的程序员都可以开发出与记事本功能相似的小软件，所以在一些编程语言工具书上也会出现以记事本功能作为参考的示例，有趣的是，记事本亦可用来撰写软件，但不包含程序的编译功能，编译程序仍然要通过外部程序解决。

❑ 记事本：Windows 记事本是一个体积小、占用内存小的应用程序，能够很方便地进行纯文本的编辑。由于 JavaScript 由纯文本构成，因此使用 Windows 记事本编辑 JavaScript 脚本既简单又方便。

❑ Notepad++：Notepad++ 是一款在 Windows 环境下免费开源的代码编辑器，支持的语言主要有 HTML、CSS、JavaScript、XML、C、PHP 等。

❑ Sublime Text：Sublime Text 是一个轻量级的代码编辑器，具有友好的用户界面，支持拼写检查、书签、定义按键绑定等功能。支持的语言主要有 HTML、JavaScript、Java、Python 等。

❑ WebStorm：WebStorm 是 JetBrains 公司推出的一款 Web 前端开发工具，开发 JavaScript、HTM5 是其强项。同时支持许多流行的前端技术，如 jQuery、Prototype、AngularJS 等。

❑ Dreamweaver：Dreamweaver 是一款集网页制作和网站管理于一身的所见即所得网页编辑器，用于帮助网页设计师提高网页制作的效率，降低网页开发的难度和 HTML、CSS 的学习门槛。

我们可以根据实际需要选择上面介绍的 5 种 JavaScript 代码编辑器中的任何一种，由于 Notepad++ 的特点是小巧、占用资源少，所以非常适合初学者使用，本书也选择使用 Notepad++ 进行代码的编写。

1.4 JavaScript 的优点与局限

JavaScript 的出现无疑给 Web 设计带来了极大的便利：

❑ 在 JavaScript 这样的客户端脚本语言出现之前，传统的数据提交和验证工作均由客户端浏览器通过网络传输到服务器上进行。如果数据量很大，这对于网络和服务器的资源来说实在是一种无形的浪费。而使用 JavaScript 就可以在客户端进行数据验证。

❑ 使用 JavaScript 可以方便地操纵各种页面中的对象，如可以使用 JavaScript 来控制页面中各个元素的外观、状态甚至运行方式，还可以根据用户的需要"定制"浏览器，从而使网页更加友好。

❑ JavaScript 使多种任务仅在客户端就可以完成而不需要网络和服务器的参与，从而支持分布式运算和处理。

然而 JavaScript 也不可避免地有自身的局限性：

❑ 互联网上有很多浏览器，如 FireFox、Internet Explorer、Opera 等，但每种浏览器支持 JavaScript 的程度是不一样的，不同的浏览器在浏览一个带有 JavaScript 脚本的主页时，由于对 JavaScript 的支持稍有不同，效果会有一定的差距，有时主页甚至会显示不出来。

❑ 当把 JavaScript 的一个设计目标设定为"Web 安全性"时，就需要牺牲 JavaScript 的一些功能。因此，纯粹的 JavaScript 将不能打开、读写和保存用户计算机上的文件。其有权访问的唯一信息就是该 JavaScript 所嵌入的那个 Web 中的信息，简言之，JavaScript 将只存在于它自己的小小世界——Web 里。

1.5　小结

本章简要介绍了 JavaScript 脚本语言的由来和定义。通过与传统的编译型语言 Java 的比较，说明了 JavaScript 的特点以及它与 Java 语言的区别。接着，说明了 JavaScript 的运行环境与系统要求。最后说明了 JavaScript 语言在 Web 应用中的优点与局限性。

1.6　本章练习

1. 简述 JavaScript 与 Java 的区别?

2. JavaScript 与 HTML 的关系?

3. JavaScript 是否需要很高的机器配置环境?

　　A. 是　　　　　　　　　　B. 否

4. 除了 JavaScript 这种脚本语言，浏览器还支持哪些脚本语言?

　　A. VBScript　　　　　　　B. VB　　　　　　　C. Java　　　　　　　D. ASP

第 2 章 数据类型、常量与变量

在计算机程序中都是通过值（value）来进行运算的，能够表示并操作值的类型是数据类型。本章将会介绍 JavaScript 中的常量（literal）、变量（variable）和数据类型（data type）。

本章重点：

❑ 了解 JavaScript 的基本数据类型；

❑ 了解 JavaScript 的变量和常量；

❑ 使用 JavaScript 语言的一些注意事项。

2.1 基本数据类型

JavaScript 支持字符串、数字和布尔值 3 种基本数据类型，以下是对这 3 种基本数据类型的介绍。

2.1.1 字符串型

字符串型是 JavaScript 中用来表示文本的数据类型，是由 Unicode 字符、数字和标点符号组成的一个字符串序列。字符串通常都是用单引号或双引号括起来的。如果字符串中包括有特殊字符，可以使用转义字符来代替。

> **注意**　在 JavaScript 中只有字符串数据类型，没有字符（char）数据类型。即使要表示单个字符，使用的也是字符串型，只不过该字符串型的长度是 1。

2.1.2 数字型

数字型也是 JavaScript 中的基本数据类型。在 JavaScript 中的数字不区分整型和浮点型，所有数字都是以浮点型来表示的。JavaScript 中的数字的有效范围大约为 $10^{-308} \sim 10^{308}$。除了常用的数字之外，JavaScript 还支持以下两个特殊的数值。

❑ Infinity：当在 JavaScript 中使用的数字大于 JavaScript 所能表示的最大值时，JavaScript 就会将其输出为 Infinity，即无限大的意思。当然，如果 JavaScript 中使用的数字小于 JavaScript 所能表示的最小值，JavaScript 也会输出 −Infinity。

❑ NaN：JavaScript 中的 NaN 是 "Not a Number"（不是数字）的意思。若在进行数学运算时产生了未知的结果或错误，JavaScript 就会返回 NaN，这代表着数学运算的结果是一个非数字的特殊情况。如用 0 来除以 0，JavaScript 就会返回 NaN。

```
05              <!--
06                  // 定义函数
07                  function writeText()
08                  {
09                      // 使用 var 关键字定义的变量为局部变量
10                      var x = " 这是一个局部变量 ";
11                      // 直接给没有定义的变量赋值，该变量即为全局变量
12                      y = " 这是一个全局变量 ";
13                      // 在函数体内可以输出局部变量
14                      document.write(x+"<br>");
15                      // 在函数体内也可以输出全局变量
16                      document.write(y+"<br>");
17                  }
18                  // 调用函数
19                  writeText();
20                  // 在函数体外可以输出全局变量，但不能输出函数体内的局部变量
21                  document.write(y+"<br>");
22                  // 如果有以下代码，将会出错
23                  //document.write(x+"<br>");
24              -->
25          </script>
26      </head>
27      <body>
28      </body>
29  </html>
```

【代码说明】 本例代码中的关键点如下所示：

（1）代码第 7 ～ 17 行定义了一个函数。

（2）第 10 行在函数体内里使用 var 关键字定义了一个名
为 "x" 的变量，该变量为局部变量，只能在该函数体中使用。

（3）第 12 行在函数体内直接为变量 y 赋值，该变量为全
局变量。

（4）第 21 行在函数体外输出全局变量的值。

【运行效果】 以上代码为本书配套代码文件目录 "代码 \ 第
02 章 \sample11.htm" 里的内容，其运行结果如图 2.11 所示。

图 2.11　sample11.htm 的运行结果

注意　（1）在本例中，如果在函数体外输出变量 x 的值，将会产生错误。

（2）全局变量最好在函数体外定义，所以在函数体内定义局部变量时，最好都加上 var
关键字。

---

3. 嵌套函数体中的变量的有效范围

【实例 2.12】 JavaScript 中的函数是可以嵌套的，每个嵌套函数中的变量都可以在该函数体
内，以及嵌套的函数体内起作用，但不能在父级或父级以上的函数体内起作用。请看以下代码，
注意加粗的文字：

```
01  <html>
02      <head>
03          <title> 嵌套函数中的变量 </title>
04          <script type="text/javascript">
```

```
05              <!--
06                  // 定义函数
07                  function writeText()
08                  {
09                      // 此处定义的局部变量可以在整个 writeText() 函数体中使用
10                      // 也可以在嵌套在该函数体中的其他函数中使用
11                      var x = "这是一个局部变量";
12                      // 定义一个嵌套的函数
13                      function writeText1()
14                      {
15                          // 嵌套函数中的变量,该变量只能在 writeText1() 函数体中使用
16                          // 不能在 writeText1() 函数体之外使用
17                          var y = "这是一个嵌套函数中的变量";
18                          // 输出局部变量 x
19                          document.write(x+"<br>");
20                          // 输出嵌套函数中的变量 y
21                          document.write(y+"<br>");
22                      }
23                      // 调用嵌套的函数
24                      writeText1();
25                      // 输出局部变量 x
26                      document.write(x+"<br>");
27                      // 如果有以下代码,将会出错
28                      //document.write(y+"<br>");
29                  }
30                  // 调用函数
31                  writeText();
32              -->
33          </script>
34      </head>
35      <body>
36      </body>
37  </html>
```

【代码说明】本例代码中的关键点如下所示:

(1)代码第 7 ～ 29 行定义了一个名为 "writeText" 的函数。

(2)代码第 11 行在 writeText() 函数中定义了一个名为 "x" 的变量,该变量可以在整个 writeText() 函数中使用,包括嵌套在该函数中的函数里。

(3)代码第 13 ～ 22 行在 writeText() 函数中嵌套了一个名为 "writeText1" 的函数。

(4)代码第 17 行在 writeText1() 函数中定义了一个名为 "y" 的变量,该变量可以在整个 writeText1() 函数中使用,但不能在 writeText() 函数中使用。

(5)第 19 ～ 21 行在 writeText1() 函数中可以输出变量 x 与变量 y 的值。

(6)第 26 ～ 28 行在 writeText() 函数中只可以输出变量 x 的值,不能输出变量 y 的值。

【运行效果】以上代码为本书配套代码文件目录 "代码\第 02 章\sample12.htm" 里的内容,其运行结果如图 2.12 所示。

4. 局部变量在整个函数体内都有效

JavaScript 中局部变量的有效范围与其他语言中局部变量的有效范围不同,JavaScript 中,只要在函数体内定义了局部变量,该局部变量就会在整个函数体内有效,而不是从定义局部变量的那行代码开始起效。

图 2.12 sample12.htm 的运行结果

【实例 2.13】请看以下代码，注意加粗的文字：

```
01   <html>
02     <head>
03       <title> 局部变量在整个函数体内都有效 </title>
04       <script type="text/javascript">
05         <!--
06           // 定义一个全局变量
07           var x = " 这是一个全局变量 ";
08           // 定义函数
09           function writeText()
10           {
11             // 输出变量 x 的值
12             document.write(x+"<br>");
13             // 定义一个与全局变量同名的局部变量
14             var x = " 这是一个局部变量 ";
15             // 输出局部变量 x
16             document.write(x+"<br>");
17           }
18           // 调用函数
19           writeText();
20         -->
21       </script>
22     </head>
23     <body>
24     </body>
25   </html>
```

【代码说明】本例代码中的关键点如下所示：

（1）代码第 7 行定义了一个名为"x"的全局变量，并为该变量赋值。

（2）代码第 9 ～ 17 行定义一个函数，在该函数中第一个语句就是输出变量 x 的值。因为在该函数中还没有定义名为"x"的局部变量，从理论上而言，此时变量 x 应该还是全局变量 x，其值应该是"这是一个全局变量"，可是事实上，变量 x 此时的值为"undefined"，如图 2.13 所示。

（3）造成变量 x 的值为"undefined"的原因是，在函数体内定义了名为"x"的局部变量，在 JavaScript 中，无论在哪里定义了局部变量，都会在整个函数体内起效，因此函数体中的代码等同于以下代码：

图 2.13　sample13.htm 的运行结果

```
var x;
document.write(x+"<br>");
x = " 这是一个局部变量 ";
document.write(x+"<br>");
```

【运行效果】以上代码为本书配套代码文件目录"代码 \ 第 02 章 \sample13.htm"里的内容，其运行结果如图 2.13 所示。

【实例 2.14】JavaScript 的这种局部变量在整个函数中都有效的情况还体现在不区分程序块上。请看以下代码，注意加粗的文字：

```
01    <html>
02      <head>
03        <title>局部变量在整个函数体内都有效</title>
04        <script type="text/javascript">
05          <!--
06            function writeText()
07            {
08              // 创建一个循环语句
09              for (var j=0;j<10;j++)
10              {
11                // 在循环语句中定义一个变量 k
12                // 该变量不但在循环语句中起作用，还会在整个函数体中起作用
13                var k = 20;
14                document.write("j = "+j+"<br>");
15              }
16              // 变量 k 可以在循环语句之外起作用
17              document.write("k = "+k+"<br>");
18              // 变量 j 也同样可以在循环语句之外起作用
19              document.write("j = "+j+"<br>");
20            }
21            // 调用函数
22            writeText();
23          -->
24        </script>
25      </head>
26      <body>
27      </body>
28    </html>
```

【代码说明】本例代码中的关键点如下所示：

（1）代码第 6～20 行定义了一个函数，并在该函数中创建了一个 for 循环语句。

（2）在循环语句中定义了两个变量，一个是用来控制循环的变量 j，另一个是局部变量 k。

（3）第 14 行在循环语句中可以循环输出变量 j 的值。

（4）第 17～19 行在循环语句外也可以输出变量 j 和 k 的值。这一点在其他语言中是不允许的。

【运行效果】以上代码为本书配套代码文件目录"代码\第 02 章\sample14.htm"里的内容，其运行结果如图 2.14 所示。

图 2.14　sample14.htm 的运行结果

提示　为了让 JavaScript 程序更易于理解，最好在函数的开头先定义局部变量。

2.7　保留字

在为变量命名时，变量名是不能与 JavaScript 中的保留字相同的，因为这些保留字对于 JavaScript 来说具有特殊意义，是 JavaScript 语法中的一部分。事实上，保留字不但不能用作变量名，也不能用作函数名以及循环标签。

2.7.1　JavaScript 中的保留字

在 JavaScript 中一共有 31 个保留字，如表 2.2 所示，这些保留字不能用作变量名、函数名以及循环标签。

表 2.2　JavaScript 中的保留字

break	do	if	switch	typeof
case	else	in	this	var
catch	false	instanceof	throw	void
continue	finally	new	true	while
default	for	null	try	with
delete	function	return	let	yield
debugger				

2.7.2　ECMA 中的保留字

除了 JavaScript 中的保留字之外，表 2.3 列出的是 ECMAScript 扩展的保留字。在 JavaScript 中程序员不会被阻止使用这些保留字作为标识符，但是应该尽量避免使用。

表 2.3　ECMA 扩展的保留字

abstract	double	goto	native	static
Boolean	enum	implements	package	super
byte	export	import	private	synchronized
char	extends	int	protected	throws
class	final	interface	public	transient
const	float	long	short	volatile

2.7.3　避免使用的字符串

除了 JavaScript 中的保留字不能作为标识符、ECMA 中的保留字不建议作为标识符之外，表 2.4 中的字符串也尽量不要用来作为标识符，因为这些字符串都是 JavaScript 与 ECMAScript 中的全局变量名或全局函数名。如果使用这些字符串作为标识符，很容易引发错误。

表 2.4　避免使用的字符串

arguments	Array	Boolean	Date	decodeURI
decodeURIComponent	encodeURI	Error	escape	eval
EvalError	Function	Infinity	isFinite	isNaN
Math	NaN	Number	Object	parseFloat
parseInt	RangeError	ReferenceError	RegExp	String
SyntaxError	TypeError	undefined	unescape	URIError

2.8 小结

JavaScript 中的基本数据类型有数字型、字符串型和布尔型三种，除了基本数据类型之外，JavaScript 还支持对象、数组、函数、null 和 undefined 数据类型。各种不同的数据类型可以通过显式或隐式方式进行转换。JavaScript 与其他语言一样，也支持常量与变量，不过 JavaScript 中的变量是无类型的，即可以存储任意数据类型的数据。第 3 章将介绍 JavaScript 的表达式与运算符。

2.9 本章练习

1. JavaScript 中的注释符号是_____。

2. 传统的 HTML 文档顺序是_____。

    A. html -> document ->(head,body)   B. document->html->(head,body)

    C. document->(head,body) -> html   D. (head,body) ->document->html

3. 以下哪个不全是 JavaScript 的值类型?

    A. Null,Object   B. Function,Var

    C. Boolean,Null   D. String,Number

4. JavaScript 中使用_____关键字来声明变量。

第 3 章　表达式与运算符

表达式与运算符是一个程序的基础，JavaScript 中的表达式与运算符和 C、C++、Java 中的表达式与运算符十分相似，请看下面的介绍。

本章重点：

❑ JavaScript 的表达式和常见运算符；

❑ JavaScript 的一些比较高级的运算符，如逐位运算符；

❑ 了解 JavaScript 的运算符优先级。

3.1　表达式

表达式（expression）就是 JavaScript 中的一个语句，这个语句可以是常量或变量，也可以是由常量、变量加上一些运算符组成的语句。因此，表达式可以分为以下 3 种。

❑ 常量表达式：常量表达式就是常量本身，请看以下代码。

```
"JavaScript"          // 字符串常量表达式
1.2                   // 数字常量表达式
false                 // 布尔常量表达式
```

❑ 变量表达式：变量表达式就是变量的值，请看以下代码。

```
x                     // 变量表达式
y                     // 变量表达式
```

❑ 复合表达式：复合表达式是由常量、变量加上一些运算符所组成的表达式，请看以下代码。

```
x + y                 //x是变量表达式,y是变量表达式,x+y是复合表达式
1 + 2                 //1是常量表达式,2是常量表达式,1+2是复合表达式
(x + y) - (1 + 2)     // 这是由常量表达式和变量表达式共同组成的复合表达式
```

表达式按其运算结果又可以分为以下 3 种。

❑ 算术表达式（arithmetic expression）：运算结果为数字的表达式称为算术表达式。

❑ 字符串表达式（string expression）：运算结果为字符串的表达式称为字符串表达式。

❑ 逻辑表达式（logical expression）：运算结果为布尔值的表达式称为逻辑表达式。

3.2　操作数

操作数（Operant）是进行运算的常量或变量。例如以下代码中，常量 1 和常量 2 都是操作数。

```
1+2
```

以下代码中，变量 x 与常量 100 都是操作数。

```
x = 100
```

以下代码中，变量 x、常量 12 和 23 都是操作数。

```
x = 12 + 23
```

3.3　运算符介绍

在任何一种语言中，处理数据是必不可少的一个功能，而运算符就是处理数据中所不能缺少的一种符号。

3.3.1　运算符

运算符（Operator）是一种用来处理数据的符号，日常算数中所用到的"＋""－""×""÷"都属于运算符。在 JavaScript 中的运算符大多也是由这些符号表示，除此之外，还有一些运算符是使用关键字来表示的。根据处理对象数目的多少来分，JavaScript 中的运算符可以分为以下 3 种。

- ❑ 一元运算符（unary operator）：如果运算符所处理的对象只有一个，就称为一元运算符。如在一个正数前加一个"－"号，将该正数变为负数，这个"－"就是一元运算符。一元运算符又称为单元运算符。
- ❑ 二元运算符（binary operator）：如果运算符所处理的对象有两个，就称为二元运算符。如加号（+）、减号（-）等运算符都是二元运算符。
- ❑ 三元运算符（ternary operator）：如果运算符所处理的对象有三个，就称为三元运算符。JavaScript 中只有"?:"运算符是三元运算符。

根据运算符的功能来分，JavaScript 中的运算符可以分为以下几种。

- ❑ 算术运算符（arithmetic operator）：返回结果为数字型的运算符。
- ❑ 比较运算符（comparison operator）：比较两个操作数，并返回布尔值的运算符。
- ❑ 字符串运算符（string operator）：返回结果为字符串的运算符。
- ❑ 赋值运算符（assignment operator）：可以将某个数值指定给变量的运算符。
- ❑ 逻辑运算符（logical operator）：返回结果为布尔型的运算符。
- ❑ 位运算符（bitwise operator）：按位操作的运算符。
- ❑ 特殊运算符（special operator）：以上所有运算符之外的其他运算符。

3.3.2　操作数的类型

运算符所连接的是操作数，而操作数也就是变量或常量，变量和常量都有一个数据类型，因此，在使用运算符创建表达式时，一定要注意操作数的数据类型。每一种运算符都要求其作用的操作数符合某种数据类型。例如算术运算符中的乘号（*），要求其左右操作数的类型都是数字型，如果使用字符型（"abc" * "def"），则会产生错误。

注意	由于 JavaScript 可以隐式转换类型，因此对于 "123" * "456" 这个表达式，JavaScript 会自动转换为"123 * 456"。事实上，隐式类型的转换，也恰恰是运算符对操作数类型要求的一种体现。

3.4　算术运算符

算术运算符所处理的对象都是数字类型的操作数。算术运算符对数字型的操作数进行处理之后，返回的还是一个数字型的值。

3.4.1　加法运算符

加法运算符（+）是一个二元运算符，可以对两个数字型的操作数进行相加运算，返回值是两个操作数之和。

【实例 3.1】请看以下代码。注意加粗的文字。

```
01  <html>
02    <head>
03      <title>加法运算符</title>
04      <script type="text/javascript">
05        <!--
06          var i = 10;
07          var x = i + 2;
08          document.write(x);
09        -->
10      </script>
11    </head>
12    <body>
13    </body>
14  </html>
```

【代码说明】代码第 6 行定义了 i 变量，并直接赋值为 10。代码第 7 行定义了 x 变量，其值为一个二元运算"+"，则 x 的值为变量 i 与 2 的"和"。

【运行效果】以上代码为本书配套代码文件目录"代码 \ 第 03 章 \sample01.htm"里的内容，其运行结果为 12。

3.4.2　减法运算符

减法运算符（-）是一个二元运算符，可以对两个数字型的操作数进行相减运算，返回第 1 个操作数减去第 2 个操作数的值。

【实例 3.2】请看以下代码，注意加粗的文字。

```
01  <html>
02    <head>
03      <title>减法运算符</title>
04      <script type="text/javascript">
05        <!--
06          var i = 10;
07          var x = i - 2;
```

```
08              document.write(x);
09          -->
10        </script>
11      </head>
12      <body>
13      </body>
14  </html>
```

【代码说明】代码第 6 行定义了 i 变量，并直接赋值为 10。代码第 7 行定义了 x 变量，其值为一个二元运算"−"，则 x 的值为变量 i 与 2 的"差"。

【运行效果】以上代码为本书配套代码文件目录"代码\第 03 章\sample02.htm"里的内容，其运行结果为 8。

3.4.3　乘法运算符

乘法运算符（*）是一个二元运算符，可以对两个数字型的操作数进行相乘运算，返回两个操作数之积。

【实例 3.3】请看以下代码，注意加粗的文字。

```
01  <html>
02    <head>
03      <title>乘法运算符</title>
04      <script type="text/javascript">
05        <!--
06            var i = 10;
07            var x = i * 2;
08            document.write(x);
09        -->
10      </script>
11    </head>
12    <body>
13    </body>
14  </html>
```

【代码说明】代码第 6 行定义了 i 变量，并直接赋值为 10。代码第 7 行定义了 x 变量，其值为一个二元运算"*"，则 x 的值为变量 i 与 2 的"积"。

【运行效果】以上代码为本书配套代码文件目录"代码\第 03 章\sample03.htm"里的内容，其运行结果为 20。

3.4.4　除法运算符

除法运算符（/）是一个二元运算符，可以对两个数字型的操作数进行相除运算，返回第 1 个操作数除以第 2 个操作数的值。

【实例 3.4】请看以下代码，注意加粗的文字。

```
01  <html>
02    <head>
03      <title>除法运算符</title>
04      <script type="text/javascript">
05        <!--
06            var i = 11;
07            var x = i / 2;
```

```
08              document.write(x);
09          -->
10      </script>
11  </head>
12  <body>
13  </body>
14  </html>
```

【代码说明】 代码第 6 行定义了 i 变量，并直接赋值为 10。代码第 7 行定义了 x 变量，其值为一个二元运算 "/"，则 x 的值为二元运算的操作结果。

【运行效果】 以上代码为本书配套代码文件目录 "代码 \ 第 03 章 \sample04.htm" 里的内容，其运行结果为 5.5。JavaScript 中的所有数字型的数据都是以浮点型表示的，所以就算是整数型数据相除，也能得到浮点型的数据。

注意　在使用除法运算符进行除法运算时，如果除数为 0（如 2/0），得到的结果为 Infinity；如果是 0/0，得到的结果为 NaN。

3.4.5　模运算符

模运算符（%），又称为取余运算符。这也是一个二元运算符，可以对两个数字型的操作数进行取模操作，返回第 1 个操作数除以第 2 个操作数之后的余数。

【实例 3.5】 请看以下代码，注意加粗的文字。

```
01  <html>
02      <head>
03          <title>模法运算符</title>
04          <script type="text/javascript">
05          <!--
06              var i = 11;
07              var x = i % 2;
08              document.write(x);
09          -->
10      </script>
11  </head>
12  <body>
13  </body>
14  </html>
```

【代码说明】 代码第 6 行定义了 i 变量，并直接赋值为 11。代码第 7 行定义了 x 变量，其值为一个二元运算 "%"，则 x 的值为二元运算的操作结果。

【运行效果】 以上代码为本书配套代码文件目录 "代码 \ 第 03 章 \sample05.htm" 里的内容，其运行结果为 1。

注意　模运算符的操作数通常是两个整数，但 JavaScript 中也支持使用浮点数，例如 "–5.4 % 2.1" 的结果是 –1.2000000000000001。

3.4.6　负号运算符

负号运算符（–）是一个一元运算符，可以对一个数字进行取反操作，即将一个正数转换成相应的负数，也可以将一个负数转换成相应的正数。

【实例 3.6】请看以下代码，注意加粗的文字。

```
01    <html>
02      <head>
03        <title>负号运算符</title>
04        <script type="text/javascript">
05          <!--
06            var i = 11;
07            i = -i;
08            document.write(i + "<br>");
09            i = -i;
10            document.write(i + "<br>");
11          -->
12        </script>
13      </head>
14      <body>
15      </body>
16    </html>
```

【代码说明】代码第 6 行定义了 i 变量，并直接赋值为 11。代码第 7 行重新定义了 i 变量，其值为原来的 i 变量取负数。

【运行效果】以上代码为本书配套代码文件目录“代码 \ 第 03 章 \sample06.htm”里的内容，其运行结果为两行文字，第一行文字为 -11，第二行文字为 11。

注意　（1）如果操作数为非数字型数据，负号运算符可以将其先转换为数字再进行取反操作。
（2）如果操作数为非数字型数据，并且该操作数不能转换为数字型数据，将返回 NaN。

3.4.7　正号运算符

与负号运算符相对应，正号运算符（+）也是一个一元运算符，但该运算符不会对操作数产生任何影响，只会让源代码看起来更清楚。

【实例 3.7】请看以下代码，注意加粗的文字。

```
01    <html>
02      <head>
03        <title>正号运算符</title>
04        <script type="text/javascript">
05          <!--
06            var i = 11;
07            i = +i;
08            document.write(i);
09          -->
10        </script>
11      </head>
12      <body>
13      </body>
14    </html>
```

【代码说明】代码第 6 行定义了 i 变量，并直接赋值为 11。代码第 7 行重新定义了 i 变量，其值为原来的 i 变量进行正号运算，其实结果不变。

【运行效果】以上代码为本书配套代码文件目录"代码 \ 第 03 章 \sample07.htm"里的内容，其运行结果为 11。

> **注意**　如果正号运算符的操作数是一个字符串型的数据，正号运算符可以将其转换为数字型的数据。如果该操作数是一个不能转换为数字型的数据，将返回 NaN。

3.4.8　递增运算符

递增运算符（++）是一个一元运算符，该运算符可以对操作数进行递增操作，即每次增加 1。递增运算符要求其操作数必须是变量、对象中的某个属性或数组中的某个元素，并且操作数的类型必须是数字型的，如果操作数类型不是数字型，递增运算符会将其先转换为数字型数据，再进行递增操作。

递增运算符根据其相对于操作数的位置有两种不同的递增方式。

（1）先使用后递增：当运算符在操作数之后时，JavaScript 会先使用操作数的值之后，再对操作数做递增操作。

【实例 3.8】请看以下代码，注意加粗的文字。

```
01   <html>
02     <head>
03       <title>先使用后递增</title>
04       <script type="text/javascript">
05         <!--
06           var i = 11;
07           var j = i++;
08           document.write(i + "<br>");
09           document.write(j + "<br>");
10         -->
11       </script>
12     </head>
13     <body>
14     </body>
15   </html>
```

【代码说明】代码第 6 行定义了 i 变量，并直接赋值为 11。代码第 7 行定义了 j 变量，其值为 i++。

【运行效果】以上代码为本书配套代码文件目录"代码 \ 第 03 章 \sample08.htm"里的内容，其运行结果如图 3.1 所示。在图 3.1 中可以看出，变量 i 的值为 12，而变量 j 的值为 11。在本例中，先是将变量 i 的值赋给变量 j，再对 i 进行递增操作。所以本例中的关键代码相当于以下代码：

图 3.1　sample08.htm 的运行结果

```
var i = 11;
var j = i;
i = i +1;
```

（2）先递增后使用：当运算符在操作数之前时，JavaScript 会先对操作数做递增操作，再使用赋值后的操作数。

【**实例** 3.9】请看以下代码，注意加粗的文字。

```
01    <html>
02      <head>
03        <title>先递增后使用</title>
04        <script type="text/javascript">
05          <!--
06            var i = 11;
07            var j = ++i;
08            document.write(i + "<br>");
09            document.write(j + "<br>");
10          -->
11        </script>
12      </head>
13      <body>
14      </body>
15    </html>
```

【**代码说明**】代码第 6 行定义了 i 变量，并直接赋值为 11。代码第 7 行定义了 j 变量，其值为 ++i。

【**运行效果**】以上代码为本书配套代码文件目录"代码\第 03 章\sample09.htm"里的内容，其运行结果如图 3.2 所示。在该图中可以看出，变量 i 的值为 12，而变量 j 的值也为 12。在本例中，是对变量 i 进行递增操作后再将变量 i 的值赋给变量 j。所以本例中的关键代码相当于以下代码：

图 3.2   sample09.htm 的运行结果

```
var i = 11;
i = i +1;
var j = i;
```

3.4.9   递减运算符

递减运算符（--）也是一个一元运算符，该运算符可以对操作数进行递减操作，即每次减 1。递减运算符要求其操作数必须是变量、对象中的某个属性或数组中的某个元素，并且操作数的类型必须是数字型的，如果操作数类型不是数字型，递减运算符会将其先转换为数字型数据，再进行递减操作。递减运算符根据其相对于操作数的位置有两种不同的递减方式。

1. 先使用后递减

当运算符在操作数之后时，JavaScript 会先使用操作数的值，再对操作数做递减操作。

【**实例** 3.10】请看以下代码，注意加粗的文字。

```
01    <html>
02      <head>
03        <title>先使用后递减</title>
04        <script type="text/javascript">
05          <!--
06            var i = 11;
07            var j = i--;
08            document.write(i + "<br>");
09            document.write(j + "<br>");
10          -->
11        </script>
```

```
12        </head>
13        <body>
14        </body>
15    </html>
```

【代码说明】 代码第 6 行定义了 i 变量，并直接赋值为 11，代码第 7 行定义了 j 变量，其值为 i-- 。-- 和 ++ 的使用方式相似，是递减的意思。

【运行效果】 以上代码为本书配套代码文件目录 "代码\第 03 章\sample10.htm" 里的内容，其运行结果如图 3.3 所示。从该图中可以看出，变量 i 的值为 10，而变量 j 的值为 11。在本例中，先是将变量 i 的值赋给变量 j，再对 i 进行递减操作。所以本例中的关键代码相当于以下代码：

图 3.3　sample10.htm 的运行结果

```
var i = 11;
var j = i;
i = i -1;
```

2. 先递减后使用

当运算符在操作数之前时，JavaScript 会先对操作数做递减操作，再使用赋值后的操作数。

【实例 3.11】 请看以下代码，注意加粗的文字：

```
01    <html>
02      <head>
03        <title>先递减后使用</title>
04        <script type="text/javascript">
05          <!--
06            var i = 11;
07            var j = --i;
08            document.write(i + "<br>");
09            document.write(j + "<br>");
10          -->
11        </script>
12      </head>
13      <body>
14      </body>
15    </html>
```

【代码说明】 代码第 6 行定义了 i 变量，并直接赋值为 11。代码第 7 行定义了 j 变量，其值为 --i。--i 和 ++i 的使用方式相似，是先执行递减操作的运算符。

【运行效果】 以上代码为本书配套代码文件目录 "代码\第 03 章\sample11.htm" 里的内容，其运行结果如图 3.4 所示。从该图中可以看出，变量 i 的值为 10，而变量 j 的值也为 10。在本例中，是将变量 i 的进行递减操作后再将变量 i 的值赋给变量 j。所以本例中的关键代码相当于以下代码：

图 3.4　sample11.htm 的运行结果

```
var i = 11;
i = i -1;
var j = i;
```

3.5 关系运算符

关系运算符通常用于检查两个操作数之间的关系，即两个操作数之间是相等、大于还是小于关系等。关系运算符可以根据是否满足该关系来返回 true 或 false。

3.5.1 相等运算符

相等运算符（==）是一个二元运算符，可以比较两个操作数是否相等。如果相等，则返回布尔值 true；如果不相等，则返回布尔值 false。

【实例 3.12】请看以下代码，注意加粗的文字。

```
01    <html>
02      <head>
03        <title> 相等运算符 </title>
04        <script type="text/javascript">
05          <!--
06            var i = 11;
07            var j = 11;
08            var k = 12;
09            if (i==j)
10            {
11                document.write("i 等于 j<br>");
12            }
13            else
14            {
15                document.write("i 不等于 j<br>");
16            }
17            if (j==k)
18            {
19                document.write("j 等于 k<br>");
20            }
21            else
22            {
23                document.write("j 不等于 k<br>");
24            }
25          -->
26        </script>
27      </head>
28      <body>
29      </body>
30    </html>
```

【代码说明】代码第 9 行和第 17 行分别进行了两个"=="的判断。在本例中，只有相等运算符左右两侧的操作数相等才会返回 true，否则返回 false。

【运行效果】以上代码为本书配套代码文件目录"代码\第 03 章 \sample12.htm"里的内容，其运行结果如图 3.5 所示。

值得注意的是：相等运算符并不要求两个操作数的类型是一样的，它会将字符串"11"与数字 11 认为是相等的两个操作数。即当字符串"11"与数字 11 比较时，将会返回 true。相等运算符的比较原理如下。

图 3.5　sample12.htm 的运行结果

注意	NaN 是一个很特殊的数字，不会与任何数字相等，包括 NaN。在 JavaScript 中只能使用 isNaN() 函数来判断运算结果是不是 NaN。

除了 Infinity 和 NaN 之外，JavaScript 还可以使用 Number 对象中的某些属性来表示特殊的数值，这些属性及其所代表的数值如下所示：

- Number.MAX_VALUE：用来表示 JavaScript 中的最大数字，即 1.7976931348623157e+308。
- Number.MIN_VALUE：用来表示 JavaScript 中最小的数字（与 0 最接近的数字），即 5e-324。
- Number.NaN：用来表示特殊的非数字值。
- Number.POSITIVE_INFINITY：用来表示正无穷大的数值，即 Infinity。
- Number.NEGATIVE_INFINITY：用来表示负无穷大的数值，即 -Infinity。

2.1.3 布尔型

布尔型比较简单，只有两个值，即代表真的"true"和代表假的"false"。布尔值通常是通过比较得来的，如以下代码：

```
x == 2
```

在上面的代码中，如果 x 等于 2，则返回 true，如果 x 不等于 2，则返回 false。

2.2 复合数据类型

除了基本的数据类型之外，JavaScript 还支持复合数据类型，复合数据类型包括对象和数组两种。

2.2.1 对象

对象其实就是一些数据的集合，这些数据可以是字符串型、数字型和布尔型，也可以是复合型。对象中的数据是已命名的数据，通常作为对象的属性来引用。例如一个超链接（link）对象有一个名为 text 的属性，对其可以通过以下方法来引用：

```
link.text
```

JavaScript 中的对象除了拥有属性之外，还可以拥有方法。例如一个窗口（window）对象有一个名为 alert 的方法，对其可以通过以下方法来引用：

```
window.alert(message)
```

2.2.2 数组

数组与对象一样，也是一些数据的集合，这些数据也可以是字符串型、数字型、布尔型，或者是复合型。与对象不同，数组中的数据并没有命名，即数组中的数据没有名字，因此不能通过名字来引用该数据。在数组中为每个数据都编了一个号，这个号称为数组的下标。在 JavaScript 中数组的下标是从 0 开始的，通过使用数组名加下标的方法可以获取数组中的某个数据。如以下代码分别获取名为 abc 数组的第 1 个和第 3 个数据：

```
abc[0]
abc[1]
```

2.3　其他数据类型

除了基本数据类型与复合数据类型之外，JavaScript 还支持函数、Null 与 Undefined 三种其他数据类型。

2.3.1　函数

函数（function）是一段可执行的 JavaScript 代码，函数具有一次定义多次使用的特点。JavaScript 中的函数可以带有 0 个或多个参数。在函数体中执行完 JavaScript 代码之后，也可以返回一个值或不返回值。JavaScript 中提供了很多预定义的函数，如用于检测非数字值的 isNaN() 函数、用于计算平方根的 Math.sqrt() 函数等。它们的使用方法如下所示：

```
var bFlag = isNaN(0/0);
var x = Math.sqrt(100);
```

以上两行代码，第一行返回 true，第二行返回 10。除了 JavaScript 中预定义的函数之外，JavaScript 还允许程序员自定义函数，方法如下所示：

```
function mysum(x,y)
{
    return x+y;
}
```

JavaScript 中的函数也是一个数据类型，因此，可以像其他类型的数据一样赋值给变量或对象的属性，如以下代码：

```
var a = mysum(2,13)
```

2.3.2　null

null 是一个特殊的数据类型，其代表的意思为"空"。需要注意，这个"空"并不代表是 0 或空字符串。数字 0 代表的是数字，是数字型的数据；空字符串代表的是长度为 0 的字符串，是字符串类型的数据。而 null 代表没有值，即不是一个有效的数字、字符串，也不是数组、对象和函数，什么数据类型都不是。

注意　JavaScript 区分大小写，NULL、Null 不等同于 null。

2.3.3　undefined

undefined 也是一个特殊的数据类型，只有在定义了一个变量但没有为该变量赋值、使用了一个并未定义的变量或者是使用了一个不存在的对象的属性时，JavaScript 才会返回 undefined。

2.4　数据类型的转换

JavaScript 支持字符串型、数字型和布尔型等数据类型，当需要在这些数据类型之间进行运算时，就必须将不同的数据类型转换为相同的数据类型。

2.4.1　隐式类型转换

JavaScript 是一种无类型（notype）的语言，这种"无类型"并不是指 JavaScript 没有数据类型，而是指 JavaScript 是一种松散类型、动态类型的语言。因此，在 JavaScript 中定义一个变量时，不需要指定变量的数据类型，这就使得 JavaScript 可以很方便灵活地进行隐式类型转换。

所谓隐式类型转换，就是不需要程序员定义，JavaScript 会自动将某一个类型的数据转换成另一个类型的数据。JavaScript 隐式类型转换的规则是：将当前数据类型转换成当前环境中应该使用的数据类型。例如，在布尔环境中，可以将数字转换成布尔值。请看以下代码：

```
if (1)
{
    document.write("ok");
}
```

在以上代码中，数字 1 会自动转换成布尔值 true。事实上，不但是数字 1，只要是不等于 0 的数字，JavaScript 都可以将其转换成布尔值 true。同样在字符串环境中，可以将布尔值转换成字符串。请看以下代码：

```
document.write(true);
```

在以上代码中，由于 write() 方法输出的是字符串，所以 JavaScript 会自动将布尔值 true 转换成字符串 "true"。JavaScript 中可以做隐式类型转换的情况如下所示。

- 数字类型：在字符串环境下可以隐式转换为 " 数字 "；在布尔环境中可以隐式转换为 true（如果数字为 0，则隐式转换为 false）。
- 非空字符串：在数字环境下可以隐式转换为字符串中数字（如字符串 "123" 可以转换为数字 123）或 NaN（如字符串 "abc" 隐式转换为数字则会返回 NaN）；在布尔环境下可以隐式转换为 true。
- 空字符串：在数字环境下可以隐式转换为 0；在布尔环境下可以隐式转换为 false。
- 字符串 "true"：在数字环境下可以隐式转换为 1；在布尔环境下可以隐式转换为 true。
- 字符串 "false"：在数字环境下可以隐式转换为 0；在布尔环境下可以隐式转换为 false。
- null：在字符串环境下可以隐式转换为 "null"；在数字环境下可以隐式转换为 0；在布尔环境下可以隐式转换为 false。
- NaN：在字符串环境下可以隐式转换为 "NaN"；在布尔环境下可以隐式转换为 false。
- undefined：在字符串环境下可以隐式转换为 "undefined"；在数字环境下可以隐式转换为 NaN；在布尔环境下可以隐式转换为 false。
- true：字符串环境下可以隐式转换为 "true"；在数字环境下可以隐式转换为 1。
- false：字符串环境下可以隐式转换为 "false"；在数字环境下可以隐式转换为 0。

2.4.2 显式类型转换

在 JavaScript 中除了可以隐式转换数据类型之外，还可以显式转换数据类型。显式转换数据类型，可以增强代码的可读性。显式类型转换的方法有以下两种。

1. 将对象转换成字符串

JavaScript 中的很多对象都有 toString() 方法，使用该方法可以将对象直接转换成字符串。例如以下代码：

```
var arr = ["JavaScript","VBScript","Script"];
document.write(arr.toString());
```

以上代码会将数组转换成字符串并输出，输出结果如下所示：

```
JavaScript,VBScript,Script
```

除了数组对象之外，还有 Date 对象、Error 对象、Number 对象和 function 函数等，它们都可以使用 toString() 方法来将对象转换成字符串。

> **注意** 对象不能直接转换成数字型，如果要将对象转换成数字型数据，可以先将其转换成字符型数据，再将字符型数据转换成数字型数据。

2. 基本数据类型转换

在 JavaScript 中可以使用 Number()、Boolean() 和 String() 函数来将数据转换成数字型、布尔型和字符串型，请看以下代码：

```
var s = "1"
var i = Number(s) + 2;
document.write(i);
```

以上代码的输出结果为 3。在以上代码中，Number(s) 的作用是将字符 1 转换为数字 1。Boolean() 与 String() 函数的使用方法与 Number() 函数的使用方法类似，在此就不再赘述了。除了使用 Number()、Boolean() 和 String() 函数来显式转换类型之外，还可以使用以下 3 种基本数据类型的转换方式。

（1）数字型转换成字符串型，可以将数字型数据与一个空字符串相连。以下代码可以将数字型数据转换成字符串数据：

```
var s = 123 + "";
var str = "" + 123;
```

（2）字符串型转换成数字型，可以让字符串型数据减 0。以下代码可以将字符串型数据转换成数字型数据：

```
var s = "123";
var sa = s - 0;
```

（3）字符串型或数字型转换成布尔型，可以对它们连续使用两次 "!" 运算符。以下代码可以将字符串或数字数据转换成布尔型数据：

```
var s = "true";
if (!!s)
{
    document.write(s)
}
var i = 1;
if (!!i)
{
    document.write(i)
}
```

2.5　常量

常量（literal）通常用来表示一个固定的值，这个值是不会被改变的，在 JavaScript 中常量分为整数常量、浮点常量、字符串常量、布尔常量和数组常量 5 种。常量可以直接出现在 JavaScript 的程序中。

2.5.1　整数常量

JavaScript 中的数字可以分为整数与浮点数两种。当一个整数直接出现在 JavaScript 程序中时，这个整数就是整数常量。在 JavaScript 中整数常量又可以分为以下 3 种。

（1）十进制整数：十进制整数就是一个由 0 ～ 9 组成的数字序列，并且该序列的第一个数字不能是 0（单独一个 0 除外）。以下代码都表示十进制整数常量：

```
0
123
9783649
```

（2）八进制整数：八进制整数的第一个数字是 0，其后跟着一个由 0 ～ 7 组成的数字序列。以下代码都表示八进制整数常量：

```
0345
0127
07
```

（3）十六进制整数：十六进制整数是以"0x"或"0X"开头的，其后跟着十六进制的数字序列。十六制的数字序列由数字 0 ～ 9 和英文字母 a ～ f（A ～ F）组成。以下代码都表示十六进制的整数常量：

```
0x123
0X134
0x12ff
0xff
```

整数常量通常直接出现在 JavaScript 的计算上，例如以下代码：

```
a = a + 123
b = 4 * 7
```

注意　只要是常量，通常都是直接出现在 JavaScript 程序中的。

2.5.2　浮点数常量

浮点数常量可以包含小数点，其表示方法有以下两种。

（1）传统记数法：传统记数法是将一个浮点数分为 3 个部分，即整数部分、小数点和小数部分。如果整数部分为 0，可以省略整数部分。以下代码中的浮点数表示法为传统记数法：

```
1.2
23344.283
.22323
```

（2）科学记数法：当一个数字很大或很小的时候，可以使用科学记数法来表示。科学记数法将一个数字分为 3 部分，第 1 部分与传统记数法一样，是一个带小数的浮点数；第 2 部分是 e 或 E；第 3 部分是一个带正号或负号的整数，其中正号可以省略。以下代码中的浮点数表示法为科学记数法：

```
1.2e3
1E4
3.5e-2
6.112E-3
```

在科学记数法中，e（或 E）后面的整数代表 10 的指数次幂，再将该指数次幂乘以 e（或 E）前面的浮点数得到的就是科学记数法所代表的数值。请看以下例子：

```
1.2e3 = 1.2 × 10³ = 1200
1E4 = 1 × 10⁴ = 10000
3.5e-2 = 3.5 × 10⁻² = 0.035
6.112E-3 = 6.112 × 10⁻³ = 0.006112
```

2.5.3　字符串常量

字符串是由单引号（'）或双引号（"）括起来的字符序列。其中字符序列的个数可以是零个或多个。单引号括起来的字符序列里可以包括双引号，而双引号所括起来的字符序列里也可以包含单引号。字符串常量必须写在一行中，如果换行的话，JavaScript 会将其认为是两个语句，从而引发错误。以下代码都是字符串常量：

```
"JavaScript"
'JavaScript'
"JavaScript's language"
'aa"bb'
```

2.5.4　字符串中的转义字符

上一节提到的字符串常量必须使用单引号或双引号括起来，如果一个字符串本身包含了单引号或双引号，那应该怎么办呢？假设一个字符串如下所示：

```
JavaScript 中可以包含单引号（'）或双引号（"）
```

如果一个字符串常量中的内容如上所示，那么在 JavaScript 中要怎么表示呢？是用单引号将其括起来，还是用双引号将其括起来呢？如下所示，无论是使用单引号，还是使用双引号，在 JavaScript 中都会造成混淆，因为 JavaScript 无法分辨哪个引号是属于字符串、哪个引号是属于标识字符串常量的引号。

```
'JavaScript 中可以包含单引号（'）或双引号（"）'
"JavaScript 中可以包含单引号（'）或双引号（"）"
```

对于这种情况，就必须使用转义字符。使用转义字符可以在字符串里加入一些特殊字符，如上面所说的单引号和双引号等。转义字符是以反斜杠（\）开始的，例如单引号可以使用"\'"来代替，双引号可以使用"\""来代替。当浏览器解析 JavaScript 代码时，遇到转义字符"\'"和"\""就会知道这是字符串中的一个字符，而不是标记字符结束的字符。因此，上面代码中的字符串常量可以写成如下代码：

```
'JavaScript 中可以包含单引号（\'）或双引号（"）'
"JavaScript 中可以包含单引号（'）或双引号（\"）"
'JavaScript 中可以包含单引号（\'）或双引号（\"）'
"JavaScript 中可以包含单引号（\'）或双引号（\"）"
```

在 JavaScript 中常用到的转义字符如表 2.1 所示。

表 2.1　JavaScript 中的转义字符

转 义 字 符	所代表的字符	转 义 字 符	所代表的字符
\0	NULL 字符	\f	换页符
\b	退格符	\r	回车符
\t	水平制表符	\"	双引号
\n	换行符	\'	单引号
\v	垂直制表符	\\	反斜杠

【实例 2.1】有关转义字符的使用方法，请看以下代码，注意加粗的文字：

```
01    <html>
02      <head>
03        <title> 转义符的使用 </title>
04        <script type="text/javascript">
05          <!--
06            document.write("JavaScript 中可以包含单引号（\'）或双引号（\"
07            <br>");
08            document.write(" 本机的操作系统安装在 C:\\Windows\\system32 下 ");
09            alert(" 学做网页的两个基础: \nHTML\nJavaScript");
10          -->
11        </script>
12      </head>
13      <body>
14      </body>
15    </html>
```

【代码说明】代码第 9 行中有 \n，它就是一个转义字符，表示换行，而代码第 6 行使用了 \，它一般用在单引号或双引号之前。

【运行效果】以上代码为本书配套代码文件目录"代码 \ 第 02 章 \sample01.htm"里的内容（可在 www.hzbook.com 下载），其运行结果如图 2.1 所示，可以看出，"\'"输出为"'"、"\""输出为"""、"\\"输出为"\"，而"\n"在警告框里产生了换行。

在上面的代码表示的页面结构中，<html>标签用于标记文档的开始和结束，即 <html> 标记开始位置，</html> 标记结束位置。<html> 标签内容主要由两部分组成，第一部分为头部标签 <head>，<head> 标记开始，</head> 标记结束。在头部标签内又有 <title> 标签，<title> 标记开始，</title> 标记结束。第二部分为网页的主体，在编辑网页时把内容直接添加到 <body> 与 </body> 之间即可。

说明 在头部标签 <head> 中嵌入了 JavaScript 脚本，其由 <Script>…</Script> 来标记。<Script> 标记的常用属性有 type、src、defer。

☐ type 属性用来设置所使用的脚本语言，此属性已代替 language 属性。格式为：<script type="text/javascript">。

☐ src 属性用来设置一个外部脚本文件的路径位置。格式为 <script src="a.js ">。

☐ defer 属性用来表示当 HTML 文档加载完毕后再执行脚本语言。格式为 <script defer>。

2.5.5 布尔常量

布尔常量是比较简单的一种常量，只有两种值，一种是 true（真），一种是 false（假）。在有些时候，JavaScript 也可以把 0 和 1 分别看成 false 和 true。布尔常量常用于条件判断语句中。

2.5.6 数组常量

数组就是一些数据的集合，在 JavaScript 中数组中的数据可以是任何数据类型，包括数组。数组的定义方法如下所示：

图 2.1 sample01.htm 的运行结果

```
数组名 = [数组值 1, 数组值 2, 数组值 3 ……]
```

在数组中有以下两个重要的概念。

☐ 数组长度：所谓数组长度就是数组中包含多少个数据。

☐ 数组下标：数组使用下标来获取数组中的某个值。数组下标值是从 0 开始的，下标的最大值为数组长度减 1。获取数组中某个值的方法如下所示：

```
数组名 [下标值]
```

【实例 2.2】 有关数组的使用方法请看以下代码，注意加粗的文字：

```
01    <html>
02      <head>
03        <title> 数组 </title>
04        <script type="text/javascript">
05          <!--
06                arr = ["JavaScript",2,true];
07                document.write(arr[0]+"<br>");
08                document.write(arr[1]+"<br>");
09                document.write(arr[2]+"<br>");
10          -->
```

```
11              </script>
12        </head>
13        <body>
14        </body>
15  </html>
```

【代码说明】代码第 6 行创建了数组 arr，并指定了数组的内容，然后第 7～9 行通过 arr[索引] 的形式读取数组内容。

> **注意** 数组索引是从 0 开始的，即 arr[0] 表示第一个数值。

【运行效果】以上代码为本书配套代码文件目录"代码 \ 第 02 章 \sample02.htm"里的内容，其运行结果如图 2.2 所示。

图 2.2　sample02.htm 的运行结果

【实例 2.3】在定义数组常量时，还可以省略某些数据值，而直接用逗号隔开即可。请看以下代码，注意加粗的文字：

```
01  <html>
02    <head>
03       <title> 数组 </title>
04       <script type="text/javascript">
05         <!--
06                 arr = ["JavaScript",,true,];
07                 document.write(arr[0]+"<br>");
08                 document.write(arr[1]+"<br>");
09                 document.write(arr[2]+"<br>");
10                 document.write(arr[3]+"<br>");
11          -->
12       </script>
13    </head>
14    <body>
15    </body>
16  </html>
```

【代码说明】代码第 6 行创建了数组 arr，在给定默认值的时候中间有两个逗号。逗号是数组中值的间隔符号，这里省略了值。代码第 7～10 行可以输出 4 个值，虽然有两个值没有指定默认值，但依然可以输出，输出结果为 undefined。

【运行效果】以上代码为本书配套代码文件目录"代码 \ 第 02 章 \sample03.htm"里的内容，其运行结果如图 2.3 所示。在本例中数组的长度为 4，arr[0] 的值为字符串" JavaScript"，arr[1] 和 arr[3] 的值都为 undefined，arr[2] 的值为布尔值 true。

图 2.3　sample03.htm 的运行结果

2.6　变量

变量（variable）是相对常量而言的，常量通常是一个不会改变的固定值，而变量是对应到某个值的一个符号，这个符号中的值可能会随着程序的执行而改变，因此称为"变量"。在很多情况下，变量又称为标识符（identifier）。

2.6.1　变量的命名方式

变量可以用来存储数据，JavaScript 是通过变量名来调用这些被存储的数据。变量名必须以 ASCII 字符或下划线（_）开头，第 1 个字母不能是数字，但其后可以是数字或其他字母。以下代码中的变量名都是合法的变量名：

```
x
X
_x
x_1
```

> **注意**　JavaScript 对大小写是敏感的，因此，变量 x 与变量 X 是两个不同的变量。

虽然变量名只要不是以数字开头即可，但是对于变量名有个不成文的命名约定，这个约定与 Java 的命令约定相同：

- 从变量名上应该可以看出变量的作用。例如要设置一个代表当天日期的变量，将变量名设为"date"，要比设为"abc"要更易于理解。
- 如果变量名是一个单独的单词，如"date"，那么该变量名应该全部使用小写；如果变量名由两个或多个单词组成，那么从第二个单词开始，后面的所有单词的首字母都必须大写，如"theDate""otherDate"等。
- 变量名不能与 JavaScript 中的保留字相同。

> **注意**　以上命名约定只是一个"约定"而已，除了不能与保留字相同之外，其余两点约定可以遵守，也可以不遵守。

2.6.2　变量类型

JavaScript 与其他程序语言有些区别，其他程序语言大多需要为变量指定一个数据类型，例如将一个变量指定为整数型，那么这个变量就只能存储整数型数据，不可以存储浮点型或其他类型的数据。而 JavaScript 中的变量是没有类型（notype）的，这就意味着在 JavaScript 中的变量可以是任何一种数据类型。例如先将一个数字型数据赋给一个变量，在程序运行过程中，再将一个布尔型数据赋给同一个变量，这在 JavaScript 中是合法的。如以下代码：

```
x = "abc";
x = 101;
```

2.6.3　定义变量

在 JavaScript 中，使用一个变量之前，必须先定义该变量。只有在定义了一个变量之后，系统才会准备一个内存空间来存储这个变量的值，而程序员可以通过变量名来存储或读取变量的值。在 JavaScript 中可以使用关键字 var 来定义一个变量。如以下代码：

```
var x;
var X;
var _x;
var x_1;
```

一个 var 关键字也可以同时定义多个变量，变量之间用逗号隔开，如以下代码：

```
var x,X,_x,x_1;
```

在定义了变量之后，如果没有为变量赋值，那么该变量的初始值为 undefined。JavaScript 支持在定义变量的同时为变量指定初始值，请看以下代码：

```
var x = "abc";
var n = null;
var bFlag = true;
var theDate = "2007-6-20" , i =100;
```

注意　变量一旦被定义之后，是不能再被删除的。

2.6.4　定义变量的注意事项

虽然在 JavaScript 中定义变量是一件十分简单的事情，但是在定义变量时，有以下几点是需要注意的。

1. 重复定义变量

【实例 2.4】在 JavaScript 中可以重复定义变量，并且不会产生任何错误，请看以下代码，注意加粗的文字。

```
01    <html>
02    <head>
03       <title> 重复定义变量 </title>
04       <script type="text/javascript">
05         <!--
06             var x = 1;
07             document.write(x+"<br>");
08             var x = "test";
09             document.write(x);
10         -->
11       </script>
12    </head>
13    <body>
14    </body>
15    </html>
```

【代码说明】代码第 6 行和第 8 行定义的是 x 变量，但第 6 行定义的是数字数据，而第 8 行定义的是字符串数据。在 JavaScript 中，var 表示任意类型，或者说无类型，也就是变量的类型要根据其值来判断。

【运行效果】以上代码为本书配套代码文件目录"代码 \ 第 02 章 \sample04.htm"里的内容，其运行结果如图 2.4 所示。在本例中变量 x 被定义了两次，并且每次定义时都赋予了

图 2.4　sample04.htm 的运行结果

不同类型的初始值。在执行该文件时，是不会出现任何错误的。

2. 变量必须先定义后使用

【实例 2.5】在 JavaScript 中的变量必须先定义后使用，没有定义过的变量不能直接使用。请看以下代码，注意加粗的文字。

```
01    <html>
02      <head>
03        <title> 未定义变量 </title>
04        <script type=" text/javascript">
05          <!--
06                    document.write(x);
07          -->
08        </script>
09      </head>
10      <body>
11      </body>
12    </html>
```

【代码说明】代码第 6 行直接输出了一个 x 变量，但在代码第 1 ～ 5 行中并没有这个变量的定义。

【运行效果】以上代码为本书配套代码文件目录"代码 \ 第 02 章 \sample05.htm"里的内容。在本例中，没有定义变量 x，但是却使用 document.write() 方法来输出 x 的值，因此会产生错误，其错误信息如图 2.5 所示。

图 2.5　sample05.htm 的错误信息

3. 给未定义的变量赋值

【实例 2.6】虽然 JavaScript 不能读取未定义的变量，但是 JavaScript 却可以给一个未定义的变量赋值。此时 JavaScript 会隐式定义该变量。请看以下代码，注意加粗的文字。

```
01    <html>
02      <head>
03        <title> 给未定义的变量赋值 </title>
04        <script type="text/javascript">
05          <!--
```

```
06                    x = "给未定义的变量赋值";
07                    document.write(x);
08                -->
09            </script>
10        </head>
11        <body>
12        </body>
13    </html>
```

【代码说明】 代码第 6 行定义了 x 变量，但没有使用 var 关键字，代码第 7 行依然可以输出这个变量的值。

【运行效果】 以上代码为本书配套代码文件目录 "代码 \ 第 02 章 \sample06.htm" 里的内容。在本例中，虽然没有使用 var 关键字定义 x 变量，但是却可以直接给 x 变量赋值。其运行结果如图 2.6 所示。

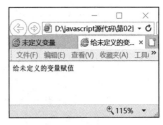

图 2.6　sample06.htm 的运行结果

> **注意** 隐式定义的变量默认为全局变量。有关全局变量的概念将在后续章节里介绍。

4. 引用未赋值的变量

【实例 2.7】 已经定义但未赋值的变量可以引用，此时的变量值为 undefined。请看以下代码，注意加粗的文字。

```
01    <html>
02      <head>
03        <title>给未定义的变量赋值</title>
04        <script type="text/javascript">
05          <!--
06                    var x;
07                    document.write(x);
08          -->
09        </script>
10      </head>
11      <body>
12      </body>
13    </html>
```

【代码说明】 代码第 6 行定义了 x 变量，但并没有为其赋值，那代码第 7 行是否可以直接输出变量 x 的值呢？答案是肯定的，输出结果为 undefined。

【运行效果】 以上代码为本书配套代码文件目录 "代码 \ 第 02 章 \sample07.htm" 里的内容。在本例中，虽然定义了变量 x，但是并没有为变量 x 赋值。因此，在输出变量 x 的值时，显示为 undefined。其运行结果如图 2.7 所示。

2.6.5　变量的值

由于 JavaScript 的变量不需要指定数据类型，因此变量值可以是任何类型的数据，包括如下内容。

图 2.7　sample07.htm 的运行结果

❑ 数字型（number）：整数型或浮点数，如 123 或 12.3。

❑ 布尔型：又称逻辑型（logical），只能是 true 或 false。

❑ 字符串型（string）：用单引号或双引号括起来的字符串。

❑ 空值（null）：这是一种特殊的类型，表示没有值，即该变量为空。

❑ 未定义值（undefined）：表示变量还没有被赋值。

2.6.6　变量的有效范围

变量可以根据其有效范围分为全局变量与局部变量两种。其中全局（global）变量从定义开始，到整个 JavaScript 代码结束为止，都可以使用；而局部（local）变量只在函数内部生效。

【实例 2.8】有关全局变量的使用方法，请看以下代码，注意加粗的文字。

```
01  <html>
02   <head>
03    <title>全局变量</title>
04    <script type="text/javascript">
05     <!--
06        // 定义全局变量x
07        var x = "这是一个全局变量";
08        // 定义函数
09        function linkClick()
10        {
11           // 在函数体里使用全局变量
12           alert(x);
13        }
14     -->
15    </script>
16   </head>
17   <body>
18    <!-- 单击超链接时调用函数 -->
19    <a href="javascript:linkClick()">请点击</a>
20    <script type="text/javascript">
21     <!--
22        // 输出全局变量
23        document.write(x);
24     -->
25    </script>
26   </body>
27  </html>
```

【代码分析】本例代码中的关键点如下所示：

（1）定义了一个全局变量 x，并为 x 赋值。

（2）定义了一个名为 linkClick 的函数，虽然在该函数里没有定义变量 x，但是变量 x 也能在该函数里直接使用，因为这是一个全局变量。

（3）在网页的正文里创建了一个超链接，单击该超链接将会执行 linkClick() 函数，弹出一个警告框，警告框里的内容为全局变量 x 的值。

（4）在网页正文的最后，增加了另一个 JavaScript 代码块，该代码块的作用是输出全局变量 x 的值。虽然该代码块与 <head> 标签中的 JavaScript 代码块是分离的，但也可以直接使用上面代码块里定义的全局变量 x。

【运行效果】以上代码为本书配套代码文件目录"代码 \ 第 02 章 \sample08.htm"里的内容，其运行结果如图 2.8 所示。

【实例 2.9】有关局部变量的使用方法请看以下代码，注意加粗的文字：

```
01  <html>
02    <head>
03      <title>局部变量</title>
04      <script type="text/javascript">
05        <!--
06              // 定义函数
07              function linkClick()
08              {
09                  // 在函数体里使用局部变量
10                  var x = "这是一个局部变量";
11                  alert(x);
12              }
13        -->
14      </script>
15    </head>
16    <body>
17      <!-- 单击超链接时调用函数 -->
18      <a href="javascript:linkClick()">请点击</a>
19    </body>
20  </html>
```

【代码分析】代码第 7 ~ 12 行使用 function 关键字定义了一个函数，其中第 10 行定义了 x 变量，方法内定义的变量称为局部变量。

【运行效果】以上代码为本书配套代码文件目录"代码 \ 第 02 章 \sample09.htm"里的内容，其运行结果如图 2.9 所示。在本例中，linkClick() 函数中的变量 x 为局部变量。

图 2.8　sample08.htm 的运行结果　　　　图 2.9　sample09.htm 的运行结果

2.6.7　使用变量的注意事项

在使用变量的时候，需要注意以下几点。

1. 变量的优先级

【实例 2.10】如果在函数体里定义了一个名称与全局变量名相同的局部变量，那么在该函数体里全局变量将不起作用，这就相当于全局变量并不存在。请看以下代码，注意加粗的文字。

```
01   <html>
02     <head>
03       <title>局部变量的优先级比同名的全局变量要高</title>
04       <script type="text/javascript">
05         <!--
06             // 定义全局变量
07             var x = " 这是一个全局变量 "
08             // 定义函数
09             function writeText()
10             {
11                 // 定义了一个与全局变量同名的局部变量
12                 var x = " 这是一个局部变量 ";
13                 // 输出局部变量
14                 document.write(x+"<br>");
15             }
16             // 调用函数
17             writeText();
18             // 输出全局变量
19             document.write(x+"<br>");
20         -->
21       </script>
22     </head>
23     <body>
24     </body>
25   </html>
```

【代码说明】本例代码中的关键点如下所示：

（1）代码第 7 行定义了一个名为"x"的变量，并为 x 赋值。该变量为全局变量。

（2）第 9 ～ 15 行定义了一个函数，在该函数里同样定义了一个名为"x"的局部变量，并为该变量赋上另一个值。

（3）第 17 行调用函数，此时输出变量 x 的值为局部变量的值。

（4）第 19 行输出变量 x 的值，此时 x 的值为全局变量的值。

【运行效果】以上代码为本书配套代码文件目录"代码\第 02 章\sample10.htm"里的内容，其运行结果如图 2.10 所示。

图 2.10　sample10.htm 的运行结果

提示　如果局部变量与全局变量的名称一样，就好像在函数体内定义了另一个变量，全局变量在该函数体内并不起到任何作用。

2. 在函数体内定义全局变量

【实例 2.11】在函数体内使用 var 关键字定义的变量为局部变量，如果要在函数体内定义全局变量，则不能使用 var 关键字，只需要直接给变量赋值即可。请看以下代码，注意加粗的文字：

```
01   <html>
02     <head>
03       <title>在函数体内定义全局变量</title>
04       <script type="text/javascript">
```

❏ 如果两个操作数的类型相同，则比较这两个操作数的值，如果值相等，则返回 true，否则返回 false。

❏ 如果一个操作数是字符串，另一个操作数是数字，则把字符串转换成数字再判断两个操作数的值是否相等。如果值相等，返回 true，否则返回 false。

❏ 如果一个操作数是布尔值，则把该操作数转换为数字再进行比较，其中 true 将转换为 1，false 将转换为 0。

❏ 如果一个操作数的值为 undefined，另一个操作数的值为 null，则返回 true。

❏ 如果一个操作数是对象，另一个操作数是数字或字符串，则使用 valueOf() 或 toString() 将对象转化为原始类型的值之后，再进行比较。

❏ 如果操作数类型的组合与以上组合都不相同，则返回 false。

3.5.2　等同运算符

等同运算符（===）与相等运算符类似，也是一个二元运算符，同样可以比较两个操作数是否相等。如果相等，则返回布尔值 true；如果不相等，则返回布尔值 false。请注意等同运算符与相等运算符在表示上的区别：相等运算符是两个等于号构成的，而等同运算符是三个等于号构成的。等同运算符对操作数是否相等的判断比相等运算符的判断更为严格，等同运算符只有在两个操作数类型相同，并且值也相同的情况下才会返回 true。

【实例 3.13】请看以下代码，注意加粗的文字。

```
01    <html>
02      <head>
03        <title>等同运算符</title>
04        <script type="text/javascript">
05          <!--
06            var i = 11;
07            var j = "11";
08            var k = "11";
09            if (i==j)
10            {
11                document.write("i 等于 j<br>");
12            }
13            else
14            {
15                document.write("i 不等于 j<br>");
16            }
17            if (i===j)
18            {
19                document.write("i 等同于 j<br>");
20            }
21            else
22            {
23                document.write("i 不等同于 j<br>");
24            }
25            if (j===k)
26            {
27                document.write("j 等同于 k<br>");
28            }
29            else
30            {
```

```
31              document.write("j 不等同于 k<br>");
32          }
33      -->
34      </script>
35    </head>
36    <body>
37    </body>
38 </html>
```

【代码说明】在本例中，代码 6～8 行定义了一个数字变量（i）和两个字符串变量（j 和 k），其中 i 的值为数字 11，而 j 和 k 的值都为字符串"11"。在使用相等运算符进行比较时，JavaScript 认为数字 11 与字符串"11"是相同的。而在使用等同运算符进行比较时，JavaScript 认为数字 11 与字符串"11"是不相同的，只有值同样都是字符串"11"的 j 和 k 比较时，才认为它们是相同的。

【运行效果】以上代码为本书配套代码文件目录"代码\第 03 章\sample13.htm"里的内容，其运行结果如图 3.6 所示。

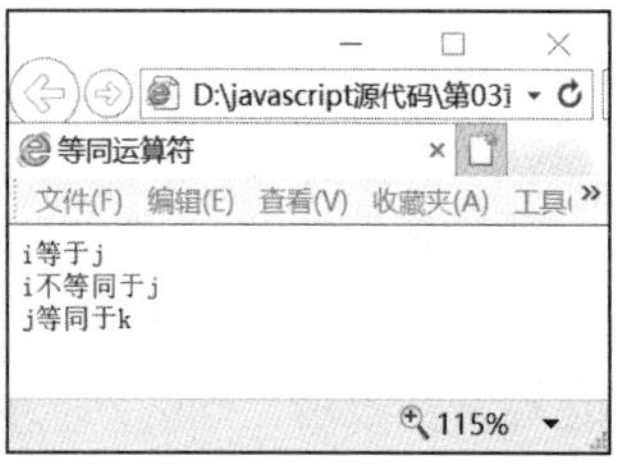

等同运算符的比较原理如下。

❑ 如果两个操作数的类型不相同，则返回 false。

❑ 如果两个操作数的类型相同，并且值相同，则返回 true。

❑ NaN 不会与任何值等同，包括它自己。

❑ 字符串只有在长度与内容都相同的情况下才会返回 true。

❑ 当两个操作数的值都是 true 或都是 false 时，才会返回 true。

❑ 当两个操作数的值都是 null 或都是 undefined 时，才会返回 true。

❑ 两个操作数引用的是同一个对象、数组或函数时，才会返回 true。如果两个操作数引用的不是同一个对象，哪怕这两个对象的属性完全相同，也会返回 false。数组也是如此，只要两个操作数引用的不是同一个数组，哪怕两个数组的元素完全相同，也会返回 false。

图 3.6　sample13.htm 的运行结果

3.5.3　不等运算符

不等运算符（!=）也是一个二元运算符，可以比较两个操作数是否不相等。如果不相等，则返回布尔值 true；如果相等，则返回布尔值 false。

【实例 3.14】请看以下代码，注意加粗的文字。

```
01 <html>
02    <head>
03      <title> 不等运算符 </title>
04      <script type="text/javascript">
05        <!--
06            var i = 11;
07            var j = 11;
08            var k = 12;
09            if (i!=j)
10            {
11                document.write("i 与 j 不相等 <br>");
12            }
13            else
14            {
15                document.write("i 与 j 相等 <br>");
```

```
16                   }
17          if (j!=k)
18          {
19              document.write("j 与 k 不相等 <br>");
20          }
21          else
22          {
23              document.write("j 与 k 相等 <br>");
24          }
25          -->
26      </script>
27      </head>
28      <body>
29      </body>
30  </html>
```

【代码说明】 代码第 9 行和代码第 17 行执行了两个不等运算。在本例中，只有不等运算符左右两侧的操作数不相等才会返回 true，否则返回 false。

【运行效果】 以上代码为本书配套代码文件目录 "代码\第 03 章 \sample14.htm" 里的内容，其运行结果如图 3.7 所示。

> **提示** 不等运算符与相等运算符检测的情况正好相反。

图 3.7　sample14.htm 的运行结果

3.5.4　不等同运算符

不等同运算符（!==）与不等运算符类似，也是一个二元运算符，同样可以比较两个操作数是否不相等。如果不相等，则返回布尔值 true，否则返回布尔值 false。请注意不等同运算符比不等运算符多一个等于号。不等同运算符对操作数是否不相等的判断比不等运算符的判断更为严格，不等同运算符只有在两个操作数类型相同，并且值也相同的情况下才会返回 false。

【实例 3.15】 请看以下代码，注意加粗的文字。

```
01  <html>
02      <head>
03      <title> 不等同运算符 </title>
04      <script type="text/javascript">
05          <!--
06          var i = 11;
07          var j = "11";
08          var k = "11";
09          if (i!=j)
10          {
11              document.write("i 与 j 不相等 <br>");
12          }
13          else
14          {
15              document.write("i 与 j 相等 <br>");
16          }
17          if (i!==j)
18          {
19              document.write("i 与 j 不等同成立 <br>");
20          }
```

```
21              else
22              {
23                  document.write("i 与 j 不等同不成立 <br>");
24              }
25          if (j!==k)
26          {
27              document.write("j 与 k 不等同成立 <br>");
28          }
29          else
30          {
31              document.write("j 与 k 不等同不成立 <br>");
32          }
33      -->
34      </script>
35  </head>
36  <body>
37  </body>
38  </html>
```

【代码说明】在本例中，代码第 6 ～ 8 行定义了一个数字变量（i）和两个字符串变量（j 和 k）。其中，i 的值为数字 11，而 j 和 k 的值都为字符串"11"。在使用不等运算符进行比较时，JavaScript 认为数字 11 与字符串"11"是不相等的关系不成立，即数字 11 与字符串"11"是相等的。而在使用不等同运算符进行比较时，JavaScript 认为数字 11 与字符串"11"是不等同的关系成立。只有在值同样都是字符串"11"的 j 和 k 比较时，才认为是不等同的关系不正立。

【运行效果】以上代码为本书配套代码文件目录"代码\第 03 章\sample15.htm"里的内容，其运行结果如图 3.8 所示。

> 提示　不等同运算符与等同运算符检测的情况正好相反。

图 3.8　sample15.htm 的运行结果

3.5.5　小于运算符

小于运算符（<）是一个二元运算符，当第 1 个操作数小于第 2 个操作数时返回 true，否则返回 false。

【实例 3.16】请看以下代码，注意加粗的文字。

```
01  <html>
02  <head>
03      <title> 小于运算符 </title>
04      <script type="text/javascript">
05      <!--
06          var i = 11;
07          var j = 12;
08          if (i<j)
09          {
10              document.write("i 小于 j");
11          }
12          else
13          {
14              document.write("i 不小于 j");
15          }
```

```
16          -->
17        </script>
18      </head>
19      <body>
20      </body>
21    </html>
```

【代码说明】 小于运算符也不要求两个操作数的类型相同，其比较原理如下。

❑ 如果两个操作数都是数字型的，则按数字大小的方式来比较。

❑ 如果两个操作数都是字符串型的，则逐个字符进行比较。字符的比较方式是采用字符在 Unicode 编码中的数值大小来进行比较。

❑ 如果一个操作数是字符串型的，另一个操作数是数字型的，则将字符串型的操作数转换成数字型后再做比较。如果不能转换成数字，则返回 false。

❑ 如果操作数不能转换成字符串或数字，则返回 false。

❑ 如果一个操作数是 NaN，则比较结果为 false。

如果操作数是对象，并且该对象可以转换为数字或字符串，则将其转换为数字。

【运行效果】 以上代码为本书配套代码文件目录 "代码 \ 第 03 章 \sample16.htm" 里的内容，其运行结果为 "i 小于 j"。

3.5.6 大于运算符

大于运算符（>）也是一个二元运算符，与小于运算符相反，只有当第 1 个操作数大于第 2 个操作数时才返回 true，否则返回 false。

【实例 3.17】 请看以下代码，注意加粗的文字。

```
01    <html>
02      <head>
03        <title>大于运算符</title>
04        <script type="text/javascript">
05          <!--
06            var i = 11;
07            var j = 12;
08            if (i>j)
09            {
10                document.write("i 大于 j");
11            }
12            else
13            {
14                document.write("i 不大于 j");
15            }
16          -->
17        </script>
18      </head>
19      <body>
20      </body>
21    </html>
```

【代码说明】 代码第 6 ~ 7 行定义了两个变量，然后代码第 8 行比较两个变量，并根据不同的结果输出不同的值。

【运行效果】 以上代码为本书配套代码文件目录 "代码 \ 第 03 章 \sample17.htm" 里的内容，

其运行结果为"i 不大于 j"。

3.5.7 小于或等于运算符

小于或等于运算符（<=）是一个二元运算符，当第 1 个操作数小于第 2 个操作数，或者第 1 个操作等于第 2 个操作数时（即第 1 个操作数不大于第 2 个操作数时），都能返回 true，否则返回 false。

【实例 3.18】请看以下代码，注意加粗的代码。

```
01   <html>
02     <head>
03       <title> 小于或等运算符 </title>
04       <script type="text/javascript">
05         <!--
06           var i = 11;
07           var j = 11;
08           if (i<=j)
09           {
10             document.write("i 小于或等于j");
11           }
12           else
13           {
14             document.write("i 大于j");
15           }
16         -->
17       </script>
18     </head>
19     <body>
20     </body>
21   </html>
```

【代码说明】代码第 6 ～ 7 行定义了两个变量，然后代码第 8 行比较两个变量，并根据不同的结果输出不同的值。

【运行效果】以上代码为本书配套代码文件目录"代码 \ 第 03 章 \sample18.htm"里的内容，其运行结果为"i 小于或等于 j"。

3.5.8 大于或等于运算符

大于或等于运算符（>=）是一个二元运算符，当第 1 个操作数大于第 2 个操作数，或者第 1 个操作等于第 2 个操作数时（即第 1 个操作数不小于第 2 个操作数时），都能返回 true，否则返回 false。

【实例 3.19】请看以下代码，注意加粗的文字。

```
01   <html>
02     <head>
```

```
03              <title> 大于或等于运算符 </title>
04              <script type="text/javascript">
05                 <!--
06                    var i = 11;
07                    var j = 11;
08                    if (i<=j)
09                    {
10                        document.write("i 大于或等于 j");
11                    }
12                    else
13                    {
14                        document.write("i 小于 j");
15                    }
16                 -->
17              </script>
18          </head>
19          <body>
20          </body>
21      </html>
```

【代码说明】 代码第 6 ～ 7 行定义了两个变量，然后代码第 8 行比较两个变量，并根据不同的结果输出不同的值。

【运行效果】 以上代码为本书配套代码文件目录"代码 \ 第 03 章 \sample19.htm"里的内容，其运行结果为"i 大于或等于 j"。

提示 大于或等于运算符的比较原理与小于运算符的比较原理相同。

3.5.9　in 运算符

in 运算符虽然也是一个二元运算符，但是对运算符左右两个操作数的要求比较严格。in 运算符要求第 1 个（左边的）操作数必须是字符串类型或可以转换为字符串类型的其他类型，而第 2 个（右边的）操作数必须是数组或对象。只有第 1 个操作数的值是第 2 个操作数的属性名，才会返回 true，否则返回 false。

【实例 3.20】 请看以下代码，注意加粗的文字。

```
01  <html>
02      <head>
03          <title>in 运算符 </title>
04          <script type="text/javascript">
05             <!--
06                // 定义一个 box 对象
07                var box = {box_length:200,box_width:100};
08                // 定义一个数组
09                var arr = ["box_length",200,"200"];
10                // 定义变量
11                var x = "box_length";
12                var y = 2;
13                if (x in box)
14                {
15                    document.write(" 变量 x 包含在对象 box 之中 <br>");
16                }
17                else
18                {
```

```
19              document.write(" 变量 x 不包含在对象 box 之中 <br>");
20          }
21          if (y in box)
22          {
23              document.write(" 变量 y 包含在对象 box 之中 <br>");
24          }
25          else
26          {
27              document.write(" 变量 y 不包含在对象 box 之中 <br>");
28          }
29          if (x in arr)
30          {
31              document.write(" 变量 x 包含在数组 arr 之中 <br>");
32          }
33          else
34          {
35              document.write(" 变量 x 不包含在数组 arr 之中 <br>");
36          }
37          if (y in arr)
38          {
39              document.write(" 变量 y 包含在数组 arr 之中 <br>");
40          }
41          else
42          {
43              document.write(" 变量 y 不包含在数组 arr 之中 <br>");
44          }
45      -->
46      </script>
47    </head>
48    <body>
49    </body>
50 </html>
```

【代码说明】本例代码中的关键点如下。

❑ 代码 7～9 行定义了一个对象 box 和一个数组 arr。其中，对象 box 包含了两个属性：box_length 和 box_width；数组 arr 一共包含 3 个元素。

❑ 对于对象而言，in 运算符比较的是对象的属性名。当变量 x 的值为" box_length"时，与对象 box 中的属性" box_length"相同，因此" x in box"返回 true。而变量 y 的值与对象 box 中的所有属性名都不相同，因此" y in box"返回 false。

❑ 对于数组而言，in 运算符比较的是数组的下标。当变量 y 的值为 2 时，属于数组 arr 的合法下标（arr 的长度为 3，所以合法下标为 0～2），因此" y in arr"返回 true。而变量 x 的值为" box_length"，虽然数组中有一个元素值也为" box_length"，但是这并不是数组 arr 的合法下标，因此" x in arr"返回 false。

【运行效果】以上代码为本书配套代码文件目录"代码 \ 第 03 章 \sample20.htm"里的内容，其运行结果如图 3.9 所示。

图 3.9　sample20.htm 的运行结果

3.5.10　instanceof 运算符

instanceof 运算符用于判断对象与对象实例之间关系的运算符，或者判断对象是否由某个构造函数定义。这也是一个二元运算符，该运算符要求第 1 个操作数是一个对象或数组的名称，而第 2 个操作是对象类的名字。如果第 1 个操作数是第 2 个操作数的实例，instanceof 运算符将会返回 true，否则返回 false。

【实例 3.21】请看以下代码，注意加粗的文字。

```
01    <html>
02      <head>
03        <title>instanceof 运算符</title>
04        <script type="text/javascript">
05          <!--
06            // 定义一个 Date 对象
07            var myDate = new Date();
08            // 定义一个数组
09            var arr = ["box_length",200,"200"];
10            if (myDate instanceof Date)
11              {document.write("myDate 是 Date 类的实例 <br>");}
12            else
13              {document.write("myDate 不是 Date 类的实例 <br>");}
14            if (myDate instanceof Object)
15              {document.write(" 所有对象都是 Object 类的实例 <br>");}
16            else
17              {document.write("myDate 不是 Object 类的实例 <br>");}
18            if (myDate instanceof Number)
19              {document.write("myDate 是 Number 类的实例 <br>");}
20            else
21              {document.write("myDate 不是 Number 类的实例 <br>");}
22            if (arr instanceof Array)
23              {document.write("arr 是 Array 类的实例 <br>");}
24            else
25              {document.write("arr 不是 Array 类的实例 <br>");}
26            if (arr instanceof Object)
27              {document.write(" 所有对象都是 Object 类的实例 <br>");}
28            else
29              {document.write("arr 不是 Object 类的实例 <br>");}
30            if (arr instanceof Number)
31              {document.write("arr 是 Number 类的实例 <br>");}
32            else
33              {document.write("arr 不是 Number 类的实例 <br>");}
34          -->
35        </script>
36      </head>
37      <body>
38      </body>
39    </html>
```

【代码说明】本例代码中的关键点如下。

❑ 代码第 7～9 行定义了一个名为 myDate 的 Date 对象和一个名为 arr 的数组。

❑ 代码第 10 行使用"myDate instanceof Date"判断 myDate 是否是 Date 对象的实例，由于 myDate 是 Date() 定义的，所以返回 true。

❑ 代码第 14 行使用"myDate instanceof Object"判断 myDate 是否是 Object 类的实例，由于所有对象都是 Object 类的实例，所以返回 true。

❑ 代码第 18 行使用"myDate instanceof Number"判断 myDate 是否是 Number 类的实例，由于 myDate 不是 Number 对象，所以返回 false。

- 代码第 22 行使用"arr instanceof Array"判断 arr 是否是 Array 对象的实例，由于 arr 是一个数组，所以返回 true。
- 代码第 26 行使用"arr instanceof Object"判断 arr 是否是 Object 类的实例，由于所有对象都是 Object 类的实例，所以返回 true。
- 代码第 30 行使用"arr instanceof Number"判断 arr 是否是 Number 类的实例，由于 arr 不是 Number 对象，所以返回 false。

【运行效果】以上代码为本书配套代码文件目录"代码\第 03 章 \sample21.htm"里的内容，其运行结果如图 3.10 所示。

图 3.10 sample21.htm 的运行结果

3.6 字符串运算符

字符串运算符比较简单，只有一个 + 运算符，该运算符的作用是连接两个字符串，并产生一个新的字符串。

【实例 3.22】请看以下代码，注意加粗的文字。

```
01    <html>
02      <head>
03        <title>字符串运算符</title>
04        <script type="text/javascript">
05          <!--
06            var x = "JavaScript";
07            var y = "字符串运算符";
08            var z = x + y;
09            document.write(z);
10          -->
11        </script>
12      </head>
13      <body>
14      </body>
15    </html>
```

【代码说明】在本例中可以看出，字符串运算符的作用就是连接两个字符串。如果两个操作数中只有一个是字符串，则另一个操作数将会转换成字符串，再做连接操作，如以下代码返回的是字符串"1234"，而不是数字 46：

```
"12" + 34
```

【运行效果】以上代码为本书配套代码文件目录"代码\第 03 章 \sample22.htm"里的内容，其运行结果为"JavaScript 字符串运算符"。

注意 如果运算符为"+"，而两个操作数都是数字，将执行相加运算，因为在这种情况下，JavaScript 会将"+"看成是加法运算符，而不是字符串运算符。

3.7 赋值运算符

赋值运算符（=）的作用是给一个变量赋值，即将某个数值指定给某个变量。这也是一个二元运算符，赋值运算符的左侧操作数应该是一个变量、数组的一个元素，或者是对象的一个属性，而右侧操作数可以是一个任意的数值。

【实例 3.23】 请看以下代码，注意加粗的文字。

```
01    <html>
02      <head>
03        <title> 赋值运算符 </title>
04        <script type="text/javascript">
05          <!--
06            var x;
07            x = "JavaScript";
08            var arr = new Array();
09            arr[0] = " 数组元素一 ";
10            arr[1] = 1;
11            var pen = new Object();
12            pen.color = "red";
13            document.write(" 变量 x 的值为: " + x.toString() + "<br>");
14            document.write(" 数组 arr 的值为: " + arr.toString() + "<br>");
15            document.write(" 对象 pen 的 color 属性的值为: " + pen.color + "<br>");
16          -->
17        </script>
18      </head>
19      <body>
20      </body>
21    </html>
```

【代码说明】 在本例中：

❑ 代码第 7 行是为变量赋值；

❑ 代码第 9 ～ 10 行是为数组元素赋值；

❑ 代码第 12 行是为对象属性赋值。

【运行效果】 以上代码为本书配套代码文件目录"代码 \ 第 03 章 \sample23.htm" 里的内容，其运行结果如图 3.11 所示。

图 3.11　sample23.htm 的运行结果

3.8　逻辑运算符

逻辑运算符使用的是布尔操作数，在进行逻辑运算之后，返回的还是布尔值。逻辑运算符常与关系运算符结合使用，可以完成复杂的比较运算，而逻辑运算符的结果常用在 if、while 和 for 等语句中。

3.8.1　逻辑与运算符

逻辑与运算符（&&）是一个二元运算符，要求左右两个操作数的值都必须是布尔值。逻辑与运算符可以对左右两个操作数进行 AND 运算，只有左右两个操作数的值都为真（true）时，才会返回 true。如果其中一个或两个操作数的值为假（false），其返回值都为 false。表 3.1 为逻辑与运算符返回的结果表。

表 3.1 逻辑与运算符结果表

结果 操作数 1 操作数 2	true	false
true	true	false
false	false	false

逻辑与运算符的运算过程比较复杂，通常 JavaScript 会对逻辑与运算符左边的操作数进行运算，如果左边的操作数的值为 false，那么 JavaScript 就会直接返回 false，而不再对右边的操作数进行运算。逻辑与运算符左边的操作数的值为 true，JavaScript 才会对逻辑与运算符右边的操作数进行运算。如果右边的操作数的值为 true，JavaScript 将返回 true，否则返回 false。请看以下代码：

```
if (x==y && y==z)
{
    a = true;
}
else
{
    a = false;
}
```

在以上代码中，当 x 不等于 y 时，JavaScript 不再去判断 y 是否等于 z，而是直接将 false 值赋给变量 a。只有当 x 等于 y 时，JavaScript 才会去判断 y 是否等于 z，并且只有在 x 等于 y，y 等于 z 两种情况同时成立时，才会将 true 值赋给变量 a。请再看以下代码：

```
z = 2
if (x==y && (z++ == 3))
{
    a = true;
}
else
{
    b = false;
}
```

在以上代码中，"++"是一个递增运算符，可以将变量 y 的值加 1。在 x 不等于 y 的情况下，JavaScript 不会对逻辑与右侧的操作数进行运算，此时 z 的值还是等于 2；而在 x 等于 y 的情况下，JavaScript 才会对逻辑与右侧的操作数进行运算，此时 z 的值将会等于 3。这种情况是必须要注意的。

3.8.2 逻辑或运算符

逻辑或运算符（||）是一个二元运算符，要求左右两个操作数的值都必须是布尔值。逻辑或运算符可以对左右两个操作数进行 OR 运算，只有左右两个操作数的值都为假（false）时，才会返回 false。如果其中一个或两个操作数的值为真（true），其返回值都为 true。表 3.2 为逻辑或运算符返回的结果表。

表 3.2　逻辑或运算符结果表

结果　　操作数 1　　操作数 2	true	false
true	true	true
false	true	false

　　与逻辑与运算符类似，逻辑或运算符的运算过程也比较复杂，通常 JavaScript 会对逻辑或运算符左边的操作数进行运算，如果左边的操作数的值为 true，那么 JavaScript 就会直接返回 true，而不再对右边的操作数进行运算。如果逻辑或运算符左边的操作数的值为 false，JavaScript 才会对逻辑或运算符右边的操作数进行运算。如果右边的操作数的值为 false，JavaScript 将返回 false，否则返回 true。

3.8.3　逻辑非运算符

　　逻辑非运算符（!）是一个一元运算符，要求操作数放在运算符之后，并且操作数的值必须是布尔型。逻辑非运算符可以对操作数进行取反操作，如果运算数的值为 true，则取反操作之后的结果为 false ；如果运算数的值为 false，则取反操作之后的结果为 true。表 3.3 为逻辑非运算符返回的结果表。

表 3.3　逻辑非运算符结果表

原　　值	取 非 结 果
x	!x
true	false
false	true

3.9　逐位运算符

　　逐位运算符是一种比较复杂的运算符，可以分为逐位逻辑运算符（bitwise logical operator）与逐位位移运算符（bitwise shift operator）两种。无论是哪种逐位运算符，都必须先将操作数（要求是整型的操作数）转换成 32 位的二进制数值，然后再进行运算，运算完毕之后，再将结果转换成十进制数值。

3.9.1　逐位与运算符

　　逐位与运算符（&）是一个二元运算符，该运算符可以对左右两个操作数逐位执行 AND 操作，即只有两个操作数中相对应的位都为 1 时，该结果中的这一位才为 1，否则为 0。

　　【实例 3.24】请看以下代码，注意加粗的文字。

```
01    <html>
02      <head>
03        <title> 逐位与运算符 </title>
04        <script type="text/javascript">
```

```
05              <!--
06                  var x = 9 & 12;
07                  document.write(""9 & 12" 的结果为: " + x + "<br>");
08                  var y = 1 & 15;
09                  document.write(""1 & 15" 的结果为: " + y + "<br>");
10              -->
11          </script>
12      </head>
13      <body>
14      </body>
15  </html>
```

【代码说明】代码第 6 行和第 8 行使用了 & 运算符。在进行逐位与操作时，逐位与运算符会先将十进制的操作数转换为二进制，再对二进制中的每一位数值逐位进行 AND 操作，得出结果后，再将结果转换为十进制。其操作方式如下：

```
十进制                         二进制
9                0000 0000 0000 0000 0000 0000 0000 1001
12               0000 0000 0000 0000 0000 0000 0000 1100
----------------------------------------------------------- 逐位与操作
8                0000 0000 0000 0000 0000 0000 0000 1000
十进制                         二进制
1                0000 0000 0000 0000 0000 0000 0000 0001
15               0000 0000 0000 0000 0000 0000 0000 1111
----------------------------------------------------------- 逐位与操作
1                0000 0000 0000 0000 0000 0000 0000 0001
```

【运行效果】以上代码为本书配套代码文件目录“代码\
第 03 章 \sample24.htm”里的内容，其运行结果如图 3.12 所示。

3.9.2 逐位或运算符

逐位或运算符（|）和逐位与运算符类似，可以对左右两个操作数逐位执行 OR 操作。两个操作数中相对应的位只要有一个为 1 时，该结果中的这一位就为 1，其他情况都为 0。

【实例 3.25】请看以下代码，注意加粗的文字。

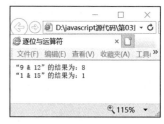

图 3.12   sample24.htm 的运行结果

```
01  <html>
02      <head>
03          <title>逐位或运算符</title>
04          <script type="text/javascript">
05              <!--
06                  var x = 9 | 12;
07                  document.write(""9 | 12" 的结果为: " + x + "<br>");
08                  var y = 1 | 15;
09                  document.write(""1 | 15" 的结果为: " + y + "<br>");
10              -->
11          </script>
12      </head>
13      <body>
14      </body>
15  </html>
```

【代码说明】代码第 6 行和第 8 行使用了“|”运算符。在进行逐位或操作时，逐位或运算符

会先将十进制的操作数转换为二进制，对二进制中的每一位数值逐位进行 OR 操作，得出结果后，再将结果转换为十进制。其操作方式如下：

```
十进制                    二进制
9          0000 0000 0000 0000 0000 0000 0000 1001
12         0000 0000 0000 0000 0000 0000 0000 1100
-------------------------------------------------- 逐位或操作
13         0000 0000 0000 0000 0000 0000 0000 1101

十进制                    二进制
1          0000 0000 0000 0000 0000 0000 0000 0001
15         0000 0000 0000 0000 0000 0000 0000 1111
-------------------------------------------------- 逐位或操作
15         0000 0000 0000 0000 0000 0000 0000 1111
```

【运行效果】以上代码为本书配套代码文件目录"代码\第 03 章\sample25.htm"里的内容，其运行结果如图 3.13 所示。

3.9.3　逐位异或运算符

逐位异或运算符（^）和逐位与运算符类似，可以对左右两个操作数逐位执行异或操作。所谓异或操作是指，第 1 个操作数与第 2 个操作数相对应的位上两个数值相同时结果为 0，否则为 1。

【实例 3.26】请看以下代码，注意加粗的文字。

图 3.13　sample25.htm 的运行结果

```
01    <html>
02      <head>
03       <title>逐位异或运算符</title>
04       <script type="text/javascript">
05         <!--
06           var x = 9 ^ 12;
07           document.write(""9 ^ 12" 的结果为: " + x + "<br>");
08           var y = 1 ^ 15;
09           document.write(""1 ^ 15" 的结果为: " + y + "<br>");
10         -->
11       </script>
12      </head>
13      <body>
14      </body>
15    </html>
```

【代码说明】代码第 6 行和第 8 行使用了 ^ 运算符。在进行逐位异或操作时，逐位异或运算符会先将十进制的操作数转换为二进制，对二进制中的每一位数值逐位进行异或操作，得出结果后，再将结果转换为十进制。其操作方式如下：

```
十进制                    二进制
9          0000 0000 0000 0000 0000 0000 0000 1001
12         0000 0000 0000 0000 0000 0000 0000 1100
-------------------------------------------------- 逐位异或操作
5          0000 0000 0000 0000 0000 0000 0000 0101

十进制                    二进制
1          0000 0000 0000 0000 0000 0000 0000 0001
15         0000 0000 0000 0000 0000 0000 0000 1111
```

```
                                                                 逐位异或操作
14                0000 0000 0000 0000 0000 0000 0000 1110
```

【运行效果】以上代码为本书配套代码文件目录"代码\第03章\sample26.htm"里的内容，
其运行结果如图3.14所示。

3.9.4　逐位非运算符

逐位非运算符（～）是一个一元操作符，作用于操作数
之前，可以对操作数中所有位的数值取反。在JavaScript中，
对一个带符号的整数进行逐位非运算，相当于将该整数改变
符号后再减1。

【实例3.27】请看以下代码，注意加粗的文字。

图 3.14　sample26.htm 的运行结果

```
01    <html>
02      <head>
03        <title>逐位非运算符</title>
04        <script type="text/javascript">
05          <!--
06            var x = ~12;
07            document.write(""~12" 的结果为: " + x + "<br>");
08            var y = ~-15;
09            document.write(""~-15" 的结果为: " + y + "<br>");
10          -->
11        </script>
12      </head>
13      <body>
14      </body>
15    </html>
```

【代码说明】代码第6行和第8行使用了"～"运算符。在进行逐位非操作时，逐位非运算
符会先将十进制的操作数转换为二进制，对二进制中的每一位数值逐位取反，得出结果后再转换
为十进制。其操作方式如下：

```
十进制                    二进制
12            0000 0000 0000 0000 0000 0000 0000 1100
-------------------------------------------------- 逐位非操作
              1111 1111 1111 1111 1111 1111 1111 0011 (补码，最高位为1，所以是负数)
              1111 1111 1111 1111 1111 1111 1111 0010 (反码)
              0000 0000 0000 0000 0000 0000 0000 1101 (绝对值的原码，即13)

十进制                    二进制
-15           0000 0000 0000 0000 0000 0000 0000 1111 (绝对值的原码)
              1111 1111 1111 1111 1111 1111 1111 0000 (反码)
              1111 1111 1111 1111 1111 1111 1111 0001 (补码)
-------------------------------------------------- 逐位非操作
14            0000 0000 0000 0000 0000 0000 0000 1110 (补码，最高位为0，所以是正数)
```

要理解以上的转换过程，必须要掌握二进制的原码、反码和补码这几个概念。

❑ 原码：原码可以分为两个部分，第一部分为二进制的最高位，用于区分正数和负数。如果
一个二进制数的最高位为0，则代表正数，如果为1则代表负数。第二部分为数值部分，
用二进制的绝对值表示。例如以下代码中，第1行是+0，第2行是-0，第3行是12，第
4行是-12。

```
0000 0000
1000 0000
0000 1100
1000 1100
```

❑ 反码：对于正数而言，反码等于原码；对于负数而言，反码等于其绝对值的原码并逐位取反。例如以下代码中，第 1 行是 12，第 2 行是 -12。

```
0000 1100
1111 0011
```

❑ 补码：对于正数而言，补码等于原码；对于负数而言，补码等于反码加 1。例如以下代码中，第 1 行是 12，第 2 行是 -12。

```
0000 1100
1111 0100
```

在计算机中，所有二进制都是以补码的形式存放的。

【运行效果】以上代码为本书配套代码文件目录"代码 \ 第 03 章 \sample27.htm"里的内容，其运行结果如图 3.15 所示。

3.9.5　左移运算符

左移运算符（<<）是一个二元操作符，可以将第 1 个操作数中的所有数值（一共 32 位）向左移动，移动的位数由第 2 个操作数决定，因此第 2 个操作数应该是 0 ～ 31 的整数。

【实例 3.28】请看以下代码，注意加粗的文字。

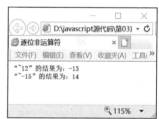

图 3.15　sample27.htm 的运行结果

```
01  <html>
02    <head>
03      <title>左移运算符</title>
04      <script type="text/javascript">
05        <!--
06          var x = 12 << 1;
07          document.write(""12 << 1" 的结果为: " + x + "<br>");
08          var y = 15 << 13;
09          document.write(""15 << 13" 的结果为: " + y + "<br>");
10        -->
11      </script>
12    </head>
13    <body>
14    </body>
15  </html>
```

【代码说明】代码第 6 行和第 8 行执行了 "<<" 运算，在进行左移操作时，左移运算符会先将第 1 个操作数转换为二进制，再根据第 2 个操作数来决定左移的位数。如果第 2 个操作数为 1，则第 1 个操作数所有位数都向左移 1 位，即第 1 位变成第 2 位，第 2 位变成第 3 位，以此类推，而第 32 位则用 0 来补充。其操作方式如下：

```
十进制                        二进制
12          0000 0000 0000 0000 0000 0000 0000 1100
------------------------------------------------------------ 左移操作
24          0000 0000 0000 0000 0000 0000 0001 1000
```

十进制	二进制
15	0000 0000 0000 0000 0000 0000 0000 1111
----------	-- 左移操作
122880	0000 0000 0000 0001 1110 0000 0000 0000

提示 将一个值左移 1 位, 相当于将该数值乘以 2; 左移 2 位, 相当于将该数值乘以 4, 以此类推。

【运行效果】以上代码为本书配套代码文件目录"代码 \ 第 03 章 \sample28.htm"里的内容, 其运行结果如图 3.16 所示。

3.9.6　带符号的右移运算符

带符号的右移运算符 (>>) 是一个二元操作符, 可以将第 1 个操作数中的所有数值 (一共 32 位) 向右移动, 移动的位数由第 2 个操作数决定, 因此第 2 个操作数应该是范围在 0 ~ 31 的整数。

【实例 3.29】请看以下代码, 注意加粗的文字。

图 3.16　sample28.htm 的运行结果

```
01    <html>
02      <head>
03        <title>带符号的右移运算符</title>
04        <script type="text/javascript">
05          <!--
06            var x = 12 >> 1;
07            document.write(""12 >> 1" 的结果为: " + x + "<br>");
08            var y = -12 >> 1;
09            document.write(""-12 >> 1" 的结果为: " + y + "<br>");
10          -->
11        </script>
12      </head>
13      <body>
14      </body>
15    </html>
```

【代码说明】代码第 6 行和第 8 行执行了 " >> " 运算, 在进行带符号的右移操作时, 带符号的右移运算符会先将第 1 个操作数转换为二进制, 再根据第 2 个操作数来决定右移的位数。如果第 1 个操作数为 1, 则第 1 个操作数所有位数都向右移 1 位, 即第 32 位变成第 31 位, 第 31 位变成第 30 位, 以此类推。而第 1 位的数值补充要由原操作数的符号来决定, 如果原操作数是正数, 则用 0 来补充; 如果原操作数是负数, 则用 1 来补充。其操作方式如下:

十进制	二进制
12	0000 0000 0000 0000 0000 0000 0000 1100
----------	-- 带符号的右移操作
6	0000 0000 0000 0000 0000 0000 0000 0110

十进制	二进制
-12	1111 1111 1111 1111 1111 1111 1111 0100 (补码)
----------	-- 带符号的右移操作
-6	1111 1111 1111 1111 1111 1111 1111 1010 (补码)

提示 将一个值带符号右移 1 位, 相当于将该数值除以 2 (含丢余数); 右移 2 位, 相当于将该数值除以 4 (含丢余数), 以此类推。

【运行效果】以上代码为本书配套代码文件目录"代码 \ 第 03 章 \sample29.htm"里的内容，其运行结果如图 3.17 所示。

3.9.7　用 0 补足的右移运算符

用 0 补足的右移运算符（>>>）与带符号的左移运算符类似，只是在右移时，最左侧的数值都是用 0 来补充的。

【实例 3.30】请看以下代码，注意加粗的文字。

图 3.17　sample29.htm 的运行结果

```
01   <html>
02     <head>
03       <title>用 0 补足的右移运算符 </title>
04       <script type="text/javascript">
05         <!--
06           var x = 12 >>> 1;
07           document.write(""12 >>> 1" 的结果为: " + x + "<br>");
08           var y = -12 >>> 1;
09           document.write(""-12 >>> 1" 的结果为: " + y + "<br>");
10         -->
11       </script>
12     </head>
13     <body>
14     </body>
15   </html>
```

【代码说明】代码第 6 行和第 8 行执行了">>>"运算，在进行用 0 补足的右移操作时，用 0 补足的右移运算符会先将第 1 个操作数转换为二进制，再根据第 2 个操作数来决定右移的位数。如果第 2 个操作数为 1，则第 1 个操作数所有位数都向右移 1 位，即第 32 位变成第 31 位，第 31 位变成第 30 位，以此类推。而第 1 位的数值补充永远是 0，无论原操作数是正数还是负数。其操作方式如下：

```
十进制                                二进制
12           0000 0000 0000 0000 0000 0000 0000 1100
------------------------------------------------------ 用 0 补足的右移操作
6            0000 0000 0000 0000 0000 0000 0000 0110

十进制                                二进制
-12          1111 1111 1111 1111 1111 1111 1111 0100 (补码)
------------------------------------------------------ 用 0 补足的右移操作
2147483642   0111 1111 1111 1111 1111 1111 1111 1010
```

【运行效果】以上代码为本书配套代码文件目录"代码 \ 第 03 章 \sample30.htm"里的内容，其运行结果如图 3.18 所示。

3.10　其他运算符

除了前面章节里所介绍的运算符之外，JavaScript 还支持许多其他运算符，请看以下介绍。

3.10.1　条件运算符

条件运算符（?:）是 JavaScript 中唯一的三元运算符。三

图 3.18　sample30.htm 的运行结果

元运算符必须有 3 个操作数：第 1 个操作数位于"？"之前；第 2 个操作数位于"？"与"："之间；第 3 个操作数位于"："之后。其语法代码如下：

```
X ? Y : Z
```

在条件运算符中，第 1 个操作数（X）必须是布尔值（如"a>b"），而第 2 个操作数（Y）和第 3 个操作数（Z），可以是任何类型的值。条件运算符返回的值是由第 1 个操作数的值所决定的，如果第 1 个操作数的值为 true，那么返回第 2 个操作数的值；如果第 1 个操作数的值为 false，那么返回第 3 个操作数的值。

【实例 3.31】请看以下代码，注意加粗的文字。

```
01    <html>
02      <head>
03        <title>条件运算符</title>
04        <script type="text/javascript">
05          <!--
06            var x = 12;
07            var a = "x 大于 10<br>";
08            var b = "x 不大于 15<br>";
09            document.write(x>10?a:b);
10            document.write(x>15?a:b);
11          -->
12        </script>
13      </head>
14      <body>
15      </body>
16    </html>
```

【代码说明】在本例中，x 的值为 12，因此 x>10 的值为 true，所以返回变量 a 的值，即"x 大于 10"。而 x>15 的值为 false，所以返回变量 b 的值，即"x 不大于 15"。

【运行效果】以上代码为本书配套代码文件目录"代码\第 03 章\sample31.htm"里的内容，其运行结果如图 3.19 所示。

图 3.19　sample31.htm 的运行结果

3.10.2　new 运算符

在 JavaScript 中有很多内置对象，如日期对象、字符串对象、布尔对象和数值对象等，使用 new 运算符可以定义一个新的内置对象实例，JavaScript 会调用构造函数初始化这个对象实例。new 运算符的语法如下：

```
对象实例名称 = new 对象类型（参数）
对象实例名称 = new 对象类型
```

当函数调用时，如果没有用到参数，可以省去括号，但这种省略方式只限于 new 运算符。

【实例 3.32】有关 new 运算符的使用请看以下代码，注意加粗的文字。

```
01    <html>
02      <head>
03        <title>new 运算符</title>
04        <script type="text/javascript">
```

```
05              <!--
06                  var mydate = new Date();
07                  document.write(mydate.getFullYear() + "<br>");
08
09                  var arr = new Array;
10                  arr = ["1",true];
11                  document.write(arr[1] + "<br>");
12              -->
13          </script>
14      </head>
15      <body>
16      </body>
17  </html>
```

【代码说明】本例中的知识点说明如下。

❑ 代码第 6 行使用"var mydate = new Date();"定义了一个名为 mydate 的新的日期型对象。

❑ 在定义了日期型对象实例之后，JavaScript 会自动调用构造函数初始化 mydate，因此，可以通过 mydate.getYear() 来获取该日期型对象中的年份。

❑ 代码第 9 行使用"var arr = new Array;"定义了一个名为 arr 数组。在定义数组对象实例时，没有使用参数，所以可以省略 Array 后面的括号。

【运行效果】以上代码为本书配套代码文件目录"代码\第 03 章\sample32.htm"里的内容，其运行结果如图 3.20 所示。

3.10.3 void 运算符

void 运算符是一个特殊的一元运算符，可以作用在任何类型的操作数之前。void 运算符可以让操作数进行运算，但是却舍弃运算之后的结果。通常 void 运算符出现在 HTML 代码的 <a> 标签中，其语法代码如下：

图 3.20 sample32.htm 的运行结果

```
void 操作数
void( 操作数)
```

【实例 3.33】有关 void 运算符的使用方法请看以下代码，注意加粗的文字。

```
01  <html>
02      <head>
03          <title>void运算符</title>
04          <script type="text/javascript">
05              <!--
06                  var a = 1;
07                  var b = 2;
08                  document.write("a+b = " + (a+b) + "<br>");
09                  document.write("void(a+b) = " + void(a+b) + "<br>");
10              -->
11          </script>
12      </head>
13      <body>
14          <a href="javascript:void window.open()">打开一个新窗口 </a><br>
15          <a href="javascript:window.open()">打开一个新窗口 </a>
16      </body>
17  </html>
```

励志照亮人生 编程改变命运

【代码说明】在本例中可以看到，变量 a 加上变量 b 的结果为 3，而 void(a+b) 的结果是 undefined。单从这一步来看，好像并没有执行 a+b 操作，而事实上 JavaScript 是执行了 a+b 操作，只是弃舍了结果。

【运行效果】以上代码为本书配套代码文件目录"代码\第 03 章\sample33.htm"里的内容，其运行结果如图 3.21 所示。

在本例中的第 1 个超链接里，使用了"javascript:void window. open()"语句来打开一个新窗口，如果单击该超链接，将会打开一个新窗口，如图 3.22 所示。

在本例中的第 2 个超链接里，使用了"javascript:window. open()"语句来打开一个新窗口，如果单击该超链接，也会打开一个新窗口，如图 3.23 所示。

图 3.21　sample33.htm 的运行结果

图 3.22　单击第 1 个超链接后的结果

图 3.23　单击第 2 个超链接后的结果

比较图 3.22 与图 3.23，可以发现，单击两个超链接之后，都会打开一个新窗口，但单击第 1 个超链接之后，原浏览器窗口中的内容并没有改变，而单击第 2 个超链接之后，原浏览器窗口中的内容已经改变。这是因为在第 1 个超链接中，使用了 void 运算符舍弃了操作数，而在第 2 个超链接中没有舍弃操作数。

3.10.4　typeof 运算符

typeof 运算符是一个一元运算符，作用于操作数之前，该操作数可以是一个任何类型。typeof 运算符可以返回一个字符串，该字符串说明操作数是什么类型。typeof 运算符的语法代码如下：

```
typeof 操作数
typeof( 操作数 )
```

【实例 3.34】有关 typeof 运算符的使用方法请看以下代码，注意加粗的文字。

```
01    <html>
02      <head>
03        <title>typeof 运算符 </title>
```

```
04          <script type="text/javascript">
05          <!--
06              var x = 12;              // 数字型
07              var a = "x大于10";       // 字符串型
08              var b = true;            // 布尔型
09              var c = null;            // 空
10              var now = new Date();    // 日期型
11              var arr = ["1",true];    // 数组
12              function myalert()       // 函数
13              {
14                  alert("警告");
15              }
16
17              document.write(typeof x + "<br>");
18              document.write(typeof a + "<br>");
19              document.write(typeof(b) + "<br>");
20              document.write(typeof(c) + "<br>");
21              document.write(typeof(d) + "<br>");
22              document.write(typeof(now) + "<br>");
23              document.write(typeof(arr) + "<br>");
24              document.write(typeof(myalert) + "<br>");
25          -->
26          </script>
27      </head>
28      <body>
29      </body>
30  </html>
```

【代码说明】在本例中可以看出，typeof 运算符返回值的几种情况如下。

❑ 当操作数为数字型时，返回"number"。

❑ 当操作数为字符串型时，返回"string"。

❑ 当操作数为布尔型时，返回"boolean"。

❑ 当操作数为空时，返回"object"。

❑ 当操作数不存在时，返回"undefined"。

❑ 当操作数为日期型时，返回"object"。

❑ 当操作数为数组时，返回"object"。

❑ 当操作数为函数时，返回"function"。

【运行效果】以上代码为本书配套代码文件目录"代码\
第 03 章 \sample34.htm"里的内容，其运行结果如图 3.24 所示。

图 3.24　sample34.htm 的运行结果

3.10.5　对象属性存取运算符

对象属性存取运算符（.）是一个二元运算符，该运算符要求第 1 个操作数必须是对象或对象
实例名，而第 2 个操作数必须是对象的属性名。对象属性存取运算符的语法代码如下：

```
对象名 . 属性名
```

【实例 3.35】有关对象属性存取运算符的使用方法如下所示，注意加粗的文字。

```
01  <html>
02      <head>
03          <title>对象属性存取运算符</title>
```

```
04          <script type="text/javascript">
05          <!--
06              // 定义一个对象实例
07              myObject = new Object();
08              // 设置对象实例的属性
09              myObject = {a: "myObject对象a属性的值", b:"myObject对象b属性的值
10              "};
11
12              // 输出对象属性
13              document.write(myObject.a + "<br>");
14              document.write(myObject.b + "<br>");
15
16              // 输出一个不存在的对象属性
17              document.write(myObject.d);
18          -->
19          </script>
20      </head>
21      <body>
22      </body>
</html>
```

【代码说明】在使用对象属性存取运算符时，有以下两点需要注意。

❑ 虽然对象属性存取运算符要求第 2 个操作数是对象的属性名，但是如果第 2 个操作数所指
定的属性不存在，JavaScript 也不会报错，只会返回
undefined。

❑ 使用对象属性存取运算符，不但可以存取对象的属性，
还可以调用对象的方法。

【运行效果】以上代码为本书配套代码文件目录"代码\
第 03 章\sample35.htm"里的内容，其运行结果如图 3.25 所示。

图 3.25　sample35.htm 的运行结果

3.10.6　数组元素存取运算符

数组元素存取运算符（[]）用于存取数组中某个元素的值。在该运算符中，"[]"之前为第 1
个操作，该操作数必须是数组的名称。在"["与"]"之间为第 2 个操作数，该操作数为数组的
下标，并且必须是整数型，其取值范围为从 0 到数组元素个数减 1。数组元素存取运算符的语法
代码如下：

```
数组名 [ 下标 ]
```

【实例 3.36】有关数组元素存取运算符的使用方法如下所示，注意加粗的文字。

```
01  <html>
02      <head>
03          <title> 数组元素存取运算符 </title>
04          <script type="text/javascript">
05          <!--
06              // 定义一个数组
07              var arr = [ "数组元素一 "," 数组元素二 "];
08
09              // 输出数组元素的值
10              document.write(arr[0] + "<br>");
11              document.write(arr[1] + "<br>");
```

```
12
13              // 输出一个不存在的数据元素的值
14              document.write(arr[2]);
15          -->
16      </script>
17  </head>
18  <body>
19  </body>
20 </html>
```

【代码说明】 代码第 7 行定义了一个数组，包括两个值。代码第 10 ~ 14 行分别读取数组的值，其中第 14 行的索引已经超出了数组的边界。

【运行效果】 以上代码为本书配套代码文件目录"代码\第 03 章 \sample36.htm"里的内容，其运行结果如图 3.26 所示。

图 3.26　sample36.htm 的运行结果

> **注意**　如果数组的下标大于或等于数组元素的个数，JavaScript 也不会报错，只会返回 undefined。

数组元素存取运算符不但可以用来存取数组元素的值，还可以用来存取对象属性的值，此时要求第 1 个操作数为对象名称、第 2 个操作数为对象的属性名称。

【实例 3.37】 请看以下代码，注意加粗的文字。

```
01 <html>
02   <head>
03     <title> 数组元素存取运算符 </title>
04     <script type="text/javascript">
05       <!--
06         // 定义一个对象
07         myObject = new Object();
08         // 设置对象的属性
09         myObject = {a:"myObject 对象 a 属性的值 " , b:"myObject 对象 b 属性的值
10         "};
11
12         // 输出对象的属性值
13         document.write(myObject["a"] + "<br>");
14         document.write(myObject["b"] + "<br>");
15       -->
16     </script>
17   </head>
18   <body>
19   </body>
20 </html>
```

【代码说明】 代码第 9 ~ 10 行定义了一个数组，这里和以前有区别，在 { } 内用 "："来间隔操作对象和对象的属性。代码第 13 ~ 14 行演示了这种读取方式。

【运行效果】 以上代码为本书配套代码文件目录"代码\第 03 章 \sample37.htm"里的内容，其运行结果如图 3.27 所示。

3.10.7　delete 运算符

delete 运算符用于删除变量、对象的属性或数组中的元素。delete 运算符返回的是布尔值数据。如果删除操作成功，

图 3.27　sample37.htm 的运行结果

则返回 true，否则返回 false。delete 运算符的使用语法如下：

```
delete 对象名
delete 对象名称.属性
delete 数组[索引]
delete 变量名
```

在使用 delete 运算符时，必须注意以下几点。

❑ 并不是所有属性和变量都可以删除，某些对象的内部核心属性和客户端属性是不能删除的。

❑ 使用 var 定义的变量、对象、数组是不能删除的。

❑ 删除对象中不存在的属性会返回 true。

❑ 删除未定义的变量会返回 true。

【实例 3.38】有关 delete 运算符的使用方法请看以下代码，注意加粗的文字。

```
01  <html>
02    <head>
03      <title>delete 运算符</title>
04      <script type="text/javascript">
05        <!--
06          // 定义一个对象
07          myObject = new Object();
08          // 设置对象的属性
09          myObject = {a:"myObject 对象 a 属性的值", b:"myObject 对象 b 属性的值
10          "};
11          // 定义变量
12          var a = "使用 var 定义的变量";
13          b = "没有使用 var 定义的变量";
14          // 定义一个数组
15          var arr = ["数组元素一","数组元素二"];
16
17          // 输出对象属性
18          document.write(myObject.a + "<br>");
19          document.write(myObject.b + "<br>");
20          // 删除对象属性
21          delete myObject.b;
22          // 输出删除过的对象属性,此时 myObject.b 属性不存在,输出 undefined
23          document.write(myObject.b + "<br>");
24          // 删除对象不存在的对象属性,也会返回 true
25          document.write(delete myObject.c + "<br><br>");
26
27          // 删除对象
28          delete myObject;
29          // 输出已删除的对象类型,此时 myObject 对象不存在,输出 undefined
30          document.write(typeof(myObject) + "<br><br>");
31
32          // 输出变量 a 的值
33          document.write(a + "<br>");
34          // 删除变量 a,由于变量 a 是使用 var 定义的,所以不能删除,返回 false
35          document.write(delete a + "<br><br>");
36
37          // 输出变量 b 的值
38          document.write(b + "<br>");
39          // 删除变量 b,由于变量 b 是没有使用 var 定义的,所以可以删除,返回 true
40          document.write(delete b + "<br>");
41          // 输出已删除的变量 b 的类型,此时变量 b 不存在,输出 undefined
```

```
42              document.write(typeof(b) + "<br><br>");
43
44              // 输出数组元素的值
45              document.write(arr[0] + "<br>");
46              document.write(arr[1] + "<br>");
47              // 删除数组元素
48              delete arr[0];
49              // 输出数组元素的值, arr[0] 被删除了, 所以输出 undefined
50              document.write(arr[0] + "<br>");
51              document.write(arr[1] + "<br><br>");
52
53              // 不能删除未定义的变量, 因此返回 true
54              document.write(delete d);
55          -->
56      </script>
57  </head>
58  <body>
59  </body>
60  </html>
```

【代码说明】在本例中的知识点如下。

❑ 代码第 7 行定义了一个 myObject 对象, 并为 myObject 对象创建 a 和 b 两个属性。使用 delete 运算符删除 myObject.b 属性, 然后输出 myObject.b 属性。此时由于 myObject.b 属性 已经删除, 所以显示 undefined。如图 3.28 所示中的第 3 行文字所示。

❑ 使用 delete 运算符删除 myObject 对象中并不存在的 c 属性, 但此时仍然返回 true。如 图 3.28 所示中第 4 行文字所示。

❑ 使用 delete 运算符删除 myObject 对象, 再使用 typeof 运算符返回 myObject 对象的类 型。由于 myObject 对象已经删除, 所以返回的是 undefined。如图 3.28 所示中第 5 行文字 所示。

❑ 代码第 12 行使用 var 定义一个变量 a, 然后使用 delete 运算符删除变量 a, 此时返回 false, 因为 delete 运算符不能删除使用 var 定义的变量。如图 3.28 所示中的第 7 行文字。

❑ 代码第 13 行定义一个变量 b, 该变量 b 没有使用 var 定义, 然后使用 delete 运算符删除变量 b, 此时返回 true。如图 3.28 所示中的第 9 行文字所示。

❑ 再用 typeof 运算符返回变量 b 的类型, 由于变量 b 已 经删除, 所以返回 undefined。图 3.28 所示中的第 10 行文字所示。

❑ 代码第 15 行定义一个名为 arr 的数组, 该数组中有两 个元素。使用 delete 运算符删除数组中的第 1 个元素。 再输出 arr 数组中的第 1 个元素, 由于该元素已经删 除, 所以返回 undefined。图 3.28 所示中的第 13 行文 字所示。

❑ 使用 delete 运算符删除一个未定义的变量 d, 返回的 还是 true。图 3.28 所示中最后一行文字所示。

【运行效果】以上代码为本书配套代码文件目录"代码\

图 3.28　sample38.htm 的运行结果

第 03 章 \sample38.htm"里的内容, 其运行结果如图 3.28 所示。

3.10.8 逗号运算符

逗号运算符是一个二元运算符, 其作用只是分隔两个操作数, JavaScript 会先计算第 1 个操作数的值, 再计算第 2 个操作数的值。通常逗号运算符都与 for 语句联合使用。

【实例 3.39】有关逗号运算符的使用请看以下代码, 注意加粗的文字。

```
01    <html>
02      <head>
03        <title>逗号运算符</title>
04        <script type="text/javascript">
05          <!--
06            var a = 1;
07            var b = 2;
08            c = a+1, d = a+b;
09            document.write(c + "<br>");
10            document.write(d + "<br>");
11            for (i=0,j=1;i<3;i++,j=j+3)
12            {
13                document.write("i = " + i + ";j = " + j + "<br>");
14            }
15          -->
16        </script>
17      </head>
18      <body>
19      </body>
20    </html>
```

【代码说明】代码第 8 行使用了逗号运算符, 其实这完成了两个运算。代码第 11 行中的 for 循环中也使用了逗号运算符, 这里起到间隔的作用。

【运行效果】以上代码为本书配套代码文件目录"代码\第 03 章\sample39.htm"里的内容, 其运行结果如图 3.29 所示。

> **提示** 有关 for 语句的使用方法会在后续章节详细介绍。

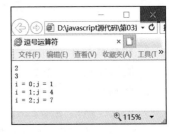

图 3.29 sample39.htm 的运行结果

3.10.9 函数调用运算符

函数调用运算符 (()) 是一个特殊的运算符, 其作用是调用函数。之所以说它特殊, 是因为该运算符没有确定数量的操作数, 操作数的多少由函数的参数多少来决定。函数调用运算符的语法代码如下:

```
函数名 ()
函数名 ( 参数 )
函数名 ( 参数 1, 参数 2, …)
对象名 . 方法名 ()
对象名 . 方法名 ( 参数 )
对象名 . 方法名 ( 参数 1, 参数 2, …)
```

【实例 3.40】有关函数调用运算符的使用方法请看以下代码, 注意加粗的文字。

```
01    <html>
02      <head>
03        <title>函数调用运算符</title>
04        <script type="text/javascript">
05          <!--
06            // 调用 document 对象的 write() 方法
07            document.write("输出文字<br>");
08
09            // 定义一个函数
10            function myFun()
11            {
12                alert("弹出警告框");
13            }
14            // 调用函数
15            myFun();
16          -->
17        </script>
18      </head>
19      <body>
20      </body>
21    </html>
```

【代码说明】代码第 10 ～ 13 行创建了一个函数 myFun，代码第 15 行调用这个函数直接用名称 +( ) 的形式即可。

【运行效果】以上代码为本书配套代码文件目录"代码 \ 第 03 章 \sample40.htm"里的内容，其运行结果如图 3.30所示。

3.10.10　this 运算符

虽然在很多时候，都称 this 为运算符，但 this 更像是一个关键字，因为它不需要操作数。this 所代表的是当前对象，其语法代码如下所示：

图 3.30　sample40.htm 的运行结果

```
this[.属性]
```

【实例 3.41】有关 this 运算符的使用方法请看以下代码，注意加粗的文字。

```
01    <html>
02      <head>
03        <title>this 运算符</title>
04        <script type="text/javascript">
05          <!--
06            function outtext1(obj)
07            {
08                alert(obj.value);
09            }
10            function outtext2(str)
11            {
12                alert(str);
13            }
14          -->
15        </script>
16      </head>
17      <body>
```

励志照亮人生　编程改变命运

```
18              <input type="text" value="第一个文本框" onclick="outtext1(this)">
19              <input type="text" value="第二个文本框" onclick="outtext2(this.value)">
20      </body>
21  </html>
```

【代码说明】在本例中，第18～19行创建了两个文本框，第6～13行表示在单击文本框时，会弹出一个警告窗口。

【运行效果】以上代码为本书配套代码文件目录"代码\第三章\sample41.htm"里的内容，如图3.31为单击第1个文本框之后的结果。

在本例中第1个文本框里使用了"onclick="outtext1(this)""来调用 outtext1 函数，该函数中的参数为对象型参数，此时 this 代表的是第1个文本框对象。在本例中第2个文本框里使用了"onclick="outtext2(this.value)""来调用 outtext2 函数，该函数中的参数为字符串型参数，此时 this 代表的是第2个文本框对象，而 this.value 代表的是第2个文本框中的内容。

图 3.31　sample41.htm 的运行结果

3.11　运算符的优先级

在一个表达式中，有可能同时出现多个运算符，如以下表达式：

```
var a = b + c * d /f
```

在这种表达式中，就涉及运算符的优先级问题。学过数学的人都知道，乘法除法要比加法减法的优先级高，在 JavaScript 中也一样，优先级高的运算符将被优先执行，优先级低的运算符后被执行，而优先级相同的运算符将从左至右执行。下面将运算符按优先级从高到低列为表 3.4，越在前面出现的运算符优先级越高。

表 3.4　运算符的优先级

运算符（优先级从高到低）	说　　明
()、.、[]	分组或函数调用运算符、对象属性存取运算符、数组元素存取运算符
++、--、+、-、~、!、delete、new、typeof、void	递增运算符、递减运算符、正号运算符、负号运算符、逐位非运算符、逻辑非运算符、delete 运算符、new 运算符、typeof 运算符、void 运算符
*、/、%	乘法运算符、除法运算符、取模运算符
+、-	加法运算符（字符串运算符）、减法运算符
<<、>>、>>>	左移运算符、带符号右移运算符、用 0 补足右移运算符
<、<=、>、>=、in、instanceof	小于运算符、小于或等于运算符、大于运算符、大于或等于运算符、in 运算符、instanceof 运算符
==、===、!=、!==	相等运算符、等同运算符、不等于运算符、不等同运算符
&	逐位与运算符
^	逐位异或运算符
|	逐位或运算符

（续）

运算符（优先级从高到低）	说　　明
&&	逻辑与运算符
||	逻辑或运算符
?:	条件运算符
=	赋值运算符
,	逗号运算符

3.12　小结

本章主要介绍了 JavaScript 中的表达式、操作数与运算符。JavaScript 中的运算符比较多，可以分为算术运算符、关系运算符、字符串运算符、赋值运算符、逻辑运算符、逐位运算符和其他运算符七大类。在使用 JavaScript 中的运算符时，要注意不同运算符的优先次序。下一章将会介绍 JavaScript 中的语句。

3.13　本章练习

1. JavaScript 中的字符与字符相连接使用_____运算符。

2. 逗号运算符的作用是什么？

3. += 的意思是_____？

    A. 字符串追加连接符　　　　B. 赋值运算符　　　　C. 加法运算符　　　　D. 移位运算符

4. typeof 运算符返回的数据类型是_____。

    A. 数值型　　　　　　　　B. 字符型

第4章 语　句

从上一章中可以看出，表达式的作用只是生成并返回一个值，但是在一个程序里，如果仅仅只是生成并返回值的话，那么这个程序可能什么也做不了。在 JavaScript 中还有很多种语句，通过这些语句可以控制程序代码的执行次序，从而可以完成比较复杂的程序操作。

本章重点：

❑ JavaScript 的语句构成；

❑ JavaScript 的异常处理能力；

❑ 一些常见的关键字。

4.1　表达式语句

表达式语句是 JavaScript 中最简单的语句。表达式语句通常是赋值语句、delete 语句和函数或方法调用语句。如以下代码中，每一行都是一个表达式语句：

```
a = 1 + 2;              //赋值语句
b = a * c;              //赋值语句
i++;                    //递增表达式，实际上也是一个赋值语句
x--;                    //递减表达式，实际上也是一个赋值语句
delete myObject.b;      //删除一个对象属性
delete arr[0];          //删除一个数组元素
myFun();                //调用函数
alert("");              //使用方法
window.open();          //使用方法
```

4.2　语句块

用 {} 将多个语句括起来，就形成了一个语句块。JavaScript 会按着语句块中语句出现次序逐一地执行。通常情况下，JavaScript 会执行完语句块中的所有语句，除非语句块中出现 break、continue、return 或 throw 语句。语句块的使用范围很广，可以与函数或选择语句、循环语句、异常处理语句等语句联合使用，以达到复杂的程序控制目的。以下代码中，加粗的文字就是一个语句块：

```
function myFun(a,b)
{
    var c = a + b;
    alert(c);
}
```

只要是用 {} 括起来的语句都是一个语句块，因此，一个语句块里，也可以只有一个语句，如以下代码中，加粗的文字就是一个语句块：

```
if (a>b)
{
    document.write(a);
}
```

4.3 选择语句

选择语句是 JavaScript 中的基本控制语句之一，其作用是让 JavaScript 根据条件选择执行哪些语句或不执行哪些语句。在 JavaScript 中的选择语句可以分为 if 语句和 switch 语句两种。

4.3.1 if 语句

if 语句是一个单一的选择语句，相当于口语中的"如果……就……"语句。其语法代码如下所示：

```
if (<逻辑表达式>)
    <语句块>
```

在 if 语句中，只有当 <逻辑表达式> 返回的结果为 true 时，才会去执行 <语句块> 中的语句，否则，将跳过 <语句块> 中的语句，继续执行其他语句。

【实例 4.1】有关 if 语句的使用方法请看以下代码，注意加粗的文字。

```
01  <html>
02    <head>
03      <title>if 语句 </title>
04      <script type="text/javascript">
05        <!--
06          var a = 10;
07          var b = 20;
08          if (b>a)
09            document.write("b 大于 a<br>");
10          if (b=2qa)
11          {
12            var c = a + b;
13            document.write("a + b = " + c + "<br>");
14          }
15          if (a>b)
16          {
17            document.write("a 大于 b");
18          }
19        -->
20      </script>
21    </head>
22    <body>
23    </body>
24  </html>
```

【代码说明】在本例中所涉及的知识点有以下几个：

- 因为表达式"b>a"返回 true，执行"document.write("b 大于 a
");"语句，输出"b 大于 a"，如图 4.1 所示中的第一行文字。此时由于语句块中只有一个语句，所以可以省略大括号。

- 因为"b=2*a"返回 true，因此执行下面的语句块中的语句。即先执行"var c = a + b;"，再执行"document.write("a + b = " + c + "<br>");"。如图 4.1 所示中的第二行文字。此时语句块中有两个语句，因此必须要用 {} 将这两个语句括起来。

- 因为"a>b"返回 false，因此 JavaScript 不会执行其后的语句块中的语句。虽然在该语句块中只有一个语句，也可以用大括号将其括起来形成一个语句块。

提示 即使语句块中只有一个语句，最好也不要省略大括号，这样可以让代码的可读性增强，也可以减少出错的机会。

【运行效果】以上代码为本书配套代码文件目录"代码\第 04 章 \sample01.htm"里的内容，其运行结果如图 4.1 所示。

4.3.2 if...else 语句

if...else 语句是两路选择语句，相当于口语中常用到的"如果……否则……"语句，其语法代码如下所示：

图 4.1　sample01.htm 的运行结果

```
if (< 逻辑表达式 >)
    < 语句块 1>
else
    < 语句块 2>
```

在 if...else 语句中，当 < 逻辑表达式 > 返回的结果为 true 时，则执行 < 语句块 1> 中的语句，执行完 < 语句块 1> 中的语句之后，跳过 else 和 < 语句块 2>，继续执行其他语句。当 < 逻辑表达式 > 返回的结果为 false 时，则跳过 < 语句块 1> 中的语句，执行 < 语句块 2> 中的语句。

【实例 4.2】有关 if...else 语句的使用方法请看以下代码，注意加粗的文字：

```
01    <html>
02      <head>
03        <title>if...else 语句 </title>
04        <script type="text/javascript">
05          <!--
06            // 定义一个日期型对象
07            var myDate = new Date();
08            // 获取当前时间
09            var myHoure = myDate.getHours();
10            if (myHoure>=6 && myHoure<18)
11            {
12                document.write(" 白天好！ ");
13            }
14            else
15            {
16                document.write(" 晚上好！ ");
17            }
18          -->
19        </script>
```

```
20        </head>
21        <body>
    </body>
</html>
```

【代码说明】在本例中，第 7 行先定义了一个时间类型的对象，再通过该对象获得当前的时间（小时），然后用"if (myHoure>=6 && myHoure<18)"判断当前时间是不是在 6 点到 18 点之间，如果是的话，执行"document.write（"白天好！"）;"语句，如果不是的话，执行"document.write（"晚上好！"）;"语句。

【运行效果】以上代码为本书配套代码文件目录"代码\ 第 04 章 \sample02.htm"里的内容，在早上 7 点到晚上 18 点之间运行该文件的结果如图 4.2 所示，在其余时间运行该文件的结果如图 4.3 所示。

图 4.2　白天的运行结果

图 4.3　晚上的运行结果

4.3.3　if...else if...else 语句

if...else if...else 语句可以提供多重选择，相当于口语中的"如果……如果……否则"，其语法代码如下所示：

```
if (<逻辑表达式 1>)
    <语句块 1>
else if  (<逻辑表达式 2>)
    <语句块 2>
……
else if  (<逻辑表达式 n>)
    <语句块 n>
else
    <语句块 x>
```

在 if...else if...else 语句中，JavaScript 会先判断<逻辑表达式 1>返回的结果是否为 true，如果为 true 的话，执行<语句块 1>中的语句，执行完毕后忽略其他 else if 和 else 中的语句。如果不为 true，则跳过<语句块 1>中的语句，判断<逻辑表达式 2>返回的结果是否为 true，如果为 true 的话，执行<语句块 2>中的语句，执行完毕后忽略其他 else if 和 else 中的语句。以此类推，直到所有逻辑表达式都为 false 时，才执行语句块 n 中的语句。

【实例 4.3】有关 if...else if...else 语句的使用方法请看以下代码，注意加粗的文字：

```
01    <html>
02      <head>
03        <title>if...else if...else 语句 </title>
04        <script type="text/javascript">
```

```
05              <!--
06                  // 定义一个日期型对象
07                  var myDate = new Date();
08                  // 获取当前时间
09                  var myHoure = myDate.getHours();
10                  if (myHoure>5 && myHoure<=12)
11                  {
12                      document.write(" 早上好! ");
13                  }
14                  else if (myHoure>12 && myHoure<=18)
15                  {
16                      document.write(" 下午好! ");
17                  }
18                  else
19                  {
20                      document.write(" 晚上好! ");
21                  }
22              -->
23          </script>
24      </head>
25      <body>
26      </body>
27  </html>
```

【代码说明】代码第 7 行先创建一个日期对象，然后代码第 9 行获取当前的时间。代码第 10 ~ 21 行根据当前时间显示问候信息。

【运行效果】以上代码为本书配套代码文件目录"代码 \ 第 04 章 \sample03.htm"里的内容，如果在 6 点与 12 点之间运行该文件，则会输出"早上好!"；如果在 12 点与 18 点之间运行该文件，则会输出"下午好!"；如果在其他时间运行该文件，则会输出"晚上好!"。

4.3.4 if...else if 语句

将 if...else if...else 语句中的 else 省略就成了 if...else if 语句，其语法代码如下所示：

```
if (<逻辑表达式 1>)
    <语句块 1>
else if  (<逻辑表达式 2>)
    <语句块 2>
......
else if  (<逻辑表达式 n>)
    <语句块 n>
```

从以上代码中可以看出，如果所有逻辑表达式都为 false，那么整个 if 语句将什么也不执行。

【实例 4.4】请看以下代码，注意加粗的文字：

```
01  <html>
02      <head>
03          <title>if...else if 语句 </title>
04          <script type="text/javascript">
05              <!--
06                  // 定义一个日期型对象
07                  var myDate = new Date();
08                  // 获取当前时间
09                  var myHoure = myDate.getHours();
10                  if (myHoure>5 && myHoure<=12)
```

```
11              {
12                  document.write("早上好! ");
13              }
14              else if (myHoure>12 && myHoure<=18)
15              {
16                  document.write("下午好! ");
17              }
18          -->
19      </script>
20      </head>
21      <body>
22      </body>
23  </html>
```

【代码说明】代码第 7 行先创建一个日期对象，然后代码第 9 行获取当前的时间。代码第 10 ～ 17 行根据当前时间显示问候信息。

【运行效果】以上代码为本书配套代码文件目录"代码 \ 第 04 章 \sample04.htm"里的内容，如果在 6 点与 12 点之间运行该文件，则会输出"早上好!"；如果在 12 点与 18 点之间运行该文件，则会输出"下午好!"，否则什么都不输出。

4.3.5 if 语句的嵌套

if 语句允许嵌套，在嵌套时要注意 else 与 if 的匹配，sample03.htm 也可以用嵌套方式来实现。

【实例 4.5】请看以下代码，注意加粗的文字：

```
01  <html>
02      <head>
03          <title>if 语句的嵌套</title>
04          <script type="text/javascript">
05          <!--
06              var myDate = new Date();
07              var myHoure = myDate.getHours();
08
09              if (myHoure>5 && myHoure<=12)
10              {
11                  document.write("早上好! ");
12              }
13              else
14              {
15                  if (myHoure>12 && myHoure<=18)
16                  {
17                      document.write("下午好! ");
18                  }
19                  else
20                  {
21                      document.write("晚上好! ");
22                  }
23              }
24          -->
25      </script>
26      </head>
27      <body>
28      </body>
29  </html>
```

【**代码说明**】代码第 6 行先创建一个日期对象，然后代码第 7 行获取当前的时间。代码第 9 ～ 23 行根据当前时间显示问候信息。

【**运行效果**】以上代码为本书配套代码文件目录"代码 \ 第 04 章 \sample05.htm"里的内容，在本例中，粗体部分是一个 if...else 语句，斜体部分是嵌套在 if...else 语句中的另一个 if...else 语句。sample05.htm 与 sample03.htm 的运行结果完全一致，但 sample03.htm 看上去要比 sample05.htm 更直观和易于理解。

4.3.6　switch 语句

if...else if...else 语句和嵌套的 if 语句都可以为程序流程提供多个可执行的分支，由 JavaScript 判断并执行某一个分支。但是如果分支特别多的话，JavaScript 就要重复去判断每个分支中的逻辑表达式，这无疑是一种时间上的浪费。JavaScript 的 switch 语句在多分支的处理上，比 if 语句要有效得多。switch 语句可以针对变量不同的值来选择执行哪个语句块，其语法代码如下所示：

```
switch (<变量>)
{
    case <数值1>:
        <语句块1>
        break;
    case <数值2>:
        <语句块2>
        break;
    ...... ......
    case <数值n>:
        <语句块n>
        break;
    default:
        <语句块m>
}
```

在以上代码中，JavaScript 会先计算 <变量> 的值，然后再与 <数值 1> 比较，如果相同，则执行 <语句块 1> 中的语句，执行完毕后跳出整个 switch 语句；如果不相同，则与 <数值 2> 比较。如果与 <数值 2> 相同，则执行 <语句块 2> 中的语句，执行完毕后跳出整个 switch 语句；如果不同，则继续比较下去。如果所有 case 语句后的数值与 <变量> 的值都不相同，则执行 default 后的 <语句块 m>。

【**实例 4.6**】有关 switch 语句的使用方法请看以下代码，注意加粗的文字：

```
01    <html>
02    <head>
03      <title>switch 语句 </title>
04      <script type="text/javascript">
05        <!--
06          function myFun(str)
07          {
08            switch (str)
09            {
10              case "1":
11                alert(" 您选择的是星期一 ");
12                break;
13              case "2":
14                alert(" 您选择的是星期二 ");
```

```
15                       break;
16               case "3":
17                  alert(" 您选择的是星期三 ");
18                  break;
19               case "4":
20                  alert(" 您选择的是星期四 ");
21                  break;
22               case "5":
23                  alert(" 您选择的是星期五 ");
24                  break;
25               case "6":
26                  alert(" 您选择的是星期六 ");
27                  break;
28               default:
29                  alert(" 您选择的是星期日 ");
30            }
31         }
32         -->
33      </script>
34   </head>
35   <body>
36      <input type="radio"name="week" value="1"onclick="myFun(this.value)"> 星期一
37 <br>
38      <input type="radio"name="week" value="2"onclick="myFun(this.value)"> 星期二
39 <br>
40      <input type="radio"name="week" value="3"onclick="myFun(this.value)"> 星期三
41 <br>
42      <input type="radio"name="week" value="4"onclick="myFun(this.value)"> 星期四
43 <br>
44      <input type="radio"name="week" value="5"onclick="myFun(this.value)"> 星期五
45 <br>
46      <input type="radio"name="week" value="6"onclick="myFun(this.value)"> 星期六
47 <br>
48      <input type="radio"name="week" value="7"onclick="myFun(this.value)"> 星期日
49 <br>
50   </body>
51 </html>
```

【代码说明】在使用 switch 语句时，有以下几种是需要注意的：

❑ 变量必须要用小括号括起来。

❑ case 语句后的数值的数据类型必须与变量的数据类型相同，否则匹配会全部失败，而去执行 default 语句后的语句块。

❑ case ＜数值 1＞后必须要加上冒号。

❑ 每个 case 语句的最后，必须要用 break 语句结束。如果省略 break 语句，JavaScript 在执行完 case 后的语句块之后，不会跳出整个 switch 语句，还会继续执行下去。

❑ default 语句必须放在所有 case 语句之后。

❑ default 语句的最后可以不使用 break 语句。

❑ default 语句可以省略。如果省略 default 语句，在变量值不能与任何一个 case 后的数值匹配成功的情况下，JavaScript 会直接结束 switch 语句，不做任何操作。

❑ 如果省略了 default 语句，最后一个 case 语句后的 break 语句也可以省略。

【运行效果】以上代码为本书配套代码文件目录"代码＼第 04 章＼sample06.htm"里的内容，在本例中，创建了 7 个单选框，在单击这些单选框时，调用 myFun() 函数，并将参数值传到该函数中。在 myFun() 函数里使用了 switch 语句判断传入的参数值是多少，然后根据不同的参数值，弹出不同内容的警告框。其运行结果如图 4.4 所示。

4.4 循环语句

选择语句允许让 JavaScript 选择执行语句块，而循环语句可以让 JavaScript 重复执行某个语句块。JavaScript 中的循环语句包括 while 语句、do...while 语句、for 语句和 for...in 语句 4 种。

4.4.1 while 语句

while 语句是在 JavaScript 中使用得最多的一种循环语句，其语法代码如下所示：

图 4.4 sample06.htm 的运行结果

```
while (<逻辑表达式>)
    <语句块>
```

在以上代码中，JavaScript 会先判断逻辑表达式的值，如果该值为 false，则不执行语句块（在循环语句中语句块又称为循环体）中的语句，即结束整个 while 语句。如果逻辑表达式的值为 true，则执行循环体中的语句，执行完毕之后，再去判断逻辑表达式的值，如果还为 true，则再次执行循环体中的语句，这种循环将会一直执行下去，直到逻辑表达式的值为 false 时才退出循环。

因此，在 while 语句的循环体中，往往会包含改变逻辑表达式条件的语句，否则逻辑表达式一直为 true，会造成死循环。

【实例 4.7】有关 while 语句的使用方法请看以下代码，注意加粗的文字：

```
01  <html>
02    <head>
03      <title>while 语句</title>
04      <script type="text/javascript">
05        <!--
06          var i = 0;
07          while (i<4)
08          {
09              document.write(i + "<br>");
10              i++;
11          }
12        -->
13      </script>
14    </head>
15    <body>
16    </body>
17  </html>
```

【代码说明】本例的执行过程如下所示：

（1）执行代码第 6 行的 "var i = 0;" 语句。

（2）执行代码第 7 行的 while 语句，判断 "i<4" 是否返回 true，如果返回 true，执行第（3）步骤，否则终止 while 语句。

（3）第 9 行输出变量 i 的值。

（4）第 10 行变量 i 自加 1。

（5）重复第（2）步骤。

【运行效果】以上代码为本书配套代码文件目录"代码\第 04 章\sample07.htm"里的内容，其运行结果如图 4.5 所示。

4.4.2　do...while 语句

do...while 语句与 while 语句十分类似，也是一个循环语句，不同的是 while 语句是先判断逻辑表达式的值是否为 true 之后再决定是否执行循环体中的语句，而 do...while 语句是先执行循环体中的语句之后，再判断逻辑表达式是否为 true，如果为 true 则重复执行循环体中的语句。do...while 语句的语法代码如下所示：

图 4.5　sample07.htm 的运行结果

```
do
    <语句块>
while (<逻辑表达式>);
```

【实例 4.8】有关 do...while 语句的使用方法请看以下代码，注意加粗的文字：

```
01   <html>
02     <head>
03       <title>do...while 语句</title>
04       <script type="text/javascript">
05         <!--
06           var i = 0;
07           do
08           {
09               document.write(i + "<br>");
10               i++;
11           }
12           while (i<4);
13         -->
14       </script>
15     </head>
16     <body>
17     </body>
18   </html>
```

【代码说明】本例的执行过程如下所示：

（1）执行第 6 行的"var i = 0;"语句。

（2）执行第 7 ～ 11 行的循环体语句。

（3）判断"i<4"是否返回 true，如果返回 true，执行第（2）步骤，否则终止 do...while 语句。

注意　在 do...while 语句中，while 是整个 do...while 语句中的结束语句，因此，在 while 语句之后，应该加上分号（虽然省略分号也是可行的）。

【运行效果】以上代码为本书配套代码文件目录"代码 \ 第 04 章 \sample08.htm"里的内容，其运行结果如图 4.6 所示。

【实例 4.9】do...while 语句与 while 语句的区别在于，do...while 语句是先执行后判断，while 语句是先判断后执行，因此，do...while 语句有可能比 while 语句要多执行一次循环体中的语句。请看以下代码，注意加粗的文字：

```
01   <html>
02     <head>
03       <title>do...while 语句与 while 语句的比较 </title>
04       <script type="text/javascript">
05         <!--
06           var i = 4;
07           do
08           {
09               document.write("i = " + i + "<br>");
10               i--;
11           }
12           while (i>10);
13
14           var j = 4;
15           while (j>10)
16           {
17               document.write("i = " + j + "<br>");
18               j--;
19           }
20         -->
21       </script>
22     </head>
23     <body>
24     </body>
25   </html>
```

【代码说明】在本例中，在 while 语句与 do...while 语句的逻辑表达式的返回值都为 false，但是 do...while 语句却执行了一次循环体中的语句，而 while 语句没有执行。这也是 do...while 语句与 while 语句的区别所在。

注意 无论是 while 语句还是 do...while 语句，在其循环体中必须要有能改变逻辑表达式结果的语句，否则就有可能会产生死循环。

【运行效果】以上代码为本书配套代码文件目录"代码 \ 第 04 章 \sample09.htm"里的内容，其运行结果如图 4.7 所示。

图 4.6　sample08.htm 的运行结果

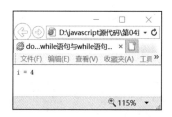

图 4.7　sample09.htm 的运行结果

4.4.3　for 语句

for 语句也是一种常用的循环语句，这种循环语句使用起来比 while 语句更为方便，因为 for 语句提供的是一种常用的循环模式，即初始化变量、判断逻辑表达式和改变变量值，这 3 个关键操作都可以在 for 语句中被明确定义。for 语句的语法代码如下所示：

```
for（初始化变量 ；逻辑表达式 ；改变变量表达式）
    <语句块>
```

从以上代码中可以看出，for 语句中包括以下 3 个表达式。

- □ 初始化变量表达式：该表达式的作用是为循环体所循环的次数设置初始值。相当于 sample07.htm 中的"var i = 0;"语句，当然，这个初始值不一定要为 0，也可以是其他数值。初始值视程序需要而定。
- □ 逻辑表达式：该表达式的作用是判断是否执行循环体，与 while 语句中的逻辑表达式作用一致。
- □ 改变变量表达式：该表达式的作用是用来改变初始化变量的值，从而控制循环的次数，相当于 sample07.htm 中的"i++;"语句。

【实例 4.10】有关 for 语句的使用方法请看以下代码，注意加粗的文字：

```
01    <html>
02      <head>
03        <title>for 语句 </title>
04        <script type="text/javascript">
05          <!--
06            for (var i=0;i<4;i++)
07            {
08                document.write(i + "<br>");
09            }
10          -->
11        </script>
12      </head>
13      <body>
14      </body>
15    </html>
```

【代码说明】本例的执行过程如下所示：

（1）执行第 6 行的"var i=0;"初始化变量。

（2）判断" i<4"是否返回 true，如果返回 true，则执行第（3）步。如果返回 false，则结束 for 语句。

（3）执行第 6 行的"i++"语句。

（4）执行循环体中的语句。

（5）重复执行第（2）步。

【运行效果】以上代码为本书配套代码文件目录"代码\第 04 章\sample10.htm"里的内容，其运行结果如图 4.8 所示。

【实例 4.11】在 for 语句中使用第 3 章中所介绍过的逗号表达式，可以在初始化变量表达式和改变变量表达式中定义多个变量和改变多个变量的值。请看以下代码，注意加粗的文字：

图 4.8　sample10.htm 的运行结果

```
01    <html>
02      <head>
03        <title>for 语句</title>
04        <script type="text/javascript">
05          <!--
06            for (var i=0,j=10,k=2;i<4;i++,j--)
07            {
08                document.write("i = " + i + "<br>");
09                document.write("j = " + j + "<br>");
10                document.write("k = " + k + "<br><br>");
11            }
12          -->
13        </script>
14      </head>
15      <body>
16      </body>
17    </html>
```

【代码说明】本例的执行过程如下所示：

（1）执行第 6 行的"var i=0, j=10, k=2;"初始化了变量 i、变量 j 和变量 k。

（2）判断"i<4"是否返回 true，如果返回 true，则执行第（3）步。如果返回 false，则结束 for 语句。

（3）执行循环体中的代码第 8 ~ 10 行。即输出变量 i、变量 j 和变量 k 的值。

（4）执行"i++"和"j--"语句。

（5）重复执行第（2）步。

【运行效果】以上代码为本书配套代码文件目录"代码 \ 第 04 章 \sample11.htm"里的内容，其运行结果如图 4.9 所示。

图 4.9　sample11.htm 的运行结果

4.4.4　for...in 语句

for...in 语句提供的是一种与前面提到的循环语句都不同的另一种循环语句，这种循环语句可以遍历对象中的所有属性或数组中的所有元素。也常用来为对象的所有属性赋值。for...in 语句的语法代码如下所示：

```
for ( 变量 in 对象)
   <语句块>
```

【实例 4.12】有关 for...in 语句的用法请看以下代码，注意加粗的文字：

```
01    <html>
02      <head>
03        <title>for...in 语句</title>
04        <script type="text/javascript">
05          <!--
06            var myObject = {a:100,b:200,c:300}
07            for (var i in myObject)
08            {
09                document.write(" 变量名为: "+ i+", 变量值为: "+myObject[i]
```

```
10                      + "<br>");
11                  }
12              -->
13          </script>
14      </head>
15      <body>
16      </body>
17  </html>
```

【代码说明】在本例中定义一个名为 myObject 的对象，
该对象有三个属性，分别为 a、b、c，这三个属性的值为分别
为 100、200、300。然后通过 for...in 语句遍历 myObject 对象
的所有属性，此时，变量 i 的值，就是对象的属性名称。在循
环体内可以使用 [ ] 运算符来得到对象属性的值。

【运行效果】以上代码为本书配套代码文件目录"代
码 \ 第 04 章 \sample12.htm"里的内容，其运行结果如图 4.10
所示。

图 4.10　sample12.htm 的运行结果

> **注意**
> （1）for...in 语句不能指定对象的属性次序，因此，不同的 JavaScript 版本中实现该语句
>   的结果可能有所不同。
> （2）for...in 语句可以遍历所有对象的所有可能的属性，但许多内部属性与所有内部方法
>   是不可枚举的。

4.5　跳转语句

在循环语句的循环体中，JavaScript 允许在满足一定条件的情况下，直接跳出循环语句。或
在满足一定条件的情况下开始一个新的循环，这种操作就需要用到跳转语句。JavaScript 中的跳转
语句包括 break 语句与 continue 语句两种。

4.5.1　break 语句

break 语句的作用是跳出循环或结束 switch 语句，其语法代码如下所示：

```
break;
```

【实例 4.13】有关 break 语句的使用方法请看以下代码，注意加粗的文字：

```
01  <html>
02      <head>
03          <title>break 语句 </title>
04          <script type="text/javascript">
05              <!--
06              for (var i=0,j=10,k=2;i<4;i++,j--,k++)
07              {
08                  document.write("i = " + i + "<br>");
09                  document.write("j = " + j + "<br>");
10                  document.write("k = " + k + "<br><br>");
11                  if (k==3)
```

```
12                    {
13                         break;
14                    }
15                }
16            -->
17        </script>
18    </head>
19    <body>
20    </body>
21 </html>
```

【代码说明】在本例中，for 循环只进行了两次，就终止了。本例的执行过程如下所示：

（1）执行第 6 行的"var i=0, j=10, k=2;"初始化变量 i、变量 j 和变量 k。

（2）判断"i<4"是否返回 true。此时变量 i 等于 0，因此返回 true，进入 for 循环。

（3）输出变量 i、变量 j 和变量 k 的值。

（4）判断"k==3"是否返回 true。此时变量 k 等于 2，返回 false，因此没有执行 break 语句。

（5）执行"i++, j--, k++"语句。

（6）再次判断"i<4"是否返回 true。此时变量 i 等于 1，因此返回 true，再次进入 for 循环。

（7）输出变量 i、变量 j 和变量 k 的值。

（8）判断"k==3"是否返回 true。此时变量 k 等于 3，返回 true，此时执行 break 语句，跳出整个 for 循环。因此，本例中的循环体只执行了两次。

【运行效果】以上代码为本书配套代码文件目录"代码\第 04 章\sample13.htm"里的内容，其运行结果如图 4.11 所示。

【实例 4.14】在 JavaScript 中，循环语句也是可以嵌套的，在嵌套的循环语句中，break 语句只能跳出离该语句最近一层的循环语句，而不是所有循环语句。请看以下代码，注意加粗的文字：

图 4.11 sample13.htm 的运行结果

```
01 <html>
02    <head>
03        <title>break 语句 </title>
04        <script type="text/javascript">
05            <!--
06                var i = 0;
07                while (i<4)
08                {
09                    document.write("i = " + i + "<br>");
10                    for (var j=0;j<4;j++)
11                    {
12                        document.write("j = " + j + "<br>");
13                        if (j==1)
14                        {
15                            break;
16                        }
17                    }
18                    document.write("<br>");
19                    i++;
20                }
21            -->
```

```
22          </script>
23      </head>
24      <body>
25      </body>
26  </html>
```

【代码说明】 在本例中可以看出，while 循环语句一共执行了 4 次，而 for 语句在每次 while 语句的循环里只执行了 2 次，这是因为 for 语句在执行 2 次时，break 语句就跳出了 for 循环，而不是 while 循环。

【运行效果】 以上代码为本书配套代码文件目录 "代码\ 第 04 章\sample14.htm" 里的内容，其运行结果如图 4.12 所示。

事实上，JavaScript 也可以让 break 语句跳出到一个指定的循环之外，此时要使用到标签语句，有关标签语句在后续章节里还会详细介绍。跳出到指定循环外的 break 语句的语法代码如下所示：

```
break 标签;
```

图 4.12　sample14.htm 的运行结果

【实例 4.15】 有关跳出到指定循环外的 break 语句的使用方法请看以下代码，注意加粗的文字：

```
01  <html>
02      <head>
03          <title>break 语句 </title>
04          <script type="text/javascript">
05              <!--
06                  document.write(" 准备开始循环 <br>");
07                  outloop:
08                  for (var i=0;i<4;i++)
09                  {
10                      document.write("i = " + i + "<br>");
11                      for (var j=0;j<4;j++)
12                      {
13                          document.write("j = " + j + "<br>");
14                          if (j==1)
15                          {
16                              break outloop;
17                          }
18                      }
19                      document.write("<br>");
20                  }
21                  document.write(" 准备结束循环 <br>");
22              -->
23          </script>
24      </head>
25      <body>
26      </body>
27  </html>
```

【代码说明】 在本例中可以看出，第一个 for 语句的循环体只执行了一次，而第二个 for 语句的循环体也只执行了两次。这是因为在第二个 for 语句中的 break 语句直接跳出了标签名为

outloop 的第一个 for 语句。

【运行效果】以上代码为本书配套代码文件目录"代码\第 04 章\sample15.htm"里的内容，其运行结果如图 4.13 所示。

4.5.2 continue 语句

continue 语句与 break 语句类似，也可以跳出一次循环。但与 break 语句不同的是，continue 语句只会跳出一次循环，进入下一次循环，而 break 语句跳出循环之后结束了整个循环。continue 语句的语法代码如下所示：

图 4.13　sample15.htm 的运行结果

```
continue;
```

【实例 4.16】有关 continue 语句的使用方法如下所示，注意加粗的文字：

```
01    <html>
02      <head>
03        <title>continue 语句</title>
04        <script type="text/javascript">
05          <!--
06            for (var i=0,j=10;i<3;i++,j--)
07            {
08              document.write("i = " + i + "<br>");
09              if (j==9)
10              {
11                document.write("<br>");
12                continue;
13              }
14              document.write("j = " + j + "<br><br>");
15            }
16          -->
17        </script>
18      </head>
19      <body>
20      </body>
21    </html>
```

【代码说明】在本例中，for 循环只进行了两次就终止了。本例的执行过程如下所示：

（1）执行"var i=0,j=10"，初始化变量 i 和变量 j 的值。

（2）判断"i<3"是否返回 true，此时变量 i 等于 0，返回 true，开始进入循环体。

（3）输出变量 i 的值。

（4）判断变量 j 是否等于 9，此时变量 j 的值为 10，返回 false，跳过 if 语句中的语句块。

（5）输出变量 j 的值。

（6）变量 i 自加 1，变量 j 自减 1。此时变量 i 的值为 1，变量 j 的值为 9。

（7）第二次判断"i<3"是否返回 true，此时变量 i 等于 1，返回 true，开始进入循环体。

（8）输出变量 i 的值。

（9）判断"j==9"是否返回 ture，此时变量 j 等于 9，返回 true，执行 if 语句中的语句块。

（10）输出一个换行，并执行 continue 语句，跳出本次循环，开始下一次循环。

（11）变量 i 自加 1，变量 j 自减 1。此时变量 i 的值为 2，变量 j 的值为 8。

（12）判断"i<3"是否返回 true，此时变量 i 等于 2，返回 true，开始进入循环体。

（13）输出变量 i 的值。

（14）判断变量 j 是否等于 9，此时变量 j 的值为 8，返回 false，跳过 if 语句中的语句块。

（15）输出变量 j 的值。

（16）变量 i 自加 1，变量 j 自减 1。此时变量 i 的值为 3，变量 j 的值为 7。

（17）判断"i<3"是否返回 true，此时变量 i 等于 3，返回 false，结束整个 for 循环。

在本例中可以看出，一旦执行了 continue 语句，在 continue 语句之后的所有语句就不再执行，并开始下一次循环。

continue 语句可以用在所有循环语句中，但是不同的循环语句的处理方法有所不同。4 种不同的循环语句的处理方式如下所示：

- 在 for 语句中，结束当次循环后，执行改变变量表达式，再根据逻辑表达式返回的结果判断是否进入下一次循环。
- 在 while 语句中，结束当次循环后，JavaScript 会根据逻辑表达式返回的结果来判断是否进入下一次循环。
- 在 do...while 语句中，结束当次循环后，JavaScript 会跳至 do...while 语句的底部，根据逻辑表达式返回的结果来判断是否进入下一次循环。
- 在 for...in 语句中，结束当次循环后，JavaScript 会将下一个属性名赋值给变量，开始下一次循环。

与 break 语句一样，在嵌套的循环语句中，continue 只能跳出离该语句最近一层的循环语句，如果要跳出指定的循环语句，可以使用以下语句：

```
continue 标签；
```

由于该语句的使用方法和 break 语句十分相似，在此就不再赘述了。

【运行效果】以上代码为本书配套代码文件目录"代码 \ 第 04 章 \sample16.htm"里的内容，其运行结果如图 4.14 所示。

4.6　异常处理语句

在 JavaScript 中，可以对产生的异常进行处理。所谓异常是指在程序中产生了某些异常情况或错误。处理这些异常情况或错误所使用的语句，就是异常处理语句。在 JavaScript 中的异常处理语句包括 throw 语句与 try...catch...finally 语句两种。

图 4.14　sample16.htm 的运行结果

4.6.1　throw 语句

throw（抛出）语句的作用是抛出一个异常。所谓的抛出异常，就是用信号通知发生了异常情况或错误。throw 语句的语法代码如下所示：

```
throw 表达式
```

以上代码中的表达式，可以是任何类型的表达式。该表达式通常是一个 Error 对象或 Error 对象的某个实例。

【**实例** 4.17】有关 throw 语句的使用方法请看以下代码，注意加粗的文字：

```
01    <html>
02      <head>
03        <title>throw语句</title>
04        <script type="text/javascript">
05          <!--
06            function myFun(x,y)
07            {
08                if (y==0)
09                {
10                    throw new Error("除数不能为 0");
11                }
12                return x/y;
13            }
14            myFun(1,0);
15          -->
16        </script>
17      </head>
18      <body>
19      </body>
20    </html>
```

【**代码说明**】在本例中，第 6 行定义了一个名为"myFun"的函数，该函数的作用是返回两个参数相除后的结果。由于除数不能为 0，所以在函数体中，如果检测到除数为 0，就用 throw 语句抛出异常。

【**运行效果**】以上代码为本书配套代码文件目录"代码 \ 第 04 章 \sample17.htm"里的内容。运行结果如图 4.15 所示。

图 4.15　sample17.htm 的运行结果

4.6.2　try...catch...finally 语句

try...catch...finally 语句是 JavaScript 中的用于处理异常的语句，该语句与 throw 语句不同。

throw 语句只是抛出一个异常，但对该异常并不进行处理，而 try...catch...finally 语句可以处理所抛出的异常。try...catch...finally 语句的语法代码如下所示：

```
try
    <语句块 1>
catch(e)
    <语句块 2>
finally
    <语句块 3>
```

以上代码的解释如下：

❏ <语句块 1> 是有可能要抛出异常的语句块。

❏ catch(e) 中的 e，是一个变量，该变量为从 try 语句块中抛出的 Error 对象或其他值。

❏ <语句块 2> 是处理异常的语句块。如果在 <语句块 1> 中没有抛出异常，则不执行该语句块中的语句。

❏ 无论在 <语句块 1> 中是否抛出异常，JavaScript 都会执行 <语句块 3> 中的语句。<语句块 3> 中的语句与 finally 关键字可以一起省略。

【实例 4.18】有关 try...catch...finally 语句的使用方法请看以下代码，注意加粗的文字：

```
01    <html>
02      <head>
03        <title>try...catch...finally 语句 </title>
04        <script type="text/javascript">
05          <!--
06            function myFun()
07            {
08              try
09              {
10                document.write(" 函数开始执行 <br>");
11                //调用了一个不存在的函数
12                alerta(" 这是一个错误的函数名 ");
13                document.write(" 函数正在执行 ");
14              }
15              catch(ex)
16              {
17                document.write(ex.message + "<br>");
18              }
19              finally
20              {
21                document.write(" 函数执行完毕 ");
22              }
23            }
24            myFun();
25          -->
26        </script>
27      </head>
28      <body>
29      </body>
30    </html>
```

【代码说明】在本例中，代码 6 ～ 23 行定义了一个名为"myFun"的函数，然后调用该函数，该函数的运行过程如下所示：

（1）执行 try 后的语句块。

（2）执行"document.write(" 函数开始执行
");"语句，输出一行文字，如图 4.16 中的第一行文字。

（3）调用了一个不存在的函数"alerta()"，此时抛出异常。

（4）忽略 try 语句块中的产生异常之后的所有语句，本例中忽略了"document.write (" 函数正在执行 ");"，因此在图 4.16 中并没有输出该文字。

（5）JavaScript 用 catch 语句捕捉到抛出的异常，并赋值给变量 ex。

（6）执行"document.write(ex.description + "<br>");"语句。

（7）执行"document.write(" 函数执行完毕 ");"。

【运行效果】以上代码为本书配套代码文件目录"代码 \ 第 04 章 \sample18.htm"里的内容，其运行结果如图 4.16 所示。

图 4.16　sample18.htm 的运行结果

4.6.3　异常处理语句的综合应用

try...catch...finally 语句不仅可以接收到 JavaScript 抛出的异常，还可以接收到 throw 语句所抛出的异常。因此可以通过 try...catch...finally 语句与 throw 语句相结合来达到处理异常的目的。

【实例 4.19】请看以下代码，注意加粗的文字：

```
01    <html>
02      <head>
03        <title>异常处理语句的综合应用</title>
04        <script type="text/javascript">
05          <!--
06            function myFun(x,y)
07            {
08              var z;
09              try
10              {
11                if (y==0)
12                {
13                  throw new Error(" 除数不能为 0");
14                }
15                z = x/y;
16              }
17              catch(ex)
18              {
19                z = ex.message;
20              }
21              return z;
22            }
23            document.write(myFun(1,0));
24          -->
25        </script>
26      </head>
27      <body>
28      </body>
29    </html>
```

【代码说明】在本例中，创建了一个名为"myFun"的函数，该函数的作用是将两个参数相除，并返回结果，如果在相除时产生异常，则返回错误信息。在本例中，catch 语句可以接收到由

throw 语句抛出的异常，并进行处理。此时，在 IE 浏览器的左下角不会再出现错误信息。

【运行效果】以上代码为本书配套代码文件目录"代码 \ 第 04 章 \sample19.htm"里的内容，其运行结果如图 4.17 所示。

4.7　其他语句

在 JavaScript 中除了选择语句、循环语句、跳转语句和异常处理语句之外，还存在一些其他语句，而这些语句都是在 JavaScript 中必不可少的语句，请看以下的介绍。

图 4.17　sample19.htm 的运行结果

4.7.1　标签语句

标签语句在前面的章节里已经有所接触，如 break 语句和 continue 语句想要跳出到特定的循环之外时，就必须使用标签语句。在 switch 语句中的 case 语句和 default 语句，这些都是特殊的标签语句。其实，在 JavaScript 中，任何语句之前都可以加上一个标签，标签语句的作用仅仅是标记该语句，标签语句的语法代码如下所示：

```
标识符 ： 语句
```

其中，标识符必须是在 JavaScript 中合法的标识符，不能是保留字。给一个语句加上标签，就相当于为该语句起了一个名字，这样，就可以在程序中的任何一个地方通过这个名字来引用该语句。有关标签语句的使用请查看本书配套代码文件目录"代码 \ 第 04 章 \sample15.htm"里的内容，在此就不再赘述了。

4.7.2　var 语句

var 语句在前面的章节里也曾经介绍过，该语句可以用来定义一个或多个变量，其语法代码如下所示：

```
var 变量名
var 变量名 = 变量值
var 变量名 1，变量名 2，变量名 3 …
var 变量名 1 = 变量值 1，变量名 2 = 变量值 2，变量名 3 = 变量值 3 …
```

var 语句的使用方法在前面章节里曾经多次出现过，在此就不再赘述了。在使用 var 语句时，有以下几点是需要注意的：

❑ 使用 var 语句定义变量时，可以在定义变量的同时为变量赋值，也可以不赋值，如果不赋值，变量的初始值为 undefined。

❑ 由 var 语句定义的变量不能使用 delete 运算符来删除。

❑ 在函数体内使用 var 定义的变量只能在该函数体内使用。而在函数体外使用 var 定义的变量可以在函数体内和函数体外使用。

4.7.3　function 语句

function 语句的作用是定义一个函数，其语法代码如下所示：

```
function 函数名 ( 参数 1，参数 2…)
{
    < 语句块 >
}
```

在以上代码中，需要注意的是：

❑ 函数名必须是一个合法的标识符，不能是保留字，也不能是表达式。

❑ 函数可以有一个或多个参数，也可以没有参数。如果有多个参数的话，参数与参数之间必须用逗号隔开。

❑ 无论函数是否有参数，函数名后面的括号不能省略。

❑ < 语句块 > 中的语句可以是一条或多条，也可以一条也没有。但无论 < 语句块 > 中的语句有多少条语句，外面的大括号都不能被省略。

❑ < 语句块 > 又称为函数体，这些语句在函数定义时是不会被执行的，只有在函数被调用的时候才会被执行。

❑ function 语句是一个独立的语句，只能被嵌套在其他函数定义语句中，但不能出现在选择语句、循环语句或其他任何语句当中。

【实例 4.20】有关 function 语句的使用方法请看以下代码，注意加粗的文字：

```
01    <html>
02      <head>
03        <title>function 语句 </title>
04        <script type="text/javascript">
05          <!--
06              // 定义一个没有参数的函数
07              function myFun1()
08              {
09                  document.write(" 这是一个没有参数的函数 <br><br>");
10              }
11              // 定义一个包含一个参数的函数
12              function myFun2(x)
13              {
14                  document.write(" 这是一个包含三个参数的函数 <br>");
15                  document.write(" 传递过来的参数值为：" + x + "<br><br>");
16              }
17              // 定义一个包含 3 个参数的函数
18              function myFun3(x,y,z)
19              {
20                  document.write(" 这是一个包含三个参数的函数 <br>");
21                  document.write(" 传递过来的参数值分别为：<br>");
22                  document.write("x = " + x + "<br>");
23                  document.write("y = " + y + "<br>");
24                  document.write("z = " + z + "<br>");
25              }
26              // 调用第一个函数
27              myFun1();
28              // 调用第二个函数
29              myFun2(1);
30              // 调用第三个函数
31              myFun3(1,2, "您好！");
32          -->
33        </script>
34      </head>
```

```
35        <body>
36        </body>
37    </html>
```

【代码说明】 在本例中定义了 3 个函数，这 3 个函数分别为第 7～10 行的没有参数的函数、第 12～16 行的有一个参数的函数和第 18～25 行的有多个参数的函数。在定义函数时，JavaScript 并没有执行其中代码，只能在通过 "myFun1();"、"myFun2(1);" 和 "myFun3(1,2, "您好！ ");" 语句调用函数之后才会被执行。

【运行效果】 以上代码为本书配套代码文件目录 "代码\第 04 章\sample20.htm" 里的内容，其运行结果如图 4.18 所示。

> **提示** 函数可以一次定义，多次调用，因此，使用函数可以让某段代码被重复执行，减少代码输入，也可以让程序设计更具有模块性。

图 4.18　sample20.htm 的运行结果

4.7.4　return 语句

return 语句只能出现在 function 语句的函数体中，用于指定函数的返回值。return 语句的语法代码如下所示：

```
return 表达式;
```

在以上代码中，如果 JavaScript 执行到 return 语句，就会先计算表达式的值，然后将该表达式的值当成函数的值返回给调用函数的语句。当一个函数里出现了 return 语句，该函数就可以像表达式一样，返回一个值。

【实例 4.21】 有关 return 语句的使用方法请看以下代码，注意加粗的文字：

```
01    <html>
02      <head>
03        <title>return 语句</title>
04        <script type="text/javascript">
05          <!--
06            function mySum(x,y)
07            {
08              var z = x + y;
09              return z;
10              document.write("测试一下。");
11            }
12
13            var a = 1;
14            var b = 2;
15            var c = mySum(a,b);
16            document.write("a + b = " + c);
17          -->
18        </script>
19      </head>
20      <body>
21      </body>
22    </html>
```

【代码说明】在本例中定义了名为"mySum"的函数，该函数的作用是将两个参数相加，并返回其和。"var c = mySum(a,b);"语句的作用是调用 mySum() 函数，并且将函数的返回值赋给变量 c。在本例的最后，输出了变量 c 的值。

> **注意** 在本例中，return 语句之后还有一个输出语句"document.write (" 测试一下。");"，该语句并没有被执行，这是因为 JavaScript 只要遇到 return 语句就会将 return 语句后的表达式的值返回给调用函数的语句，而在该函数中的 return 语句之后的所有语句都会被忽略。因此，return 语句通常是放在函数体的最后一行。

【运行效果】以上代码为本书配套代码文件目录"代码 \ 第 04 章 \sample21.htm"里的内容，其运行结果如图 4.19 所示。

> **注意** return 语句后面的表达式也可以被省略。此时 JavaScript 会直接终止函数的执行，不返回任何数据。

图 4.19 sample21.htm 的运行结果

4.7.5 with 语句

JavaScript 语言是面向对象的语言，因此，在对象的属性调用方面有可能会多次使用到对象属性存取运算符（.）。如果使用 with 语句，就可以简化对象属性调用的层次。with 语句的语法代码如下所示：

```
with （对象）
    ＜语句块＞
```

【实例 4.22】有关 with 语句的使用方法请看以下代码，注意加粗的文字：

```
01    <html>
02      <head>
03        <title>with 语句 </title>
04      </head>
05      <body>
06        <form name="myForm">
07          <input type="text" name="myText1"><br>
08          <input type="text" name="myText2"><br>
09          <input type="text" name="myText3">
10        </form>
11        <script type="text/javascript">
12          <!--
13            // 没有使用 with 语句时的属性调用
14            document.forms[0].myText1.value = " 第一个文本框 ";
15            // 使用 with 语句时的属性调用
16            with(document.forms[0])
17            {
18                myText2.value = " 第二个文本框 ";
19                myText3.value = " 第三个文本框 ";
20            }
21          -->
22        </script>
23      </body>
24    </html>
```

【代码说明】在本例中第 7 ～ 9 行创建了 3 个文本框，如果要改变文本框中的内容，则要使用以下语句：

```
document.forms[0].myText1.value = "第一个文本框";
document.forms[0].myText2.value = "第二个文本框";
document.forms[0].myText3.value = "第三个文本框";
```

该语句多次使用到了对象属性存取运算符。可以将以上语句中的相同部分放在 with 语句里，这可以减少代码的输入，如以下代码所示：

```
with(document.forms[0])
{
    myText2.value = "第二个文本框";
    myText3.value = "第三个文本框";
}
```

【运行效果】以上代码为本书配套代码文件目录"代码\第 04 章\sample22.htm"里的内容，其运行结果如图 4.20 所示。

【实例 4.23】虽然使用 with 语句可以减少大量的输入，但是 with 语句的执行速度并不会被优化，甚至会比使用 JavaScript 的等价代码的速度还要慢。因此，with 语句是一个不推荐使用的语句。使用等价代码的方法同样可以减少代码的输入，sample22.htm 也可以被改写成以下代码，注意加粗的文字：

图 4.20　sample22.htm 的运行结果

```
01    <html>
02      <head>
03        <title>等价代码</title>
04      </head>
05      <body>
06        <form name="myForm">
07          <input type="text" name="myText1"><br>
08          <input type="text" name="myText2"><br>
09          <input type="text" name="myText3">
10        </form>
11        <script type="text/javascript">
12          <!--
13            // 没有使用等价代码的语句
14            document.forms[0].myText1.value = "第一个文本框";
15            // 使用等价代码的语句
16            var myCode = document.forms[0];
17            myCode.myText2.value = "第二个文本框";
18            myCode.myText3.value = "第三个文本框";
19          -->
20        </script>
21      </body>
22    </html>
```

【代码说明】代码第 16 行首先创建一个对象 myCode，其值为 document.forms[0];，表示当前表单，然后代码第 17 ～ 18 行分别获取表单中名为 myText2 和 myText3 的标签中的值。

【运行效果】以上代码为本书配套代码文件目录"代码\第 04 章\sample23.htm"里的内容，其运行结果与 sample22.htm 的运行结果完全相同。

4.7.6 空语句

空语句十分简单，就是一个分号，如下所示：

```
;
```

空语句不会产生任何作用，也不会有任何执行效果，甚至可以说是一个没有任何意义的语句。空语句常用来进行排版，或者是进行注释，甚至可以用来进行一个空循环。

【实例4.24】请看以下代码，注意加粗的文字：

```
01    <html>
02      <head>
03        <title>空语句</title>
04        <script type="text/javascript">
05          <!--
06            var arr = new Array();
07            for (i=0;i<5;arr[i++]=1)
08              ;
09            document.write(arr);
10          -->
11        </script>
12      </head>
13      <body>
14      </body>
15    </html>
```

【代码说明】在本例中，代码第6行定义了一个名为arr的数组，通过for语句可以为数组中的元素赋值。在该for语句中，所使用的就是一个空语句。在本例中，将为数组元素赋值的语句写在了改变变量表达式中，因此for循环中就不需要再出现其他语句，使用空语句可以让for语句变得完整。如果只使用以下代码，在JavaScript中的语法是错误的，因为该语句没有循环体。

```
for (i=0;i<5;arr[i++]=1)
```

【运行效果】以上代码为本书配套代码文件目录"代码\第04章\sample24.htm"里的内容，其运行结果如图4.21所示。

图4.21　sample24.htm的运行结果

4.7.7 comment 语句

comment语句，即注释语句，这是JavaScript中常见到的语句之一，也是本章中介绍的最后一种语句。一个好的程序员，应该会使用适当的注释语句来提高程序的可读性与维护性。在JavaScript中的注释语句有以下两种：

```
// <单行注释文字>
/*
   <单行或多行注释文字>
*/
```

其中，第一种注释语句只能注释一行文字，而第二种注释语句可以注释单行或多行文字。由于注释语句比较简单，并且在第1章中就已经介绍过了，在此就不再赘述了。

4.8　小结

本章中主要介绍了 JavaScript 中的语句，JavaScript 的所有功能都是通过语句来实现的。JavaScript 中的语句可以简单地分为表达式语句、语句块、选择语句、循环语句、跳转语句、异常处理语句和其他语句几种。熟练掌握这些语句，是学习 JavaScript 必不可少的基础。在第 5 章中将会介绍 JavaScript 中的函数。

4.9　本章练习

1. 循环中止的命令是 _____ ？
2. 简述 for 循环、while 循环和 do...while 循环的区别。
3. throw 语句的作用是 _____ ？

   A. 抛出异常　　　　　　　　　　B. 捕获异常

   C. 将代码转到指定的位置　　　　D. 释放各种资源
4. 什么是标签语句？请写出两种以上的标签语句。

　　　　　励志照亮人生　　编程改变命运

第5章　函　　数

函数在 JavaScript 里是一个很重要的部分。JavaScript 有很多内置函数，程序员可以直接使用这些内置函数，也可以自定义函数以供程序使用。本章将介绍函数的定义与使用方法。

本章重点：
- ❏ 如何构造函数；
- ❏ 如何使用函数的参数；
- ❏ 函数的递归调用；
- ❏ 函数的属性与方法。

5.1　函数介绍

函数其实就是一段 JavaScript 代码，可以分为用户自定义函数和系统函数两类。

5.1.1　什么是函数

在编写程序时，为了方便日后的维护以及使程序更好地结构化，通常都会把一些重复使用的代码独立出来，这种独立出来的代码块就是函数。函数是独立于主程序存在的、拥有特定功能的程序代码块，并且这个代码块可以在主程序或其他函数中根据需要被调用。如果将代码块独立成为函数，可以让日后的代码维护变得方便和简洁。

函数分系统函数和用户自定义函数两种，如果一个函数是 JavaScript 内置的函数，就称为系统函数；如果一个函数是程序员自己编写的，就称为自定义函数。

5.1.2　定义函数

在 JavaScript 中，可以使用 function 语句来定义一个函数。其语法代码如下：

```
function 函数名 ( 参数 1, 参数 2… )
{
    < 语句块 >
    return 返回值
}
```

从以上代码中可以看出，一个完整的函数通常包括以下几个部分：
- ❏ function 关键字：用于定义一个函数。
- ❏ 函数名：函数名通常是一个合法的标识符，不能是保留字或表达式。

❏ 参数：在一个函数里，可以有 0 个或多个参数。如果有多个参数，参数与参数之间要用逗号隔开。无论函数是否有参数，小括号都是必需的。

❏ 函数体：用大括号括起来的代码块，即一个函数的主体。一个函数要实现什么功能，由函数体来决定。

❏ 返回值：函数返回值的过程由关键字 return 完成，但并不是每个函数都需要有返回值。如果没有返回值，return 语句可以省略。

以下代码定义了一个函数，该函数的作用是计算两个数之和，并返回结果。在本例中，function 关键字用于定义一个函数，mySum 为函数名，其后的括号中用逗号隔开的是两个参数，大括号中的是函数体，return 语句用于返回该函数的值。

```
function mySum(x,y)
{
    var z = x +y;
    return z;
}
```

以下代码定义了一个函数，该函数的作用是，接收一个字符串后输出该字符串的内容，并输出一个换行符。在本例中，myWrite 函数中只有一个参数，该函数并没有返回值。

```
function myWrite(str)
{
    document.write(str+"<br>");
}
```

以下代码定义了一个函数，该函数的作用是计算 1 与 2 之和，并输出结果。在本例中，没有使用参数，也没有返回值。本例的函数体中调用了上面两个例子定义的函数。

```
function myFun()
{
    var x = mySum(1,2);
    myWrite(x);
}
```

5.1.3　定义函数的注意事项

定义一个函数并不难，但是在定义函数时，有以下几点是需要注意的。

❏ 函数名要易读易懂：一个好的函数名，应该可以从中看出该函数能实现什么样的功能。

❏ 一个函数只实现一种功能：每个函数都是一个程序代码块，但不要在同一个函数中实现太多功能，最好让每一个函数只实现一种功能。这样更利于程序的编写和维护。

❏ 函数最好放在 JavaScript 代码的开头：将函数放在 JavaScript 代码的开头，可以增加代码的可读性，也便于其他对象的定义和对函数的引用。

❏ 合理安排函数的次序：应该将常用的或要先调用的函数放在 JavaScript 的前面，不常用的或后调用的放在后面。这样可以增强程序的可读性，也能让程序的逻辑性更完整。

❏ JavaScript 是一种无类型的语言，因此，不能指定函数的参数类型。事实上，JavaScript 也不会去检测传递过来的参数是否为符合函数要求的类型。

❏ 同样，由于 JavaScript 是一种无类型的语言，因此，也不能指定函数的类型。函数的返回值也可以是任何类型的数据，JavaScript 不会去检测返回值是否符合函数的类型。

5.1.4 函数的嵌套定义

在 JavaScript 1.2 和 ECMAScript v1 以前，不允许函数进行嵌套定义，这也意味着，函数的定义只能出现在顶层的全局代码中。

【**实例** 5.1】如以下代码所示，注意加粗的文字。

```
01  <script type="text/javascript">
02    <!--
03      function mySum(x,y)
04      {
05        var z = x +y;
06        return z;
07      }
08      function myWrite(str)
09      {
10        document.write(str+"<br>");
11      }
12      function myFun()
13      {
14        var x = mySum(1,2);
15        myWrite(x);
16      }
17    -->
18  </script>
```

【**代码说明**】在本例中，定义了 3 个不同的函数，这 3 个函数都是定义在 JavaScript 代码的最顶层。在 JavaScript 1.2 和 ECMAScript v3 中，函数的定义可以出现在其他函数的定义中，这就是函数的嵌套定义。

【**实例** 5.2】如以下代码，注意加粗的文字。

```
01  <script type="text/javascript">
02    <!--
03      function myWrite(str)
04      {
05        document.write(str+"<br>");
06      }
07      function myFun()
08      {
09        function mySum(x,y)
10        {
11          var z = x +y;
12          return z;
13        }
14        var x = mySum(1,2);
15        myWrite(x);
16      }
17    -->
18  </script>
```

【**代码说明**】在本例中，定义了两个不同的函数，第一个函数名为 myWrite，该函数的作用是输出文字并换行。第二个函数名为 myFun，在该函数中嵌套定义了一个名为 mySum 的函数，mySum 函数的作用是返回两个数之和。在使用函数的嵌套定义时，有以下两点是需要注意的。

❑ 函数嵌套定义只能出现在函数中，不能出现在选择语句或循环语句中。

❑ 嵌套定义的函数只能在嵌套的函数中调用，不能在其他函数中调用。如上面例子中的 mySum 函数，就只能在 myFun 函数中调用，不能在 myWrite 函数调用，也不能在除了 myFun 函数的其他顶层全局代码中使用。

5.1.5　使用 Function() 构造函数

在 JavaScript 1.1 和 SCMAScript v1 中，除了可以使用 function 语句来定义函数之外，还可以使用 Function() 构造函数来定义函数，其语法代码如下：

```
var 函数名 = new Function("参数1", "参数2", "参数3", …, "函数体");
```

使用 Function() 构造函数可以接收一个或多个参数作为函数的参数，也可以不使用参数。Function() 构造函数的最后一个参数为函数体的内容。有关 Function 构造函数的使用方法如下：

```
var mySum = new Function("x","y","return x+y;");
```

以上代码使用 Function() 构造函数定义了一个名为 mySum 的函数，该函数有两个参数，分别为 x 和 y。该函数的函数体为" return x+y"，即返回 x 与 y 的和。以上代码的功能与以下代码的功能完全相同。

```
function mySum(x,y)
{
    return x +y;
}
```

Function() 构造函数可以在定义函数时为函数指定多个参数，每个参数之间用逗号隔开，也可以不为函数指定参数，如以下代码：

```
var myWrite = new Function("return '返回一个字符串';");
```

在以上代码中，定义的 myWrite 函数就是一个没有参数的函数，该函数的作用是返回一个指定了内容的字符串。以上代码的功能与以下代码的功能完全相同。

```
function myWrite()
{
    return '返回一个字符串';
}
```

使用 Function() 构造函数定义函数时，函数体中也可以有多条语句，此时每条语句之间要用分号隔开，请看以下代码：

```
var mySum = new Function("x","y","var z=x+y;return z;");
```

在以上代码中，定义了一个名为 mySum 的函数，该函数的作用是返回参数 x 与参数 y 的和。以上代码的功能与以下代码的功能完全相同。

```
function mySum(x,y)
{
    var z = x +y;
    return z;
}
```

5.1.6 使用 Function() 构造函数与使用 function 语句的区别

使用 Function () 构造函数可以定义一个函数，使用 function 语句也可以定义一个函数，但使用 Function () 构造函数定义函数与使用 function 语句定义函数还是有区别的。其区别主要表现在以下几点。

- ❑ Function() 构造函数可以动态定义和编译函数，而 function 语句只能预编译函数。因此，在每次调用 Function() 构造函数定义的函数时，JavaScript 都要去编译一次该函数。所以，如果一个函数是需要经常使用的，就应该避免使用 Function() 构造函数来定义。
- ❑ 使用 Function() 构造函数定义函数时，可以将函数的定义写成表达式，而使用 function 语句定义函数则要将函数的定义写成语句或语句块。
- ❑ 使用 Function() 构造函数可以在一个表达式中定义函数，而使用 function 语句则不能。

注意 在使用 Function() 构造函数时，第一个字母必须大写，而 function 是所有字母都是小写。

5.1.7 在表达式中定义函数

除了 function 语句和 Function() 构造函数可定义函数之外，还可以在表达式中直接定义函数，其语法代码如下：

```
var 函数名 = function(参数1, 参数2, …) {函数体};
```

有关在表达式中定义函数的使用方法请看以下代码：

```
var mySum = function(x,y) {return x+y;};
```

在以上代码中，定义了一个名为 mySum 的函数，该函数有两个参数，分别为 x 和 y，该函数的函数体为"return x+y;"，即返回参数 x 与参数 y 之和。以上代码与以下代码的功能是完全相同的。

```
function mySum(x,y)
{
    return x +y;
}
```

在本例中可以看出，在表达式中定义函数时，function 关键字后面并没有函数名，而是直接写上了函数的参数列表。其实 JavaScript 中允许在 function 后指定函数名，其语法代码如下：

```
var 函数名 = function 临时函数名 (参数1, 参数2,…) {函数体};
```

这种在 function 后指定函数名的方式，大多用在函数的自身递归上。以下代码就是一个函数递归的例子。

```
var myfun=function ftemp(x){if(x<1)return 1;else document.write(x);return ftemp(x-1);}
```

在以上代码中，定义了一个名为 myfun 的函数，在关键字 function 后的 ftemp 是一个临时的函数名，以上代码中并没有真正定义一个名为 ftemp 的函数，只是在函数体中递归使用了该函数。

5.1.8　定义函数的三种方法的比较

在前面的章节里，介绍了三种定义函数的方法，第一种是使用 function 语句定义函数，第二种是使用 Function() 构造函数定义函数，第三种是在表达式中定义函数。虽然这三种定义函数的方法都可以定义函数，但是这三种定义函数的方法还是有所不同的。下面是定义函数的三种方法的比较。

- ❑ function 语句可以在任何一个 JavaScript 版本中使用；Function() 构造函数只能在 JavaScript 1.1 或更高版本中使用；在表达式中定义函数的方法只能在 JavaScript 1.2 版本和更高版本中使用。
- ❑ 三种定义函数的方法中，只有使用 function 语句定义函数的方法不能在表达式中使用，其他两种方法都可以直接在表达式中定义函数。
- ❑ 除了使用 function 语句定义函数的方法之外，其他两种方法使用起来都比较灵活，但通常使用在只使用一次、无须命名的函数中。
- ❑ 除了使用 function 语句定义函数的方法之外，其他两种方法的函数体中的语句如果比较多，看上去会比较臃肿。
- ❑ 在使用 function 语句定义函数和在表达式中定义函数这两种方法中，JavaScript 只会对函数解析和编译一次，而使用 Function() 构造函数定义的函数，在每次调用函数时，都会解析和编译一次。

5.2　调用函数

JavaScript 在定义函数的时候，不会执行函数体中的语句，只有在调用函数的时候，才会执行。因此，在定义了函数之后，最重要的是如何调用函数。下面讲述调用函数的几种方法。

5.2.1　直接调用无返回值的函数

在 JavaScript 中，有很多无返回值的函数，调用这种无返回值的函数可使用两种方法：直接调用和事件处理。下面分别介绍。

1. 直接调用

对于无返回值的函数，可以在 JavaScript 代码中直接调用，调用方法就是使用函数调用运算符（()）。

【实例 5.3】请看以下代码，注意加粗的文字。

```
01   <html>
02     <head>
03       <title>直接调用无返回值的函数 </title>
04       <script type="text/javascript">
05         <!--
06           function myWrite(str)
07           {
08             document.write(str+"<br>");
09           }
10           myWrite(" 这是一个测试程序 ");
11           myWrite(" 测试结果是输出一行文字 ");
```

```
12              -->
13          </script>
14      </head>
15      <body>
16      </body>
17  </html>
```

【代码说明】在本例中，第 6 行定义了一个名为 myWrite 的函数，该函数的作用是输出一个字符串的内容并添加一个换行。在 JavaScript 中可以通过函数名加上函数调用运算符来调用函数，在本例中，代码第 10 行与第 11 行都是调用 myWrite 函数的语句。

【运行效果】以上代码为本书配套代码文件目录"代码\第 05 章\sample01.htm"里的内容，其运行结果如图 5.1 所示。

2. 事件处理

除了在 JavaScript 代码中直接调用无返回值的函数之外，无返回值的函数还常用在事件处理上。

【实例 5.4】请看以下代码，注意加粗的文字。

图 5.1 sample03.htm 的运行结果

```
01  <html>
02      <head>
03          <title>直接调用无返回值的函数</title>
04          <script type="text/javascript">
05              <!--
06                  function myLink(str)
07                  {
08                      alert("该超链接的地址为: " + str);
09                  }
10              -->
11          </script>
12      </head>
13      <body>
14          <a href="http://www.baidu.com" target="_blank"
15          onmouseover="myLink(this.href)">这是一个超链接</a>
16      </body>
17  </html>
```

【代码说明】在本例中，第 6 ～ 9 行定义了一个名为 myLink 的函数，该函数的作用是弹出一个警告框，并在警告框里显示通过参数传递过来的字符串。在本例中，第 14 ～ 15 行创建了一个超链接，在该超链接的 onmouseover 事件里调用了 myLink 函数，onmouseover 事件就是当鼠标经过时触发的事件。this.href 是超链接的属性，返回该超链接的地址。因此，在本例中，当鼠标经过超链接时，会弹出一个警告框，在该警告框里会显示该超链接的目标地址。

【运行效果】以上代码为本书配套代码文件目录"代码\第 05 章\sample02.htm"里的内容，其运行结果如图 5.2 所示。

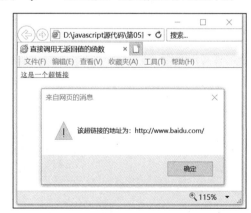

图 5.2 sample04.htm 的运行结果

5.2.2 将函数的返回值赋给变量

并不是所有的函数都没有返回值，有返回值的函数通常都会将返回值赋给变量，否则，返回值就没有任何意义了。

【实例 5.5】 请看以下代码，注意加粗的文字。

```
01    <html>
02      <head>
03        <title> 将函数的返回值赋给变量 </title>
04        <script type="text/javascript">
05          <!--
06              function mySum(x,y)
07              {
08                 var z = x + y;
09                 return z;
10              }
11
12              var a = 1;
13              var b = 2;
14              var c = mySum(a,b);
15              document.write("a + b = " + c);
16          -->
17        </script>
18      </head>
19      <body>
20      </body>
21    </html>
```

【代码说明】 在本例中，第 6 ~ 10 行定义了一个名为 mySum 的函数，该函数的作用是返回两个数之和。在本例中，第 14 行将 mySum 函数的返回值赋给变量 c，再通过第 15 行输出变量 c 的值。

【运行效果】 以上代码为本书配套代码文件目录"代码\第 05 章\sample03.htm"里的内容，其运行结果如图 5.3 所示。

如果在本例中，没有将 mySum 的返回值赋给变量，那么执行 mySum 之后就有可能什么结果都没有。实际上，如果没有将 mySum 的返回值赋给变量，也可以通过 document.write 将返回值输出。

图 5.3 sample05.htm 的运行结果

【实例 5.6】 请看以下代码，注意加粗的文字。

```
01    <html>
02      <head>
03        <title>将函数的返回值赋给变量</title>
04        <script type="text/javascript">
05          <!--
06              function mySum(x,y)
07              {
08                 var z = x + y;
09                 return z;
10              }
11
12              var a = 1;
13              var b = 2;
```

```
14                   document.write("a + b = " + mySum(a,b));
15              -->
16          </script>
17      </head>
18      <body>
19      </body>
20  </html>
```

【代码说明】在本例中并没有将 mySum 的返回值赋给一个变量，而是通过 document.write() 直接将返回值输出到页面了，做法与赋值后再输出变量值是等价的。

【运行效果】以上代码为本书配套代码文件目录"代码\第 05 章\sample04.htm"里的内容，其运行结果与 sample03.htm 的运行结果完全相同。

5.2.3 将函数的返回值赋给对象属性或数组元素

函数的返回值不但可以赋给变量，还可以赋给对象的属性或者数组元素，其赋值方式与赋值给变量类似。请看以下例子：

（1）首先，定义一个函数，该函数的返回值为两个参数之和，如以下代码所示。

```
function mySum(x,y)
{
   var z = x + y;
   return z;
}
```

（2）然后，定义一个名为 myObject 的对象，该对象有 3 个属性：属性 a 的值为 1，属性 b 的值为 2；属性 c 的值为"mySum(myObject.a,myObject.b)"，也就是属性 c 的值为属性 a 的值与属性 b 的值之和，即将函数的返回值赋给对象的属性，如以下代码所示。

```
var myObject = new Object();
myObject.a = 1;
myObject.b = 2;
myObject.c = mySum(myObject.a,myObject.b);
```

（3）使用以下代码输出 myObject 对象的属性 c 的值，此时 myObject.c 的值应该为 3。

```
document.write("myObject.c = " + myObject.c + "<br>");
```

（4）同样，也可以将函数的返回值赋给数组的属性。先定义一个名为 arr 的数组，该数组有 3 个元素：第一个元素的值为 3；第 2 个元素的值为 7；第 3 个元素的值为"mySum(arr[0],arr[1])"，即第一个元素的值与第 2 个元素的值之和，即将函数的返回值赋给数组元素。如以下代码所示。

```
var arr = new Array(3);
arr[0] = 3;
arr[1] = 7;
arr[2] = mySum(arr[0],arr[1]);
```

（5）使用以下代码输出 arr 数组中第 3 个元素的值，此时 arr[2] 的值应该为 10。

```
document.write("arr[2] = " + arr[2]);
```

【实例 5.7】以上例子的完整代码如下所示，注意加粗的文字。

```
01    <html>
02      <head>
03        <title>将函数的返回值赋给对象属性或数组元素</title>
04        <script type="text/javascript">
05          <!--
06              function mySum(x,y)
07              {
08                  var z = x + y;
09                  return z;
10              }
11
12              // 定义一个对象
13              var myObject = new Object();
14              myObject.a = 1;
15              myObject.b = 2;
16              // 将函数的返回值赋给对象的属性
17              myObject.c = mySum(myObject.a,myObject.b);
18              document.write("myObject.c = " + myObject.c + "<br>");
19
20              // 定义一个数组
21              var arr = new Array(3);
22              arr[0] = 3;
23              arr[1] = 7;
24              // 将函数的返回值赋给数组元素
25              arr[2] = mySum(arr[0],arr[1]);
26              document.write("arr[2] = " + arr[2]);
27          -->
28        </script>
29      </head>
30      <body>
31      </body>
32    </html>
```

图 5.4　sample07.htm 的运行结果

【代码说明】代码第 6 ～ 10 行定义了函数 mySum，然后第 13 行定义了对象 myObject。代码第 17 行将函数的返回值赋给对象的属性。代码第 21 行定义了一个数组，代码第 25 行将函数的返回值赋给数组元素。

【运行效果】以上代码为本书配套代码文件目录"代码 \ 第 05 章 \sample05.htm"里的内容，其运行结果如图 5.4 所示。

5.2.4　综合应用

前面的例子介绍了如何将函数的返回值赋给变量、对象的属性或数组元素，下面举例介绍定义函数的方法与调用函数的方法的综合应用。

（1）首先，定义一个名为 myObject 的对象，该对象有两个属性。其中，myObject 对象的属性 a 为一个函数，该函数是使用 Function() 构造函数定义的，其作用是返回一个数字的平方值。myObject 对象的属性 b 是数字 10。

```
var myObject = new Object();
myObject.a = new Function("x","return x*x");
myObject.b = 10;
```

（2）然后，定义一个变量 x，变量 x 的值为"myObject.a(myObject.b)"，相当于调用了 myObject.a()

函数，返回值为100。

```
var x = myObject.a(myObject.b);
document.write(" 变量x的值为: " + x + "<br>");   //x值为100
```

（3）再定义一个名为 arr 的数组，该数组有 3 个元素。第一个元素为函数，该函数是在表达式中用 function 定义的，其作用为将参数乘以 2 并返回结果；第 2 个元素值为 100；第 3 个元素值为 "arr[0](arr[1])"，其中 "arr[0]()" 为函数名，arr[1] 为参数值。

```
var arr = new Array();
arr[0] = function(x) {return 2*x;};
arr[1] = 100;
arr[2] = arr[0](arr[1]);
```

（4）使用以下代码输出 arr 数组的第 3 个元素值，此时该值应该为 200。

```
document.write("arr[2] 的值为: " + arr[2] + "<br>");
```

【实例 5.8】 以上例子的完整代码如下所示，注意加粗的文字。

```
01   <html>
02     <head>
03       <title> 综合应用 </title>
04       <script type="text/javascript">
05         <!--
06           // 定义一个对象
07           var myObject = new Object();
08           // 对象的属性a为一个函数，该函数的作用是返回一个数字的平方值
09           myObject.a = new Function("x","return x*x");
10           myObject.b = 10;
11           var x = myObject.a(myObject.b);
12           document.write(" 变量x的值为: " + x + "<br>");
13
14           // 定义一个数组
15           var arr = new Array();
16           // 数组的第一个元素为一个函数，该函数的作用是返回一个数字的倍数
17           arr[0] = function(x) {return 2*x;};
18           arr[1] = 100;
19           arr[2] = arr[0](arr[1]);
20           document.write("arr[2] 的值为: " + arr[2] + "<br>");
21         -->
22       </script>
23     </head>
24     <body>
25     </body>
26   </html>
```

【代码说明】 代码第 7 行创建了对象 myObject，代码第 9 行将对象的属性 a 设置为一个函数，该函数的作用是返回一个数字的平方值。

【运行效果】 以上代码为本书配套代码文件目录 "代码 \ 第 05 章 \sample06.htm" 里的内容，其运行结果如图 5.5 所示。

5.3 函数的参数

在函数中，函数的参数的作用十分重要，只有利用函数参

图 5.5　sample08.htm 的运行结果

数，才能让函数在处理数据时更为灵活。

5.3.1　传递函数参数的注意事项

将参数传递给函数，这在 JavaScript 中是一件很重要的事情，如果参数传递得不正确，那么函数执行起来可能就会发生一些意想不到的问题。下面介绍在传递函数参数时可能会出现的一些情况。

1. 传递的参数类型与函数中所需要的数据类型不符

由于 JavaScript 是一种无类型语言，因此，在定义函数时，不需要为函数的参数指定数据类型。事实上，JavaScript 也不会检测传递过来的参数的类型是否符合函数的需要。

【实例 5.9】请看以下代码，注意加粗的文字。

```
01    <html>
02      <head>
03      <title> 函数参数的使用 </title>
04      <script type="text/javascript">
05        <!--
06          function myFun(x,y)
07          {
08            var z = x * y;
09            return z;
10          }
11          document.write(myFun(2,4) + "<br>");
12          document.write(myFun(2,"s"));
13        -->
14      </script>
15      </head>
16      <body>
17      </body>
18    </html>
```

【代码说明】在本例中，第 6 ~ 10 行定义了一个名为 myFun 的函数，该函数的作用是返回两个参数之积。因此，该函数要求两个参数的类型应该都是数字型。在本例中，通过"myFun(2,4)"语句调用函数可以正确地返回数据，而通过"myFun(2, "s")"语句调用函数则会返回 NaN。这是因为在第 2 个调用函数的语句中，第 2 个参数并不是数字型的。

图 5.6　sample09.htm 的运行结果

【运行效果】以上代码为本书配套代码文件目录"代码 \ 第 05 章 \sample07.htm"里的内容，其运行结果如图 5.6 所示。

如果一个函数对参数的要求很严格，那么可以在函数体内使用 typeof 运算符来检测传递过来的参数是否符合要求。

【实例 5.10】请看以下代码，注意加粗的文字。

```
01    <html>
02      <head>
03      <title> 函数参数的使用 </title>
04      <script type="text/javascript">
05        <!--
```

```
06              function myFun(x,y)
07              {
08                  if (typeof(x) == "number" && typeof(y) == "number")
09                  {
10                      var z = x * y;
11                      return z;
12                  }
13                  else
14                  {
15                      return "传递的参数不正确，请使用数字型的参数";
16                  }
17              }
18              document.write(myFun(2,4) + "<br>");
19              document.write(myFun(2,"s"));
20          -->
21      </script>
22   </head>
23   <body>
24   </body>
25   </html>
```

【代码说明】在本例中，使用了 typeof 运算符来判断传递过来的参数的类型，如果都是数字型，则返回两个参数之积，否则返回错误信息。在本例中，不同情况下返回的值的类型也不相同，如果两个参数都是数字型，返回的就是数字型数据，否则返回的是字符串型数据。

图 5.7　sample10.htm 的运行结果

【运行效果】以上代码为本书配套代码文件目录"代码\第 05 章\sample08.htm"里的内容，其运行结果如图 5.7 所示。

2. 传递的参数个数与函数定义的参数个数不匹配

通常情况下，在调用函数时传递的参数的个数都会与定义函数时所定义的参数个数相同，但 JavaScript 也不会去检测传递的参数个数与定义的参数个数是否相同。如果传递的参数个数小于函数定义的参数个数，JavaScript 会自动将多余的参数值设为 undefined。如果传递的参数个数大于函数定义的参数个数，那么多余传递的参数将会被忽略掉。

【实例 5.11】请看以下代码，注意加粗的文字。

```
01   <html>
02     <head>
03       <title>函数参数的使用</title>
04       <script type="text/javascript">
05         <!--
06             function myFun(x,y)
07             {
08                 var z = x * y;
09                 return z;
10             }
11             document.write(myFun(2,4,8) + "<br>");
12             document.write(myFun(2));
13         -->
14       </script>
15     </head>
16     <body>
```

```
17          </body>
18      </html>
```

【代码说明】 在本例中，第 6 ～ 10 行定义了一个名为 myFun 的函数，该函数有两个参数，其作用是返回两个参数之积。在本例中，调用 myFun 函数的语句有两处，其中 " myFun(2,4,8)" 语句使用了 3 个参数，JavaScript 会自动忽略多余的参数，即 8。而 " myFun(2)" 语句只使用了一个参数，因此，JavaScript 会对 myFun 函数的参数 x 赋值为 2，而参数 y 的值为 undefined，两个不同的数据类型相乘的结果为 NaN（Not a Number）。

【运行效果】 以上代码为本书配套代码文件目录 "代码 \ 第 05 章 \sample09.htm" 里的内容，其运行结果如图 5.8 所示。

图 5.8　sample11.htm 的运行结果

5.3.2　传递的函数参数的个数和值

从 sample09.htm 文件中可以看出，在调用函数时，如果传递的参数个数与函数定义的参数个数不同，则往往会产生一些意想不到的错误。虽然在传递的参数个数大于函数定义的参数个数时，函数也能正常执行，但是有可能产生逻辑错误。为了避免产生错误，一个程序员应该会让传递的函数参数个数与函数定义的参数个数相同。

1. 判断传递的函数参数的个数

JavaScript 中提供了一个 arguments 对象，该对象可以获取从 JavaScript 代码中传递过来的参数，并将这些参数存放在 arguments[] 数组中，因此也可以通过 arguments 对象来判断传递过来的参数的个数。

【实例 5.12】 请看以下代码，注意加粗的文字。

```
01  <html>
02      <head>
03          <title> 获取实际传递参数的个数 </title>
04          <script type="text/javascript">
05              <!--
06              function myFun(x,y)
07              {
08                  if (arguments.length != 2)
09                  {
10                      return "传递的参数个数有误，一共传递了" +
11                          arguments.length + "个参数";
12                  }
13                  else
14                  {
15                      var z = x * y;
16                      return z;
17                  }
18              }
19              document.write(myFun(2,4,8) + "<br>");
20              document.write(myFun(2) + "<br>");
21              document.write(myFun(2,4) + "<br>");
22              -->
23          </script>
24      </head>
25      <body>
```

```
26        </body>
27    </html>
```

【代码说明】 在本例中，第 6 ~ 18 行定义了一个名为 myFun 的函数，该函数的作用是返回两个参数之积。在返回两个参数之积之前，先用 arguments.length 来判断实际传递过来的参数个数，如果传递的参数个数不为 2，则返回一个错误信息。

【运行效果】 以上代码为本书配套代码文件目录"代码\第 05 章\sample10.htm"里的内容，其运行结果如图 5.9 所示。

图 5.9　sample12.htm 的运行结果

2. 获得实际传递的参数的值

arguments 对象除了可以用来判断实际传递的参数个数之外，还可以用于获得实际传递的参数的值。请看以下的示例：

（1）在以下代码中定义了一个名为 myFun 的函数，该函数的作用是返回参数 x 与参数 y 乘积。在返回乘积之前，先使用" if (arguments.length != 2)"语句判断传递的参数个数是否为 2。如果传递的参数个数为 2，则返回两个参数的乘积，如果不为 2，则进入错误处理代码块。在错误处理代码块中，先输出 arguments.length 的值，即一共传递了多少个参数。再通过" for (i=0;i<arguments.length;i++)"循环语句依次输出每个参数的值。arguments 为数组，因此通过 arguments[i] 可以获得参数的值：

```
01    function myFun(x,y)
02    {
03        // 判断传递的参数个数是否为 2
04        if (arguments.length != 2)
05        {
06            // 如果传递的参数个数不为 2，则说明传递了多少个参数
07            var str = "传递的参数个数有误，一共传递了" + arguments.length + "个参数 <br>";
08            str += "传递过来的参数值分别为: <br>";
09            // 通过循环输出传递过来的所有参数值
10            for (i=0;i<arguments.length;i++)
11            {
12                str += "第" + (i+1) + "个参数的值为: " + arguments[i] + "<br>";
13            }
14            return str;
15        }
16        else
17        {
18            var z = x * y;
19            return z;
20        }
21    }
```

（2）使用以下语句调用函数。在该语句中传递了 3 个参数，此时 myFun 函数会将参数 x 的值赋为 2，将参数 y 的值赋为 4，并将传递过来的第 3 个参数值 8 忽略掉。但是在 myFun 函数中的 arguments 对象可以完全接收传递过来的这 3 个参数，因此 arguments.length 的值为 3，arguments[0] 的值为 2，arguments[1] 的值为 4，arguments[2] 的值为 8。执行以下语句会进入错误处理程序，并输出错误信息。

```
document.write(myFun(2,4,8) + "<br>");
```

（3）使用以下语句调用函数。在该语句中只传递了一个参数，此时 myFun 函数会将参数 x 的
值赋为 2，参数 y 的值保持为初始值，即 undefined。arguments.length 的值为 1，arguments[0] 的值
为 2。执行以下语句会进入错误处理程序，并输出错误信息。

```
document.write(myFun(2) + "<br>");
```

（4）使用以下语句调用函数。在该语句中传递了两个参数，此时 myFun 函数会将参数 x 的值
赋为 2，将参数 y 的值赋为 4。arguments.length 的值为 2，arguments[0] 的值为 2，arguments[1] 的
值为 4。执行以下语句不会进入错误处理程序，而会直接返回结果。

```
document.write(myFun(2,4) + "<br>");
```

【实例 5.13】以上例子的完整代码如下所示，注意加粗的文字。

```
01  <html>
02    <head>
03      <title>获取实际传递参数的值</title>
04      <script type="text/javascript">
05        <!--
06          function myFun(x,y)
07          {
08            if (arguments.length != 2)
09            {
10              var str = "传递的参数个数有误，一共传递了" +
11                arguments.length + "个参数 <br>";
12              str += "传递过来的参数值分别为: <br>";
13              for (i=0;i<arguments.length;i++)
14              {
15                str += "第" + (i+1) + "个参数的值为: "+ arguments[i] +
16                  "<br>";
17              }
18              return str;
19            }
20            else
21            {
22              var z = x * y;
23              return z;
24            }
25          }
26          document.write(myFun(2,4,8) + "<br>");
27          document.write(myFun(2) + "<br>");
28          document.write(myFun(2,4) + "<br>");
29        -->
30      </script>
31    </head>
32    <body>
33    </body>
34  </html>
```

【代码说明】代码第 6 ～ 25 行定义了函数 myFun，代码第 8 行判断传递的参数的个数。代码
第 13 ～ 17 行是遍历传递来的参数。

【运行效果】以上代码为本书配套代码文件目录"代码 \ 第 05 章 \sample11.htm"里的内容，
其运行结果如图 5.10 所示。

图 5.10　sample13.htm 的运行结果

3. arguments 对象的应用

在某些场合下，函数所接收的参数个数有可能并不是固定的，对于这种情况，使用 arguments
对象可以获得实际传递的参数个数和值。

【实例 5.14】请看以下代码，注意加粗的文字。

```
01  <html>
02    <head>
03      <title>数字排序</title>
04      <script type="text/javascript">
05        <!--
06          function myFun()
07          {
08            // 获得参数个数
09            var arrLength = arguments.length;
10            // 通过循环进行排序
11            for (i=0;i<arrLength;i++)
12            {
13              for (j=arrLength;j>i;j--)
14              {
15                if (arguments[j]<arguments[j-1])
16                {
17                  // 交换数组元素的值
18                  temp = arguments[j];
19                  arguments[j] = arguments[j-1]
20                  arguments[j-1] = temp;
21                }
22              }
23            }
24            for (i=0;i<arrLength;i++)
25            {
26              document.write(arguments[i] + " ");
27            }
28          }
29          myFun(12,4,8,3,6,9,2,0,11,28);
30        -->
31      </script>
32    </head>
33    <body>
34    </body>
35  </html>
```

【代码说明】在本例中，第 6～28 行定义了一个名为 myFun 的函数，该函数的作用是使用冒泡法将传递过来的数字从小到大进行排序，并输出排序的结果。由于参与排序的数字的个数不定，因此，在定义该函数时并没有定义参数，只有在调用该函数时，才使用 arguments 对象来获取实际传递的参数值。获取实际传递的参数之后，再通过冒泡法对参数值进行排序，最后通过循环输出排序后的结果。

> **注意**　虽然 arguments 可以作为数组来使用，但 arguments 并不是一个数组，而是一个对象。

按升序排序的冒泡法算法的基本思路是，将要排序的数字放在一个数组中，并比较数组中相邻的两个元素值，将数值小的数字放在数组的前面。具体操作方法如下：

（1）假设数组 a 中有 n 个数字，在初始状态下，a[0]～a[n-1] 的值为无序数字。

（2）第一次扫描，从数组的最后一个元素开始比较相邻的两个元素的值，大的放在数组后面，小的放在数组前面，即依次比较 a[n-1] 与 a[n-2]、a[n-2] 与 a[n-3]、…、a[2] 与 a[1]、a[1] 与 a[0] 的值，小的放在前面，大的放在后面。例如，若 a[1] 的值小于 a[2] 的值，就交换这两个元素的值交换。一次扫描完毕后，最小的数字就会存放在 a[0] 元素上。

（3）第二次扫描完毕，第二小的数字就会存放在 a[1] 元素上。

（4）以此类推，直到循环结束。

【运行效果】以上代码为本书配套代码文件目录"代码\第 05 章\sample12.htm"里的内容，其运行结果如图 5.11 所示。

5.4　函数的递归调用

在 JavaScript 中，函数是可以递归调用的，只要在递归时注意不要引起死循环即可。在 JavaScript 函数的递归调用有两种方法，一种是使用函数名的递归调用方法；另一种是使用 callee 属性的递归调用方法。

图 5.11　sample14.htm 的运行结果

5.4.1　使用函数名的递归调用

使用函数名的递归调用方法，即在函数体里通过使用该函数名来对该函数进行调用的一种方法。这是比较直接也比较容易理解的递归调用方法。

【实例 5.15】请看以下代码，注意加粗的文字。

```
01    <html>
02      <head>
03        <title> 函数的递归调用 </title>
04        <script type="text/javascript">
05          <!--
06            function myFun(x)
07            {
08              if (x % 2 == 0)
09              {
10                document.write(x + "<br>");
11              }
```

```
12              if (x>1)
13              {
14                  return myFun(x-1);
15              }
16          }
17          myFun(10);
18      -->
19      </script>
20  </head>
21  <body>
22  </body>
23  </html>
```

【代码说明】在本例中，第 6 ～ 16 行定义了一个名为 myFun 的函数，该函数的作用是输出小于或等于某个数字的所有正偶数。在该函数的函数体里又一次调用了 myFun 函数，这种方式就是递归调用。

【运行效果】以上代码为本书配套代码文件目录"代码\第 05 章 \sample13.htm"里的内容，其运行结果如图 5.12 所示。

图 5.12　sample15.htm 的运行结果

5.4.2　使用 callee 属性的递归调用

在前面章节里介绍过的 arguments 对象拥有一个 callee 属性，该属性的作用是引用当前正在执行的函数。无论函数名是什么，都可以使用 callee 属性来调用。

【实例 5.16】请看以下代码，注意加粗的文字。

```
01  <html>
02    <head>
03      <title> 函数的递归调用 </title>
04      <script type="text/javascript">
05      <!--
06          function myFun(x)
07          {
08              if (x % 2 == 0)
09              {
10                  document.write(x + "<br>");
11              }
12              if (x>1)
13              {
14                  arguments.callee(x-1);
15              }
16          }
17          myFun(10);
18      -->
19      </script>
20  </head>
21  <body>
22  </body>
23  </html>
```

【代码说明】在本例中，第 6 ～ 16 行定义了一个名为 myFun 的函数，与 sample13.htm 类似，该函数的作用也是输出小于或等于某个数字的所有正偶数。但是在该函数中，并没有直接使用函数名来调用函数，而是使用了 arguments.callee 语句来调用该函数。

【运行效果】以上代码为本书配套代码文件目录"代码\第 05 章\sample14.htm"里的内容。本例的运行结果与 sample13.htm 的运行结果完全相同。

5.5 函数的属性与方法

在 JavaScript 中，函数也是一个对象。既然函数是对象，那么函数也拥有自己的属性与方法，请看下面的介绍。

5.5.1 length 属性：函数定义参数个数

函数的 length 属性与 arguments 对象的 length 属性不一样，arguments 对象的 length 属性可以获得传递给函数的实际参数的个数，而函数的 length 属性可以获得函数定义的参数个数。

【实例 5.17】请看以下代码，注意加粗的文字。

```
01  <html>
02    <head>
03      <title>length 属性</title>
04      <script type="text/javascript">
05        <!--
06            function mySum(x,y)
07            {
08                if (mySum.length!=arguments.length)
09                {
10                    return "传递过来的参数个数与函数所定义的参数个数不一致";
11                }
12                else
13                {
14                    var z = x + y;
15                    return z;
16                }
17            }
18            document.write(mySum(3,4) + "<br>");
19            document.write(mySum(3,4,5) + "<br>");
20        -->
21      </script>
22    </head>
23    <body>
24    </body>
25  </html>
```

【代码说明】在本例中第 6 ～ 17 行定义了一个名为 mySum 的函数，该函数的作用是返回两个参数之和。在返回两个参数之和之前，先判断传递过来的参数个数与函数定义的参数个数是否相同，如果不相同则返回错误信息。在本例中有两处调用函数的代码，其中第 18 行的"mySum(3,4)"语句传递了两个参数，与函数定义的参数个数相同，因此返回两个参数之和。而第 19 行的"mySum(3,4,5)"语句传递了 3 个参数，与函数定义的参数个数不相同，因此返回错误信息。

【运行效果】以上代码为本书配套代码文件目录"代码\第 05 章\sample15.htm"里的内容，其运行结果如图 5.13 所示。

图 5.13　sample17.htm 的运行结果

函数的 length 属性与 arguments 对象的 length 属性不同，arguments 对象的 length 属性只能在函数体内使用，而函数的 length 属性可以在函数体之外使用。

【实例 5.18】请看以下代码，注意加粗的文字。

```
01  <html>
02    <head>
03      <title>length 属性 </title>
04      <script type="text/javascript">
05        <!--
06          function myCheck(parames)
07          {
08              if (parames.length!=parames.callee.length)
09              {
10                  return false;
11              }
12              else
13              {
14                  return true;
15              }
16          }
17          function mySum(x,y)
18          {
19              if (myCheck(arguments))
20              {
21                  var z = x + y;
22                  return z;
23              }
24              else
25              {
26                  return "传递过来的参数个数与函数所定义的参数个数不一致 ";
27              }
28          }

30          document.write(mySum(3,4) + "<br>");
31          document.write(mySum(3,4,5) + "<br>");
32        -->
33      </script>
34    </head>
35    <body>
36    </body>
37  </html>
```

【代码说明】本例中的知识点如下。

❑ 第 6 ～ 16 行定义了一个名为 myCheck 的函数，该函数的作用是判断传递给函数的参数个数与函数定义的参数个数是否相同，如果相同，返回 true，如果不相同，返回 false。

❑ 在 myCheck() 函数中，定义了一个名为 parames 的参数，该参数是 arguments 对象。

❑ 在 myCheck() 函数中，parames.length 就是 arguments.length，返回的是 arguments 对象的个数，即传递给函数的事实参数个数。

❑ 在 myCheck() 函数中，parames.callee.length 就是 arguments.callee.length。arguments.callee 返回的是正在使用的函数，arguments.callee.length 返回的是正在使用的函数的定义参数的个数。

❑ 第 17 ～ 28 行定义了一个名为 mySum 的函数，该函数的作用是返回两个参数之和。

❑ 在返回两个参数之和之前，先调用 myCheck 函数判断传递的参数个数与函数定义的参数个数是否相同，如果相同则返回两个参数之和，如果不相同则返回错误信息。

【运行效果】以上代码为本书配套代码文件目录"代码\第 05 章\sample16.htm"里的内容，本例的运行结果与 sample15.htm 的运行结果相同，读者可以自己运行该文件查看效果。

5.5.2　prototype 属性：引用原型对象

在 JavaScript 中，每个函数都拥有一个 prototype 属性，该属性的作用是引用原型对象。原型对象是在使用 new 运算符调用构造函数时起作用，通常用于定义新的对象类型。由于 prototype 属性引用的是一个对象，所以可以为该对象添加属性。下面举例说明：

（1）以下代码定义一个名为 pen 的函数，该函数的作用是定义一个对象。在这个对象里有两个属性，一个是 color 属性，另一个是 price 属性。color 属性代表颜色，price 属性代表价格。

```
function pen(color,price)
{
   this.color = color;
   this.price = price;
}
```

（2）以下代码定义了一个名为 pen1 的对象。在第 3 章里曾经介绍过，new 运算符可以调用构造函数来定义对象。此时调用的是 pen 函数来定义对象，因此，对象 pen1 会拥有 pen 函数中定义的所有属性，即 color 属性和 price 属性。

```
var pen1 = new pen("红色",20);
```

（3）由于对象 pen1 拥有 color 属性和 price 属性，因此以下代码中的第一行和第二行可以输出这两个属性的值。但是在构造函数里没有 name 属性，因此对象 pen1 里也没有该属性，所以以下代码中的第三行会输出 undefined。

```
document.write("笔 1 的颜色为: " + pen1.color +"<br>");
document.write("笔 1 的价格为: " + pen1.price +"<br>");
document.write("笔 1 的名称为: " + pen1.name +"<br><br>");
```

（4）由于函数的 prototype 属性所引用的是对象，因此可以使用以下代码为构造函数添加一个名为 name 的属性，并为该属性设置初始值为"钢笔"。

```
pen.prototype.name = "钢笔";
```

（5）以下代码定义一个名为 pen2 的对象。由于 new 运算符是调用构造函数来定义对象，而前面使用 prototype 属性为 pen 函数添加了一个 name 属性，因此，对象 pen2 拥有 3 个属性，分别为 color 属性、price 属性和 name 属性。

```
var pen2 = new pen("蓝色",30);
```

（6）由于 pen2 拥有 3 个属性，因此可以通过以下代码输出这 3 个属性的值。其中第三行代码中的 pen2.name 属性的值为构造函数中 name 属性的初始值，即"钢笔"。

```
document.write("笔 2 的颜色为: " + pen2.color +"<br>");
document.write("笔 2 的价格为: " + pen2.price +"<br>");
document.write("笔 2 的名称为: " + pen2.name +"<br><br>");
```

（7）由于对象的属性值是可以更改的，因此可以使用以下代码更改对象 pen2 的 name 属性值。

```
pen2.name = "铅笔";
```

【实例 5.19】以上例子的完整代码如下所示，注意加粗的文字。

```
01  <html>
02    <head>
03      <title>prototype 属性</title>
04      <script type="text/javascript">
05        <!--
06          // 定义一个函数，该函数的作用是创建一个对象
07          function pen(color,price)
08          {
09            // 对象的 color 属性
10            this.color = color;
11            // 对象的 price 属性
12            this.price = price;
13          }
14
15          // 定义一个对象
16          var pen1 = new pen(" 红色 ",20);
17          // 输出对象的属性
18          document.write(" 笔 1 的颜色为： " + pen1.color +"<br>");
19          document.write(" 笔 1 的价格为： " + pen1.price +"<br>");
20          document.write(" 笔 1 的名称为： " + pen1.name +"<br><br>");
21
22          // 为构造函数添加一个属性
23          pen.prototype.name = " 钢笔 ";
24
25          // 定义一个对象
26          var pen2 = new pen(" 蓝色 "",30);
27          // 输出对象的属性
28          document.write(" 笔 2 的颜色为： " + pen2.color +"<br>");
29          document.write(" 笔 2 的价格为： " + pen2.price +"<br>");
30          document.write(" 笔 2 的名称为： " + pen2.name +"<br><br>");
31
32          // 修改对象的属性
33          pen2.name = " 铅笔 ";
34          document.write(" 笔 2 的名称为： " + pen2.name +"<br><br>");
35        -->
36      </script>
37    </head>
38    <body>
39    </body>
40  </html>
```

【代码说明】代码第 7 ～ 13 行定义了函数 pen，代码第 16 行创建了新对象。代码第 18 ～ 20 行输出对象的各个属性，然后代码第 23 行又为函数添加属性，第 26 行重新创建一个对象，然后依次输出对象的属性。

【运行效果】以上代码为本书配套代码文件目录"代码 \ 第 05 章 \sample17.htm"里的内容，其运行结果如图 5.14 所示。

图 5.14　sample19.htm 的运行结果

5.5.3　caller 属性：判断函数调用情况

可以这么说，定义函数的作用就为了让程序可以调用该函数，要不然，定义的函数是起不了任何作用的。在调用函

数时，有可能是直接在 JavaScript 的顶层代码中调用或者是在 HTML 事件中调用，也有可能是在函数中嵌套调用，使用函数的 caller 属性可以判断出该函数是在哪里被调用的。如果函数是在 JavaScript 的顶层代码中调用的，那么 caller 属性的返回值为 null，否则返回调用该函数的当前函数的 Function 对象的引用。

【实例 5.20】 请看以下代码，注意加粗的文字。

```
01   <html>
02     <head>
03       <title>caller 属性</title>
04       <script type="text/javascript">
05         <!--
06           function myFun()
07           {
08             if (myFun.caller==null)
09             {
10               document.write(" 顶层调用 <br>");
11             }
12             else
13             {
14               document.write(" 在函数中调用 <br>");
15             }
16           }
17           // 在顶层代码中调用函数
18           myFun();
19
20           function myFun1()
21           {
22             // 在函数体中调用函数
23             myFun();
24           }
25           myFun1();
26         -->
27       </script>
28     </head>
29     <body>
30     </body>
31   </html>
```

【代码说明】 在本例中，代码第 6 ～ 16 行定义了一个名为 myFun 的函数，在该函数里，通过 "if (myFun.caller==null)" 语句判断是否是在 JavaScript 的顶层代码中调用该函数。然后使用 "myFun()" 调用函数，此时是在 JavaScript 的顶层代码中调用该函数，因此返回 "顶层调用"。随后，在本例中第 20 ～ 24 行定义了一个名为 myFun1 的函数，在该函数里调用了 myFun 函数。在使用 "myFun1();" 调用函数时，返回 "在函数中调用" 语句。

【运行效果】 以上代码为本书配套代码文件目录 "代码\第 05 章 \sample18.htm" 里的内容，其运行结果如图 5.15 所示。

5.5.4　自定义属性

函数也可以拥有自己的属性，这一点和对象有点像。函数可以保存其属性的值，并且在每次调用时，该值都不会改变，除非有程序代码去改变这个值，在这一点上，函数的属

图 5.15　sample20.htm 的运行结果

性与全局变量也有点像。只不过函数的属性只是属于函数的本身，而不属于其他对象。

【实例 5.21】请看以下代码，注意加粗的文字。

```
01    <html>
02      <head>
03        <title>自定义函数属性</title>
04        <script type="text/javascript">
05          <!--
06            function myCounter()
07            {
08              // 将函数的 counter 属性值加 1 并返回
09              return myCounter.counter++;
10            }
11            // 初始化函数的 counter 属性值
12            myCounter.counter = 0;
13
14            for (i=0;i<4;i++)
15            {
16              document.write(myCounter() + "<br>");
17            }
18          -->
19        </script>
20      </head>
21      <body>
22      </body>
23    </html>
```

【代码说明】本例中的知识点如下。

❑ 第 6 ~ 10 行定义了一个名为 myCounter 的函数，该函数中有一个 counter 属性，该函数的作用就是将 counter 属性值加 1 后返回。这是一个计数器的函数。

❑ 由于计数器没有初始值，因此，在使用计数器之前，要先为计数器设一个初始值。在本例中使用 "myCounter.counter = 0;"语句为计数器设了一个初始值，即 myCounter 函数的counter 属性的初始值为 0。

❑ 第 14 ~ 17 行使用一个 for 循环，重复调用 myCounter 函数，由于 myCounter 函数可以保存 counter 属性值，因此每次调用 myCounter 函数时，都会将 counter 属性值加 1。也正因为如此，所以在网页上输出了 0 ~ 3 四个数字。

【运行效果】以上代码为本书配套代码文件目录"代码 \第 05 章 \sample19.htm"里的内容，其运行结果如图 5.16 所示。

图 5.16 sample21.htm 的运行结果

5.5.5 call() 方法

在 JavaScript 中，每个函数都拥有一个 call() 方法，使用该方法可以像调用其他对象的方法一样来调用某个函数。其语法代码如下：

```
函数名 .call( 对象名，参数 1，参数 2，…)
```

【实例 5.22】有关 call() 方法的使用方法请看以下代码，注意加粗的文字。

```
01    <html>
02      <head>
```

```
03          <title>call() 方法</title>
04          <script type="text/javascript">
05            <!--
06                // 使用冒泡法排序
07                function myFun()
08                {
09                    var arrLength = arguments.length;
10                    for (i=0;i<arrLength;i++)
11                    {
12                        for (j=arrLength;j>i;j--)
13                        {
14                            if (arguments[j]<arguments[j-1])
15                            {
16                                temp = arguments[j];
17                                arguments[j] = arguments[j-1];
18                                arguments[j-1] = temp;
19                            }
20                        }
21                    }
22                    for (i=0;i<arrLength;i++)
23                    {
24                        document.write(arguments[i] + " ");
25                    }
26                }
27
28                var myObject = new Object();
29                myFun.call(myObject,13,3,95);
30            -->
31          </script>
32      </head>
33      <body>
34      </body>
35  </html>
```

【代码说明】 在本例中，第 7～26 行定义了一个名为 myFun 的函数，该函数的作用是使用冒泡法对数字排序。本例中使用第 28 行定义了一个名为 myObject 的对象，然后使用第 29 行调用 myFun 函数，该语句中，myObject 为对象名，"13,3,95" 为参数列表。"myFun.call(myObject,13,3,95);"语句与以下代码相价：

```
myObject.temp = myFun;
myObject.temp(13,3,95);
delete myObject.temp;
```

【运行效果】 以上代码为本书配套代码文件目录 "代码 \ 第 05 章 \sample20.htm" 里的内容，其运行结果如图 5.17 所示。

图 5.17　sample22.htm 的运行结果

5.5.6　apply() 方法

apply() 方法与 call() 方法类似，使用该方法也可以像调用其他对象的方法一样调用某个函数。其语法代码如下：

```
函数名 .apply( 对象名 , 数组 );
```

从以上代码可以看出，apply() 方法与 call() 方法的区别是，call() 方法直接将参数列表放在对象名之后，而 apply() 方法却是将列表放在数组里，并将数组放在对象名之后。

请看以下代码，在该代码的第一行中定义了一个对象，第二行中定义了一个数组，第三行中使用 myFun.apply() 方法来调用 myFun 函数，该方法中有两个参数，第一个参数为 myObject 对象，第 2 个参数为数组。JavaScript 会自动将数组中的元素值作为参数列表传递给 myFun 函数。

```
var myObject = new Object();
var arr = [13,3,95];
myFun.apply(myObject,arr);
```

apply() 方法只要求第 2 个参数为数组，因此，也可以将数组作为参数直接放在 apply() 方法内，如以下代码：

```
myFun.apply(myObject,[6,9,2]);
```

apply() 方法的另一个用法是放在其他函数内部，通过 arguments 对象来传递参数，如以下代码：

```
function myFun1()
{
   myFun.apply(myObject,arguments);
}
myFun1(6,9,2,5);
```

【实例 5.23】有关 apply() 方法的完整例子如下所示，注意加粗的文字。

```
01    <html>
02      <head>
03        <title>apply() 方法 </title>
04        <script type="text/javascript">
05          <!--
06            // 使用冒泡法排序
07            function myFun()
08            {
09                var arrLength = arguments.length;
10                for (i=0;i<arrLength;i++)
11                {
12                    for (j=arrLength;j>i;j--)
13                    {
14                        if (arguments[j]<arguments[j-1])
15                        {
16                            temp = arguments[j];
17                            arguments[j] = arguments[j-1];
18                            arguments[j-1] = temp;
19                        }
20                    }
21                }
22                for (i=0;i<arrLength;i++)
23                {
24                    document.write(arguments[i] + " ");
25                }
26            }
27
28            // 定义一个对象
29            var myObject = new Object();
30            // 定义一个数组
31            var arr = [13,3,95];
```

```
32                 // 使用 apply 方法
33                 myFun.apply(myObject,arr);
34                 document.write("<br>");
35
36                 // 直接将数组作为参数使用
37                 myFun.apply(myObject,[6,9,2]);
38                 document.write("<br>");
39
40                 // 使用 arguments 对象传递参数
41                 function myFun1()
42                 {
43                     myFun.apply(myObject,arguments);
44                 }
45                 myFun1(6,9,2,5);
46             -->
47         </script>
48     </head>
49     <body>
50     </body>
51 </html>
```

【代码说明】 代码第 7 ～ 26 行定义了一个函数 myFun，其目的是使用冒泡法排序。代码第 37 行非常关键，这里直接将数组作为参数使用。

【运行效果】 以上代码为本书配套代码文件目录"代码 \ 第 05 章 \sample21.htm"里的内容，其运行结果如图 5.18 所示。

5.6　系统函数

在 JavaScript 中，有很多系统内置的函数，如数学函数等，这些函数可以实现很多不同的功能。在本节中介绍一些常用的系统内置函数。

图 5.18　sample23.htm 的运行结果

5.6.1　编码函数 escape()

escape() 函数的作用是将字符串中的非文字、数字的字符，如 #、$、%、^、&、空格、括号等，转换成相应的 ASCII 码值。因此，escape() 函数主要是用在字符串的处理上，用于保证这些特殊字符不会干扰到字符串的处理。

【实例 5.24】 有关 escape() 函数的使用方法请看以下代码，注意加粗的文字。

```
01 <html>
02     <head>
03         <title> 编码函数 escape</title>
04         <script type="text/javascript">
05             <!--
06                 var str = "abc~!@#$%^&*()_+|\=-`";
07                 document.write(escape(str));
08             -->
09         </script>
10     </head>
11     <body>
12     </body>
13 </html>
```

【代码说明】代码第 6 行定义的 str 变量中，可以看到有很多乱码一样的字符，代码第 7 行输出这些乱码时，使用了 escape() 函数。

【运行效果】以上代码为本书配套代码文件目录"代码\第 05 章\sample22.htm"里的内容，其运行结果如图 5.19 所示。在该图中可以看出，escape() 函数已经将特殊字符转换成 ASCII 码值。

图 5.19 sample24.htm 的运行结果

> **提示** ASCII 字符码是由美国国家标准局所制定的，用于不同计算机间信息交换的一套字符编码标准。

5.6.2 解码函数 unescape()

unescape() 函数与 escape() 函数相反，escape() 函数的作用是将字符串中的非文字、数字的字符转换成相应的 ASCII 码值，而 unescape() 函数的作用是将 ASCII 码的文字转换成一般文字。

【实例 5.25】有关 unescape() 函数的使用方法请看以下代码，注意加粗的文字：

```
01    <html>
02      <head>
03        <title>编码函数与解码函数</title>
04        <script type="text/javascript">
05          <!--
06            var str = "abc~!@#$%^&*()_+|\=-`";
07            document.write("初始字符串为： " + str + "<br>");
08            str = escape(str);
09            document.write("编码后的字符串为： " + str + "<br>");
10            str = unescape(str);
11            document.write("解码后的字符串为： " + str + "<br>");
12          -->
13        </script>
14      </head>
15      <body>
16      </body>
17    </html>
```

【代码说明】代码第 6 行定义了 str 变量包含很多乱码，代码第 8 行和第 10 行分别使用 escape() 函数与 unescape() 函数进行字符转换。

【运行效果】以上代码为本书配套代码文件目录"代码\第 05 章\sample23.htm"里的内容，其运行结果如图 5.20 所示。在该图中可以看出，escape() 函数已经将特殊字符转换成 ASCII 码值，而 unescape() 函数将 ASCII 码值的字符串进行了解码。

图 5.20　sample25.htm 的运行结果

5.6.3　求值函数 eval()

eval() 函数是使用得比较多的一个函数，该函数的主要作用是将字符串指定为对象，这一点对循环操作很有利。

【实例 5.26】请看以下代码，注意加粗的文字。

```
01    <html>
02      <head>
03        <title>eval 函数 </title>
04        <script type="text/javascript">
05          <!--
06            function pen(color,price)
07            {
08              this.color = color;
09              this.price = price;
10            }
11
12            var pen1 = new pen(" 红色 ",10);
13            var pen2 = new pen(" 蓝色 ",20);
14            var pen3 = new pen(" 绿色 ",30);
15
16            for (i=1;i<4;i++)
17            {
18              var penx = eval("pen"+i);
19              document.write(" 笔 " + i +"的颜色为: " + penx.color +", 价格为: " +
20                penx.price + "<br>");
21            }
22          -->
23        </script>
24      </head>
25      <body>
26      </body>
27    </html>
```

【代码说明】在本例中，第 6 ～ 10 行定义了一个名为 pen 的函数，该函数的作用是定义一个对象。随后，在本例中第 12 ～ 14 行通过 pen() 函数定义了 3 个对象，这 3 个对象名分别为 pen1、pen2 和 pen3。然后通过一个循环，输出这 3 个对象的属性。在循环中，使用了 eval() 函数，将字符串转换成对象，这样才能输出对象的属性。

【运行效果】以上代码为本书配套代码文件目录"代码\第 05 章 \sample24.htm"里的内容，其运行结果如图 5.21 所示。

图 5.21　sample26.htm 的运行结果

如果将上例中的循环语句改成以下代码，那么输出结果如图 5.22 所示。

```
for (i=1;i<4;i++)
{
    var penx = "pen"+i;
    document.write(" 笔 " +i+" 的颜色为: "+penx.color +", 价格为: " +penx.price + "<br>");
}
```

从图 5.22 中可以看出，所有对象属性输出都为 undefined，这是因为变量 penx 为字符串，而不是对象。字符串 pen1、pen2 和 pen3 并没有 color 属性和 price 属性。

5.6.4　数值判断函数 isNaN()

在 JavaScript 中，如果对非数字型变量进行数值运算，如两个字符串相除，将会返回 NaN。NaN 所代表的是 "Not a Number" 的意思。在 JavaScript 中在进行数值运算时，可以先使用 isNaN() 函数来判断变量是否为数字型变量。如果该参数返回 false，说明该变量为数字型变量，否则说明该变量为非数字型变量。

图 5.22　改后 sample26.htm 的运行结果

【实例 5.27】有关 isNaN() 函数的使用方法请看以下代码，注意加粗的文字。

```
01  <html>
02    <head>
03      <title>isNaN 函数 </title>
04      <script type="text/javascript">
05        <!--
06          function mySum(x,y)
07          {
08            if (isNaN(x) || isNaN(y))
09            {
10              return " 参数必须是数字型参数。";
11            }
12            else
13            {
14              var z = x + y;
15              return z;
16            }
17          }
18
19          document.write(mySum(1,2) + "<br>");
20          document.write(mySum(1,"a"));
21        -->
22      </script>
23    </head>
24    <body>
25    </body>
26  </html>
```

【代码说明】在本例中，第 6 ～ 17 行定义了一个名为 mySum 的函数，该函数的作用是返回两个参数之和。在返回两个参数之和之前，先通过 isNaN() 函数来判断传递过来的参数是否是数字型数据，如果不是，则返回错误信息。

【运行效果】以上代码为本书配套代码文件目录"代码\第 05 章\sample25.htm"里的内容，其运行结果如图 5.23 所示。

5.6.5 整数转换函数 parseInt()

在 JavaScript 中，可以使用 parseInt() 函数将二进制、八进制或十六进制的数据转换成十进制数据。其语法代码如下：

```
parseInt(数据,底数)
```

以上代码的解释如下。

图 5.23 sample27.htm 的运行结果

- ❑ 数据为二进制、八进制、十进制或十六进制的数据，必须是字符串型。
- ❑ 底数用于指出字符串中的数据是几进制的数据，如果字符串中的数据为二进制的数据，则底数为 2；如果字符串中的数据为八进制的数据，则底数为 8；如果字符串中的数据为十六进制的数据，则底数为 16。
- ❑ 底数可以省略，如果省略底数，JavaScript 会自动判断字符串中的数据是几进制的数据。如果字符串中的数据以"0x"或"0X"开头，JavaScript 会认为字符串中的数据为十六进制的数据；如果字符串的数据以"0"开头，JavaScript 会认为字符串中的数据为八进制的数据；其他字符开头的字符串 JavaScript 都会认为字符串中的数据为十进制的数据。

【实例 5.28】有关 parseInt() 函数的使用方法请看以下代码，注意加粗的文字。

```
01   <html>
02     <head>
03       <title>parseInt 函数 </title>
04       <script type="text/javascript">
05         <!--
06           document.write(parseInt("10101",2) + "<br>");
07           document.write(parseInt("77",8) + "<br>");
08           document.write(parseInt("2A3B",16) + "<br>");
09           document.write(parseInt("077") + "<br>");
10           document.write(parseInt("0x2A3B") + "<br>");
11         -->
12       </script>
13     </head>
14     <body>
15     </body>
16   </html>
```

【代码说明】代码第 6 ～ 10 行使用 parseInt() 函数转换了不同的参数形式，如第 8 行是一个十六进制的参数，代码第 7 行是一个八进制的参数。

【运行效果】以上代码为本书配套代码文件目录"代码\第 05 章\sample26.htm"里的内容，其运行结果如图 5.24 所示。

|注意| 在使用 parseInt() 函数转换数据时，如果在转换过程中遇到不能转换的字符，JavaScript 会停止转换操作，并返回已转换的数据。

图 5.24 sample28.htm 的运行结果

5.6.6 浮点数转换函数 parseFloat()

parseFloat() 函数与 parseInt() 函数不同，该函数的作用只是将字符串数据转换成浮点数据。与 parseInt() 函数类似，在使用 parseFloat() 函数转换数据时，如果遇到不能转换的字符，JavaScript 会停止转换操作，并返回已转换的数据。

【实例 5.29】有关 parseFloat() 函数的使用方法请看以下代码，注意加粗的文字。

```
01    <html>
02     <head>
03       <title>parseFloat 函数 </title>
04       <script type="text/javascript">
05        <!--
06          var str = "12.345";
07          var str1 = str + 6;
08          var str2 = parseFloat(str) + 6;
09          document.write(str1 + "<br>");
10          document.write(str2 + "<br>");
11          document.write(parseFloat("34.89a23") + "<br>");
12        -->
13       </script>
14     </head>
15     <body>
16     </body>
17    </html>
```

【代码说明】在本例中，代码第 6 行定义了一个变量 str，该变量值为字符串"12.345"，因此，"var str1 = str + 6;"语句的作用是将两个字符串相连，返回结果为"12.3456"。而"var str2 = parseFloat(str) + 6;"语句的作用是先将字符串"12.345"转换成浮点数据之后，再加上 6，因此返回的结果为"18.345"。在本例的最后使用了"parseFloat ("34.89a23")"语句来将字符串"34.89a23"转换为浮点型数据，当 JavaScript 转换到"a"时，产生错误，因此中止转换，并返回已经转换的"34.89"。

【运行效果】以上代码为本书配套代码文件目录"代码\第 05 章\sample27.htm"里的内容，其运行结果如图 5.25 所示。

图 5.25　sample29.htm 的运行结果

5.7　小结

在 JavaScript 中有很多内置函数，JavaScript 的程序员也可以自己定义函数。使用 function 语句和 Function() 构造函数可以定义函数，使用函数调用运算符可以调用函数。在调用函数时要注意参数传递的问题。一个 JavaScript 程序员，还必须要掌握 JavaScript 中的系统内置函数。在第 6 章里将会介绍 JavaScript 中的对象。

5.8　本章练习

1. 以下哪种定义函数的方法是错误的。

A.

```
function mySum(x,y)
{
    return x +y;
}
```

B.

```
var myWrite = new Function("return ' 返回一个字符串 '; ");
```

C.

```
var myWrite =mySum(x,y)
{
    var z = x +y;
    return z;
}
```

D.

```
var myfun = function ftemp(x) {if(x<1) return 1;else document.write(x);return ftemp(x-1);}
```

2. 通过什么方法获取函数中传递的参数个数?

　　A. arguments.length　　　　B. arguments[length]

　　C. arguments.count　　　　　D. arguments.parms

3. document.write(" "); 语句是什么意思?

第6章 对　　象

对象是 JavaScript 中的一种数据类型。JavaScript 语言是一种基于对象的语言，因此，对象是 JavaScript 中是一种很重要的概念。本章将会介绍对象的基本概念及用法。

本章重点：

❑ 对象的属性和方法；
❑ 对象的原型和继承；
❑ 最基本的 Object 对象；
❑ 其他系统对象。

6.1 对象的介绍

对象是一种复合型数据类型，可以将很多数据集中在一个单元中。对象通过属性来获取数据集中的数据，也可以通过方法来实现数据的某些功能。

6.1.1 对象的概念

在一个程序里，通常会使用很多变量来描述一些实物的属性，例如一个名为 color 的变量，该变量有可能会用来描述一样东西的颜色，比如说笔的颜色、水桶的颜色、门的颜色等。如果一个程序里有多个实物，那么就有可能要用多个变量来描述这些实物的颜色，如以下代码：

```
var penColor;          // 笔的颜色
var bucketColor;       // 水桶的颜色
var gateColor;         // 门的颜色
```

如果一个程序有多个实物，而每个实物又有多个属性，那么要想描述这些实物的所有属性，就可能要用到很多变量，如以下代码所示：

```
var penColor;          // 笔的颜色
var penPrice;          // 笔的价格
var penName;           // 笔的名称
var bucketColor;       // 水桶的颜色
var bucketPrice;       // 水桶的价格
var bucketFactory;     // 水桶的厂家
var gateColor;         // 门的颜色
var gatePrice;         // 门的价格
var gateFactory;       // 门的厂家
```

如果一个程序比较简单，要管理这些变量，可能并不困难。当程序越变越大时，实物也越变越多时，要想去管理这些变量，就会越来越困难。程序员很难记住哪个变量用于表示哪个实物的哪个属性。因此，对象的概念就由此产生了。

对象就是把这些看上去杂乱无章的变量按逻辑进行分类。例如以上代码中，可以将变量分为三类，分别为笔、水桶和门。其中将变量 penColor、penPrice 和 penName 归为笔类；将变量 bucketColor、bucketPrice 和 bucketFactory 归为水桶类；将变量 gateColor、gatePrice 和 gateFactory 归为门类。那么在这当中，笔、水桶和门，就是三个对象。

6.1.2　对象的属性

从第 6.1.1 节中可以看出，对象就是一些变量的集合。在 JavaScript 中将包含在对象内部的变量称为对象的属性。继续第 6.1.1 节中的示例，对象"笔"中拥有三个变量：颜色、价格、名称，在 JavaScript 中称为对象"笔"中拥有三个属性：颜色、价格、名称。程序员可以通过以下代码来获取或设置对象的属性的值：

```
对象名 . 属性名
```

其中"."为对象属性存取运算符。以"笔"对象为例，该对象拥有颜色、价格、名称，以下代码可以分别获取该对象的这三个属性值。

```
var color = 笔 . 颜色
var price = 笔 . 价格
var name = 笔 . 名称
```

也可以通过以下代码来设置"笔"对象的三个属性值：

```
笔 . 颜色 = " 红色 ";
笔 . 价格 = 20;
笔 . 名称 = " 钢笔 ";
```

6.1.3　对象的方法

对象是一些数据的集合，事实上，在 JavaScript 中，函数也是一种特殊的数据。因此，在对象中也可以包含一些函数，这些函数称为对象的方法。函数的作用通常是实现某个功能，因此对象的方法的作用也是实现某个功能。如"笔"对象，可能就拥有一个"写字"的方法，该方法的功能是写字。同样，"门"对象有可能有"开"和"关"两个方法，分别实现开门和关门两种功能。对象的使用方法如下所示：

```
对象名 . 方法名 ( 参数列表 )
```

与函数一样，在对象的方法中，有可能要使用一个或多个参数，也可能不需要使用参数，请看以下代码：

```
笔 . 写字 (" 这是一支笔 ");
门 . 开 ();
门 . 关 ();
```

以上代码中调用了两个对象的三个方法，其中，第一行代码中，调用了"笔"对象的"写字"方法，写字的内容为"这是一支笔"；第二行与第三行代码中只是调用了"门"对象的开和关两个方法，这两个方法不需要参数。

6.2　创建对象

在 JavaScript 中有两种对象，一种是系统内置的对象；另一种是用户自己创建的对象。两种不同的对象，有着不同的创建方法。

6.2.1　使用构造函数创建内置对象

在 JavaScript 中有很多内置的对象，每个内置的对象都有一个构造函数，直接使用构造函数就可以创建并初始化一个对象。在 JavaScript 中可以使用 new 运算符来调用构造函数创建对象。例如以下代码，可以创建一个没有任何属性的空对象：

```
var myObject = new Object();
```

以下 3 行代码中，每一行代码都可以创建一个数组对象：

```
var arr1 = new Array();
var arr2 = new Array(3);
var arr3 = new Array(1,2,3,4);
```

6.2.2　直接创建自定义对象

在 JavaScript 中，除了很多内置对象之外，还可以由用户自己创建对象，这类对象称为自定义对象。直接创建自定义对象的语法代码如下所示：

```
var 对象名 = { 属性名 1：属性值 1，属性名 2：属性值 2，属性名 3：属性值 3，…}
```

从以上代码中可以看出，直接创建自定义对象时，所有属性都放在大括号中，属性之间用逗号隔开，每个属性都由属性名和属性值两部分组成，属性名和属性值之间用冒号隔开。

【实例 6.1】请看以下代码，注意加粗的文字：

```
01    <html>
02    <head>
03      <title> 直接创建自定义对象 </title>
04      <script type="text/javascript">
05        <!--
06          var pen = {
07            name:" 钢笔 ",
08            color:" 红色 ",
09            price:30
10            }
11
12          document.write(" 笔的名称为： " + pen.name +"<br>");
13          document.write(" 笔的颜色为： " + pen.color +"<br>");
14          document.write(" 笔的价格为： " + pen.price +"<br>");
15        -->
16      </script>
17    </head>
18    <body>
```

```
19        </body>
20    </html>
```

【代码说明】代码第 6 ～ 10 行创建了一个自定义对象 pen，然后创建了它的三个属性：name、color 和 price。第 12 ～ 14 行输出这三个属性。

【运行效果】以上代码为本书配套代码文件目录"代码 \ 第 06 章 \sample01.htm"里的内容，其运行结果如图 6.1 所示。

6.2.3　使用自定义构造函数创建对象

直接创建自定义对象虽然很方便也很直观，但是如果要创建多个相同的对象，使用这种方法就显得很烦琐了。在 JavaScript 中也可以自定义构造函数，通过调用自定义的构造函数也可以创建自定义对象。调用自定义构造函数的方法与调用函数内置的构造函数的方法一样，也是使用 new 运算符。

图 6.1　sample01.htm 的运行结果

【实例 6.2】请看以下代码，注意加粗的文字：

```
01    <html>
02        <head>
03            <title>使用自定义构造函数创建对象</title>
04            <script type="text/javascript">
05                <!--
06                    // 自定义构造函数
07                    function pen(name,color,price)
08                    {
09                        // 对象的 name 属性
10                        this.name = name;
11                        // 对象的 color 属性
12                        this.color = color;
13                        // 对象的 price 属性
14                        this.price = price;
15                    }
16
17                    // 定义一个对象
18                    var pen1 = new pen("铅笔", "红色", 20);
19                    document.write("笔 1 的名称为: " + pen1.name +"<br>");
20                    document.write("笔 1 的颜色为: " + pen1.color +"<br>");
21                    document.write("笔 1 的价格为: " + pen1.price +"<br><br>");
22
23                    // 定义一个对象
24                    var pen2 = new pen("钢笔", "蓝色", 30);
25                    document.write("笔 2 的名称为: " + pen2.name +"<br>");
26                    document.write("笔 2 的颜色为: " + pen2.color +"<br>");
27                    document.write("笔 2 的价格为: " + pen2.price +"<br><br>");
28                -->
29            </script>
30        </head>
31        <body>
32        </body>
33    </html>
```

【代码说明】代码第 7 ～ 15 行创建一个自定义函数 pen，同时带有三个参数：name、color 和

price。代码 17 ～ 27 行定义两个对象，并输出它们的参数值。

【运行效果】以上代码为本书配套代码文件目录"代码 \ 第 06 章 \sample02.htm"里的内容，其运行结果如图 6.2 所示。

6.3 对象的属性

通常每个对象都会有很多属性，程序员可以获取对象属性值，也可以设置对象属性值。请看以下介绍。

6.3.1 设置对象的属性

一般来说，对象都会拥有属性，对于系统内置的对象来说，在其构造函数中就已经设置了对象的属性，只要使用 new 运算符创建对象，该对象就会直接拥有这些属性。对于自定义的对象来说，对象拥有的属性就必须要自己去设置了。

图 6.2　sample02.htm 的运行结果

设置对象属性的方法有以下三种：

☐ 在创建对象的同时设置对象的属性。如 sample01.htm 中，"var pen = {name:" 钢笔 ", color:" 红色 ", price:30}"语句就是在创建 pen 对象的同时，设置了对象的属性。

☐ 在创建对象的构造函数时设置对象的属性。如 sample02.htm 中，定义 pen 构造函数时，就设置了对象的属性。只要程序员使用 new 运算符调用构造函数创建对象时，该对象就会自动拥有构造函数中的设置的所有属性。

☐ 先创建一个空对象，再设置对象属性。

以上三种设置对象属性的方法中，第一种和第二种方法在第 6.2 节里已经介绍过，下面介绍第三种设置对象属性的方法。

【实例 6.3】请看以下代码，注意加粗的文字：

```
01    <html>
02      <head>
03        <title>设置对象属性</title>
04        <script type="text/javascript">
05          <!--
06            // 创建一个空对象
07            var pen = new Object();
08
09            // 设置对象的属性
10            pen.name = "铅笔 ";
11            pen.color = "红色 ";
12            pen.price = 20;
13
14            document.write(" 笔的名称为: " + pen.name +"<br>");
15            document.write(" 笔的颜色为: " + pen.color +"<br>");
16            document.write(" 笔的价格为: " + pen.price +"<br>");
17          -->
18        </script>
19      </head>
20      <body>
```

```
21         </body>
22     </html>
```

【代码说明】从代码第 7 ~ 12 行可以看出，这里先创建
了一个空对象 pen，然后再设置 pen 三个属性。最后代码第
14 ~ 16 行输出这三个属性。

【运行效果】以上代码为本书配套代码文件目录"代码\
第 06 章 \sample03.htm"里的内容，其运行结果如图 6.3 所示。
从本例中可以看出，如果要设置对象的属性，只需要将一个值
赋给对象的新属性即可。

图 6.3　sample03.htm 的运行结果

注意　（1）在设置对象的属性时，不能使用 var 关键字。
　　　　（2）由于对象也是一种数据类型，所以对象的属性值也可以是对象。

6.3.2　存取对象属性值

要存取对象的属性值，就必须使用对象属性存取运算符（.）。在使用"."运算符存取对象属
性时，"."运算符左侧应该是对象的名称，右侧应该是对象的属性名，不能是字符串，也不能是
表达式。使用以下代码，可以获取对象的属性值：

```
变量名 = 对象名 . 属性名
```

使用以下代码可以为对象的属性值赋值：

```
对象名 . 属性名 = 属性值
```

6.3.3　属性的枚举

一个对象通常有多个属性，如果要获取某个属性值，就必须要使用"对象名 . 属性名"的方
法来获取。对象的属性值不能像数组那样通过"对象名 [下标]"的方式来进行存取，这就要求程
序员必须熟悉对象的所有属性名。如果程序员不知道对象的某一个属性名，那么就无法通过"对
象名 . 属性名"的方式来获取该值。不过 JavaScript 中可以通过" for...in"语句来枚举对象的所有
属性。

【实例 6.4】请看以下代码，注意加粗的文字：

```
01     <html>
02       <head>
03         <title> 属性的枚举 </title>
04         <script type="text/javascript">
05           <!--
06               // 创建一个空对象
07               var pen = new Object();
08
09               // 设置对象的属性
10               pen.name = " 铅笔 ";
11               pen.color = " 红色 ";
12               pen.price = 20;
```

```
13
14              for (var i in pen)
15              {
16      .               document.write(" 变量名为: " + i + ", 变量值为: " + pen[i] +"<br>");
17              }
18          -->
19      </script>
20      </head>
21      <body>
22      </body>
23  </html>
```

【代码说明】代码第 6 ～ 12 行创建对象 pen，并设置其 3
个属性。代码第 14 ～ 17 行通过 for 语句遍历对象的每个属性，
并输出结果。从本例中可以看出，通过枚举不但可以获得对象
所有属性的值，也可以获得对象的所有属性名，这对于了解一
个对象是很有帮助的。

【运行效果】以上代码为本书配套代码文件目录"代码\
第 06 章 \sample04.htm"里的内容，其运行结果如图 6.4 所示。

图 6.4　sample04.htm 的运行结果

6.3.4　删除对象的属性

在 JavaScript 中，可以使用 delete 运算符来删除一个对象的属性。删除对象属性之后，该属
性将不再属于该对象。在 JavaScript 中读取一个不存在的对象属性时，与读取一个没赋值的对象
属性一样，都会返回 undefined。所以很多程序员都以为删除对象属性就是将对象的属性值设为
undefined。而事实上并非如此。

【实例 6.5】请看以下代码，注意加粗的文字：

```
01  <html>
02      <head>
03      <title> 删除对象的属性</title>
04      <script type="text/javascript">
05          <!--
06              function pen(name,color,price)
07              {
08                  this.name = name;
09                  this.color = color;
10                  this.price = price;
11              }
12
13              var pen1 = new pen(" 铅笔 ", " 红色 ");
14              for (var i in pen1)
15              {
16                  document.write(" 变量名为: " + i + ", 变量值为: " + pen1[i] +"<br>");
17              }
18
19              delete pen1.price;
20              for (var i in pen1)
21              {
22                  document.write(" 变量名为: " + i + ", 变量值为: " + pen1[i] +"<br>");
23              }
24
```

```
25              document.write(" 这是一个不存在的属性: " + pen1.price);
26          -->
27      </script>
28  </head>
29  <body>
30  </body>
31 </html>
```

【代码说明】本例代码的解释如下所示:

(1)代码第 13 行调用构造函数创建了一个名为 pen1 的对象。

(2)由于调用构造函数时,只传递了两个参数,因此 pen1 对象并没有为 price 属性赋值。

(3)代码 14 ～ 17 行通过 " for...in " 语句枚举出对象 pen1 的所有属性,此时可以看到,对象 pen1 还是拥有 3 个属性,只是 price 属性值为 undefined。

(4)使用 delete 运算符删除 pen1 对象的 price 属性。

(5)代码 20 ～ 23 行通过 " for...in " 语句枚举出对象 pen1 的所有属性,此时可以看到,对象 pen1 只使用两个属性了, price 属性被删除。

(6)虽然 pen1 对象的 price 属性不存在了,但是如果使用 " pen1.price " 获取该值,同样返回 undefined。

【运行效果】以上代码为本书配套代码文件目录 " 代码 \ 第 06 章 \sample05.htm " 里的内容,其运行结果如图 6.5 所示。

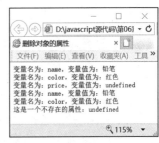

图 6.5　sample05.htm 的运行结果

6.4　构造函数

在前面章节里多次提到过构造函数,使用 new 运算符可以调用构造函数来创建并初始化一个新的对象。与普通函数不同,调用构造函数必须要使用 new 运算符。构造函数也可以和普通函数一样拥有参数,其参数通常用于初始化新对象。在构造函数的函数体内通过 this 运算符初始化对象的属性与方法。

6.4.1　创建简单的构造函数

创建构造函数的方法与创建普通函数的方法十分类似,也是使用 function 语句。注意构造函数如何得到 this 运算符来初始化对象的属性。

【实例 6.6】请看以下代码,注意加粗的文字:

```
01 <html>
02  <head>
03      <title> 构造函数 </title>
04      <script type="text/javascript">
05          <!--
06          // 自定义构造函数
07          function pen(name,color,price)
08          {
09              // 对象的 name 属性
10              this.name = name;
11              // 对象的 color 属性
```

```
12              this.color = color;
13              // 对象的 price 属性
14              this.price = price;
15          }
16
17          // 定义一个对象
18          var pen1 = new pen("铅笔", "红色", 20);
19          document.write("笔 1 的名称为: " + pen1.name +"<br>");
20          document.write("笔 1 的颜色为: " + pen1.color +"<br>");
21          document.write("笔 1 的价格为: " + pen1.price +"<br><br>");
22
23          // 定义一个对象
24          var pen2 = new pen("钢笔", "蓝色");
25          document.write("笔 2 的名称为: " + pen2.name +"<br>");
26          document.write("笔 2 的颜色为: " + pen2.color +"<br>");
27          document.write("笔 2 的价格为: " + pen2.price +"<br><br>");
28          -->
29      </script>
30    </head>
31    <body>
32    </body>
33  </html>
```

【代码说明】构造函数只是创建并初始化一个对象，因此构造函数通常都没有返回值。在本例中可以看出构造函数是如何使用参数和 this 运算符来初始化新对象的。如果在创建对象时，没有初始化某个属性，那么该属性的值为 undefined。

【运行效果】以上代码为本书配套代码文件目录"代码＼第06 章＼sample06.htm"里的内容，其运行结果如图 6.6 所示。

6.4.2 创建有默认值的构造函数

在 sample06.htm 中可以看出，如果在创建对象时，没有初始化某个属性，那么该属性的值会自动设为 undefined。事实上，可以在构造函数时设置某个属性的默认值。如果在创建对象时，没有初始化该属性，那么就将该属性赋予一个默认值。

图 6.6　sample06.htm 的运行结果

【实例 6.7】请看以下代码，注意加粗的文字：

```
01  <html>
02    <head>
03      <title> 构造函数 </title>
04      <script type="text/javascript">
05        <!--
06          // 自定义构造函数
07          function pen(name,color,price)
08          {
09              // 对象的 name 属性
10              this.name = name;
11              // 对象的 color 属性
12              this.color = color;
13              // 对象的 price 属性
14              if (price==undefined)
15              {
16                  this.price = 100;
17              }
```

```
18              else
19              {
20                  this.price = price;
21              }
22          }
23
24          // 定义一个对象
25          var pen1 = new pen(" 铅笔 ", " 红色 ", 20);
26          document.write(" 笔 1 的名称为: " + pen1.name +"<br>");
27          document.write(" 笔 1 的颜色为: " + pen1.color +"<br>");
28          document.write(" 笔 1 的价格为: " + pen1.price +"<br><br>");
29
30          // 定义一个对象
31          var pen2 = new pen(" 钢笔 ", " 蓝色 ");
32          document.write(" 笔 2 的名称为: " + pen2.name +"<br>");
33          document.write(" 笔 2 的颜色为: " + pen2.color +"<br>");
34          document.write(" 笔 2 的价格为: " + pen2.price +"<br><br>");
35          -->
36      </script>
37    </head>
38    <body>
39    </body>
40  </html>
```

【代码说明】代码第 14 ～ 21 行是判断属性是否有值的情况，如果没有值就为其默认指定一个值。在本例中可以看出，如果在创建对象时，没有初始化 price 属性，构造函数会自动将该属性值设为 100。

【运行效果】以上代码为本书配套代码文件目录"代码\第 06 章\sample07.htm"里的内容，其运行结果如图 6.7 所示。

图 6.7　sample07.htm 的运行结果

6.4.3　创建有方法的构造函数

对象不但可以拥有属性，还可以拥有方法。在定义构造函数时，也可以定义对象的方法。所谓方法就是能实现一定功能的函数。与对象的属性一样，在构造函数里也需要使用 this 运算符来初始化对象的方法。

【实例 6.8】请看以下代码，注意加粗的文字：

```
01  <html>
02    <head>
03      <title> 构造函数 </title>
04      <script type="text/javascript">
05        <!--
06          // 用来当作方法使用的函数
07          function write(str)
08          {
09              document.write(str + "<br>");
10          }
11          // 自定义构造函数
12          function pen(name,color,price)
13          {
14              // 对象的 name 属性
15              this.name = name;
```

```
16              // 对象的 color 属性
17              this.color = color;
18              // 对象的 price 属性
19              this.price = price;
20              // 对象的 write 方法
21              this.write = write;
22          }
23
24          // 定义一个对象
25          var pen1 = new pen("铅笔", "红色", 20);
26          document.write("笔的名称为: " + pen1.name +"<br>");
27          document.write("笔的颜色为: " + pen1.color +"<br>");
28          document.write("笔的价格为: " + pen1.price +"<br><br>");
29          document.write("用笔写出来的文字: ");
30          pen1.write("铅笔字");
31          -->
32      </script>
33  </head>
34  <body>
35  </body>
36 </html>
```

【代码说明】代码第 15 ～ 21 行都使用了 this 关键字，代码第 21 行是调用方法 write，注意 wirte 后面不用括号。

【运行效果】以上代码为本书配套代码文件目录"代码\第 06 章 \sample08.htm"里的内容，其运行结果如图 6.8 所示。

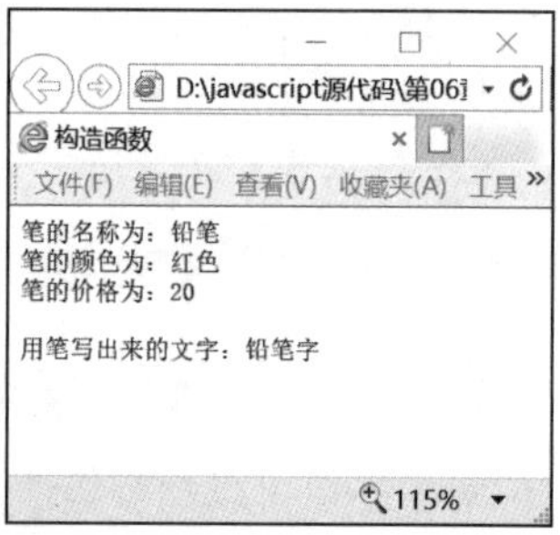

图 6.8 sample08.htm 的运行结果

6.5 对象的原型与继承

对象的属性是可以继承的，在继承对象属性时会使用到原型对象，在本节里将会介绍原型对象与继承的一些概念。

6.5.1 对象与类

虽然 JavaScript 被称为"面向对象"的语言，但是在 JavaScript 中并没有正式的"类"的概念，这一点与其他面向对象的程序设计语言有所不同。简单一点说，类是指一个分类，例如汽车、动物，这些都是一个类。而在汽车类中的卡车、公共汽车、货车等，都是对象。同样在动物类中，猪、狗、猫等，也都是对象。

在 JavaScript 里，调用构造函数可以创建并初始化一个新的对象，这一点与类很相似。可以这样认为，构造函数所定义的就是一个类。使用构造函数创建对象，就相当于将类实例化。

提示 正因为 JavaScript 中没有类的概念，所以常把对象实例简称为对象。

6.5.2 继承

由于对象是类中的一个实例，因此对象可以继承类中的所有方法与属性。例如汽车是一个类，汽车这个类里可能有开车、停车等动作（相当于类中的方法），卡车作为汽车类中的一个对象实例，那么卡车也会有开车、停车等动作（方法）。同样，动物类里可能有吃东西、跑、跳等动作（方法），狗作为动物类中的一个对象实例，也会拥有吃东西、跑、跳等动作（方法）。这就是对象的继承性。

　　除了方法可以继承，属性也可以继承。例如汽车这个类里可能会有厂家、颜色、排量等指标（相当于类中的属性），卡车作为汽车类中的一个对象实例，同样也会拥有厂家、颜色、排量等指标。

6.5.3　对象自己的方法和属性

　　对象除了可以继承类中的所有方法和属性之外，还可以拥有属于自己的方法和属性，该方法与属性是类中所没有的。例如狗是动物类中的一个对象，狗可能拥有"汪汪"叫的属性，而这个属性是动物类中所没有，也可能是动物类中其他对象所没有的属性，比如说猫是动物类中的另一个对象，该对象就不会拥有"汪汪"叫的属性。

6.5.4　方法与属性的覆盖

　　另一种情况，对象拥有与类中相同名称的方法和属性，但该方法和属性与类中的方法和属性的内容不一样。对于这种情况，JavaScript 会将对象的方法和属性去覆盖类中的方法和属性。例如汽车类中可能会有一个"按喇叭"的动作（方法），调用这个方法时，会发出"嘀嘀"的声音。警车作为汽车类中的一个实例对象，可能也会有一个"按喇叭"的动作（方法），调用这个方法时，可能会发出的不是"嘀嘀"的声音，而是警车专有的汽笛声。此时，警车对象的"按喇叭"方法会覆盖汽车类的"按喇叭"方法。

6.5.5　原型对象

　　调用构造函数来创建对象，其实是一种效率非常低的方法，因为每次创建对象的时候，都要在构造函数里为该对象分配相同的方法和属性。在 JavaScript 中可以使用原型（prototype）对象的机制来创建对象。

1. 什么是原型对象

　　在 JavaScript 中，每个对象都可以有一个参照对象，这个对象称为原型对象。原型对象包含着自己的属性，对象可以继承原型对象中的所有属性。换句话而言，原型对象相当于一个模板，对象相当于使用该模板的一个实例，模板中拥有的属性，对象也会拥有。

　　原型对象是由构造函数所定义的。事实上，一个对象的原型对象也可以去参照另一个原型对象，这样一层层参照，直到参照到类的构造函数。

2. 原型对象的原理

　　在使用原型对象定义一个对象时，该对象并没有马上拥有原型对象中的所有属性。只有在引用一个并不存在于该对象本身的属性时，JavaScript 才会自动去原型对象中查找这个属性。例如在"笔"类的原型对象中拥有颜色、厂家和价格三个属性，在定义"铅笔"实例时，JavaScript 并没有立刻给"铅笔"这个对象赋予颜色、厂家和价格三个属性，只有在需要调用这三个属性时，JavaScript 才会去"笔"类的原型对象中去调用该属性。

在一个类中，可能会有多个实例对象，如果为每个实例对象都赋予相同的属性与属性值，那么会增加对内存的需求。因此，使用原型对象，可以最大限度地减少对内存的需求量。

3. 修改对象原型

在 JavaScript 中，原型对象是由构造函数所定义的，如果要修改对象的原型，就必须要修改构造函数的原型对象的成员。因此，在 JavaScript 中所有函数都有一个 prototype 属性，该属性可以引用一个原型对象。通过该属性，可以修改原型对象中的属性。

【实例 6.9】请看以下代码，注意加粗的文字：

```
01    <html>
02      <head>
03        <title>修改对象原型</title>
04        <script type="text/javascript">
05          <!--
06            function pen(color,price)
07            {
08              this.color = color;
09              this.price = price;
10            }
11
12            pen.prototype.name = "钢笔";
13
14            var myPen = new pen("蓝色",30);
15            document.write("笔的颜色为: " + myPen.color +"<br>");
16            document.write("笔的价格为: " + myPen.price +"<br>");
17            document.write("笔的名称为: " + myPen.name +"<br>");
18            document.write("笔的名称为: " + myPen.constructor.prototype.name
19    +"<br><br>");
20          -->
21        </script>
22      </head>
23      <body>
24      </body>
25    </html>
```

【代码说明】在本例中，虽然没有直接将 name 属性赋予 myPen 对象，但是该对象还是拥有 name 属性。事实上，当引用 myPen.name 属性时，就是引用了 myPen.constructor.prototype.name 的 属性，其中 constructor 用于返回对象的构造函数，该属性在后面章节里还会详细介绍。

【运行效果】以上代码为本书配套代码文件目录"代码\第 06 章\sample09.htm"里的内容，其运行结果如图 6.9 所示。

由于对象继承的属性就是参照原形对象的属性，因此，只要原型对象的属性值被修改，对象所继承的属性值也会随之被修改。

图 6.9 sample09.htm 的运行结果

【实例 6.10】请看以下代码，注意加粗的文字：

```
01    <html>
02      <head>
03        <title>修改对象原型</title>
04        <script type="text/javascript">
```

```
05              <!--
06                  function pen(color,price)
07                  {
08                    this.color = color;
09                    this.price = price;
10                  }
11
12                  pen.prototype.name = "钢笔";
13
14                  var myPen = new pen("蓝色", 30);
15                  document.write("笔的名称为: " + myPen.name +"<br>");
16
17                  pen.prototype.name = "铅笔";
18                  document.write("笔的名称为: " + myPen.name +"<br>");
19              -->
20          </script>
21      </head>
22      <body>
23      </body>
24  </html>
```

【代码说明】第 6 ~ 10 行定义了对象 pen，然后第 12 行添加属性 name，第 14 行创建对象，第 17 行为新属性赋值。

【运行效果】以上代码为本书配套代码文件目录"代码\第 06 章 \sample10.htm"里的内容，其运行结果如图 6.10 所示。

在本例中可以看出，虽然没有直接将 name 属性赋予 myPen 对象，但是该对象还是拥有 name 属性。而当原型对象中的 name 属性值改变后，myPen 对象的 name 属性值也随之被修改。

图 6.10 sample10.htm 的运行结果

4. 存储对象属性

需要注意的是：只有在读取对象属性时，才会使用到原型对象，而在存储对象属性时，是不需要使用原型对象的。

【实例 6.11】请看以下代码，注意加粗的文字：

```
01  <html>
02      <head>
03          <title>存储对象属性</title>
04          <script type="text/javascript">
05              <!--
06                  function pen(color,price)
07                  {
08                    this.color = color;
09                    this.price = price;
10                  }
11
12                  var myPen = new pen("蓝色", 30);
13                  myPen.name = "铅笔";
14                  document.write("笔的名称为: " + myPen.name +"<br>");
15                  document.write("原型对象中的 name 属性为: " +
16                      myPen.constructor.prototype.name +"<br><br>");
17              -->
18          </script>
```

```
19        </head>
20        <body>
21        </body>
22    </html>
```

【代码说明】在本例中可以看出，虽然在原型对象中并没
有 name 属性，但还是可以为 myPen 对象设置 name 属性值。
即使将 myPen 对象设置了属性值，而原型对象中也不会添加
name 属性。

【运行效果】以上代码为本书配套代码文件目录"代码\
第 06 章 \sample11.htm"里的内容，其运行结果如图 6.11 所示。

图 6.11　sample11.htm 的运行结果

6.6　Object 对象

JavaScript 有很多对象，如系统内置的字符串对象、数组对象、布尔对象和日期对象等，还
有用户自定义的对象。这些对象都会有一些共同特性，在 JavaScript 中，将这些共同特性反映在
一个名为 Object 的对象中。换句话来说，Object 对象是包含所有 JavaScript 对象的特性的一种对
象，该对象中的属性与方法被其他对象所继承。

6.6.1　创建 Object 对象

在 JavaScript 中，使用 Object 构造函数可以创建一个对象，其语法代码如下所示：

```
new Object();
new Object(value);
```

如果没有为 Object 构造函数指定参数，JavaScript 将会创建一个 Object 实例，但该实例并没
有具体指定为哪种对象类型，既不属于数组对象，也不属于布尔对象，这种方法多用于创建一个
自定义对象，如 sample03.htm 所示。如果为 Object 构造函数指定参数，可以直接将 value 参数的
值转换为数字对象、布尔对象或字符串对象。

【实例 6.12】请看以下代码，注意加粗的文字：

```
01    <html>
02      <head>
03        <title> 创建对象 </title>
04        <script type="text/javascript">
05          <!--
06            // 定义一个新对象
07            var myObject1 = new Object();
08            // 定义一个新的数字对象
09            var myObject2 = new Object(1.1258933);
10            // 定义一个新的布尔对象
11            var myObject3 = new Object(false);
12            // 定义一个新的字符串对象
13            var myObject4 = new Object("str");
14            // 返回新对象的类型
15            document.write(typeof(myObject1) + "<br>");
16            // 取小数点后的三位数
17            document.write(myObject2.toFixed(3) + "<br>");
```

```
18              // 返回布尔对象的布尔值
19              document.write(myObject3.valueOf() + "<br>");
20              // 返回字符串的第二个字符
21              document.write(myObject4.charAt(2) + "<br>");
22          -->
23        </script>
24      </head>
25      <body>
26      </body>
27    </html>
```

【代码说明】本例代码的解释如下所示：

（1）代码第 7 行可以创建一个对象，不过该对象不属于任何子对象，既不属于数组对象也不属于数字对象。

（2）代码第 9 行中的 Object 构造函数的参数为数字，JavaScript 会将 myObject2 定义为数字对象，因此在后面的代码可以使用 toFixed() 方法。该方法是数字对象的专用方法，用于格式化数字后面的小数点位数，该方法在后面章节里还会详细介绍。

（3）代码第 11 行中的 Object 构造函数的参数为布尔型，JavaScript 会将 myObject3 定义为布尔对象，因此在后面的代码中可以使用 valueOf() 方法来返回布尔值。

（4）代码第 13 行中的 Object 构造函数的参数为字符串，JavaScript 会将 myObject4 定义为字符串对象，因此在后面的代码中可以使用 charAt() 方法来返回字符串中的某个字符，该方法在后面的章节里还会详细介绍。

【运行效果】以上代码为本书配套代码文件目录"代码 \ 第 06 章 \sample12.htm"里的内容，其运行结果如图 6.12 所示。

6.6.2　constructor 属性：返回对象的构造函数

typeof 运算符可以判断操作数的类型，如果操作数是对象的话，返回"object"，但 typeof 运算符不能判断对象究竟是什么类型的对象。Object 对象中的 constructor 属性可以判断一个对象的类型，constructor 属性引用的是对象的构造函数。

图 6.12　sample12.htm 的运行结果

【实例 6.13】请看以下代码，注意加粗的文字：

```
01    <html>
02      <head>
03        <title>查看对象的构造函数</title>
04        <script type="text/javascript">
05          <!--
06              // 定义一个新对象
07              var myObject1 = new Object();
08              // 定义一个新的数字对象
09              var myObject2 = new Object(1.1258933);
10              // 定义一个新的布尔对象
11              var myObject3 = new Object(false);
12              // 定义一个新的字符串对象
13              var myObject4 = new Object("str");
14              // 查看对象的构造函数
```

```
15              document.write(myObject1.constructor + "<br>");
16              document.write(myObject2.constructor + "<br>");
17              document.write(myObject3.constructor + "<br>");
18              document.write(myObject4.constructor + "<br>");
19          -->
20      </script>
21    </head>
22    <body>
23    </body>
24  </html>
```

【代码说明】在本例中可以看出，使用constructor属性返回的是对象的构造函数。在现实中，很少通过这种方法来查看对象的类型，而是通过if语句来判断对象是否属于某种类型。

【运行效果】以上代码为本书配套代码文件目录"代码\第 06 章 \sample13.htm"里的内容，其运行结果如图 6.13 所示。

【实例 6.14】通过 if 语句来判断对象是否属于某种类型。请看以下代码，注意加粗的文字：

图 6.13　sample13.htm 的运行结果

```
01  <html>
02    <head>
03      <title> 判断对象的类型 </title>
04      <script type="text/javascript">
05        <!--
06            // 定义一个新对象
07            var myObject1 = new Object();
08            // 定义一个新的数字对象
09            var myObject2 = new Object(1.1258933);
10            // 定义一个新的布尔对象
11            var myObject3 = new Object(false);
12            // 定义一个新的字符串对象
13            var myObject4 = new Object("str");
14            // 查看对象的构造函数
15            if(myObject1.constructor==Object)
16            {
17                document.write(" 这是一个对象 <br>");
18            }
19            if(myObject2.constructor==Number)
20            {
21                document.write(" 这是一个数字对象 <br>");
22            }
23            if(myObject3.constructor==Boolean)
24            {
25                document.write(" 这是一个布尔对象 <br>");
26            }
27            if(myObject4.constructor==String)
28            {
29                document.write(" 这是一个字符串对象 <br>");
30            }
31        -->
32      </script>
33    </head>
```

```
34        <body>
35        </body>
36   </html>
```

【代码说明】代码第 7 ～ 13 行定义了不同的对象,有数
字对象、字符串对象等。代码第 15 ～ 30 行通过 if 语句来判
断各个对象类型。

【运行效果】以上代码为本书配套代码文件目录"代码\
第 06 章 \sample14.htm"里的内容,其运行结果如图 6.14
所示。

注意 在本例中,== 运算符的第 2 个操作数不能加引号。

图 6.14 sample14.htm 的运行结果

6.6.3 toString() 方法:对象的字符串表示

Object 对象的 toString() 方法可以返回一个用于表示对象的字符串。其语法代码如下所示:

```
object.toString()
```

toString() 方法通常在调试 JavaScript 代码时使用,使用 toString() 方法可以输出对象、查看对
象的值。不同类型的对象输出的字符串都是不同的。

【实例 6.15】请看以下代码,注意加粗的文字:

```
01   <html>
02     <head>
03       <title>对象的字符串表示</title>
04       <script type="text/javascript">
05         <!--
06           // 定义一个新对象
07           var myObject1 = new Object();
08           // 定义对象的属性
09           myObject1.name = "铅笔";
10           myObject1.price = 20;
11
12           var myObject2 = new Object(1.1258933);
13           var myObject3 = new Object(false);
14           var myObject4 = new Object("str");
15           // 对象的字符串表示
16           document.write(myObject1.toString() + "<br>");
17           document.write(myObject2.toString() + "<br>");
18           document.write(myObject3.toString() + "<br>");
19           document.write(myObject4.toString() + "<br>");
20         -->
21       </script>
22     </head>
23     <body>
24     </body>
25   </html>
```

【代码说明】从本例中第 16 ～ 19 行可以看出,调用 toString() 方法时不需要传递任何参数。
在 Object 对象中,使用 toString() 方法将会返回类似于"[object class]"的字符串,其中 class 的可

能值为"Object"、"String"、"Number"、"Function"、"Document"和"Window"等。

如果自定义对象中没有创建toString()方法，会继承Object对象的toString()方法，返回"[object Object]"，自定义对象的class永远都是"Object"。但是在大多数JavaScript的内置对象中，都重写了toString()方法，此时返回的是调用重写后的toString()方法后的结果。如图6.12所示，返回的结果不再是"[object class]"形式。

【运行效果】以上代码为本书配套代码文件目录"代码\第06章\sample15.htm"里的内容，其运行结果如图6.15所示。

图6.15 sample15.htm的运行结果

6.6.4 toLocaleString()方法：返回对象的本地字符串表示

toLocaleString()方法与toString()方法类似，也能返回对象的字符串表示，不过该字符串是被格式化成为适合本地的表示法。对于Object对象来说，toLocaleString()方法只是调用了toString()方法，而对于其他对象，如布尔对象、日期对象等，都定义了专属于自己的toLocaleString()方法，这些方法都可以指定本地化字符串的表达形式。在自定义对象时，也可以自定义toLocaleString()方法来指定返回的本地化字符串的表达形式。toLocaleString()方法的语法代码如下所示：

```
object.toLocaleString()
```

【实例6.16】有关toLocaleString()的使用方法如下所示，注意加粗的文字：

```
01    <html>
02      <head>
03        <title>对象的本地字符串表示</title>
04        <script type="text/javascript">
05          <!--
06              // 创建一个自定义对象
07              var myObject1 = new Object();
08              myObject1.name = " 铅笔 ";
09              myObject1.price = 20;
10
11              // 数字对象
12              var myObject2 = new Object(1.1258933);
13              // 日期对象
14              var myObject3 = new Date();
15
16              // 自定义对象的toString()方法与toLocaleString()方法的区别
17              document.write(" 自定义对象的toString()方法: " + myObject1.toString()
18                  + "<br>");
19              document.write(" 自定义对象的toLocaleString()方法: " +
20                  myObject1.toLocaleString() + "<br><br>");
21              // 数字对象的toString()方法与toLocaleString()方法的区别
22              document.write(" 数字对象的toString()方法: " + myObject2.toString() +
23                  "<br>");
24              document.write(" 数字对象的toLocaleString()方法: " +
25                  myObject2.toLocaleString() + "<br><br>");
26              // 日期对象的toString()方法与toLocaleString()方法的区别
27              document.write(" 日期对象的toString()方法: " + myObject3.toString() +
28                  "<br>");
```

```
29              document.write(" 日期对象的 toLocaleString() 方法: " +
30                  myObject3.toLocaleString() + "<br><br>");
31
32              -->
33          </script>
34      </head>
35      <body>
36      </body>
37  </html>
```

【代码说明】在本例中第 7 ～ 14 行，定义了 3 个对象，第 1 个是自定义对象，第 2 个是数字对象，第 3 个是日期对象。其运行结果如图 6.16 所示，在该图中可以看出，对于自定义对象而言，使用 toString() 方法与使用 toLocaleString() 方法的结果是一样的。而对于数字对象与日期对象而言，使用 toString() 方法与使用 toLocaleString() 方法的结果就不一样了。

图 6.16　sample16.htm 的运行结果

【运行效果】以上代码为本书配套代码文件目录"代码 \ 第 06 章 \sample16.htm"里的内容，其运行结果如图 6.16 所示。

6.6.5　propertyIsEnumerable() 方法：判断是否是对象的自有属性

通常，JavaScript 中的对象都会拥有多个属性，有些属性可能是继承过来的，而有些属性则有可能是该对象所特有的，使用 propertyIsEnumerable() 方法可以判断某个属性是否是对象自有的属性。propertyIsEnumerable() 方法的语法代码如下所示：

```
object.propertyIsEnumerable(properyname)
```

其中 properyname 为对象的属性名。propertyIsEnumerable() 方法返回的是布尔值，只有在同时满足以下 3 个条件时才会返回 true：

❏ properyname 必须是 object 的属性。

❏ properyname 不能是继承过来的属性。

❏ properyname 是可以通过 for...in 语句循环所枚举得到的属性。

【实例 6.17】有关 propertyIsEnumerable() 的使用方法如下所示，注意加粗的文字：

```
01  <html>
02      <head>
```

```
03              <title>是否是对象的自有属性</title>
04              <script type="text/javascript">
05                 <!--
06                  var myObject = new Object();
07                  myObject.name = "铅笔";
08
09                  /*
10                  返回 true，因为：
11                  name 属性是 myObject 对象的属性
12                  name 属性不是继承过来的属性
13                  name 属性是可枚举的属性
14                  */
15                  document.write(myObject.name + ": " +
16                      myObject.propertyIsEnumerable("name") + "<br>");
17                  // 返回 false，因为 myObject 对象没有 color 属性
18                  document.write(myObject.color + ": " +
19                      myObject.propertyIsEnumerable("color") + "<br>");
20                  // 返回 false，因为 constructor 属性是从 Object 对象中继承过来的属性
21                  document.write(myObject.constructor + ": " +
22                      myObject.propertyIsEnumerable("constructor") + "<br>");
23                 -->
24              </script>
25          </head>
26          <body>
27          </body>
28      </html>
```

【代码说明】 代码第 15 ~ 22 行使用了 propertyIsEnumerable() 方法，其参数就是对象的属性。

【运行效果】 以上代码为本书配套代码文件目录 "代码\
第 06 章 \sample17.htm" 里的内容，其运行结果如图 6.17
所示。

6.6.6 hasOwnProperty() 方法：判断属性是否是非继承的

hasOwnProperty() 方法与 propertyIsEnumerable() 方法有
点类似，hasOwnProperty() 方法可以判断一个属性是否是非继
承的属性。其语法代码如下所示：

图 6.17 sample17.htm 的运行结果

```
object.hasOwnProperty (properyname)
```

其中 properyname 为对象的属性名。

【实例 6.18】 hasOwnProperty() 的使用方法如下所示，注意加粗的文字：

```
01      <html>
02          <head>
03              <title>查看属性是否是非继承的</title>
04              <script type="text/javascript">
05                 <!--
06                  var myObject = new Object();
07                  myObject.name = "铅笔";
08
09                  // 返回 true，因为该属性是非继承的
10                  document.write("name 属性: " + myObject.hasOwnProperty("name") +
```

```
11                    "<br>");
12              // 返回 false，因为该属性不存在
13              document.write("color 属性: " + myObject.hasOwnProperty("color") +
14                    "<br>");
15              // 返回 false，因为该属性是继承的
16              document.write("constructor 属性: " +
17              myObject.hasOwnProperty("constructor") + "<br>");
18          -->
19      </script>
20    </head>
21    <body>
22    </body>
23  </html>
```

【代码说明】代码第 10 ～ 17 行使用了 hasOwnProperty() 方法。hasOwnProperty() 方法返回布尔值，只有在同时满足以下两个条件时才会返回 true：

❑ properyname 必须是 object 的属性。

❑ properyname 不能是继承过来的属性。

从以上解释中可以看出 hasOwnProperty() 方法相比 propertyIsEnumerable() 方法只是少了一个条件而已。

【运行效果】以上代码为本书配套代码文件目录"代码 \ 第 06 章 \sample18.htm"里的内容，其运行结果如图 6.18 所示。

图 6.18　sample18.htm 的运行结果

6.6.7　isPrototypeOf() 方法：判断是否是原型对象

使用 isPrototypeOf() 方法可以判断一个对象是否是另一个对象的原型对象。其语法代码如下所示：

```
object.isPrototypeOf(object1)
```

其中 object 为一个对象，object1 为另一个对象。如果 object 是 object1 的原型对象，则返回 true，否则返回 false。在 JavaScript 中，一个对象的原型对象是通过该对象的构造函数的 prototype 属性引用的。

【实例 6.19】请看以下代码，注意加粗的文字：

```
01  <html>
02    <head>
03      <title> 查看是否是原型对象 </title>
04      <script type="text/javascript">
05        <!--
06            var myObject = new Object();
07            var arr = new Array();
08
09            // 返回 true，因为 myObject 对象的原型对象为 Object
10            document.write(Object.prototype.isPrototypeOf(myObject) + "<br>");
11            // 返回 false，因为 myObject 对象的原型对象不为 Array
12            document.write(Array.prototype.isPrototypeOf(myObject) + "<br>");
13            // 返回 true，因为 arr 对象的原型对象为 Object
14            document.write(Object.prototype.isPrototypeOf(arr) + "<br>");
15            // 返回 true，因为 arr 对象的原型对象为 Array
```

```
16          document.write(Array.prototype.isPrototypeOf(arr) + "<br>");
17      -->
18    </script>
19  </head>
20  <body>
21  </body>
22 </html>
```

【代码说明】代码第 10 ~ 16 行使用了 isPrototypeOf() 方法，通过这个案例，希望读者了解关于原型的意义。

【运行效果】以上代码为本书配套代码文件目录"代码 \
第 06 章 \sample19.htm"里的内容，其运行结果如图 6.19 所示。

6.6.8 valueOf() 方法：返回对象的原始值

valueOf() 方法返回的是与对象相关的原始值，如果与对象相关的原始值不存在，则返回对象本身。其语法代码如下所示：

图 6.19　sample19.htm 的运行结果

```
object.valueOf()
```

【实例 6.20】有关 valueOf() 的使用方法如下所示，注意加粗的文字：

```
01  <html>
02    <head>
03      <title>返回对象的原始值</title>
04      <script type="text/javascript">
05        <!--
06          var myObject1 = new Object();
07          myObject1.name = "铅笔";
08          myObject1.price = 20;
09
10          var myObject2 = new Object(1.1258933);
11          var myObject3 = new Object(false);
12          var myObject4 = new Object("str");
13
14          // 返回 [object Object]
15          document.write(myObject1.valueOf() + "<br>");
16          // 返回 1.1258933
17          document.write(myObject2.valueOf() + "<br>");
18          // 返回 false
19          document.write(myObject3.valueOf() + "<br>");
20          // 返回 str
21          document.write(myObject4.valueOf() + "<br>");
22        -->
23      </script>
24    </head>
25    <body>
26    </body>
27  </html>
```

【代码说明】代码第 15 ~ 21 行使用了 valueOf() 方法，其返回的值都是代码第 10 ~ 12 行定义的初始值。

【运行效果】以上代码为本书配套代码文件目录"代码 \ 第 06 章 \sample20.htm"里的内容，其运行结果如图 6.20 所示。

6.7　其他系统对象

在 JavaScript 中除了自定义对象之外，还有很多系统内置的对象，如字符串对象、数组对象、布尔对象、日期对象、函数对象、数学对象、数字对象和 Error 对象等。这些内置的对象除了继承了 Object 对象中的属性和方法之外，还拥有许多自己的方法和属性，为程序员编程带来很大的便捷。在本节中介绍一些常用的系统内置对象。

图 6.20　sample20.htm 的运行结果

6.7.1　Arguments 对象

Arguments 对象在第 5 章里就已经介绍过了，该对象只能在函数体中定义，代表一个函数的参数和其他属性。表 6.1 为 Arguments 对象的属性，由于这些属性在第 5 章里曾经介绍过，在此就不再赘述了。

表 6.1　Arguments 对象的属性

属　　性	说　　明
callee	对当前正在执行的函数的引用
length	传递给函数的实际参数的个数

6.7.2　布尔对象

布尔（Boolean）数据类型是 JavaScript 中的基本数据类型之一，布尔值只有两种：true 和 false。布尔对象提供对布尔值的支持。

1. 创建布尔对象与转换布尔值

在 JavaScript 中，使用 Boolean 构造函数可以创建一个布尔对象，其语法代码如下所示：

```
new Boolean(value)
Boolean(value)
```

其中 value 为布尔对象存放的值或者是将要转换成布尔对象的值。在以上代码中，使用 new 运算符的代码调用了 Boolean 构造函数来创建一个布尔对象，并将参数转换为一个布尔值。而第二行代码中只是将其参数转换成一个布尔值，并返回该值。

【实例 6.21】请看以下代码，注意加粗的文字：

```
01    <html>
02      <head>
03        <title>布尔对象</title>
04        <script type="text/javascript">
05          <!--
06            var myBoolean1 = new Boolean("true");
```

```
07              var myBoolean2 = Boolean(0);
08              document.write(typeof(myBoolean1) + "<br>");
09              document.write(typeof(myBoolean2) + "<br>");
10          -->
11      </script>
12      </head>
13      <body>
14      </body>
15  </html>
```

【代码说明】使用"new Boolean()"构造函数将参数转换成一个布尔值,并创建一个布尔对象,而使用"Boolean()"转换函数只是将一个值转换成布尔类型的数据。布尔对象的转换原则如下:

❑ 如果参数为 0、null、NaN、false、空字符串或 undefined,都将被转换成 false。

❑ 除了以上的情况之外,所有参数都将转换为 true,包括字符串"false"。

【运行效果】以上代码为本书配套代码文件目录"代码 \ 第 06 章 \sample21.htm"里的内容,其运行结果如图 6.21 所示。

2. toString() 方法:将布尔对象转换为字符串

toString() 方法可以将布尔对象转换为字符串,如果布尔对象中的值为 true,则返回字符串"true",否则返回字符串"false"。toString() 方法比较简单,在此就不再赘述了。

图 6.21 sample21.htm 的运行结果

3. valueOf () 方法:返回布尔对象的布尔值

使用 valueOf() 方法可以返回存放在布尔对象中的数据的布尔值。例如以下代码:

```
var myBoolean = new Boolean(0);
myBoolean.valueOf();            // 返回 false
```

由于布尔对象的 valueOf() 方法与 Object 对象的 valueOf() 方法类似,在此就不再赘述了。

6.7.3 日期对象

在 JavaScript 中并没有日期型的数据类型,但是提供了一个日期对象可以用来操作日期和时间。

1. 日期对象

与布尔对象相同,也可以使用系统内置的构造函数来创建日期对象,其语法代码如下所示:

```
new Date();
new Date(str);
new Date(year,month,day,hours,minutes,seconds,milliseconds);
new Date(milliseconds1);
```

以上代码中的参数解释如下。

❑ str:表达日期的字符串,该字符串必须是可以转换成日期对象的字符串。常用的格式为"月 日,年 小时:分钟:秒"

❑ year:代表年份的数据,通常是四位数。如果是 0 ～ 99 之间的两位数字,则 JavaScript 会为其加上 1900。

□ month：代表月份的数据，应该为 0 ～ 11 之间的整数，其中 0 代表一月份，11 代表十二
月份。

□ day：代表日期的数据，应该为 1 ～ 31 之间的整数。该参数可以省略。

□ hours：代表小时的数据，应该为 0 ～ 23 之间的整数。该参数可以省略。

□ minutes：代表分钟的数据，应该为 0 ～ 59 之间的整数。该参数可以省略。

□ seconds：代表秒钟的数据，应该为 0 ～ 59 之间的整数。该参数可以省略。

□ milliseconds：代表毫秒的数据，应该为 0 ～ 999 之间的整数。该参数可以省略。

□ milliseconds1：代表距离 1970 年 1 月 1 日 0 点时的毫秒数。该参数可以省略。

【实例6.22】创建日期对象的方法请看以下代码，注意加粗的文字：

```
01   <html>
02     <head>
03       <title> 日期对象 </title>
04       <script type="text/javascript">
05         <!--
06           // 定义日期对象，该对象获取当前时间
07           var myDate1 = new Date();
08           document.write(" 当前时间为: " + myDate1.toLocaleString() + "<br>");
09
10           // 将字符串转换成日期对象
11           var myDate2 = new Date("august 14, 2019 16:59:09");
12           document.write(myDate2.toLocaleString() + "<br>");
13           var myDate3 = new Date("august 14, 2019");
14           document.write(myDate3.toLocaleString() + "<br>");
15
16           // 创建一个 2019-8-16 的日期对象
17           var myDate4 = new Date(2019,7,16);
18           document.write(myDate4.toLocaleString() + "<br>");
19           // 创建一个 2019-8-16 19:53:46 的日期对象
20           var myDate5 = new Date(2019,7,16,19,53,46);
21           document.write(myDate5.toLocaleString() + "<br>");
22
23           // 创建一个距离 1970 年 1 月 1 日 0 点 8000 毫秒的日期
24           var myDate6 = new Date(8000);
25           document.write(myDate6.toGMTString() + "<br>");
26         -->
27       </script>
28     </head>
29     <body>
30     </body>
31   </html>
```

【代码说明】在本例中，使用了以下 4 种创建日期对象的方法：

（1）代码第 7 行创建了一个名为 myDate1 的日期对象，该日期对象中的时间为当前时间。

（2）代码第 11 行和第 13 行创建了两个日期对象。其中 myDate2 对象中的时间为"2019 年 9
月 14 日 16 时 59 分 09 秒"，myDate3 对象中只有日期，即"2019 年 9 月 14 日"，该对象中的小
时、分钟、秒和毫秒都为 0。

注意　日期参数的写法为"月 日 , 年 时 : 分 : 秒"，其中月份用英文单词表示，其余用数字表示。

（3）代码第 17 行和第 20 行创建了两个日期对象。其中 myDate5 对象中的时间为"2019 年 8 月 16 日 19 时 53 分 46 秒"，而 myDate4 对象中只有日期，即"2019 年 8 月 16 日"，该对象中的小时、分钟、秒和毫秒都为 0。

（4）代码第 24 行创建了一个日期对象，该语句的意思是，创建一个距离 1970 年 1 月 1 日 0 时 8000 毫秒的日期对象。

【运行效果】以上代码为本书配套代码文件目录"代码\第 06 章\sample22.htm"里的内容，其运行结果如图 6.22 所示。

图 6.22　sample22.htm 的运行结果

2. 将日期对象转换为字符串

在 JavaScript 中，将日期对象转换为字符串可以使用以下 4 种方法：

```
date.toString()
date.toLocaleString()
date.toUTCString()
date.toGMTString()
```

以上 4 种方法都可以将日期对象转换为字符串，4 种方法的区别如下：

❑ toString() 方法将日期对象转换成字符串时，采用的是本地时间。

❑ toLocaleString() 方法将日期对象转换成字符串时，采用的也是本地时间，但该方法将日期显示为地方日期的格式。

❑ toUTCString() 方法将日期对象转换成字符串时，采用的是世界时间。

❑ toGMTString() 方法将日期对象转换成字符串时，采用的是 GMT 时间。该方法目前是被反对使用的方法，应该尽量使用 toUTCString() 方法来替换该方法。

注意	UTC 是协调世界时（Coordinated Universal Time）的简称，GMT 是格林尼治时（Greenwich Mean Time）的简称。

【实例 6.23】有关将日期对象转换为字符串的示例请看以下代码，注意加粗的文字：

```
01    <html>
02      <head>
03        <title> 将日期对象转换为字符串 </title>
04        <script type="text/javascript">
05          <!--
06            // 定义日期对象，获取当前时间
07            var myDate = new Date();
08
09            // 将日期对象转换成字符串，采用本地时间
10            document.write(myDate.toString() + "<br>");
11            // 将日期对象转换成字符串，采用本地时间并显示为地方日期的格式
12            document.write(myDate.toLocaleString() + "<br>");
13            // 将日期对象转换成字符串，采用 GMT 时间区
14            document.write(myDate.toGMTString() + "<br>");
15            // 将日期对象转换成字符串，采用世界时
16            document.write(myDate.toUTCString() + "<br>");
17          -->
```

```
18          </script>
19      </head>
20      <body>
21      </body>
22  </html>
```

【代码说明】代码第 7 行定义日期对象，代码第 10 ~ 16 行使用了前面介绍的 4 种方法。

【运行效果】以上代码为本书配套代码文件目录"代码 \ 第 06 章 \sample23.htm"里的内容，其运行结果如图 6.23 所示。

图 6.23　sample23.htm 的运行结果

3. 将日期对象中的日期和时间转换为字符串

在 JavaScript 中除了可以将日期对象作为一个整体转换成字符串之外，还可以单独将日期对象中的日期或时间转换为字符串。其语法代码如下所示：

```
date.toDateString()
date.toLocaleDateString()
date.toTimeString()
date.toLocaleTimeString()
```

以上 4 种方法的作用分别为：

❑ toDateString() 方法可以将日期对象中的日期部分转换成字符串，该方法采用本地时间。

❑ toLocaleDateString() 方法可以将日期对象中的日期部分转换成字符串，采用本地时间并显示为地方日期的格式。

❑ toTimeString() 方法可以将日期对象中的时间部分转换成字符串，采用本地时间。

❑ toLocaleTimeString() 方法可以将日期对象中的时间部分转换成字符串，采用本地时间并显示为地方时间的格式。

【实例 6.24】有关将日期对象中的日期和时间转换为字符串的方法请看以下代码，注意加粗的文字：

```
01  <html>
02      <head>
03          <title>将日期对象中的日期和时间转换为字符串 </title>
04          <script type="text/javascript">
05              <!--
06                  // 定义日期对象，获取当前时间
07                  var myDate = new Date();
08
09                  // 将日期对象中的日期部分转换成字符串，采用本地时间
10                  document.write(myDate.toDateString() + "<br>");
11                  // 将日期对象中的日期部分转换成字符串，采用本地时间并显示为地方日期
12                      的格式
13                  document.write(myDate.toLocaleDateString() + "<br>");
14                  // 将日期对象中的时间部分转换成字符串，采用本地时间
15                  document.write(myDate.toTimeString() + "<br>");
16                  // 将日期对象中的时间部分转换成字符串，采用本地时间并显示为地方时间
17                      的格式
18                  document.write(myDate.toLocaleTimeString() + "<br>");
19              -->
```

```
20        </script>
21      </head>
22      <body>
23      </body>
24  </html>
```

【代码说明】代码第 7 行定义日期对象，代码第 10 ~ 18 行使用了前面介绍的 4 个方法。

【运行效果】以上代码为本书配套代码文件目录"代码\第 06 章\sample24.htm"里的内容，其运行结果如图 6.24 所示。

4. 日期对象中的日期

日期对象中的日期可以分为两部分，第 1 部分是日期部分，第 2 部分是时间部分。日期部分包括年、月、日和星期；时间部分包括小时、分钟、秒和毫秒。在 JavaScript 中可以通过以下语句来获得日期的年、月、日和星期：

图 6.24 sample24.htm 的运行结果

```
date.getYear()
date.getFullYear()
date.getMonth()
date.getDate()
date.getDay()
```

以上 5 个方法采用的都是本地时间，返回值的数据类型都是数字型。这 5 种方法的作用如下所示：

- ❑ getYear() 方法可以返回日期对象中的年份。不过该方法是不建议使用的方法，建议使用 getFullYear() 方法。
- ❑ getFullYear() 方法可以返回日期对象中的年份，以四位数显示。
- ❑ getMonth() 方法可以返回日期对象中的月份，其值范围为 0 ~ 11，1 月份返回 0，2 月份返回 1，以此类推。
- ❑ getDate() 方法可以返回日期对象中的天数，即一个月中的某一天。
- ❑ getDay() 方法可以返回日期对象中的日期是一周中的第几天，其值范围为 0 ~ 6，周日返回 0，周一返回 1，以此类推。

在 JavaScript 中，除了可以采用本地时间的方式返回日期对象中的日期之外，还可以采用世界时方式返回日期对象中的日期，其语法代码如下所示：

```
date.getUTCFullYear()
date.getUTCMonth()
date.getUTCDate()
date.getUTCDay()
```

【实例 6.25】以下为获得日期的年、月、日和星期的示例，请注意加粗的文字：

```
01  <html>
02    <head>
03      <title>日期对象中的日期</title>
04      <script type="text/javascript">
05        <!--
06          // 定义日期对象，获取当前时间
07          var myDate = new Date();
```

```
08
09              // 获取日期对象的年份，采用本地时间，以四位数表示
10              document.write("现在是: " + myDate.getFullYear() + "年 <br>");
11              // 获取日期对象的月份，采用本地时间
12              document.write("现在是: " + (myDate.getMonth()+1) + "月 <br>");
13              // 获取日期对象的所代表的月中的某一天，采用本地时间
14              document.write("现在是: " + myDate.getDate() + "日 <br>");
15              // 获取日期对象的所代表的星期中的某一天，采用本地时间
16              document.write("今天是一周中的第" + myDate.getDay() + "天
17              <br><br>");
18          -->
19      </script>
20  </head>
21  <body>
22  </body>
23  </htm.l>
```

【代码说明】代码第 7 行定义日期对象，代码第 10 ～ 18 行使用了前面介绍的 5 个方法。

【运行效果】以上代码为本书配套代码文件目录"代码\第 06 章\sample25.htm"里的内容，其运行结果如图 6.25 所示。

图 6.25　sample25.htm 的运行结果

5. 日期对象中的时间

与获取日期对象中的日期部分相似，在 JavaScript 可以使用以下代码来获取日期对象中的时间部分：

```
date.getHours()
date.getMinutes
date.getSeconds()
date.getMilliseconds()
date.getTime()
date.getTimezoneOffset()
```

以上 6 种方法返回值的数据类型都是数字型。这 6 种方法的作用如下所示：

❑ getHours() 方法可以返回日期对象中的小时部分。

❑ getMinutes() 方法可以返回日期对象中的分钟部分。

❑ getSeconds() 方法可以返回日期对象中的秒钟部分。

❑ getMilliseconds() 方法可以返回日期对象中的毫秒部分。

❑ getTime() 方法可以返回日期对象中的时间与 1970 年 1 月 1 日 0 时 0 分 0 秒所间隔的毫秒数。

❑ getTimezoneOffset() 方法可以返回日期对象中的本地时间与 UTC 之间的时差数，其单位为秒。

在以上代码中的前 4 种方法，所采用的都是本地时间，如果要采用 UTC 时间，可以使用以下代码：

```
date.getUTCHours()
date.getUTCMinutes()
date.getUTCSeconds()
date.getUTCMilliseconds()
```

【实例 6.26】以下为获得日期的小时、分钟、秒钟和毫秒的示例，请注意加粗的文字：

```html
01   <html>
02     <head>
03       <title> 日期对象中的时间 </title>
04       <script type="text/javascript">
05         <!--
06           // 定义日期对象，获取当前时间
07           var myDate = new Date();
08
09           // 获取日期对象的小时
10           document.write(" 现在是: " + myDate.getHours() + " 时 <br>");
11           // 获取日期对象的分钟
12           document.write(" 现在是: " + myDate.getMinutes() + " 分 <br>");
13           // 获取日期对象的秒钟
14           document.write(" 现在是: " + myDate.getSeconds() + " 秒 <br>");
15           // 获取日期对象的毫秒
16           document.write(" 现在是: " + myDate.getMilliseconds() + " 毫秒 <br>");
17           // 从 1970 年 1 月 1 号到现在所积累的毫秒总数
18           document.write("1970 年 1 月 1 号到现在积累 " + myDate.getTime() + "
19             毫秒 <br>");
20           // 本地时间和 UTC 相差的分钟数
21           document.write(" 本地时间和 UTC 相差了 " +
22             myDate.getTimezoneOffset() + " 分钟 <br>");
23         -->
24       </script>
25     </head>
26     <body>
27     </body>
28   </html>
```

【代码说明】代码第 7 行定义日期对象，代码第 10 ～ 16 行使用了前面介绍的 6 种方法。

【运行效果】以上代码为本书配套代码文件目录“代码 \ 第 06 章 \sample26.htm”里的内容，其运行结果如图 6.26 所示。

6. 设置日期对象的日期

在 JavaScript 中，只要定义了一个日期对象，就可以针对日期对象的日期部分进行设置，设置日期对象的日期可以使用以下语句：

图 6.26 sample26.htm 的运行结果

```
date.setYear(year)
date.setFullYear(year,month,day)
date.setMonth(month,day)
date.setDate(day)
```

以上 4 种方法的作用如下所示：

❏ date.setYear(year) 方法可以用来设置日期对象的年份，其中 year 参数必须是一个整数，如果 year 参数的值在 0 ～ 99 之间，JavaScript 会自动将其加上 1900，作为 1900 ～ 1999 来处理。从 ECMAScript v3 起，JavaScript 不再推荐使用该方法，而使用 setFullYear() 方法代替。

❏ date.setFullYear(year,month,day) 方法可以用来设置日期对象的年、月、日。其中 year 参数

为日期对象的年份，该参数必须是一个四位数的完整年份，不能是缩写，如 1998 年不能缩写为 98 年；month 参数为日期对象的月份，其取值范围为 0 ～ 11，该参数可以省略；day 参数为一个月中的第几天，取值范围为 1 ～ 31，该参数可以省略。

❑ date.setMonth(month,day) 方法可以用来设置日期对象中的月和日。其中 month 参数为日期对象的月份，取值范围为 0 ～ 11；day 参数为一个月中的第几天，取值范围为 1 ～ 31，该参数可以省略。

❑ date.setDate(day) 方法可以用来设置日期对象中的某一天，其中 day 参数为一个月中的第几天，取值范围为 1 ～ 31。

以上 4 种方法中，所采用的都是本地时间，如果要采用 UTC 时间，可以使用以下代码：

```
date.setUTCFullYear(year,month,day)
date.setUTCMonth(month,day)
date.setUTCDate(day)
```

【实例 6.27】以下是设置日期对象的日期的示例，请注意加粗的文字：

```
01    <html>
02      <head>
03        <title> 设置日期 </title>
04        <script type="text/javascript">
05          <!--
06            // 定义日期对象
07            var myDate = new Date(2019,7,16);
08            // 日期对象中日期的初始时间，返回 2019 年 8 月 16 日
09            document.write(myDate.toLocaleDateString() + "<br>");
10            // 设置年份
11            myDate.setYear(2018);
12            // 返回 2018 年 8 月 16 日
13            document.write(myDate.toLocaleDateString() + "<br>");
14            // 设置年份
15            myDate.setFullYear(2017);
16            // 返回 2017 年 8 月 16 日
17            document.write(myDate.toLocaleDateString() + "<br>");
18            // 设置年份、月份
19            myDate.setFullYear(2016,10);
20            // 返回 2016 年 11 月 16 日
21            document.write(myDate.toLocaleDateString() + "<br>");
22            // 设置年份、月份、日期
23            myDate.setFullYear(2015,11,23);
24            // 返回 2015 年 12 月 23 日
25            document.write(myDate.toLocaleDateString() + "<br>");
26            // 设置月份
27            myDate.setMonth(2);
28            // 返回 2015 年 3 月 23 日
29            document.write(myDate.toLocaleDateString() + "<br>");
30            // 设置月份、日期
31            myDate.setMonth(4,5);
32            // 返回 2015 年 5 月 5 日
33            document.write(myDate.toLocaleDateString() + "<br>");
34            // 设置日期
35            myDate.setDate(1);
36            // 返回 2015 年 5 月 1 日
37            document.write(myDate.toLocaleDateString() + "<br>");
38          -->
```

```
39          </script>
40      </head>
41      <body>
42      </body>
43  </html>
```

【代码说明】代码第 7 行定义日期对象，代码第 9 ～ 35 行使用了前面介绍的 4 种方法。

【运行效果】以上代码为本书配套代码文件目录"代码\第 06 章\sample27.htm"里的内容，其运行结果如图 6.27 所示。

图 6.27　sample27.htm 的运行结果

7. 设置日期对象的时间

在 JavaScript 中除了可以设置日期对象的日期之外，还可以设置日期对象的时间。设置日期对象的时间可以使用以下语句：

```
date.setHours(hours,minutes,seconds,milliseconds)
date.setMinutes(minutes,seconds,milliseconds)
date.setSeconds(seconds,milliseconds)
date.setMilliseconds(milliseconds)
```

以上 4 种方法的作用如下所示：

❑ date.setHours(hours,minutes,seconds,milliseconds) 方法可以用来设置日期对象的小时部分、分钟部分、秒钟部分和毫秒部分。其中 hours 参数为日期对象的小时部分，其取值范围为 0 ～ 23；minutes 参数为日期对象的分钟部分，其取值范围为 0 ～ 59，该参数可以省略。seconds 参数为日期对象的秒钟部分，其取值范围为 0 ～ 59，该参数可以省略；milliseconds 参数为日期对象的毫秒部分，其取值范围为 0 ～ 999，该参数可以省略。

❑ date.setMinutes(minutes,seconds,milliseconds) 方法可以用来设置日期对象的分钟部分、秒钟部分和毫秒部分。其中 minutes 参数为日期对象的分钟部分，其取值范围为 0 ～ 59。seconds 参数为日期对象的秒钟部分，其取值范围为 0 ～ 59，该参数可以省略；milliseconds 参数为日期对象的毫秒部分，其取值范围为 0 ～ 999，该参数可以省略。

❑ date.setSeconds(seconds,milliseconds) 方法可以用来设置日期对象的秒钟部分和毫秒部分。其中 seconds 参数为日期对象的秒钟部分，其取值范围为 0 ～ 59，该参数可以省略；milliseconds 参数为日期对象的毫秒部分，其取值范围为 0 ～ 999，该参数可以省略。

❑ date.setMilliseconds(milliseconds) 方法可以用来设置日期对象的毫秒部分。其中 milliseconds 参数为日期对象的毫秒部分，其取值范围为 0 ～ 999。

以上 4 种方法中，所采用的都是本地时间，如果要采用 UTC 时间，可以使用以下代码：

```
date.setUTCHours(hours,minutes,seconds,milliseconds)
date.setUTCMinutes(minutes,seconds,milliseconds)
date.setUTCSeconds(seconds,milliseconds)
date.setUTCMilliseconds(milliseconds)
```

【实例 6.28】以下是设置日期对象的时间的示例，请注意加粗的文字：

```
01  <html>
02      <head>
```

```
03              <title>设置日期</title>
04              <script type="text/javascript">
05                <!--
06                    // 定义日期对象
07                    var myDate = new Date(2019,9,17,13,53,29,400);
08                    // 日期对象中日期的初始时间，返回 13:53:29
09                    document.write(myDate.toLocaleTimeString() + "<br>");
10                    // 日期对象中日期的毫秒数，返回 400
11                    document.write(myDate.getMilliseconds() + "<br>");
12                    // 设置小时
13                    myDate.setHours(14);
14                    // 返回 14:53:29
15                    document.write(myDate.toLocaleTimeString() + "<br>");
16                    // 设置小时和分钟
17                    myDate.setHours(15,37);
18                    // 返回 15:37:29
19                    document.write(myDate.toLocaleTimeString() + "<br>");
20                    // 设置小时、分钟和秒钟
21                    myDate.setHours(16,38,39);
22                    // 返回 16:38:39
23                    document.write(myDate.toLocaleTimeString() + "<br>");
24                    // 设置小时、分钟、秒钟和毫秒
25                    myDate.setHours(17,39,40,200);
26                    // 返回 17:39:40
27                    document.write(myDate.toLocaleTimeString() + "<br>");
28                    // 日期对象中日期的毫秒数，返回 200
29                    document.write(myDate.getMilliseconds() + "<br>");
30                    // 设置分钟
31                    myDate.setMinutes(2);
32                    // 返回 17:02:40
33                    document.write(myDate.toLocaleTimeString() + "<br>");
34                    // 设置分钟、秒钟
35                    myDate.setMinutes(3,4);
36                    // 返回 17:03:04
37                    document.write(myDate.toLocaleTimeString() + "<br>");
38                    // 设置分钟、秒钟和毫秒
39                    myDate.setMinutes(5,6,790);
40                    // 返回 17:05:06
41                    document.write(myDate.toLocaleTimeString() + "<br>");
42                    // 日期对象中日期的毫秒数，返回 790
43                    document.write(myDate.getMilliseconds() + "<br>");
44                    // 设置秒钟
45                    myDate.setSeconds(40);
46                    // 返回 17:05:40
47                    document.write(myDate.toLocaleTimeString() + "<br>");
48                    // 设置秒钟和毫秒
49                    myDate.setSeconds(55,870);
50                    // 返回 17:05:55
51                    document.write(myDate.toLocaleTimeString() + "<br>");
52                    // 日期对象中日期的毫秒数，返回 870
53                    document.write(myDate.getMilliseconds() + "<br>");
54                    // 设置毫秒
55                    myDate.setMilliseconds(900);
56                    // 日期对象中日期的毫秒数，返回 900
57                    document.write(myDate.getMilliseconds() + "<br>");
58                -->
59              </script>
60          </head>
61      <body>
```

```
62        </body>
63    </html>
```

【代码说明】代码第 7 行定义日期对象，代码第 13 ～ 55 行使用了前面介绍的 4 种方法。

【运行效果】以上代码为本书配套代码文件目录"代码\第 06 章 \sample28.htm"里的内容，其运行结果如图 6.28 所示。

8. 与毫秒相关的方法

在日期对象中，除了前面介绍过的方法之后，还有以下 4 种方法可以用来处理日期对象，这 4 种方法都是与毫秒相关的方法：

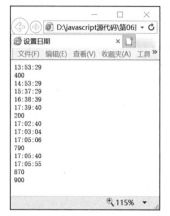

```
date.setTime(milliseconds)
date.valueOf()
Date.parse(str)
Date.UTC(year, month, day, hours, minutes, seconds,
 milliseconds)
```

图 6.28　sample28.htm 的运行结果

以上 4 种方法的作用如下所示：

❑ date.setTime(milliseconds) 方法可以用毫秒来设置日期对象，其中 milliseconds 参数所代表是要设置的时间与 GMT 时间的 1970 年 1 月 1 日 0 时 0 分 0 秒间隔毫秒数。

❑ date.valueOf() 方法可以返回日期对象中的时间与 1970 年 1 月 1 日 0 时 0 分 0 秒所间隔的毫秒数。该方法的返回值与 date.getTime() 的返回值相等。

❑ Date.parse(str) 方法可以返回 str 参数所代表的时间与 1970 年 1 月 1 日 0 时 0 分 0 秒所间隔的毫秒数。其中 str 参数为要解析的日期和时间的字符串。Date.parse() 方法是一种静态方法，是通过构造函数 Date() 调用的，而不是通过日期对象调用的。

❑ Date.UTC(year,month,day,hours,minutes,seconds,milliseconds) 方法可以将参数中所代表的日期转换成与 1970 年 1 月 1 日 0 时 0 分 0 秒所间隔的毫秒数。其中 year 参数为年份，该参数应该用四位数来表示，如果 year 参数的值在 0 ～ 99 之间，JavaScript 会自动将其加上 1900，作为 1900 ～ 1999 来处理；month 参数为月份，其取值范围为 0 ～ 11；day 参数为一个月中的第几天，取值范围为 1 ～ 31，该参数可以省略；hours 参数为小时部分，其取值范围为 0 ～ 23，该参数可以省略；minutes 参数为分钟部分，其取值范围为 0 ～ 59，该参数可以省略。seconds 参数为秒钟部分，其取值范围为 0 ～ 59，该参数可以省略；milliseconds 参数为毫秒部分，其取值范围为 0 ～ 999，该参数可以省略。Date.UTC() 方法是一种静态方法，是通过构造函数 Date() 调用的，而不是通过日期对象调用的。

【实例 6.29】以下是与毫秒相关的方法的使用示例，请注意加粗的文字：

```
01    <html>
02      <head>
03        <title> 与毫秒相关的方法 </title>
04        <script type="text/javascript">
05          <!--
06            // 定义日期对象
07            var myDate = new Date();
```

```
08                    // 使用毫秒形式设置时间
09                    myDate.setTime(1533891549000);
10                    // 返回 2018 年 8 月 10 日 16:59:09
11                    document.write(myDate.toLocaleString() + "<br>");
12                    // 将日期对象转换成毫秒数，返回 1533891549000
13                    document.write(myDate.valueOf() + "<br>");
14                    // 将字符串中的日期转换成毫秒数，返回 1567241949000
15                    document.write(Date.parse("august 31, 2019 16:59:09") + "<br>");
16                    // 将参数中的日期转换成毫秒数，返回 1571255626968
17                    document.write(Date.UTC(2019,9,16,19,53,46,968) + "<br>");
18              -->
19          </script>
20      </head>
21      <body>
22      </body>
23  </html>
```

【代码说明】代码第 7 行定义日期对象，代码第 9 ～ 17 行使用了前面介绍的 4 种方法。

【运行效果】以上代码为本书配套代码文件目录"代码\第 06 章\sample29.htm"里的内容，其运行结果如图 6.29 所示。

6.7.4　数字对象

数字是 JavaScript 中的一种基本类型，数字对象可以提供对数字的支持。

1. 创建数字对象

图 6.29　sample29.htm 的运行结果

使用构造函数可以显式创建数字对象。事实上，JavaScript 会自动在数字与数字对象之间进行转换。因此，创建数字对象似乎是没有什么太大的必要。创建数字对象的构造函数如下所示：

```
new Number(value)
Number(value)
```

其中 value 参数为要创建数字对象的数字，或者是可以转换为数字的其他值。在创建数字对象时，如果使用了 new 运算符，则返回一个新的数字对象，如果省略 new 运算符，则把 Number() 当作一个转换函数来使用，可以将 value 参数转换为数字，如果转换失败，则返回 NaN。

【实例 6.30】有关创建数字对象的示例请看以下代码，注意加粗的文字：

```
01  <html>
02      <head>
03          <title>定义数字对象</title>
04          <script type="text/javascript">
05              <!--
06                  // 显式创建一个数字对象
07                  var myNumber1 = new Number(10);
08                  // 将字符串 "10.23" 转换成数字变量
09                  var myNumber2 = Number("10.23");
10                  // 直接定义一个数字变量
11                  var myNumber3 = 123.456;
12
13                  // 将数字对象转换成本地格式的字符串
14                  document.write("myNumber1 = " + myNumber1.toLocaleString() +
15                      "<br>");
```

```
16              /*
17              toLocaleString()方法是数字对象的方法
18              虽然 myNumber2 和 myNumber3 都只是一个变量，但也可以直接使用
19              toLocaleString()方法
20              因为 JavaScript 会自动在数字与数字对象之间进行转换
21              */
22              document.write("myNumber2 = " + myNumber2.toLocaleString() +
23                  "<br>");
24              document.write("myNumber3 = " + myNumber3.toLocaleString() +
25                  "<br>");
26
27              // 以下代码中，字符串无法转换为数字，所以返回 NaN
28              var myNumber4 = Number("10。23");
29              document.write("myNumber4 = " + myNumber4 + "<br>");
30          -->
31      </script>
32  </head>
33  <body>
34  </body>
35 </html>
```

【代码说明】本例的代码解释如下：

（1）代码第 7 行创建了一个名为 myNumber1 的数字对象，因此可以使用该对象的 toLocaleString() 方法将该对象转换成本地格式的字符串。

（2）代码第 9 行将 Number() 当作函数来使用，将字符串转换成数字，并赋值给变量 myNumber2。由于 JavaScript 会自动在数字与数字对象之间进行转换，因此，也可以对变量 myNumber2 使用 toLocaleString() 方法。

（3）代码第 11 行直接给数字赋值给变量 myNumber3。同样，也可以直接对变量 myNumber3 使用 toLocaleString() 方法。

（4）由于字符串"10。23"无法转换为数字，因此第 28 行返回值为 NaN。

【运行效果】以上代码为本书配套代码文件目录"代码\第 06 章\sample30.htm"里的内容，其运行结果如图 6.30 所示。

图 6.30　sample30.htm 的运行结果

2. 数字对象的属性

数字对象中有以下 5 种属性，这些属性返回的都是数字中的一些常量：

```
Number.MAX_VALUE
Number.MIN_VALUE
Number.NaN
Number.POSITIVE_INFINITY
Number.NEGATIVE_INFINITY
```

以上 5 种属性所代表的常量如下所示。

❑ Number.MAX_VALUE：JavaScript 中的可以表示的最大数值，大约为 1.79e+308。

❑ Number.MIN_VALUE：JavaScript 中可以表示的最小数值，大约为 5e−324。

❑ Number.NaN：JavaScript 中的 Not a Number（NaN）。

❑ Number.POSITIVE_INFINITY：JavaScript 中的正无穷大，即 Infinity。

❑ Number.NEGATIVE_INFINITY：JavaScript 中的负无穷大，即 −Infinity。

由于数字对象的属性所返回的就是常量，因此，可以直接在 JavaScript 程序中使用这些常量。

【实例 6.31**】** 请看以下代码，注意加粗的文字：

```
01    <html>
02      <head>
03        <title>数字对象的属性</title>
04        <script type="text/javascript">
05          <!--
06            document.write("JavaScript 中的最大数字为: " + Number.MAX_VALUE
07              + "<br>");
08            var myNumber = Number.MAX_VALUE / 1000;
09            document.write("JavaScript 中的最大数字除以 1000 后的结果为: " +
10              myNumber + "<br>");
11            document.write("JavaScript 中的最小数字为: " + Number.MIN_VALUE +
12              "<br>");
13            myNumber = Number.MIN_VALUE * 1000;
14            document.write("JavaScript 中的最大数字乘以 1000 后的结果为: " +
15              myNumber + "<br>");
16            document.write("JavaScript 中的非数字的表示为: " + Number.NaN +
17              "<br>");
18            document.write("JavaScript 中的正无穷大为: " +
19              Number.NEGATIVE_INFINITY + "<br>");
20            document.write("JavaScript 中的负无穷大为: " +
21              Number.POSITIVE_INFINITY + "<br>");
22          -->
23        </script>
24      </head>
25      <body>
26      </body>
27    </html>
```

【代码说明】 代码第 6 ～ 21 行使用了前面介绍的 5 种属性。这些数据都是数值型的，分别返回最大值、最小值等。

【运行效果】 以上代码为本书配套代码文件目录"代码 \ 第 06 章 \sample31.htm"里的内容，其运行结果如图 6.31 所示。

图 6.31　sample31.htm 的运行结果

3. 将数字对象转换成字符串

在 JavaScript 中，数字对象除了可以继承 Object 对象中的方法之外，还拥有 5 个自己的方法，这 5 种方法的作用都是将数字对象中的数字转换成字符串。请看以下代码：

```
number.toString(radix)
number.toLocaleString()
number.toExponential (digits)
number.toFixed(digits)
number.toPrecision(precision)
```

以上 5 种方法虽然都可以将数字对象转换为字符串，但是转换为字符串的格式有所不同，其区别如下所示：

❑ number.toString(radix) 方法可以将数字对象中的数字转换成字符串，其中 radix 参数是个可选参数，该参数的取值范围为 2 ~ 36。radix 参数的作用是转换进制，假设 radix 参数值为 2，则先将 Number 对象中的数字转换成二进制，再将二进制转换成字符串。如果省略 radix 参数，则默认 radix 参数值为 10。

❑ number.toLocaleString() 方法可以将数字对象中的数字转换成字符串，并且字符串的表现形式为本地格式。本地格式根据计算机的设置不同有所区别，主要影响到小数点或千分位分隔符所采用的标点符号。

❑ number.toExponential(digits) 方法可以将数字对象中的数字转换成字符串，并且字符串的表现形式为科学计数法格式。其中 digits 参数为可选参数，该参数的取值范围为 0 ~ 20。在使用科学计数法时，小数点之前只有一位数，而小数点之后的位数由 digits 参数决定。如果小数点之后的位数多于 digits 参数所指定的位数，多出的小数部分将被四舍五入，如果小数点之后的位数少于 digits 参数所指定的位数，则用 0 补足。如果省略了 digits 参数，则尽可能多的显示小数点后的位数。

❑ number.toFixed(digits) 方法可以将数字对象中的数字转换成字符串，但该方法不采用科学计数法，只是通过 digits 参数来指定小数点后的位数。digits 参数为可选参数，该参数的取值范围为 0 ~ 20。假设 digits 参数为 2，则小数点后只能有两位数。如果小数点之后的位数多于 digits 参数所指定的位数，多出的小数部分将被四舍五入，如果小数点之后的位数少于 digits 参数所指定的位数，则用 0 补足。如果省略了 digits 参数，则默认为 0。

❑ number.toPrecision(precision) 方法可以将数字对象中的数字转换成字符串，其中 precision 参数是可选参数，其作用是指定返回的字符串中的有效位数。precision 参数的取值范围为 1 ~ 21。如果 precision 指定的位数小于数字对象中的数字的整数部分，则用科学计数法。如果省略 precision 参数，则相当于使用 toString() 方法。

【实例 6.32】以下是数字对象的方法的使用示例，请注意加粗的文字：

```
01    <html>
02      <head>
03        <title>数字对象的方法</title>
04        <script type="text/javascript">
05          <!--
06            var myNumber1 = new Number(3);
07            var myNumber2 = new Number(123456789.987654321);
08
09            document.write(" 将 myNumber1 转换为字符串: " +
10              myNumber1.toString() + "<br>");
11            document.write(" 将 myNumber1 转换为二进制, 再转换为字符串: " +
```

```
12              myNumber1.toString(2) + "<br><br>");
13          document.write("将 myNumber1 转换为本地格式: " +
14              myNumber1.toLocaleString() + "<br>");
15          document.write("将 myNumber2 转换为本地格式: " +
16              myNumber2.toLocaleString() + "<br><br>");
17
18          document.write("将 myNumber1 使用科学计数法, 小数点后为 3 位数: " +
19              myNumber1.toExponential(3) + "<br>");
20          document.write("将 myNumber2 使用科学计数法, 小数点后为 3 位数: " +
21              myNumber2.toExponential(3) + "<br><br>");
22
23          document.write("将 myNumber1 后的小数点位数设为 4 位数: " +
24              myNumber1.toFixed(4) + "<br>");
25          document.write("将 myNumber2 后的小数点位数设为 4 位数: " +
26              myNumber2.toFixed(4) + "<br><br>");
27
28          document.write("myNumber1 的有效位数为 5: " +
29              myNumber1.toPrecision(5) + "<br>");
30          document.write("myNumber2 的有效位数为 5: " +
31              myNumber2.toPrecision(5) + "<br><br>");
32
33          -->
34      </script>
35   </head>
36   <body>
37   </body>
38 </html>
```

【代码说明】代码第 6 ~ 7 行创建了两个数字对象，代码第 9 ~ 31 行使用前面介绍的 5 种方法，将数字转换成字符串。

【运行效果】以上代码为本书配套代码文件目录"代码 \ 第 06 章 \sample32.htm"里的内容，其运行结果如图 6.32 所示。

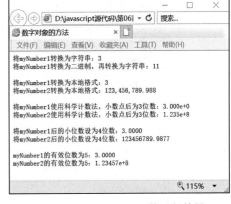

6.7.5 数学对象

数学对象主要作用是为数学计算提供常量和计算函数。

图 6.32 sample32.htm 的运行结果

1. 数学对象的属性

数学对象的所有属性主要用于提供数学常量，在 JavaScript 中，有以下 8 种属性。

❑ Math.E：代表数学中的自然对数的底数 (e)，其值近似于 2.718。

❑ Math.LN10：代表数学中的 10 的自然对数 ($\log_e 10$)，其值近似于 2.3026。

❑ Math.LN2：代表数学中的 2 的自然对数 ($\log_e 2$)，其值近似于 0.6931。

❑ Math.LOG10E：代表数学中的以 10 为底 e 的对数 ($\log_{10} e$)，其值近似于 0.4343。

❑ Math.LOG2E：代表数学中的以 2 为底 e 的对数 ($\log_2 e$)，其值近似于 1.4427。

❑ Math.PI：代表数学中的 π，其值近似于 3.14159。

□ Math.SQRT1_2：代表数学中的 2 的平方根的倒数，其值近似于 0.7071。

□ Math.SQRT2：代表数学中的 2 的平方根，其值近似于 1.414。

2. 数学对象的方法

由于数学对象没有构造函数，因此数学对象不能使用 new 运算符来创建。数学对象是由 JavaScript 创建的对象，该对象中的所有方法都是静态方法，可以直接使用。数学对象拥有以下 18 种方法。

□ Math.abs(number)：返回 number 的绝对值。

□ Math.acos(number)：返回 number 的反余弦值，number 参数的取值范围为 –1.0 ～ 1.0。

□ Math.asin(number)：返回 number 的反正弦值，number 参数的取值范围为 –1.0 ～ 1.0。

□ Math.atan(number)：返回 number 的反正切值。

□ Math.atan2(y,x)：返回由 X 轴到坐标 (y,x) 的角度。

□ Math.ceil(number)：返回大于或等于 number 的最小整数。

□ Math.cos(number)：返回 number 的余弦值。

□ Math.exp(number)：返回 e 的 number 次幂。

□ Math.floor(number)：返回小于或等于 number 的最大整数。

□ Math.log(number)：返回 number 的自然对数。

□ Math.max(number1, number2, number3...)：返回参数列表中的最大值，其中参数列表中的参数可以是 0 个或多个。如果参数列表中没有参数，则返回 –Infinity。如果参数列表中有一个参数为 NaN，或有一个参数是不能转换为数字的参数，则返回 NaN。

□ Math.min(number1, number2, number3···)：返回参数列表中的最小值，其中参数列表中的参数可以是 0 个或多个。如果参数列表中没有参数，则返回 Infinity。如果参数列表中有一个参数为 NaN，或有一个参数是不能转换为数字的参数，则返回 NaN。

□ Math.pow(x,y)：返回 x 的 y 次幂。

□ Math.random()：返回一个 0.0 ～ 1.0 之间的随机数。

□ Math.round(number)：返回与 number 最近的整数。如果 number 小数部分大于或等于 0.5，则返回大于 number 的最小整数。否则，返回小于或等于 number 的最大整数。

□ Math.sin(number)：返回 number 的正弦值。

□ Math.sqrt(number)：返回 number 的平方根。number 必须大于或等于 0，否则返回 NaN。

□ Math.tan(number)：返回 number 的正切值。

6.7.6 字符串对象

字符串对象提供了对字符串处理的支持，字符串对象与字符串是两个完全不同的概念。

1. 创建字符串对象

使用构造函数可以显式创建字符对象。事实上，JavaScript 会自动在字符串与字符串对象之间进行转换。创建字符对象的构造函数如下所示：

```
new String(str)
String(str)
```

其中 str 参数为要创建字符串对象的字符串或变量。在创建字符串对象时，如果使用了 new 运算符，则返回一个新的字符串对象。如果省略 new 运算符，则把 str 转换成字符串，并返回转换后的值。

【实例 6.33】有关创建字符串对象的示例请看以下代码，注意加粗的文字：

```
01    <html>
02       <head>
03          <title>定义字符串对象</title>
04          <script type="text/javascript">
05             <!--
06                var myString1 = new String("My String");
07                var myString2 = String("My String");
08                var myString3 = "My String";
09
10                document.write("myString1 的长度为: " + myString1.length + "<br>");
11                document.write("myString2 的长度为: " + myString2.length + "<br>");
12                document.write("myString3 的长度为: " + myString3.length + "<br>");
13             -->
14          </script>
15       </head>
16       <body>
17       </body>
18    </html>
```

【代码说明】在本例中可以看出，无论是字符串对象还是字符串变量，都可以直接使用字符串对象中的方法。这是因为 JavaScript 会自动在字符串与字符串对象之间进行转换。

【运行效果】以上代码为本书配套代码文件目录"代码\第 06 章\sample33.htm"里的内容，其运行结果如图 6.33 所示。

图 6.33 sample33.htm 的运行结果

2. 字符串的长度

字符串对象中的 length 属性可以返回一个字符串的长度。该字符串的长度为字符串中的所有文字的字数，而不是字节数（一个汉字占两个字节，而一个英文单词只占一个字节）。

【实例 6.34】请看以下代码，注意加粗的文字：

```
01    <html>
02       <head>
03          <title>字符串的长度</title>
04          <script type="text/javascript">
05             <!--var myString1 = new String("My String");
06                var myString2 = String(" 我的字符串 ");
07                var myString3 = " 我的字符串 MyString";
08
10                document.write(""My String" 的长度为: " + myString1.length + "<br>");
11                document.write("" 我的字符串 " 的长度为: " + myString2.length + "<br>");
12                document.write("" 我的字符串 MyString" 的长度为: " + myString3.length
13                   + "<br>");
14             -->
15          </script>
16       </head>
```

```
17        <body>
18        </body>
19    </html>
```

【代码说明】代码第 6 ～ 8 行定义了 3 个字符串对象，然后代码第 10 ～ 12 行输出它们的长度，注意汉字的输出长度。

【运行效果】以上代码为本书配套代码文件目录"代码\第 06 章 \sample34.htm"里的内容，其运行结果如图 6.34 所示。

3. 查找字符串

字符串对象中提供了很多种方法用于查找字符串中的字符或子字符串。不同的方法对于查找的结果，以及查找结果的处理有所不同。有关查找的方法如下所示：

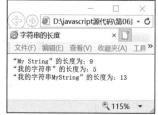

图 6.34　sample34.htm 的运行结果

```
string.charAt(index)
string.charCodeAt(index)
string.indexOf(substring,startindex)
string.lastIndexOf(substring,startindex)
string.match(regexp)
string.replace(regexp,replacetext)
string.search(regexp)
string.slice(startindex,endindex)
string.substr(startindex,length)
string.substring(startindex,endindex)
```

以上 10 种方法都可以用来查找字符串，但是这 10 种方法的查找字符串的方式及对查找之后的处理结果有所不同。以下是这 10 种方法的具体解释：

❏ string.charAt(index) 方法可以返回字符串中的第 index 个字符。字符串中第 1 个字符的编号为 0，因此，index 参数的取值范围是从 0 到 string.length-1。如果超过该范围，则返回一个空字符串。

❏ string.charCodeAt(index) 方法可以返回字符串中的第 index 个字符的 Unicode 代码。与 charAt() 方法类似，index 参数的取值范围是从 0 到 string.length-1。如果超过该范围，则返回 NaN。

❏ string.indexOf(substring,startindex) 方法可以返回子字符串 substring 在字符串中第 1 次出现的位置。其中 substring 参数为要在字符串中查找的子字符串，startindex 参数为可选参数，该参数用于指定查找子字符串的位置，其取值范围是从 0 到 string.length-1。如果没有指定 startindex 参数，则从字符串的第 1 个字符开始查找，相当于 startindex 值为 0。如果在字符串中包含子字符，则返回子字符串第 1 次出现在字符串中的位置，否则返回 -1。

❏ string.lastIndexOf(substring,startindex) 方法与 indexOf() 方法类似，只不过该方法是从字符串的最后 1 个字符开始向前查找。因此，如果在字符串中包含子字符，返回的是子字符串最后一次出现在字符串中的位置。startindex 参数也与 indexOf 方法中的相反，如果省略，将从最后 1 个字符开始查找。

❏ string.match(regexp) 方法可以找到一个或多个正则表达式的匹配。其中 regexp 参数为要匹配的 RegExp 对象。如果匹配成功，则返回由匹配成功的字符串组成的数组，否则返回 null。regexp 参数也可以是一个字符串。

- string.replace(regexp,replacetext) 方法可以替换一个与正则表达式匹配的子串。其中 regexp 参数为要匹配的 RegExp 对象，replacetext 参数为用来替换的文本或可以生成替换文本的函数。regexp 参数也可以是一个字符串。

- string.search(regexp) 方法可以用来查找与正规表达式相匹配的子字符串。其中 regexp 参数为要匹配的 RegExp 对象。如果在字符串中包含匹配的子字符串，则返回子字符串第 1 次出现在字符串中的位置，否则返回 −1。regexp 参数也可以是一个字符串。

- string.slice(startindex,endindex) 方法可以返回一个子字符串。其中 startindex 参数为子字符串的开始位置，该参数可以是负数，−1 指字符串的最后 1 个字符，−2 指字符串倒数第 2 个字符，以此类推。endindex 参数为子字符串结束的位置，该参数可以省略，如果省略，表示结束位置为字符串的最后 1 个字符。endindex 参数也可以是负数。如果为负数则是从字符串尾部开始计算的位置。

- string.substr(startindex, length) 方法可以返回 1 个子字符串。其中 startindex 参数为子字符串的开始位置，该参数也可以为负数。length 参数为子字符串的长度，该参数可以省略。如果省略的话，表示结束位置为字符串的最后 1 个字符。

- string.substring(startindex,endindex) 方法可以返回 1 个子字符串。其中 startindex 参数为子字符串的开始位置，endindex 参数为子字符串结束的位置。endindex 参数应该比 startinex 参数大。如果 endindex 参数值与 startindex 参数值相等，则返回一个空字符串。如果 endindex 参数值比 startindex 参数值小，则 JavaScript 会自动交换这两个参数值。

【实例 6.35】有关查找字符串的使用方法请看以下代码，注意加粗的文字：

```
01    <html>
02      <head>
03        <title> 查找字符串 </title>
04        <script type="text/javascript">
05          <!--
06            var myString = " 我的字符串——This is my string——字符串结束 ";
07
08            // 原字符串中的文字
09            document.write(" 初始字符串为: " + myString + "<br>");
10            // 返回字符串中的第五个字符，字符串中的编号是从 0 开始的，因此使用
11              charAt(4)
12            document.write(" 字符串的第五个字为: " + myString.charAt(4) + "<br>");
13            // 返回字符串中的第五个字符的 Unicode 代码
14            document.write(" 字符串的第五个字的代码为: " +
15              myString.charCodeAt(4) + "<br>");
16            // 查找子字符串在字符串中的第一次出现的位置，返回 2
17            document.write("" 字符串 " 在 myString 中第一次出现的位置: " +
18              myString.indexOf(" 字符串 ") + "<br>");
19            // 查找子字符串在字符串中的第一次出现的位置，由于字符串中没有包含该
20              子字符串，所以返回 −1
21            document.write("" 他的 " 在 myString 中第一次出现的位置: " +
22              myString.indexOf(" 他的 ") + "<br>");
23            // 在字符串的第十个字符开始查找子字符第一次出现的位置，返回
24
25            document.write(" 在字符串的第十个字符开始查找 " 字符串 " 第一次出现的
26              位置: " + myString.indexOf(" 字符串 ",9) + "<br>");
27            // 查找子字符串在字符串中的最后一次出现的位置，返回 26
28            document.write("" 字符串 " 在 myString 中最后一次出现的位置: " +
29              myString.lastIndexOf(" 字符串 ") + "<br>");
```

```
30          // 查找子字符串在字符串中的最后一次出现的位置，由于字符串中没有包含
31             该子字符串，所以返回 -1
32          document.write("" 他的 " 在 myString 中最后一次出现的位置: " +
33             myString.lastIndexOf(" 他的 ") + "<br>");
34          // 在字符串的倒数第十个字符开始查找子字符最后一次出现的位置，返回 2
35          document.write(" 在字符串的倒数第十个字符开始查找 " 字符串 " 最后一次
36             出现的位置: " + myString.lastIndexOf(" 字符串 ",9) + "<br>");
37          // 查找字符串中是否有匹配的正则表达式，因为有，所以返回该子字符串组
38             成的数组
39          document.write(" 查看 myString 中是否包含 " 字符串 ": " +
40             myString.match(" 字符串 ") + "<br>");
41          // 查找字符串中是否有匹配的正则表达式，因为没有，数组为空
42          document.write(" 查看 myString 中是否包含 " 字串 ": " + myString.match("
43             字串 ") + "<br>");
44          // 替换子字符串
45          document.write(" 将字符串中的 " 我的 " 替换为 " 他的 ": " +
46             myString.replace(" 我的 "," 他的 ") + "<br>");
47          // 查找子字符串在字符串中的第一次出现的位置，返回 2
48          document.write(" 查找子字符（正则）: " + myString.search(" 字符串 ") +
49             "<br>");
50          // 查找子字符串在字符串中的第一次出现的位置，由于字符串中没有包含该
51             子字符串，所以返回 -1
52          document.write(" 查找子字符（正则）: " + myString.search(" 他的 ") +
53             "<br>");
54          // 返回一个子字符串，该子字符串为字符串中的第三个字符到第七个字符
55          document.write(" 字符串的第三到第七个字符为: " + myString.slice(2,7)
56             + "<br>");
57          // 返回一个子字符串，该子字符串为字符串中的倒数第 24 个字符到正数第
58             24 个字符
59          document.write(" 字符串的倒数第 24 个字符到正数第 24 个字符为: " +
60             myString.slice(-24,24) + "<br>");
61          // 返回一个子字符串，该子字符串为字符串中的倒数第 5 个字符到正数第 1
62             个字符
63          document.write(" 字符串的倒数第 5 个字符到正数第 1 个字符为: " +
64             myString.slice(-5,-1) + "<br>");
65          // 返回一个子字符串，该子字符串为字符串中的第三个字符开始的后四个字符
66          document.write(" 字符串的第三个字符开始的后四个字符为: " +
67             myString.substr(2,4) + "<br>");
68          // 返回一个子字符串，该子字符串为字符串中第三个字符到第四个字符
69          document.write(" 字符串的第三个字符到第四个字符为: " +
70             myString.substring(2,4) + "<br>");
71          -->
72       </script>
73    </head>
74    <body>
75    </body>
76 </html>
```

【代码说明】在本例中，有以下几点是需要注意的：

❑ 在以上几个字符串对象的方法中，都不会改变原字符的内容，只会返回一个新字符串，或者是返回数字。

❑ indexOf() 方法与 search() 方法都可以返回子字符串在字符串中第 1 次出现的位置，但是 indexOf() 方法只适用于子字符串，而 search() 方法还适用于正则表达式。

❑ 虽然 match()、replace()、search() 三种方法都适用于正则表达式，但是对于子字符串来说，也同样适用。

- slice(startindex,endindex) 方法与 substring(startindex,endindex) 返回的都是从 startindex 开始到 endindex 为止的子字符串，包括 startindex，但不包括 endindex。
- slice() 方法比 substring() 方法灵活，因为可以使用负数作为参数，而 substring() 方法不可以。

【运行效果】以上代码为本书配套代码文件目录"代码 \ 第 06 章 \sample35.htm"里的内容，其运行结果如图 6.35 所示。

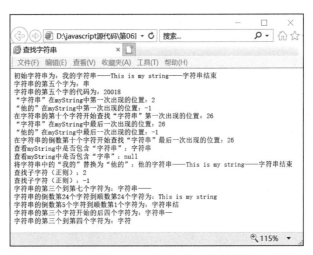

图 6.35　sample35.htm 的运行结果

4. 转换大小写

在字符串对象中，以下 4 种方法可以用来转换大小写：

```
string.toLocaleLowerCase()
string.toLowerCase()
string.toLocaleUpperCase()
string.toUpperCase()
```

其中 toLocaleLowerCase() 方法与 toLowerCase() 方法都可以将字符串转换为小写，toLocaleUpperCase() 方法与 toUpperCase() 方法都可以将字符串转换为大写。toLocaleLowerCase() 方法与 toLocaleUpperCase() 方法是按照本地方式转换大小写，只有少数几种语言才具有本地特有的大小写映射，通常 toLocaleLowerCase() 方法和 toLocaleUpperCase() 方法的返回值与 toLowerCase() 方法和 toUpperCase() 方法的返回值相同。

5. 创建新的字符串

字符串对象中的大多数方法都可以返回一个新的字符串，以下 2 个方法用来专门创建新的字符串：

```
String.fromCharCode(value1,value2,…)
string.concat(value1,value2,…)
```

以上两个方法的解释如下：

- String.fromCharCode(value1,value2,…) 方法是一个静态方法，由构造函数 String() 创建，而不是由字符串或字符串对象创建。该方法可以从字符编码列表中创建一个字符串。

fromCharCode() 方法的参数列表中可以是 0 个或多个整数，这些整数代表了字符串中的字符的 Unicode 编码。

❑ string.concat(value1,value2,…) 方法可以用来连接字符串，其中参数列表中为 1 个或多个字符串。该方法与使用 "＋" 运算符类似。

【实例 6.36】有关创建新字符串的使用方法请看以下代码，注意加粗的文字。

```
01    <html>
02      <head>
03        <title>创建新字符串</title>
04        <script type="text/javascript">
05          <!--
06            myString1 = String.fromCharCode(101,102,103);
07            myString2 = myString1.concat("，再加一个字符串。");
08            myString3 = myString1.concat("，再加一个字符串","，多加几个也无所
09            谓。");
10
11            document.write("从字符编码创建一个字符串：" + myString1 + "<br>");
12            document.write("连接字符串：" + myString2 + "<br>");
13            document.write("连接字符串：" + myString3 + "<br>");
14          -->
15        </script>
16      </head>
17      <body>
18      </body>
19    </html>
```

【代码说明】代码第 6 行这种方式很少见，但也非常有用，fromCharCode 中应该是字符串的 Unicode 编码。代码第 7 ～ 8 行都是通过 concat 方法实现字符串的连接。

【运行效果】以上代码为本书配套代码文件目录 "代码 \ 第 06 章 \sample36.htm" 里的内容，其运行结果如图 6.36 所示。

图 6.36　sample36.htm 的运行结果

6. 其他方法

在字符串对象中，还有其他 4 种方法可以使用：

```
string.localeCompare(str)
string.split(regexp,limit)
string.toString()
string.valueOf()
```

以上 4 种方法的解释如下：

❑ string.localeCompare(str) 方法可以用本地特定的顺序来比较两个字符串。如果 string 小于 str，则返回小于 0 的数；如果 string 大于 str，则返回大于 0 的数；如果 string 与 str 相等，或者在本地排序规则里没有区别，则返回 0。

❑ string.split(regexp,limit) 方法可以将字符串分割为字符串数组。其中 regexp 参数用来指定用什么方式分割字符串，该参数可以是正则表达式，也可以是字符串。limit 参数是一个可选参数，用于指定返回的数组的最大长度。如果设置了该参数，返回的数组元素不会多于该参数所指定的数字，如果没有设置该参数，整个字符串都会被分割，而不考虑数组元素的个数。

❑ string.toString() 方法可以返回字符串对象中的字符串值。

❑ string.valueOf() 方法可以返回字符串对象中的字符串值。

【实例 6.37】 有关以上 4 个方法的使用示例请看以下代码，注意加粗的文字。

```
01  <html>
02    <head>
03      <title> 其他方法 </title>
04      <script type="text/javascript">
05        <!--
06          var myString = "This is my string";
07
08          // 两个字符串相等，返回 0
09          document.write(" 比较字符串: " + myString.localeCompare("This is my
10            string") + "<br>");
11          // 目标字符串排在前面，返回 1
12          document.write(" 比较字符串: " + myString.localeCompare("That is
13            your string") + "<br>");
14          // 目标字符串排在后面，返回 -1
15          document.write(" 比较字符串: " + myString.localeCompare("What is
16            string?") + "<br><br>");
17
18          // 使用逗号分割字符串
19          var myArr1 = myString.split(" ");
20          document.write(" 数组长度: " + myArr1.length + "<br>");
21          document.write(" 数组内容: " + myArr1.toString() + "<br><br>");
22
23          // 使用空格分割字符串，并且返回的数组的最大长度为 2
24          var myArr2 = myString.split(" ",2)
25          document.write(" 数组长度: " + myArr2.length + "<br>");
26          document.write(" 数组内容: " + myArr2.toString() + "<br><br>");
27
28          document.write(" 返回字符串: " + myString.toString() + "<br>");
29          document.write(" 返回字符串: " + myString.valueOf() + "<br>");
30        -->
31      </script>
32    </head>
33    <body>
34    </body>
35  </html>
```

【代码说明】 代码第 6 行定义了一个简单的英文字符串，主要是为了使用大小写方法。代码第 19 行使用 split 方法来分隔字符串，这个在网站开发中非常有用。

【运行效果】 以上代码为本书配套代码文件目录"代码\第 06 章 \sample37.htm"里的内容，其运行结果如图 6.37 所示。

7. 非标准化方法

字符串对象中还有以下几个方法可以使用，不过这些方法都不是标准化的方法，但是无论是 IE、Netscape、Firefox 还是 Opera 浏览器，都支持这些方法。

【实例 6.38】 有关非标准化方法的使用示例请看以下代码，注意加粗的文字。

图 6.37　sample37.htm 的运行结果

```
01   <html>
02     <head>
03       <title>非标准化方法</title>
04       <script type="text/javascript">
05         <!--
06           var myString = "我的字符串";
07
08           document.write("原字符串: " + myString + "<br>");
09           // 相当于返回 <big>我的字符串</big>
10           document.write("big: " + myString.big() + "<br>");
11           // 相当于返回 <blink>我的字符串</blink>
12           document.write("blink: " + myString.blink() + "<br>");
13           // 相当于返回 <b>我的字符串</b>
14           document.write("bold: " + myString.bold() + "<br>");
15           // 相当于返回 <tt>我的字符串</tt>
16           document.write("fixed: " + myString.fixed() + "<br>");
17           // 相当于返回 <font color="red">我的字符串</font>
18           document.write("fontcolor: "+ myString.fontcolor("red") + "<br>");
19           // 相当于返回 <font size=6>我的字符串</font>
20           document.write("fontsize: " + myString.fontsize(6) + "<br>");
21           // 相当于返回 <i>我的字符串</i>
22           document.write("italics: " + myString.italics() + "<br>");
23           // 相当于返回 <small>我的字符串</small>
24           document.write("small: " + myString.small() + "<br>");
25           // 相当于返回 <strike>我的字符串</strike>
26           document.write("strike: " + myString.strike() + "<br>");
27           // 相当于返回 <sub>我的字符串</sub>
28           document.write("sub: " + myString.sub() + "<br>");
29           // 相当于返回 <sup>我的字符串</sup>
30           document.write("sup: " + myString.sup() + "<br>");
31
32           var myLink =
33         myString.link("http://www.aspxcfans.com").anchor("mylink");
34           // 相当于返回 <a href="http://www.aspxcfans.com" name="mylink">我的
35           字符串</a>
36           document.write("link与anchor: " + myLink + "<br>");
37         -->
38       </script>
39     </head>
40     <body>
41     </body>
42   </html>
```

【代码说明】非标准化的方法有以下几种。

❑ string.anchor(str)：使用了该方法之后，相当于返回"<a name=str>string</a>"字符串。

❑ string.big()：使用了该方法之后，相当于返回"<big>string</big>"字符串。

❑ string.blink()：使用了该方法之后，相当于返回"<blink>string</blink>"字符串。

❑ string.bold()：使用了该方法之后，相当于返回"string"字符串。

❑ string.fixed()：使用了该方法之后，相当于返回"<tt>string</tt>"字符串。

❑ string.fontcolor(str)：使用了该方法之后，相当于返回"<font color=str>string</font>"字符串。

❑ string.fontsize(str)：使用了该方法之后，相当于返回"<font size=str>string</font>"字符串。

❑ string.italics()：使用了该方法之后，相当于返回"<i>string</i>"字符串。

❑ string.link(url)：使用了该方法之后，相当于返回"<a href=str>string</a>"字符串。

- ❑ string.small()：使用了该方法之后，相当于返回"<small>string</small>"字符串。
- ❑ string.strike()：使用了该方法之后，相当于返回"<strike>string</strike>"字符串。
- ❑ string.sub()：使用了该方法之后，相当于返回"_{string}"字符串。
- ❑ string.sup()：使用了该方法之后，相当于返回"^{string}"字符串。

【运行效果】以上代码为本书配套代码文件目录"代码\第06章\sample38.htm"里的内容，其运行结果如图 6.38 所示。

6.7.7　函数对象

在 JavaScript 中，函数既是一种基本的数据类型也是一个对象，因此函数拥有属于自己的属性和方法。其中函数对象的属性有以下 4 种。

图 6.38　sample38.htm 的运行结果

- ❑ function.arguments：为当前执行的函数对象返回一个 Arguments 对象，其中 function 为当前执行函数的名称，可以省略。
- ❑ function.caller：调用当前函数的函数。其中 function 为所执行函数的名称。
- ❑ function.length：函数定义的参数个数。
- ❑ function.prototype：引用原型对象。

函数对象的方法有以下 3 种。

- ❑ function.apply(name,args)：将函数作为一个对象的方法调用。其中 name 为对象名，args 为参数数组。
- ❑ function.call(name,value1,value2…) 将函数作为一个对象的方法调用。其中 name 为对象名，value 等为参数。
- ❑ function.toString()：返回函数的字符串表示。

在第 5 章介绍函数时，同时也介绍了函数对象的方法与属性，在此就不再赘述了。

6.7.8　Error 对象

在 JavaScript 中拥有一个 Error 对象，当执行 JavaScritp 代码出错时，JavaScript 的解释器就会抛出一个 Error 对象的实例，该实例中包含 JavaScript 中特定的错误信息。

1. 接收抛出的 Error 对象实例

在运行 JavaScript 代码时，如果产生了错误或异常，JavaScript 就会生成一个 Error 对象的实例来描述错误。通常 Error 对象的实例都是与 throw 语句或 try...catch...finally 语句一起使用。程序员可以通过接收 Error 对象实例来调试程序，或在程序中设置处理分支。

【实例 6.39】接收抛出的 Error 对象实例的方法如下所示，注意加粗的文字。

```
01    <html>
02      <head>
03        <title>接收抛出的 Error 对象实例</title>
04        <script type="text/javascript">
```

```
05          <!--
06              var myString = "My String";
07              try
08              {
09                  // 使用方法时将方法的大小写输入错误
10                  var errString = myString.subString(2,4);
11              }
12              catch(ex)
13              {
14                  document.write(ex.message);
15              }
16          -->
17      </script>
18  </head>
19  <body>
20  </body>
21 </html>
```

【代码说明】在本例中，cathc(ex) 语句中的 ex 变量就是
用于接收 JavaScript 抛出的 Error 对象实例。通过该实例，可
以获取系统中默认的错误信息。

【运行效果】以上代码为本书配套代码文件目录"代码\
第 06 章 \sample39.htm"里的内容，其运行结果如图 6.39 所示。

2. 创建 Error 对象

图 6.39　sample39.htm 的运行结果

有些 JavaScript 代码并没有语法上的错误，但是有逻辑错误。对于这种错误，JavaScript 是不
会抛出异常的。此时，就需要程序员自己创建一个 Error 对象实例来抛出异常。使用构造函数可
以创建 Error 对象，构造函数的语法代码如下所示：

```
new Error()
new Error(message)
```

其中 message 参数为可选参数，用于设置异常的错误消息。

【实例 6.40】有关创建 Error 对象的方法如下所示，请注意加粗的文字。

```
01 <html>
02   <head>
03     <title> 创建 Error 对象 </title>
04     <script type="text/javascript">
05         <!--
06             function myFun(x,y)
07             {
08                 var z;
09                 try
10                 {
11                     if (y==0)
12                     {
13                         var myErr = new Error(" 除数不能为 0");
14                         throw myErr;
15                     }
16                     z = x/y;
17                 }
18                 catch(ex)
```

```
19                  {
20                      z = ex.message;
21                  }
22                  return z;
23              }
24              document.write(myFun(1,0));
25          -->
26      </script>
27    </head>
28    <body>
29    </body>
30 </html>
```

【代码说明】 在本例中，代码 6 ～ 23 行定义了一个名为 myFun 的函数，该函数的作用将两个参数相除，并返回结果。在 JavaScript 中，如果除数为 0，并不会产生错误，只会返回 Infinity。因此，在函数中就必须要判断除数是否为 0，如果为 0，则创建一个 Error 对象实例，并用 throw 语句抛出该对象实例。在使用 throw 语句抛出异常之后，就可以在 catch 语句中获取抛出的异常，并根据异常情况进行处理。

【运行效果】 以上代码为本书配套代码文件目录 "代码 \ 第 06 章 \sample40.htm" 里的内容，其运行结果如图 6.40 所示。

3. Error 对象的属性

Error 对象只拥有以下 2 个属性。

❑ error.name：该属性为错误类型。

❑ error.message：该属性为错误信息。

【实例 6.41】 有关 Error 对象的属性的使用方法如下所示，注意加粗的文字：

图 6.40   sample40.htm 的运行结果

```
01 <html>
02    <head>
03      <title>Error 对象的属性 </title>
04      <script type="text/javascript">
05        <!--
06          var myString = "My String";
07          try
08          {
09              // 使用方法时将方法的大小写输入错误
10              var errString = myString.subString(2,4);
11          }
12          catch(ex)
13          {
14              document.write(" 错误类型为： " + ex.name + "<br>");
15              document.write(" 错误信息为： " + ex.message + "<br>");
16          }
17        -->
18      </script>
19    </head>
20    <body>
21    </body>
22 </html>
```

【代码说明】 代码第 12 行捕获 Error 对象，然后第 14 ～ 15 行分别获取错误类型和错误信息。

【运行效果】以上代码为本书配套代码文件目录"代码\第06章\sample41.htm"里的内容，其运行结果如图 6.41 所示。

4. Error 对象的方法

Error 对象只有一个方法，该方法如下所示：

```
error.toString()
```

该方法返回的是一个用来表示 Error 对象的字符串，通常为"[object Error]"。

图 6.41　sample41.htm 的运行结果

6.7.9　其他对象

除了在本章中介绍过的 Object 对象、Arguments 对象、布尔对象、日期对象、数字对象、数学对象、字符串对象、函数对象和 Error 对象之外，在 JavaScript 中还有很多内置对象，如数组对象、RegExp 对象、Window 对象、Navigator 对象、Screen 对象、Location 对象、History 对象、Document 对象和 Form 对象等。这些对象在后续章节里还会详细介绍。

6.8　小结

在本章里主要介绍了 JavaScript 中的对象，以及创建对象、对象方法和属性的使用。在本章的最后还介绍了一些系统对象以及这些对象的属性和方法。我们要熟悉和了解这些对象的属性和方法。在第 7 章里将会介绍 JavaScript 的数组。

6.9　本章练习

1. 以下创建对象方法错误的是哪项？

A.

```
var arr2 = new Array(3);
```

B.

```
var pen = {name:" 钢笔 ",color:" 红色 ",price:30}
```

C.

```
var pen1 = new pen(" 铅笔 "," 红色 ",20);
```

D.

```
var arr  =  Array(3);
```

2. 以下哪个选项无法实现字符型转换成数值型（多选）。

A. parseInt()　　　　B. parseFloat()　　　　C. toString()　　　　D. toLocaleString()

3. error.message 用来获取什么内容？

4. 写出 3 种常用的 JavaScript 系统对象。

第7章 数　组

数组是在 JavaScript 中使用比较多的一种数据类型，在本章将会介绍数组的一些基本概念以及数组对象的属性和方法。

本章重点：

❑ 数组的定义和读取；

❑ 数组的各种操作方法；

❑ 数组的操作技巧。

7.1　数组的介绍

数组是 JavaScript 中的一种复合型数据。数组是一些数据的集合，并且数组中的数据都有一个编号，通过编号可以引用这些数据。

7.1.1　数组

在 JavaScript 中，数组（array）是一种基本的数据类型，该数据类型是复合型的，即一个数组中可以包含多个元素。可以将数组想象为一个个格子，每个格子中都能存放一个元素，如图 7.1 所示。

由于 JavaScript 是一种无类型的语言，所以在数组中的每个元素的类型可以不相同。数组中的元素类型可以是数字型、字符串型、布尔型等，甚至也可以是一个数组。

元素1	元素2	元素3	元素4	元素5

图 7.1　数组示意图

7.1.2　数组元素

数组是数组元素（element）的集合，如图 7.1 中，每个格子里存放的就是数组元素。数组为每个数组元素都设置了一个编号，该编号称为下标。通过下标可以存取数组元素值。数组的下标从 0 开始编号，例如以下代码可以存取数组中的第 1 个元素值。

```
arr[0]
```

7.1.3　多维数组

在 JavaScript 中并不支持多维数组，但是 JavaScript 中数组元素可以是任何类型的数据，包括数组。假设 arr 数组中的第 2 个元素是数组，那么如果要获取 arr 数组中的第 2 个元素，可以使用以下语句：

```
var myArr = arr[1];
```

此时，变量 myArr 也是一个数组，通过 myArr 数组下标可以获得 myArr 数组元素。以下两行代码其实是等价的两行代码。从代码上看，这与多维数组十分相似。JavaScript 中这种多维数组的表现方式，比其他语言中的表现方式更为灵活。

```
myArr[2]
arr[1][2]
```

7.2 定义数组

在 JavaScript 中，数组也是一种对象，这种对象称为数组对象。

7.2.1 构造函数

可以使用构造函数来定义数组。数组对象的构造函数有以下 3 种，因此可以用 3 种不同的方式来定义数组：

```
new Array()
new Array(size)
new Array(element1,element2,...)
```

参数说明如下。

❑ size：数组元素的个数。

❑ element1, element2, ...：数组元素值的列表。

7.2.2 定义一个空数组

使用不带参数的构造函数可以定义一个没有元素的空数组。可以在定义了空数组之后再设置数组中的元素。

【实例 7.1】请看以下代码，注意加粗的文字。

```
01    <html>
02      <head>
03        <title>定义数组</title>
04        <script type="text/javascript">
05          <!--
06            var arr = new Array();
07            document.write("数组中元素的个数为： " + arr.length + "<br>");
08            arr[0] = "字符串";
09            arr[1] = true;
10            arr[2] = 13;
11            document.write("数组中元素的个数为： " + arr.length + "<br>");
12            document.write("数组中元素的值为： " + arr + "<br>");
13          -->
14        </script>
15      </head>
```

```
16        <body>
17        </body>
18    </html>
```

【代码说明】 在本例中，代码第 6 行定义了一个空数组，此时数组中的元素个数为 0 个。在为数组的元素赋值之后，数组才拥有元素。

【运行效果】 以上代码为本书配套代码文件目录"代码 \ 第 07 章 \sample01.htm"里的内容，其运行结果如图 7.2 所示。

图 7.2　sample01.htm 的运行结果

注意 在将数组直接转换为字符串输出时，如果数组元素的值为 undefined，则输出为空字符串。

7.2.3　通过指定数组长度定义数组

使用"new Array(size)"构造函数可以在定义数组的同时指定数组元素的个数。但是此时并没有为数组元素赋值，所有数组元素的值都为 undefined。

【实例 7.2】 请看以下代码，注意加粗的文字。

```
01    <html>
02        <head>
03            <title> 定义数组 </title>
04            <script type="text/javascript">
05                <!--
06                    var arr = new Array(3);
07                    document.write(" 数组中元素的个数为: " + arr.length + "<br>");
08                    document.write(" 数组中元素的值为: " + arr + "<br>");
09                    arr[0] = " 字符串 ";
10                    arr[1] = true;
11                    arr[2] = 13;
12                    document.write(" 数组中元素的个数为: " + arr.length + "<br>");
13                    document.write(" 数组中元素的值为: " + arr + "<br>");
14                -->
15            </script>
16        </head>
17        <body>
18        </body>
19    </html>
```

【代码说明】 在本例中，代码第 6 行定义了一个包含 3 个元素的数组，此时虽然没有为数组元素赋值，但数组还是包含 3 个元素。不过这 3 个元素的值都为 undefined。

【运行效果】 以上代码为本书配套代码文件目录"代码 \ 第 07 章 \sample02.htm"里的内容，其运行结果如图 7.3 所示。

图 7.3　sample02.htm 的运行结果

7.2.4　通过指定数组元素定义数组

使用"new Array(element1,element2,…)"构造函数

可以在定义数组的同时指定数组元素的值。参数列表中的数据依次为数组中第 1 个元素、第 2 个元素……的值。

【实例 7.3】请看以下代码，注意加粗的文字。

```
01  <html>
02    <head>
03      <title> 定义数组 </title>
04      <script type="text/javascript">
05        <!--
06          var arr = new Array(" 字符串 ",true,13);
07          document.write(" 数组中元素的个数为: " + arr.length + "<br>");
08          document.write(" 数组中元素的值为: " + arr + "<br>");
09        -->
10      </script>
11    </head>
12    <body>
13    </body>
14  </html>
```

【代码说明】在本例中，代码第 6 行定义了一个数组，该数组中的元素值分别为 " " 字符串 " "、"true" 和 "13"。在定义数组的同时，就已经设置了数组元素的值。

【运行效果】以上代码为本书配套代码文件目录 "代码 \ 第 07 章 \sample03.htm" 里的内容，其运行结果如图 7.4 所示。

7.2.5　直接定义数组

在 JavaScript 中还有一种不使用构造函数来定义数组的方式，这种方式直接将数组元素放在一个方括号中，并且元素与元素之间使用逗号隔开。

图 7.4　sample03.htm 的运行结果

【实例 7.4】请看以下代码，注意加粗的文字。

```
01  <html>
02    <head>
03      <title> 定义数组 </title>
04      <script type="text/javascript">
05        <!--
06          var arr = [" 字符串 ", true,13];
07          document.write(" 变量 arr 的构造函数为: " + arr.constructor + "<br>");
08          document.write(" 数组中元素的个数为: " + arr.length + "<br>");
09          document.write(" 数组中元素的值为: " + arr + "<br>");
10        -->
11      </script>
12    </head>
13    <body>
14    </body>
15  </html>
```

【代码说明】代码第 5 行定义了数组 arr，其中包含 3 个初始值。代码第 7 ～ 9 行输出数组的各个属性。

【运行效果】以上代码为本书配套代码文件目录 "代码 \ 第 07 章 \sample04.htm" 里的内容，其运行结果如图 7.5 所示。

图 7.5　sample04.htm 的运行结果

7.3　数组元素

数组是数据的集合，这些数据称为数组的元素。在对数组进行的相关操作中，最重要的操作可以说是对数组元素的存取操作。

7.3.1　存取数组元素

在 JavaScript 中，可以通过数组元素存取运算符（[]）来存取数组元素。在 [] 运算符的左侧是数组的名称，而在 [] 之间是数组的下标。在某些语言中，数组的第 1 个元素的下标为 1，而在 JavaScript 中数组的第 1 个元素的下标为 0。

【实例 7.5】请看以下代码，注意加粗的文字：

```
01    <html>
02      <head>
03        <title> 存取数组元素 </title>
04        <script type="text/javascript">
05          <!--
06            var arr = new Array();
07            for (i=0;i<4;i++)
08            {
09              arr[i] = i + 1;
10            }
11            var x = arr[2];
12            document.write(" 数组中元素的个数为: " + arr.length + "<br>");
13            document.write(" 数组中第 3 个元素的值为: " + x + "<br>");
14            document.write(" 数组中元素的值为: " + arr + "<br>");
15          -->
16        </script>
17      </head>
18      <body>
19      </body>
20    </html>
```

【代码说明】在本例中，代码第 7 ~ 10 行通过一个循环语句为数组中的元素赋值。循环语句中的代码与以下代码相同。这些代码是用来设置数组元素值的。

```
arr[0] = 1;
arr[1] = 2;
arr[2] = 3;
arr[3] = 4;
```

而以下代码是用来读取数组元素的值。

```
var x = arr[2];
```

注意 数组的下标必须大于或等于 0，并且小于 $2^{32}-1$ 的整数。

【运行效果】以上代码为本书配套代码文件目录"代码\
第 07 章 \sample05.htm"里的内容，其运行结果如图 7.6 所示。

7.3.2　添加数组元素

在 JavaScript 中，可以为已经定义好的数组添加元素，无
论该数组是使用什么方法定义的数组。使用以下方法定义的数
组是一个空数组，该数组只有添加了数组元素之后，才能存储
数据。

图 7.6　sample05.htm 的运行结果

```
new Array()
```

使用以下 3 种方法定义的数组，虽然在定义时已经确定了数组元素的个数，但是该数组元素
的个数并不是固定的，可以通过添加数组元素的方法来增加数组元素的个数。

```
new Array(size)
new Array(element1,element2,…)
arrayName = [element1,element2,…]
```

添加数组元素的方法比较简单，只要直接为数组元素赋值即可。例如一个数组在定义时确定
了只有 3 个元素，那么只要设置数组的第 4 个元素的值，就可以让数组在 3 个元素的基础上添加
1 个元素。数组元素的个数是由数组的最大下标所决定的，例如一个数组在定义时只确定了 3 个
元素，然后又为下标为 9 的元素赋值，那么该数组的元素个数为 10。

【实例 7.6】请看以下代码，注意加粗的文字。

```
01    <html>
02      <head>
03        <title> 添加数组元素 </title>
04        <script type="text/javascript">
05          <!--
06            // 定义了一个空数组
07            var arr1 = new Array();
08            // 该数组中的元素个数为 0
09            document.write(" 数组 1 中元素的个数为: " + arr1.length + "<br>");
10            // 为空数组添加三个元素
11            arr1[0] = " 字符串 ";
12            arr1[1] = true;
13            arr1[2] = 13;
14            // 添加三个元素后，数组中的元素个数为 3
15            document.write(" 添加元素后，数组 1 中元素的个数为: " + arr1.length +
16              "<br><br>");
17
18            // 定义了一个元素个数为 3 的数组
19            var arr2 = new Array(3);
20            document.write(" 数组 2 中元素的个数为: " + arr2.length + "<br>");
21            arr2[3] = false;
22            // 添加元素后，数组中的元素个数为 4
23            document.write(" 添加元素后，数组 2 中元素的个数为: " + arr2.length +
```

```
24                "<br><br>");
25
26                // 定义了一个元素个数为 3 的数组
27                var arr3 = new Array("字符串",true,13);
28                document.write("数组 3 中元素的个数为: " + arr3.length + "<br>");
29                // 没有为数组中的第 4 ~ 10 个属性赋值,而直接为数组中的第 11 个元素
30                   赋值
31                arr3[10] = false;
32                // 此时,数组中的元素个数为 11
33                document.write("添加元素后,数组 3 中元素的个数为: " + arr3.length +
34                   "<br>");
35                // 由于没有为数组中的第 4 ~ 10 个属性赋值,因此这些属性值都为
36                   undefined
37                document.write("数组 3 中的元素为: " + arr3);
38             -->
39          </script>
40       </head>
41       <body>
42       </body>
43    </html>
```

【代码说明】本例中的关键知识点如下。

❑ 代码第 7 行定义了一个名为 arr1 的数组。此时 arr1 数组为空数组,因此数组中的元素个数为 0。在使用 "arr1[0] = "字符串";arr1[1] = true;arr1[2] = 13;" 语句为 arr1 数组添加 3 个数组元素之后,该数组元素的个数为 3 个。

❑ 代码第 19 行定义了一个名为 arr2 的数组。此时 arr2 数组的元素个数为 3,但是该数组中的 3 个元素的值都为 undefined。在使用 "arr2[3] = false;" 语句为 arr2 数组添加了 1 个数组元素之后,该数组元素的个数为 4。

❑ 代码第 27 行定义了一个名为 arr3 的数组。此时 arr3 数组的元素个数为 3,并且 arr3[0]、arr3[1] 和 arr3[2] 元素都拥有元素值。而 "arr3[10] = false;" 语句为 arr3 数组的第 11 个元素赋值。既然 arr3 数组有第 11 个元素,那么该数组就不会没有第 4 ~ 10 个元素,只不过这几个元素值都没有设置,因此,这几个元素值为 undefined。而 arr3 数组有 11 个元素。

注意　JavaScript 中的数组是稀疏的,只有被赋值了的数组元素才会被分配内存。如本例的 arr3 数组中,只有 arr3[0]、arr3[1]、arr3[2] 和 arr3[10] 才会分配到内存,而 arr3[3] ~ arr3[9] 都不会分配到内存。

【运行效果】以上代码为本书配套代码文件目录 "代码 \ 第 07 章 \sample06.htm" 里的内容,其运行结果如图 7.7 所示。

7.3.3　删除数组元素

数组元素一旦被定义,就不能删除。使用 delete 运算符只能删除数组元素的值,使其恢复到未赋值的状态,即元素值为 undefined,而不能删除一个数组元素,不能让数组中的元素减少一个。

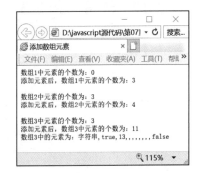

图 7.7　sample06.htm 的运行结果

【实例 7.7】请看以下代码，注意加粗的文字。

```
01    <html>
02      <head>
03        <title> 删除数组元素 </title>
04        <script type="text/javascript">
05          <!--
06            // 定义了一个元素个数为 3 的数组
07            var arr = new Array(" 字符串 ",true,13);
08            document.write(" 删除元素之前数组中元素的个数为: " + arr.length +
09              "<br>");
10            document.write(" 删除元素之前数组中的元素为: " + arr + "<br>");
11            // 删除一个元素
12            delete arr[1];
13            document.write(" 删除元素之后数组中元素的个数为: " + arr.length +
14              "<br>");
15            document.write(" 删除元素之后数组中的元素为: " + arr);
16          -->
17        </script>
18      </head>
19      <body>
20      </body>
21    </html>
```

【代码说明】在本例中可以看出，删除数组元素之前与删除数组元素之后，数组元素的个数并没有改变，改变的只是被删除的数组元素的值。

【运行效果】以上代码为本书配套代码文件目录"代码 \ 第 07 章 \sample07.htm"里的内容，其运行结果如图 7.8 所示。

图 7.8　sample07.htm 的运行结果

7.3.4　数组元素的个数

数组元素的个数，又称为数组的长度。使用数组对象的 length 属性可以获得数组的长度。该属性的语法代码如下：

```
array.length
```

由于 JavaScript 中的数组是一种疏散类型的数组，所以数组中元素的个数有可能会随时改变，但无论数组中元素个数如何改变，length 属性都会如实地反映出数组的长度。

【实例 7.8】请看以下代码，注意加粗的文字。

```
01    <html>
02      <head>
03        <title> 数组长度 </title>
04        <script type="text/javascript">
05          <!--
06            var myString = "This is my string";
07            // 分割字符串
08            var myArr = myString.split(" ");
09            // 数组的长度
10            document.write(" 数组中元素的个数为: " + myArr.length + "<br><br>");
11            document.write(" 数组中元素的值为: <br>");
```

```
12              // 通过循环遍历数组中所有元素的值
13              for (var i=0;i<myArr.length;i++)
14              {
15                  document.write("myArr[" + i + "]=" + myArr[i] + "<br>");
16              }
17              // 再添加一个元素
18              myArr[myArr.length] = " 又添加的元素 ";
19              document.write("<br> 数组中元素的个数为: " + myArr.length + "<br>");
20              document.write(" 数组中元素的值为: " + myArr);
21          -->
22      </script>
23    </head>
24    <body>
25    </body>
26  </html>
```

【代码说明】本例中的关键知识点如下。

❑ 使用字符串对象的 split() 方法将字符串分割为数组。

❑ 通过 for 语句遍历数组中的所有元素值。

❑ 为数组添加了一个元素之后，length 属性可以立即反映出数组长度的变化。

【运行效果】以上代码为本书配套代码文件目录"代码\第 07 章 \sample08.htm"里的内容，其运行结果如图 7.9 所示。

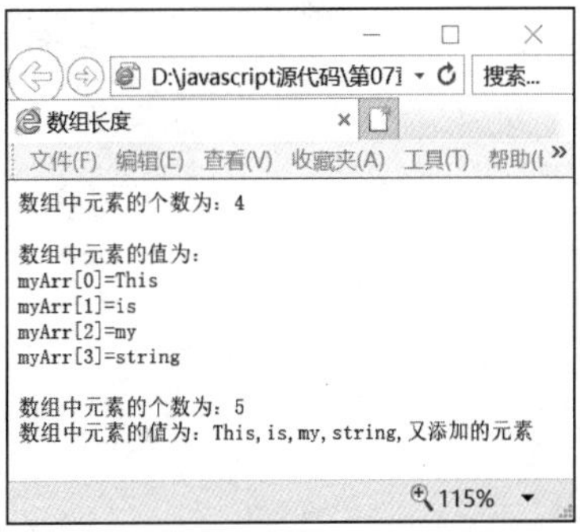

图 7.9　sample08.htm 的运行结果

7.4　数组的方法

数组是 JavaScript 中的一种基本数据类型，同时也是 JavaScript 中的一个内置对象。使用数组对象的方法，可以更加方便地处理数组中的数据。

7.4.1　toString () 方法：将数组转换为字符串

使用 toString() 方法可以将数组中的元素转换为字符串，元素与元素之间用逗号隔开。

【实例 7.9】请看以下代码，注意加粗的文字。

```
01  <html>
02    <head>
03      <title> 数组对象的 toString() 方法 </title>
04      <script type="text/javascript">
05        <!--
06          var arr1 = [1,2,3];
07          document.write(" 数组 arr1 中的元素为: " + arr1.toString() + "<br>");
08          var arr2 = [true,false];
09          document.write(" 数组 arr2 中的元素为: " + arr2.toString() + "<br>");
10        -->
11      </script>
12    </head>
13    <body>
14    </body>
15  </html>
```

【代码说明】代码第 6 行定义的 arr1 数组有 3 个值。代码第 7 行将其作为字符串输出，代码第 8 行定义了一个包含布尔值的数组，然后第 9 行输出字符串。

【运行效果】以上代码为本书配套代码文件目录"代码\第 07 章 \sample09.htm"里的内容，其运行结果如图 7.10 所示。

7.4.2　join() 方法：将数组元素连接成字符串

使用 join() 方法可以将数组元素连接成字符串，其语法代码如下：

图 7.10　sample09.htm 的运行结果

```
join()
jion(str)
```

其中参数 str 为连接数组元素的连接符，该参数可以省略。如果省略该参数，JavaScript 会自动使用逗号作为连接符来连接数组元素，此时与使用 toString() 方法相同。

【实例 7.10】请看以下代码，注意加粗的文字。

```
01  <html>
02    <head>
03      <title>数组对象的join()方法</title>
04      <script type="text/javascript">
05        <!--
06          var arr = [1,2,3];
07          document.write(arr.join() + "<br>");
08          document.write(arr.join("-") + "<br>");
09          document.write(arr.join("mystring") + "<br>");
10        -->
11      </script>
12    </head>
13    <body>
14    </body>
15  </html>
```

【代码说明】代码第 6 行定义了数组 arr，代码第 7 ～ 9 行都使用了 join() 方法，只是运用了不同的参数。

【运行效果】以上代码为本书配套代码文件目录"代码\第 07 章 \sample10.htm"里的内容，其运行结果如图 7.11 所示。

7.4.3　push() 方法：在数组尾部添加元素

使用 push() 方法可以在数组的尾部添加元素，数组的长度会因此而增加。push() 方法的语法代码如下：

图 7.11　sample10.htm 的运行结果

```
push(value,...)
```

其中，value 为要在数组的尾部添加的元素，可以一次添加多个元素。push() 方法的返回值是添加元素之后的数组长度。

【实例 7.11】请看以下代码，注意加粗的文字。

```
01   <html>
02     <head>
03       <title>数组对象的 push() 方法 </title>
04       <script type="text/javascript">
05         <!--
06           var arr = [1,2,3];
07           var arrLength = arr.push(9);
08           document.write(" 数组的长度为: " + arrLength + ", 新数组中的元素有: " +
09               arr.toString() +"<br>");
10           arrLength = arr.push("a",true,777,333);
11           document.write(" 数组的长度为: " + arrLength + ", 新数组中的元素有: " +
12               arr.toString() +"<br>");
13         -->
14       </script>
15     </head>
16     <body>
17     </body>
18   </html>
```

【代码说明】本例中第 6 行定义数字型数组，然后第 7 行通过 push() 方法将数字 9 添加到该数组中。代码第 10 行还使用了 push() 方法添加其他类型数据。

【运行效果】以上代码为本书配套代码文件目录"代码 \ 第 07 章 \sample11.htm"里的内容，其运行结果如图 7.12 所示。

图 7.12　sample11.htm 的运行结果

7.4.4　concat() 方法：添加元素并生成新数组

concat() 方法也可以在一个数组的尾部添加元素，但它与 push() 方法并不相同。push() 方法是在原数组的尾部添加元素，原数组中的元素和长度都会改变，而 concat() 方法是在一个数组的尾部添加元素，并返回一个新数组，而原数组中的元素和长度并不改变。concat() 方法的语法代码如下所示：

```
concat(value,…)
```

其中，value 为要在数组的尾部添加的元素，可以一次添加多个元素。concat () 方法的返回值是一个新数组。

【实例 7.12】请看以下代码，注意加粗的文字。

```
01   <html>
02     <head>
03       <title>数组对象的 concat () 方法 </title>
04       <script type="text/javascript">
```

```
05                <!--
06                    var oldArr = [1,2,3];
07                    var newArr = oldArr.concat("a",true,777,333);
08                    document.write(" 新数组中的元素有: " + newArr.toString() +"<br>");
09                    document.write(" 原数组中的元素有: " + oldArr.toString() +"<br>");
10                    -->
11             </script>
12          </head>
13          <body>
14          </body>
15       </html>
```

【代码说明】本例中第 6 行定义数字型数组，然后第 7 行通过 concat () 方法在数组尾部添加了 3 个元素。

【运行效果】以上代码为本书配套代码文件目录"代码 \ 第 07 章 \sample12.htm"里的内容，其运行结果如图 7.13 所示。

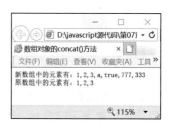

图 7.13　sample12.htm 的运行结果

7.4.5　unshift() 方法：在数组头部添元素

push() 方法可以在数组的尾部添加元素，而 unshift() 方法与 push() 方法相反，unshift() 方法的作用是在数组的头部添加元素，其语法代码如下所示：

```
unshift(value,…)
```

其中，value 为要在数组的头部添加的元素，可以一次添加多个元素。unshift() 方法的返回值是添加元素之后的数组长度（IE 浏览器不支持返回值）。

【实例 7.13】请看以下代码，注意加粗的文字。

```
01    <html>
02      <head>
03        <title> 数组对象的 unshift() 方法 </title>
04        <script type="text/javascript">
05          <!--
06             var arr = [1,2,3];
07             var arrLength = arr.unshift(9);
08             document.write(" 数组的长度为: " + arrLength + ", 数组中的元素有: " +
09                arr.toString() +"<br>");
10             arrLength = arr.unshift("a",true,777,333);
11             document.write(" 数组的长度为: " + arrLength + ", 数组中的元素有: " +
12                arr.toString() +"<br>");
13          -->
14        </script>
15      </head>
16      <body>
17      </body>
18    </html>
```

【代码说明】本例中第 6 行定义数字型数组，然后第 7 行通过 unshift () 方法在数组头部添加了 3 个元素。

【运行效果】以上代码为本书配套代码文件目录"代码\第 07 章 \sample13.htm"里的内容，其运行结果如图 7.14 所示。

图 7.14　sample13.htm 的运行结果

7.4.6　pop() 方法：删除并返回数组的最后一个元素

除了可以为数组添加元素之外，JavaScript 中也可以删除数组元素。其中 pop() 方法的作用就是删除数组中的最后一个元素，并将该元素返回，此时数组的长度会减少。

【实例 7.14】请看以下代码，注意加粗的文字。

```
01    <html>
02      <head>
03        <title> 数组对象的 pop() 方法 </title>
04        <script type="text/javascript">
05          <!--
06              var arr = [1,2,3];
07              document.write(" 原数组的元素为: " + arr.toString() + "<br>");
08              var arrLastValue = arr.pop();
09              document.write(" 数组的最后一个元素值为: " + arrLastValue + "<br>");
10              document.write(" 删除最后一个元素后数组的长度为: " + arr.length +
11                "<br>");
12              document.write(" 数组的元素为: " + arr.toString() + "<br>");
13          -->
14        </script>
15      </head>
16      <body>
17      </body>
18    </html>
```

【代码说明】本例中第 6 行定义数字型数组，然后第 8 行通过 pop() 方法返回数组的最后一个元素。

【运行效果】以上代码为本书配套代码文件目录"代码\第 07 章 \sample14.htm"里的内容，其运行结果如图 7.15 所示。

7.4.7　shift() 方法：删除并返回数组的第一个元素

shift() 方法与 pop() 方法相反，pop() 方法是删除数组的最后 1 个元素，而 shift() 方法是删除数组的第 1 个元素，并

图 7.15　sample14.htm 的运行结果

返回该元素的值。使用 shift() 方法也会使原数组的长度减 1，并将原来数组中余下的所有元素都向前移 1 位。

【实例 7.15】请看以下代码，注意加粗的文字。

```
01    <html>
02      <head>
03        <title> 数组对象的 shift() 方法 </title>
04        <script type="text/javascript">
05          <!--
06            var arr = [1,2,3];
07            document.write(" 原数组的元素为: " + arr.toString() + "<br>");
08            var arrLastValue = arr.shift();
09            document.write(" 数组的第一个元素值为: " + arrLastValue + "<br>");
10            document.write(" 删除第一个元素后数组的长度为: " + arr.length + "<br>");
11            document.write(" 数组的元素为: " + arr.toString() + "<br>");
12          -->
13        </script>
14      </head>
15      <body>
16      </body>
17    </html>
```

【代码说明】本例中第 6 行定义数字型数组，然后第 8 行通过 shift () 方法返回数组的第 1 个元素。

【运行效果】以上代码为本书配套代码文件目录 "代码 \ 第 07 章 \sample15.htm" 里的内容，其运行结果如图 7.16 所示。

7.4.8 splice() 方法：删除、替换或插入数组元素

pop() 方法只能删除数组中的最后 1 个元素，shift() 方法只能删除数组中的第 1 个元素，如果想要更灵活地删除数组中的元素，可以使用 splice() 方法。使用 splice() 方法可以删除数组中任何位置的元素，也可以替换数组中任何位置的元素，还可以在数组的任何位置插入元素。其语法代码如下：

图 7.16 sample15.htm 的运行结果

```
splice(start,count,value,…)
```

其中参数如下。

❑ start：要删除、替换或插入数组元素的开始位置，即下标。

❑ count：要删除、替换的数组元素的个数，该参数可选。

❑ value：要插入数组的值，从 start 下标处开始插入，该参数可选。

splice() 方法的返回值是一个数组，删除元素时，返回的是已删除的元素；替换元素时，返回的是被替换掉的元素。

【实例 7.16】请看以下代码，注意加粗的文字。

```
01    <html>
```

```
02       <head>
03          <title> 数组对象的 splice() 方法 </title>
04          <script type="text/javascript">
05             <!--
06                var arr = [1,2,3,4,5,6,7,8,9];
07                document.write(" 原数组的元素为: " + arr.toString() + "<br><br>");
08
09                // 删除数组中的第 5 个元素，即从下标为 5 的元素开始，一共删除 1 个元素
10
11                var arr1 = arr.splice(5,1);
12                document.write(" 删除的元素为: " + arr1.toString() + "<br>");
13                document.write(" 原数组剩余元素为: " + arr.toString() + "<br><br>");
14
15                // 删除数组中的第 2 个到第 4 个元素，即从下标为 1 的元素开始，一共删
16                // 除 3 个元素
17                var arr2 = arr.splice(1,3);
18                document.write(" 删除的元素为: " + arr2.toString() + "<br>");
19                document.write(" 原数组剩余元素为: " + arr.toString() + "<br><br>");
20
21                // 替换数组中第 2 个到第 4 个元素，即从下标为 1 的元素开始，一共删除 3
22                // 个元素，并插入新元素
23                var arr3 = arr.splice(1,3,"a","b","c","d","e");
24                document.write(" 删除的元素为: " + arr3.toString() + "<br>");
25                document.write(" 原数组剩余元素为: " + arr.toString() + "<br><br>");
26
27                // 直接从第 2 个元素处插入元素
28                var arr4 = arr.splice(1,0,true,false);
29                document.write("arr4 为: " + arr4.toString() + "<br>");
30                document.write(" 原数组剩余元素为: " + arr.toString() + "<br><br>");
31             -->
32          </script>
33       </head>
34       <body>
35       </body>
36    </html>
```

【代码说明】本例中第 6 行定义数字型数组，然后第 11 ～ 30 行是 splice() 方法的各种用法。

【运行效果】以上代码为本书配套代码文件目录"代码 \ 第 07 章 \sample16.htm"里的内容，其运行结果如图 7.17 所示。

7.4.9　slice() 方法：返回数组中的一部分

使用 splice() 方法可以返回数组中被删除或被替换的一部分，但 splice() 方法会影响原数组中的元素，如果只要获取数组中某一个部分的数据，可以使用 slice() 方法返回数组中某一连续部分的元素，而不影响原数组中的数据。slice() 方法的语法代码如下：

```
slice(start,end)
```

其中参数如下。

图 7.17　sample16.htm 的运行结果

- □ start：返回数组部分的开始处的数组下标。该值可以为负数，如果为负数，则表示从数组最后 1 个元素开始计数的位置，如 –1 为数组的最后 1 个元素，–2 为数组的倒数第 2 个元素，以此类推。
- □ end：返回数组部分的结束处的数组下标。该值可以为负数，如果为负数，则表示从数组最后 1 个元素开始计数的位置，如 –1 为数组的最后 1 个元素，–2 为数组的倒数第 2 个元素，以此类推。

slice() 方法返回的也是一个数组，是原数组中的一个片段，即从 start 开始到 end 为止的所有元素，不包括 end 元素。

【实例 7.17】请看以下代码，注意加粗的文字。

```
01    <html>
02      <head>
03        <title> 数组对象的 slice() 方法 </title>
04        <script type="text/javascript">
05          <!--
06            var arr = [1,2,3,4,5,6,7,8,9];
07
08            // 获取数组中第 2 个到第 5 个元素
09            var arr1 = arr.slice(1,5);
10            document.write(" 原数组元素为: " + arr.toString() + "<br>");
11            document.write(" 新数组元素为: " + arr1.toString() + "<br><br>");
12
13            // 获取数组中第 2 个到倒数第 2 个元素
14            var arr2 = arr.slice(1,-1);
15            document.write(" 数组中第 2 个到倒数第 2 个元素为: " + arr2.toString() +
16              "<br>");
17            // 获取数组中倒数第 5 个到倒数第 2 个元素
18            var arr3 = arr.slice(-5,-1);
19            document.write(" 数组中倒数第 5 个到倒数第 2 个元素为: " + arr3.toString()
20              + "<br>");
21            // 获取数组中第 4 个到最后 1 个元素
22            var arr4 = arr.slice(3);
23            document.write(" 数组中第 4 个到最后 1 个元素为: " + arr4.toString() +
24              "<br>");
25          -->
26        </script>
27      </head>
28      <body>
29      </body>
30    </html>
```

【代码说明】代码第 9 行通过 slice() 方法返回 arr 数组中的一个片段，返回结果也是数组。代码第 18 行的 slice() 方法的参数是负数，表示倒数位置。代码第 22 行该方法只有一个参数，表示从指定位置开始到结束。

【运行效果】以上代码为本书配套代码文件目录"代码 \ 第 07 章 \sample17.htm"里的内容，其运行结果如图 7.18 所示。

图 7.18　sample17.htm 的运行结果

7.4.10 reverse() 方法：颠倒数组中的元素

使用 reverse() 方法，可以将数组中的元素颠倒过来，原来排在第 1 位的元素将排到最后 1 位，而最后 1 位的元素将排到第 1 位。reverse() 方法是在原数组的基础上颠倒元素次序的，因此会改变原数组的数据。

【实例 7.18】请看以下代码，注意加粗的文字。

```
01    <html>
02      <head>
03        <title> 数组对象的 reverse() 方法 </title>
04        <script type="text/javascript">
05          <!--
06            var arr = [1,2,3,4,5,6,7,8,9];
07            document.write(" 原数组元素为: " + arr.toString() + "<br>");
08            arr.reverse();
09            document.write(" 新数组元素为: " + arr.toString() + "<br><br>");
10          -->
11        </script>
12      </head>
13      <body>
14      </body>
15    </html>
```

【代码说明】本例中第 6 行定义数字型数组，然后第 8 行使用 reverse() 方法颠倒数组中的数字顺序。

【运行效果】以上代码为本书配套代码文件目录"代码\第 07 章 \sample18.htm"里的内容，其运行结果如图 7.19 所示。

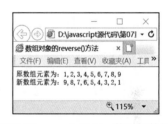

图 7.19　sample18.htm 的运行结果

7.4.11 sort() 方法：将数组元素排序

reverse() 方法可以将数组中的元素颠倒过来，但不能对数组中的元素排序。如果要对数组中的元素排序，就需要使用到 sort() 方法。sort() 方法是在原数组的基础上排序的，会影响原数组中的数据，其语法代码如下：

```
sort()
sort(order)
```

其中 order 参数是一个可选参数，用来指定用什么方法来对数组中的元素排序。如果省略 order 参数，将按字符编码的顺序排序。如果想要将数组中的元素按其他方法排序，就必须指定 order 参数。order 参数必须是一个函数，该函数应该有两个参数（假设为 x 和 y）。在使用 sort() 排序时，每次比较两个元素时都会执行比较函数，并将两个元素作为参数传递给比较函数。比较函数有以下两种返回值。

❑ 如果返回值大于 0，则交换两个元素的位置。
❑ 如果返回值小于或等于 0，则不进行操作。

【实例 7.19】有关 sort() 方法的使用方法请看以下代码，注意加粗的文字。

```
01    <html>
02      <head>
```

```
03              <title>数组对象的sort()方法</title>
04              <script type="text/javascript">
05                <!--
06                   var arr = [39,11,3,9,1,77];
07                   document.write("原数组元素为: " + arr.toString() + "<br>");
08                   arr.sort();
09                   document.write("按字符编码排序: " + arr.toString() + "<br>");
10
11                   // 正序排序
12                   function ascOrder(x,y)
13                   {
14                       if (x>y)
15                       {
16                           return 1;
17                       }
18                       else
19                       {
20                           return -1;
21                       }
22                   }
23                   // 倒序排序
24                   function descOrder(x,y)
25                   {
26                       if (x>y)
27                       {
28                           return -1;
29                       }
30                       else
31                       {
32                           return 1;
33                       }
34                   }
35                   arr.sort(ascOrder);
36                   document.write("按数字正序排序: " + arr.toString() + "<br>");
37                   arr.sort(descOrder);
38                   document.write("按数字倒序排序: " + arr.toString() + "<br>");
39                -->
40            </script>
41        </head>
42        <body>
43        </body>
44    </html>
```

【代码说明】本例中第6行定义数字型数组，然后第8行使用sort()方法对数组中的数字排序。代码第11～34行实现了两种排序方式：升序和倒序。

【运行效果】以上代码为本书配套代码文件目录"代码\第07章\sample19.htm"里的内容，其运行结果如图7.20所示。

7.4.12 toLocaleString()方法：转换为当地字符串

使用toString()方法可以将数组转换成字符串，并用逗号分隔每个元素的值。toLocaleString()方法与toString()方法类似，但该方法是根据本地计算机的地区设置来转换每一个

图 7.20 sample19.htm 的运行结果

元素的值。例如元素为日期型，则使用本地时间表示该元素值；元素为数字型，也会根据本地规范进行格式化，此时有可能会影响到小数点或千分位分隔符的符号。

【实例 7.20】请看以下代码，注意加粗的文字。

```
01  <html>
02    <head>
03      <title>数组对象的 toLocaleString() 方法 </title>
04      <script type="text/javascript">
05        <!--
06            var myDate = new Date();
07            document.write(" 当前时间: " + myDate + "<br>");
08            var arr = [1,2,myDate];
09            document.write(arr.toLocaleString());
10        -->
11      </script>
12    </head>
13    <body>
14    </body>
15  </html>
```

【代码说明】代码第 6 行定义了一个日期对象，第 7 行输出此对象，然后第 9 行将日期结果转换为当地字符串输出。

【运行效果】以上代码为本书配套代码文件目录"代码 \ 第 07 章 \sample20.htm"里的内容，其运行结果如图 7.21 所示。

图 7.21　sample20.htm 的运行结果

7.5　小结

数组是在 JavaScript 中使用得比较多的一种数据类型。本章主要介绍了数组、数组的定义、数组元素赋值方法以及数组对象的方法和属性。第 8 章将介绍 JavaScript 对象模型与事件处理。

7.6　本章练习

1. 写出以下代码每次 alert 时输出的值。

```
<script   language="javascript">
var s = [[]];
 s.push("dddd");
        alert(s[0]);
 alert(s[1]);
 var a = [];
 a[0] = "1111";
 a[1] = "2222";
```

```
    s.push(a);
        alert(s[1]);
        alert(s[2]);
</script>
```

提示 [[]] 是一个一维数组，不过数组值也是数组。数组的第一个位置是一个空数组。相当于以下代码：

```
var s = [[]];
s[0][0]="1111";
s[0][1]="2222";
alert(s[0][0]);
```

2. 实现数组排序的方法是_____?

　A. sort()　　　　　　　　B. pop()

　C. split()　　　　　　　D. slice()

3. 有这样的字符串：

```
1|2|3|4|5|6#1|2|3|4#1|2|3|4|5|6|7|8
```

用 split 分割成 2 维数组后的样子（并显示在表格中）

```
12345
1234
12345678
```

　　请问怎样用 JavaScript 获得这个 2 维数组中长度最长的那个串的长度（就是 "12345678" 的长度）？

第二篇
实 用 篇

第 8 章　JavaScript 的对象层次与事件处理

JavaScript 是一种面向对象的语言，JavaScript 中的对象都是有层次的，本章将会介绍 JavaScript 的对象层次和 JavaScript 的事件处理方式。

本章重点：
- ❏ JavaScript 的对象模型；
- ❏ 事件驱动和事件处理的方法；
- ❏ 常用的事件处理程序；
- ❏ 键盘和鼠标的事件处理。

8.1　JavaScript 的对象层次

JavaScript 中的对象很多，这些对象并不都是独立存在的，而是有着层次结构。对象可以依照层次来进行调用。

8.1.1　JavaScript 的对象模型

对象模型是用来描述对象逻辑结构及其标准操作方法的一个接口（API）。JavaScript 的对象模型由以下 4 部分组成。
- ❏ JavaScript 语言核心部分：该部分主要包括 JavaScript 的数据类型、运算符和表达式。
- ❏ 与数据类型相关的核心对象：该部分主要包括 JavaScript 中的一些与数据类型相关的内置对象，如布尔对象、日期对象、数学对象、数字对象和字符串对象等。
- ❏ 与浏览相关的对象：该部分主要包括 Window 对象、Navigator 对象和 Location 对象等。
- ❏ 与文档相关的对象：该部分主要包括 Document 对象、Form 对象和 Image 对象等。

8.1.2　客户端对象层次介绍

JavaScript 的主要作用是在浏览器窗口里显示 HTML 文档。在 JavaScript 中使用 Document

对象表示 HTML 文档，例如要在浏览器窗口里输出一句话，则要使用 Document 对象中的 write 方法：

```
document.write(" 输出的内容 ");
```

在 JavaScript 中，Window 对象表示一个浏览器窗口。显示 HTML 文档的部分只是浏览器窗口中的一个部分，因此 Window 对象中应该还包含着 Document 对象。可以这么认为，Window 对象是整个浏览器窗口，而 Document 对象只是用于显示 HTML 文档的白色区域。

由于 Window 对象的层次高于 Document 对象，因此可以使用以下代码中的第 1 行在 HTML 文档中输出一行文字。但在实际运用中，通常会省略 Window 对象，如以下代码的第 2 行所示。

```
window.document.write(" 输出的内容 ");
document.write(" 输出的内容 ");
```

在 HTML 文档中，还可能出现一些表单。在 JavaScript 中使用 Form 对象来表示这些表单，如果要引用表单，可以使用以下代码：

```
window.document.forms[0]
```

通常，在 HTML 的表单中，还会有很多表单元素。要引用这些表单元素，就要使用 Form 对象的 elements 数组。如以下代码可以引用 HTML 文档中的第 1 个表单中的第 1 个元素。

```
window.document.forms[0].elements[0]
```

在 HTML 的表单元素中，通常会拥有一些属性，例如文本框拥有 value 属性，JavaScript 也可以引用这些属性。如以下代码可以引用 HTML 文档中的第 1 个表单中的第 1 个元素的 value 属性。

```
window.document.forms[0].elements[0].value
```

8.1.3　浏览器对象模型

浏览器对象模型简称为 BOM（Brower Object Model），该对象模型提供了独立于内容的、与浏览器窗口进行交互的对象。BOM 是由很多对象所构成的，对象与对象之间相互联系。图 8.1 就是 BOM 的结构示意图。

在图 8.1 中可以看出，Window 对象是所有对象的顶级对象。除了 Window 对象之外，所有对象都是该对象的子对象。充分理解如图 8.1 所示的层次以及每个对象所包含的对象，是设计 JavaScript 程序的关键。

> **注意**　图 8.1 仅显示了一些重要的对象，而对象中的属性与方法都未进行显示。这些对象的有关属性和方法在后续章节里将会详细介绍。

从图 8.1 中可以看出，Document 对象是一个十分重要的对象，该对象包含了很多其他子对象。在图 8.1 所示的树形结构中，Document 对象这个分支又称为文档对象模型（Document Object Model），简称为 DOM。

DOM 已经由国际互联网联盟（W3C）推荐成了标准，目前 DOM 已经完成了二级标准。而如图 8.1 所示的 BOM 因为能被所有主流浏览器支持进而成为了事实上的标准，所以也称为 0 级 DOM。

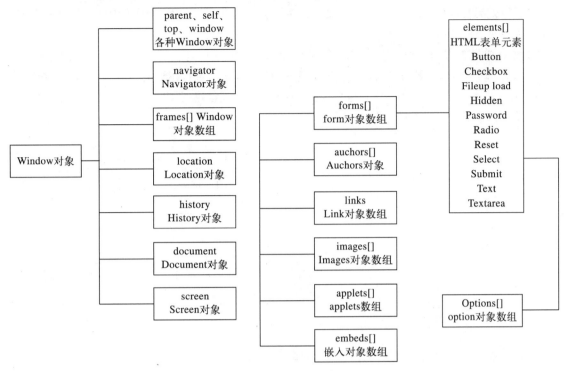

图 8.1　BOM 结构示意图

8.1.4　对象的引用

图 8.1 显示了浏览器中各对象的层次，通过这个对象层次，程序员可以很方便地引用 HTML 文档中的各个对象。

【实例 8.1】HTML 文档对应的代码如下所示：

```
01    <html>
02      <head>
03        <title>HTML 文档 </title>
04      </head>
05      <body>
06        <form name="myForm">
07          姓名：<input type="text" name="myName"><br>
08          性别：
09          <input type="radio" name="mySex" value=" 男 "> 男
10          <input type="radio" name="mySex" value=" 女 "> 女
11          <br>
12          城市：
13          <select name="city">
14            <option value=" 北京 "> 北京 </option>
15            <option value=" 上海 "> 上海 </option>
16            <option value=" 广州 "> 广州 </option>
17          </select><br>
18          <input type="submit" name="mySubmit" value=" 提交 ">
19        </form>
20      </body>
21    </html>
```

【运行效果】以上代码为本书配套代码文件目录"代码\第 08 章\sample01.htm"里的内容，其运行结果如图 8.2 所示。

【代码说明】从图中可以看出，在 sample01.htm 中一共有 4 个表单元素，分别为名为"myName"的文本框、名为"mySex"的单选按钮组（两个单选按钮组成一组）、名为"city"的下拉列表框和名为"mySubmit"的提交按钮。4 个表单元素创建了浏览器窗口中的 4 个对象，这 4 个对象与浏览器对象的关系如图 8.3 所示。

图 8.2　sample01.htm 的运行结果

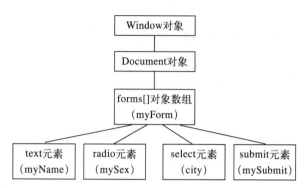

图 8.3　sample01.htm 的对象层次图

图 8.3 是根据浏览器对象模型制作出来的示意图，通过该图可以看出，如果要引用文档中的文本框可以使用以下代码：

```
window.document.forms[0].elements[0]
```

从以上代码可以看出，引用文本框的次序为：Window 对象→ Document 对象→ forms[] 对象数组（在本例中引用的是 forms 对象数组中的第一个元素，即第 1 个表单）→ elements[] 对象数组（在本例中引用的是 elements[] 对象数组中的第一个元素，即表单中的第一个元素，也就是文本框）。对于文本框中的其他对象，也可以使用类似的方法来引用，如以下代码所示：

```
// 引用单选按钮
window.document.forms[0].elements[1]
window.document.forms[0].elements[2]
// 引用下拉列表框
window.document.forms[0].elements[3]
// 引用下拉列表框中的第一个可选项
window.document.forms[0].elements[3].options[0]
// 引用提交按钮
window.document.forms[0].elements[4]
```

前面章节里曾经介绍过，对象大多都拥有属于自己的属性和方法，HTML 文档中的对象也不例外，通常引用对象的目的也是获取或设置对象的属性与方法。例如设置文本框文本的 value 属性、设置单选按钮可选项选定的 checked 属性、设置下拉列表框中可选项选定的 selected 属性、设置按钮单击的 onclick () 方法等。请看以下代码：

```
// 设置文本框中的文字为 "test"
window.document.forms[0].elements[0].value = "test"
// 设置第 1 个单选按钮为选定状态
window.document.forms[0].elements[1].checked = true;
```

```
// 设置下拉列表框中的第一个可选项为 "深圳"
window.document.forms[0].elements[3].options[0].text=" 深圳 ";
```

对于对象，除了可以通过以上使用 forms[] 数组和 elements[] 数组来引用之外，还可以使用元素的名称来引用。例如以下代码与上面的代码的运行结果相同：

```
// 设置文本框中的文字为 "test"
window.document.myForm.myName.value = "abc";
// 设置第 1 个单选按钮为选定状态
window.document.myForm.mySex[0].checked = true;
// 设置下拉列表框中的第一个可选项为 "深圳"
window.document.myForm.city.options[0].text = " 深圳 ";
```

提示　因为 Window 对象是默认的顶级对象，因此，本节所有代码中的 "window." 都可以省略。

8.2　事件驱动与事件处理

事件驱动是 JavaScript 中事件处理的一种方法，通过事件驱动可以调用 JavaScript 中的函数或方法。

8.2.1　事件与事件驱动

当文档或文档中的元素发生了某些动作时，浏览器就会产生一个事件（event）。例如浏览加载完文档是 load 事件、单击一个按钮是 click 事件、双击鼠标是 dblclick 事件、在键盘上按下一个键是 keypress 事件、将鼠标从一个对象上滑过是 mouseover 事件。

JavaScript 程序员可以事先定义好一个事件的处理程序，浏览器中一旦发生了某个事件，它就会自动调用这个处理程序。这种通过事件来调用程序的方式称为事件驱动。

8.2.2　事件与处理代码关联

在 JavaScript 中可以响应的事件有很多，如单击鼠标（click）、双击鼠标（dblclick）、元素得到输入的焦点（focus）等。在一个 HTML 文档中，可能有很多个对象，如单选框、复选框、普通按钮、提交按钮等，每个对象都有可能触发某个事件。如果要指定由某个对象触发的事件调用哪个 JavaScript 程序，就需要将对象与处理事件的代码相关联。将对象与处理代码相关联的方法很简单，只要在对象的代码中添加一个属性即可。例如要为一个按钮添加一个响应单击鼠标（click）的事件，只要在 input 元素中添加一个 onclick 属性，如以下代码所示：

```
<input type="button" onclick="clickButton()">
```

在以上代码中，onclick 属性就是让按钮响应 click 事件，而 clickButton() 函数是按钮在响应 click 事件时调用的函数。JavaScript 中的大多事件都可以在事件名前加上 "on" 来与处理事件的代码相关联。请看以下代码：

```
// 响应失去焦点（blur）事件
<input type="text" onblur="clickTextBox()">
// 响应双击鼠标（dblclick）事件
```

```
<input type="text" ondblclick="clickTextBox()">
// 响应得到焦点（focus）事件
<input type="text" onfocus="clickTextBox()">
// 响应鼠标经过（mouseover）事件
<input type="text" onmouseover="clickTextBox()">
```

注意 让对象的事件与处理代码相关联的方式不仅只有设置元素属性一种方法。

8.2.3 调用函数的事件

前面章节中的示例使用的大多都是静态脚本，而静态脚本不能够响应应用户的事件。所谓的动态脚本是定义了事件处理程序的脚本，在某个事件发生时，浏览器会自动调用事先定义好的事件处理程序。

【**实例** 8.2】请看以下代码，注意加粗的文字。

```
01    <html>
02      <head>
03        <title>事件处理</title>
04        <script type="text/javascript">
05          <!--
06              function btClick()
07              {
08                  alert("您单击了按钮");
09              }
10          -->
11        </script>
12      </head>
13      <body>
14        <form>
15          <input type="button" name="myButton" value=" 按钮 " onclick="btClick()">
16        </form>
17      </body>
18    </html>
```

【**代码说明**】本例的关键知识点如下所示：

（1）代码第 6 ～ 9 行定义了一个 btClick() 函数，在浏览器加载 HTML 文档时，该函数是不会被执行的。

（2）代码第 15 行添加了一个按钮，并为该按钮添加了一个 onclick 属性，其属性值为 btClick()。其中 onclick 属性代表单击事件，浏览器会监视用户是否单击了按钮，如果用户单击了按钮，则调用btClick() 函数。

【**运行效果**】以上代码为本书配套代码文件目录"代码 \ 第 08 章 \sample02.htm"里的内容，图 8.4 为单击按钮后显示的结果。

8.2.4 调用代码的事件

上一节介绍的调用函数的事件处理方法是使用得最多的事件处理方法，使用该方法的代码的可读性比

图 8.4　sample02.htm 的运行结果

较强，并且在函数中可以输入多个 JavaScript 语句，能成功执行拥有复杂功能的程序。但是，有些时候事件所激发的响应比较简单，因此可以将响应的代码直接写在事件中。

【实例 8.3】 请看以下代码，注意加粗的文字。

```
01    <html>
02      <head>
03        <title> 事件处理 </title>
04      </head>
05      <body>
06        <form>
07          <input type="button" name="myButton" value=" 按钮 " onclick="alert(' 您单击
08            了按钮 ')">
09        </form>
10      </body>
11    </html>
```

【代码说明】 在本例中，直接将 alert() 方法作为属性值输入在 onclick 属性后。在单击按钮时，浏览器同样会调用 alert() 方法。

【运行效果】 以上代码为本书配套代码文件目录"代码 \ 第 08 章 \sample03.htm"里的内容。本例的运行结果与 sample02.htm 的运行结果相同。onclick 属性值也可以由多个 JavaScript 语句组成，两个语句之间使用分号隔开。

【实例 8.4】 请看以下代码，注意加粗的文字。

```
01    <html>
02      <head>
03        <title> 事件处理 </title>
04      </head>
05      <body>
06        <form>
07          <input type="button" name="myButton" value=" 按钮 " onclick="alert(' 你好
08            ');alert(' 晚上好 ')">
09        </form>
10      </body>
11    </html>
```

【代码说明】 在本例中，单击一次按钮，会弹出两个警告框。

提示 如果用来响应事件的程序代码比较复杂，还是使用调用函数的事件处理方法比较科学。

【运行效果】 以上代码为本书配套代码文件目录"代码 \ 第 08 章 \sample04.htm"里的内容。

8.2.5 设置对象事件的方法

在 JavaScript 中设置对象事件的方法有两种，分别为，直接在 HTML 元素的属性中设置和在 JavaScript 代码中设置。

1. 在 HTML 元素属性中设置对象事件

直接在 HTML 元素属性中设置对象事件的方法就是前面章节所使用的方法。这种方法是将事件作为 HTML 元素的属性写在 HTML 代码中。这也是使用得最多的一种方法，如下所示：

```
<input type="button" value=" 按钮 " onclick="btClick()">
```

2. 在 JavaScript 代码中设置对象事件

与直接在 HTML 元素属性中设置对象事件不同，在 JavaScript 代码中设置对象事件可以增加代码的独立性与模块性，使代码更加简洁、更易于维护。

【实例 8.5】请看以下代码，注意加粗的文字。

```
01    <html>
02       <head>
03          <title>事件处理</title>
04       </head>
05       <body>
06          <form name="myForm">
07             <input type="button" name="myButton" value="按钮">
08          </form>
09          <script type="text/javascript">
10             <!--
11                function btClick()
12                {
13                   alert("您单击了按钮");
14                }
15                document.forms[0].elements[0].onclick = btClick;
16             -->
17          </script>
18       </body>
19    </html>
```

【代码说明】本例的关键知识点如下所示：

（1）添加了一个按钮，在本例中并没有在 input 元素里加入 onclick 属性。

（2）定义了一个名为 btClick 的函数，该函数用来响应按钮的单击事件。

（3）使用"document.forms[0].elements[0].onclick = btClick;"语句将 onclick 属性设置给 input 元素。其中，forms[0] 代表文档中的第 1 个表单，elements[0] 代表表单中的第 1 个元素，也就是 input 元素。该语句相当于在 JavaScript 代码中为 input 元素的属性赋值。

【运行效果】以上代码为本书配套代码文件目录"代码\第 08 章\sample05.htm"里的内容。

在 JavaScript 代码中设置对象事件时，只需要直接输入函数名，而不需要输入函数名后的括号。因为函数名后的括号是函数调用运算符，如果加入括号，则会调用函数中的代码（即运行函数体中的代码）。

【实例 8.6】请看以下代码，注意加粗的文字。

```
01    <html>
02       <head>
03          <title>事件处理</title>
04       </head>
05       <body>
06          <form name="myForm">
07             <input type="text" name="myText1" value="第一个文本框"><br>
08             <input type="text" name="myText2" value="第二个文本框">
09          </form>
10          <script type="text/javascript">
11             <!--
12                function textValue()
13                {
14                   return "函数返回值";
```

```
15                    }
16                document.forms[0].elements[0].value = textValue();
17            -->
18        </script>
19    </body>
20  </html>
```

【代码说明】 本例的关键知识点如下所示：

（1）代码第 7 ～ 8 行使用 input 元素创建了两个文本框，input 元素中的 value 属性是文本框中的初始文字。第 1 个文本框中的文字应该为"第一个文本框"，第 2 个文本框中的文字应该为"第二个文本框"。

（2）代码第 12 ～ 15 行定义了一个名为 textValue 的函数，该函数的作用是返回一个字符串。

（3）使用"document.forms[0].elements[0].value = textValue();"语句设置 HTML 文档中第 1 个表单里的第 1 个元素（即第 1 个文本框）的值为" textValue()"。由于在此使用了函数调用运算符（()），因此执行了 textValue() 函数中的代码，返回的是字符串"函数返回值"。所以，第 1 个文本框中的文字为"函数返回值"。

【运行效果】 以上代码为本书配套代码文件目录"代码 \ 第 08 章 \sample06.htm"里的内容，其运行结果如图 8.5 所示。

图 8.5　sample06.htm 的运行结果

在 JavaScript 代码中设置对象事件时，不能在为属性赋值的过程中加上引号。如以下代码是错误的，它将字符串"btClick"赋值给了 onclick 属性，而不是将函数 btClick() 赋值给 onclick 属性。

```
document.forms[0].elements[0].onclick = "btClick";
```

在 JavaScript 代码中设置对象事件，除了可以直接将函数名赋值给元素属性之外，还可以直接将 function 语句赋值给元素属性。

【实例 8.7】 请看以下代码，注意加粗的文字。

```
01  <html>
02    <head>
03      <title>事件处理</title>
04    </head>
05    <body>
06      <form name="myForm">
07        <input type="button" name="myButton" value=" 按钮 ">
08      </form>
09      <script type="text/javascript">
10        <!--
11        document.forms[0].elements[0].onclick = function btClick(){alert("
12            您单击了按钮 ");};
13        -->
14      </script>
15    </body>
16  </html>
```

【代码说明】 代码第 7 行创建了一个按钮，然后代码第 11 ～ 12 行为此按钮添加了事件。

【运行效果】 以上代码为本书配套代码文件目录"代码 \ 第 08 章 \sample07.htm"里的内容，

其运行结果与 sample06.htm 的运行结果相同。

8.2.6 显式调用事件处理程序

从前面的例子中可以看出，在发生事件时，浏览器通常都会调用一个 JavaScript 函数或方法来响应。而在 JavaScript 中，事件并不是一定要由用户激发的，也可以通过代码直接激发，以达到显式调用事件处理程序的目的。

【实例 8.8】请看以下代码，注意加粗的文字。

```
01    <html>
02      <head>
03        <title> 事件处理 </title>
04      </head>
05      <body>
06        <form name="myForm">
07          <input type="button" value=" 提交 " onclick="btClick()">
08        </form>
09        <script type="text/javascript">
10          <!--
11            function btClick()
12            {
13                alert(" 您单击了按钮 ");
14            }
15            document.forms[0].elements[0].onclick();
16          -->
17        </script>
18      </body>
19    </html>
```

【代码说明】在本例中，代码第 15 行直接调用了按钮的 click 事件，浏览器会认为按钮的 click 事件已经被激活，因此就会调用 btClick() 函数。

【运行效果】以上代码为本书配套代码文件目录"代码 \ 第 08 章 \sample08.htm"里的内容。当浏览器直接打开该网页时，会自动弹出一个警告框。

【实例 8.9】本例与以下代码的运行结果完全相同，请注意加粗的文字：

```
01    <html>
02      <head>
03        <title> 事件处理 </title>
04      </head>
05      <body>
06        <form name="myForm">
07          <input type="button" value=" 提交 " onclick="btClick()">
08        </form>
09        <script type="text/javascript">
10          <!--
11            function btClick()
12            {
13                alert(" 您单击了按钮 ");
14            }
15            btClick();
16          -->
17        </script>
18      </body>
19    </html>
```

【代码说明】代码第 7 行在定义按钮的时候，直接通过 "onclick=" btClick()"" 为按钮添加了事件。此事件在第 11 ~ 14 行被定义。

【运行效果】以上代码为本书配套代码文件目录"代码\第 08 章\sample09.htm"里的内容，读者可以自己运行该文件查看效果。

8.2.7　事件处理程序的返回值

在 JavaScript 中并不要求事件处理程序有返回值。如果事件处理程序没有返回值，浏览器就会按默认情况进行处理。但是，很多情况下程序都要求事件处理程序有一个返回值，并通过这个返回值来判断事件处理程序是否得到正确处理，或者通过这个返回值来判断是否进行下一步操作。在这种情况下，事件处理程序的返回值都为布尔值。如果为 false，则阻止浏览器进行下一步操作，如果为 true，则允许浏览器进行默认的操作。

【实例 8.10】例如在提交表单时，可以调用一个函数来检查是否所有的表单项目都已经填写完毕。如果没有，则返回一个 false 来阻止提交操作。请看以下代码，注意加粗的文字：

```
01  <html>
02    <head>
03      <title>事件处理程序的返回值</title>
04      <script type="text/javascript">
05        <!--
06            function formSubmit()
07            {
08              // 查看表单中的元素个数
09              var formLength = document.forms[0].elements.length;
10              // 通过循环判断是否所有的文本框中都输入了文字
11              // 由于最后一个元素是按钮，所以变量 i 为小于 formLength-1
12              for(var i=0;i<formLength-1;i++)
13              {
14                // 如果有一个文本框中没有输入文字，就返回 false
15                if (document.forms[0].elements[i].value.length==0)
16                {
17                  alert(" 第 " + (i+1) + " 个文本框中没有输入内容 ");
18                  return false;
19                }
20              }
21            }
22        -->
23      </script>
24    </head>
25    <body>
26      <form name="myForm" action="submit.htm" onSubmit="return formSubmit()">
27        姓名：<input type="text" name="myName"><br>
28        密码：<input type="password" name="myPassword"><br>
29        <input type="submit">
30      </form>
31    </body>
32  </html>
```

【代码说明】本例的关键知识点如下所示：

（1）代码第 26 ~ 30 行在网页中添加了一个文本框、一个密码框和一个提交按钮。

（2）在 form 元素中设置了 onSubmit 属性，其属性值为"return formSubmit()"。

（3）注意 onSubmit 属性的属性值不是"formSubmit()"，而是"return formSubmit()"。这说明要获取 formSubmit() 函数的返回值，如果返回值为 false，则阻止提交表单。

（4）在 formSubmit() 函数中，使用"document.forms[0].elements.length;"语句得到网页中第 1 个表单的元素数量。在本例中为 3，因为一共只有 3 个表单元素。

（5）通过 for 循环来判断是否所有的文本框都输入了内容。for 语句中的"formLength-1"的结果为 2，因为第 3 个表单元素为提交按钮，不需要进行判断。

（6）"document.forms[0].elements[i].value.length"语句用来判断网页中第 1 个表单的第 i 个元素的值的长度是否为 0。如果为 0，则认为没有输入文字，此时返回 false。如果不为 0，则进入下一次循环，直到循环结束。

（7）如果 formSubmit() 函数返回 false，则阻止提交表单。否则就提交表单。

【运行效果】以上代码为本书配套代码文件目录"代码 \ 第 08 章 \sample10.htm"里的内容，读者可以自己运行该文件以查看效果。

8.2.8 事件与 this 运算符

由于事件通常都会调用一个函数，因此在函数体中处理数据时，常常需要使用一些与对象相关的参数。此时就可以通过 this 运算符来传递参数。this 运算符代表的是对象的本身。

【实例 8.11】请看以下代码，注意加粗的文字。

```
01  <html>
02    <head>
03      <title>this 运算符 </title>
04      <script type="text/javascript">
05        <!--
06          function outtext1(obj)
07          {
08              alert(obj.value);
09          }
10          function outtext2(str)
11          {
12              alert(str);
13          }
14        -->
15      </script>
16    </head>
17    <body>
18      <form name="myForm">
19        <input type="text" name="myText1" value=" 第一个文本框 "
20          onclick="outtext1(this)">
21        <input type="text" name="myText2" value=" 第二个文本框 "
22          onclick="outtext2(this.value)">
23        <input type="text" name="myText3" value=" 第三个文本框 "
24          onclick="outtext1(myForm.myText3)">
25        <input type="text" name="myText4" value=" 第四个文本框 "
26          onclick="outtext2(myForm.myText4.value)">
27      </form>
28    </body>
29  </html>
```

【运行效果】以上代码为本书配套代码文件目录"代码 \ 第 08 章 \sample11.htm"里的内容。

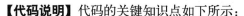

【代码说明】代码的关键知识点如下所示：

（1）定义一个名为 outtext1 的函数，该函数的参数（obj）是一个对象，函数的作用是弹出一个警告框，警告框的内容为 obj 对象的 value 属性值。

（2）定义一个名为 outtext2 的函数，该函数的参数（str）是一个字符串，函数的作用是弹出一个警告框，警告框的内容为字符串 str 的内容。

（3）添加了一个名为 myText1 的文本框，并设置了 onclick 属性，属性值为"outtext1(this)"。其中 this 代表 myText1 文本框这个对象。

（4）添加了一个名为 myText2 的文本框，并设置了 onclick 属性，属性值为"outtext2(this.value)"。其中 this 代表 myText2 文本框这个对象，而 this.value 代表 myText2 文本框中的文字。

（5）添加了一个名为 myText3 的文本框，并设置了 onclick 属性，属性值为"outtext1(myForm.myText3)"。其中 myForm.myText3 代表 myText3 文本框这个对象。

（6）添加了一个名为 myText4 的文本框，并设置了 onclick 属性，属性值为"outtext2(myForm.myText4.value)"。其中 myForm.myText4 代表 myText4 文本框这个对象，而 myForm.myText4.value 代表 myText4 文本框中的文字。

通过本例可以看出，以下两行代码的运行结果是相同的：

```
<input type="text" name="myText1" value="第一个文本框" onclick="outtext1(this)">
<input type="text" name="myText1" value="第一个文本框" onclick="outtext1(myForm.myText1)">
```

8.3　常用的事件

浏览器中可以产生的事件有很多，不同的对象可能产生的事件也有所不同。例如文本框可以产生 focus（得到输入焦点）事件，而图像就不可能产生该事件。本节里将会介绍常用的事件以及可以触发这些事件的对象。

8.3.1　浏览器与事件

事件通常都是由浏览器所产生的，而不是由 JavaScript 本身所产生的。因此，对于不同的浏览器来说，可以产生的事件有可能不同。即使是同一个浏览器，不同版本之间所能产生的事件都不可能完全相同。例如在 IE 6.0 中可以产生 activate 事件，而在 Netscape 6.0 中和 IE 5.0 中都不能产生该事件。

> **注意**　由于各种浏览器上的标准不统一，因此，除非没有特别声明之外，本书中的示例的运行环境为 IE 6.0 SP2 上。

在 HTML 4.01 的标准中已经规定了 HTML 元素的事件标准，这个标准已为大多数浏览器所接收。但这个标准目前也还在进一步完善中，表 8.1 为 HTML 4.01 中所规定的事件。

表 8.1　HTML 4.01 中的事件

事件名称	说　　明	支 持 元 素
load	浏览器加载一个窗口或框架集中的所有框架	BODY、FRAMESET

（续）

事件名称	说　　明	支 持 元 素
unload	浏览器从窗口或框架中卸载文档	BODY、FRAMESET
click	单击鼠标，指按下并释放鼠标键	大多数元素
dblclick	双击鼠标	大多数元素
mousedown	按下鼠标键（并没有释放）	大多数元素
mouseup	释放鼠标键	大多数元素
mouseover	移动鼠标到对象上	大多数元素
mousemove	移动鼠标	大多数元素
mouseout	鼠标从对象上移开	大多数元素
focus	对象得到焦点	A、AREA、LABEL、INPUT、SELECT、TEXTAREA、BUTTON
blur	对象失去焦点	A、AREA、LABEL、INPUT、SELECT、TEXTAREA、BUTTON
keypress	按下并释放键盘键	大多数元素
keydown	按下键盘键	大多数元素
keyup	释放键盘键	大多数元素
submit	提交表单	FORM
reset	重新设置表单	FORM
select	选中文本	INPUT、TEXTAREA
change	值产生改变	INPUT、SELECT、TEXTAREA

8.3.2　鼠标移动事件

鼠标移动事件包含鼠标移动（mousemove）、鼠标离开对象（mouseout）、鼠标移到对象上（mouseover）三种。

【实例 8.12】有关鼠标事件的使用方法请看以下代码，注意加粗的文字：

```
01    <html>
02      <head>
03       <title>鼠标移动事件</title>
04       <script type="text/javascript">
05         <!--
06            function mousemove()
07            {
08               // 在 screenx 文本框中显示鼠标的 X 轴坐标
09               document.myForm.screenx.value = event.screenX;
10               // 在 screeny 文本框中显示鼠标的 Y 轴坐标
11               document.myForm.screeny.value = event.screenY;
12            }
13         -->
14       </script>
15      </head>
16      <body>
17       <form name="myForm">
18         <img src="img/flower.jpg" onmousemove="mousemove()"><br>
19         坐标: <input type="text" name="screenx" size="5"><input type="text"
20            name="screeny" size="5"><br>
```

```
21              <input type="text" name="myText1" value=" 鼠标经过时产生事件 "
22              onmouseover="alert(' 鼠标经过 ')">
23              <input type="text" name="myText2" value=" 鼠标离开时产生事件 "
24              onmouseout="alert(' 鼠标离开 ')"><br>
25          </form>
26      </body>
27  </html>
```

【代码说明】本例的关键知识点如下所示：

（1）插入一张图片，并使用 "onmousemove="mousemove()"" 语句设置当鼠标在图片上移动时激发 mousemove() 函数。

（2）定义 mousemove() 函数，该函数的作用获取当前鼠标所在的坐标位置，并将 X 轴坐标显示在名为 screenx 的文本框中，将 Y 轴坐标显示在名为 screeny 的文本框中。读者可以在图片上移动鼠标来查看效果。

（3）添加了一个名为 myText1 的文本框，并使用 "onmouseover="alert(' 鼠标经过 ')"" 语句设置了当鼠标经过该文本框时弹出一个警告框。

（4）添加了一个名为 myText2 的文本框，并使用 "onmouseout="alert(' 鼠标离开 ')"" 语句设置了当鼠标离过该文本框时弹出一个警告框。

注意　本例中的 mousemove() 函数只有在 IE 浏览器上正常运行。

【运行效果】以上代码为本书配套代码文件目录 "代码 \ 第 08 章 \sample12.htm" 里的内容，其运行结果如图 8.6 所示。

8.3.3　鼠标点击事件

鼠标点击事件分为单击事件（click）、双击事件（dblclick）、鼠标键按下（mousedown）和鼠标键释放（mouseup）四种。其中单击是指完成按下鼠标键并释放这一个完整的过程后产生的事件。mousedown 事件是指在按下鼠标键时产生事件，并不去理会有没有释放鼠标键。mouseup 事件是指在释放鼠标键时产生的事件，在按下鼠标键时并不会对该事件产生影响。

【实例 8.13】有关鼠标点击事件的示例请看以下代码，注意加粗的文字。

图 8.6　sample12.htm 的运行结果

```
01  <html>
02      <head>
03          <title> 鼠标点击事件 </title>
04      </head>
05      <body>
06          <img src="img/flower.jpg" name="myImg1" onclick="alert(' 单击鼠标 ')"><br>
07          <img src="img/flower1.jpg" name="myImg2" ondblclick="alert(' 双击鼠标 ')"><br>
08          <input type="text" name="myText1" value=" 按下鼠标键时产生事件 "
09              onmousedown="alert(' 按下鼠标键 ')">
10          <input type="text" name="myText2" value=" 释放鼠标键时产生事件 "
```

```
11              onmouseup="alert(' 释放鼠标键 ')">
12      </body>
13  </html>
```

【代码说明】本例的关键知识点如下所示：

（1）添加了一张名为 myImg1 的图片，并使用" onclick="alert(' 单击鼠标 ')""语句设置了在该图片上单击鼠标时弹出一个警告框。

（2）添加了一张名为 myImg2 的图片，并使用" ondblclick="alert(' 双击鼠标 ')""语句设置了在该图片上双击鼠标时弹出一个警告框。如果在该图片上单击鼠标不会触发任何事件。

（3）添加了一个名为 myText1 的文本框，并使用" onmousedown="alert(' 按下鼠标键 ')""语句设置了在该文本框中按下鼠标键且没有释放时弹出一个警告框。

（4）添加了一个名为 myText2 的文本框，并使用" onmouseup="alert(' 释放鼠标键 ')""语句设置了在该文本框上释放鼠标键时弹出一个警告框（在按下鼠标键且没有释放时是不会弹出警告框的）。

读者可以自己运行该文件来体会一下 onclick、ondblclick、onmousedown 与 onmouseup 的区别。

> **注意** click 事件与 dblclick 事件只有在单击鼠标左键时才会激发，而 mousedown 事件与 mouseup 事件无论是单击鼠标左键还是右键，都能激发。

【运行效果】以上代码为本书配套代码文件目录"代码 \ 第 08 章 \sample13.htm"里的内容。这里暂时不给出运行效果。

8.3.4　加载与卸载事件

加载与卸载事件比较简单，分别为 load 与 unload。其中 load 事件是在加载网页完毕时产生的事件，所谓加载网页是指浏览器打开网页；unload 事件是卸载网页时产生的事件，所谓卸载网页是指关闭浏览器窗口或者从当前页面跳转到其他页面，即当前网页从浏览器窗口中卸载。在 HTML 4.01 中规定 onload 属性只能作用在 BODY 元素和 FRAMESET 元素中，但是在 IE 6.0 与 Netscape 7.0 中都支持在 IMG、IFRAME、OBJECT 元素中使用 onload 属性。

【实例 8.14】请看以下代码，注意加粗的文字：

```
01  <html>
02      <head>
03          <title> 加载与卸载事件 </title>
04          <script type="text/javascript">
05              <!--
06                  function changeImg()
07                  {
08                      // 改变图片
09                      document.myForm.myImg.src = "img/flower1.jpg";
10                  }
11              -->
12          </script>
13
14      </head>
15  <body onload="alert(' 加载网页 ')" onunload="alert(' 卸载网页 ')">
16      <form name="myForm">
```

```
17              <a href="sample12.htm">关闭窗口或跳转到其他网页都会产生 unload 事件
18                  </a>
19              <img src="img/flower.jpg" name="myImg" onload="alert(' 加载图片 ')"><br>
20              <input type="button" onclick="changeImg()" value=" 替换图片 ">
21          </form>
22      </body>
23  </html>
```

【代码说明】本例的关键知识点如下所示：

（1）在 BODY 元素上使用" onload="alert(' 加载网页 ')""语句设置在加载网页完毕时弹出警告框。

（2）在 BODY 元素上使用" onunload="alert(' 卸载网页 ')""语句设置在卸载网页时弹出警告框。如果直接关闭浏览器窗口也会弹出该警告框。

（3）添加一个超链接，如果单击该超链接时浏览器会打开另一个网页。此时当前网页就会处在"卸载"状态，因此也会弹出警告框。

（4）添加一张图片，并在 IMG 元素上使用" onload="alert(' 加载图片 ')""语句设置在加载图片完毕时会弹出警告框。因此在加载网页时，除了会弹出 BODY 元素中定义的警告框之外，还会弹出 IMG 元素中定义的警告框。

（5）添加一个按钮，并使用" onclick="changeImg()""语句设置单击按钮时调用 changeImg() 函数。

（6）定义 changeImg() 函数，该函数的作用是改变图片的地址，即用一张新图片替换当前图片。如果调用了该函数，在加载完新图片之后，会再一次弹出在 IMG 元素中定义的警告框。

注意   load 事件是在网页或图片完全加载完毕后才会被激发的。如果在 changeImg() 函数中指定的图片不存在，那么也不会弹出警告框。（因为图片不存在，所以不会有"加载完毕"图片这个事件，也就不会激发 load 事件。）

【运行效果】以上代码为本书配套代码文件目录"代码\第 08 章 \sample14.htm"里的内容，其运行结果如图 8.7 所示。

8.3.5 得到焦点与失去焦点事件

得到焦点（focus）通常是指选中了文本框，并且可以在文本框中输入文字。失去焦点（blur）与得到焦点相反，是指将焦点从文本框中移出去。在 HTML 4.01 中规定 A、AREA、LABEL、INPUT、SELECT、TEXTAREA 和 BUTTON 元素拥有 onfocus 属性和 onblur 属性。但是在 IE 6.0 与 Netscape 7.0 中都支持 BODY 元素的 onfocus 和 onblur 属性。

图 8.7   sample14.htm 的运行结果

【实例 8.15】有关得到焦点与失去焦点事件的实例请看以下代码，注意加粗的文字。

```
01  <html>
```

```
02        <head>
03          <title> 得到焦点与失去焦点事件 </title>
04        </head>
05        <body>
06          <input type="text" name="myText1" onfocus="alert(' 第 1 个文本框得到焦点 ')"
07            onblur="alert(' 第 1 个文本框失去焦点 ')"><br>
08          <input type="text" name="myText2"><br>
09          <input type="button" value=" 按钮 ">
10        </body>
11    </html>
```

【代码说明】在本例中，添加两个文本框和一个按钮，其中第一个文本框使用了" onfocus="alert ('第 1 个文本框得到焦点 ')" onblur="alert(' 第 1 个文本框失去焦点 ')""语句分别设置了在得到焦点与失去焦点时弹出的警告框。读者可以自己运行该文件，并单击文本框和按钮，体会一下什么是得到焦点与失去焦点。

> **注意** 除了可以用鼠标让对象得到焦点与失去焦点之外，使用 Tab 键也可以达到同样的效果。

【运行效果】以上代码为本书配套代码文件目录"代码 \ 第 08 章 \sample15.htm"里的内容，读者可自行测试结果。

8.3.6 键盘事件

键盘事件通常是指在文本框中输入文字时发生的事件，与鼠标事件相似，键盘事件也分为按下键盘键事件（keydown）、释放键盘键事件（keyup）和按下并释放键事件（keypress）三种。三种事件的区别与 mousedown 事件、mouseup 事件和 click 事件的区别相似。在 HTML 4.01 中规定 INPUT 和 TEXTAREA 元素拥有 onkeydown 属性、onkeyup 属性和 onkeypress 属性。但是在 IE 6.0 与 Netscape 7.0 中都支持 BODY 元素 onkeydown 属性、onkeyup 属性和 onkeypress 属性。

【实例 8.16】有关键盘事件的实例请看以下代码，注意加粗的文字。

```
01    <html>
02      <head>
03        <title> 键盘事件 </title>
04      </head>
05      <body>
06        <input type="text" name="myText1" onkeypress="alert('keypress 事件 ')"><br>
07        <input type="text" name="myText2" onkeydown="alert('keydown 事件 ')"><br>
08        <input type="text" name="myText3" onkeyup="alert('keyup 事件 ')"><br>
09      </body>
10    </html>
```

【代码说明】在本例中代码第 6 ～ 8 行添加了 3 个文本框，读者可以自己运行该文本，并在 3 个文本框中输入文字来体会一下 3 种键盘事件的区别。

【运行效果】以上代码为本书配套代码文件目录"代码 \ 第 08 章 \sample16.htm"里的内容。

在键盘事件中的 keypress 事件与 keydown 事件都可以通过接收返回的 false 来取消输入文字的操作，但是 keyup 事件不可以。

【实例 8.17】请看以下代码，注意加粗的文字。

```
01    <html>
```

```
02      <head>
03        <title>键盘事件</title>
04        <script type="text/javascript">
05          <!--
06              function keypress()
07              {
08                  if (myform.myText1.value.length>=5)
09                  {
10                      alert("您只能输入 5 个字");
11                      return false;
12                  }
13              }
14          -->
15        </script>
16      </head>
17      <body>
18        <form name="myform">
19          <input type="text" name="myText1" onkeypress="return keypress()"><br>
20          <input type="text" name="myText2" onkeydown="return keypress()"><br>
21          <input type="text" name="myText3" onkeyup="return keypress()"><br>
22        </form>
23      </body>
24    </html>
```

【代码说明】本例的关键知识点如下所示：

（1）代码第 19 行添加一个名为 myText1 的文本框，并使用" onkeypress="return keypress()" "语句设置在按下并释放键盘键时调用 keypress() 函数，并从该函数中获得返回值。如果返回值为 false，则取消输入的文字。

（2）定义 keypress() 函数，该函数的作用是判断名为 myText1 的文本框中的文字长度，如果其中文字数量超过 5 个，则弹出警告框，并返回 false。因此，在第 1 个文本框中可以输入 5 个文字，只有在输入第 6 个文字时，才会弹出警告框，并取消输入的文字。

（3）代码第 20 行添加一个名为 myText2 的文本框，并使用" onkeydown="return keypress()" "语句设置在按下键盘键时调用 keypress() 函数。如果第 1 个文本框中的文字少于 6 个，则可以在该文本框中输入文字，否则 keypress() 函数返回会弹出警告框，并取消输入的文字。

（4）代码第 21 行添加一个名为 myText3 的文本框，并使用" onkeyup="return keypress()" "语句设置在释放键盘键时调用 keypress() 函数。如果第 1 个文本框中的文字少于 6 个，则可以在该文本框中输入文字，没有任何提示。否则 keypress() 函数会弹出一个警告框，并返回 false，但是该文本框中的文字并没有取消。

【运行效果】以上代码为本书配套代码文件目录"代码\第 08 章\sample17.htm"里的内容，读者可自行测试效果。

8.3.7　提交与重置事件

提交事件（submit）与重置事件（reset）都是在 FORM 元素中所产生的事件。提交事件是在提交表单时激发的事件，重置事件是在重置表单内容时激发的事件。这两个事件都能通过接收返回的 false 来取消提交表单或取消重置表单。

【实例 8.18】有关提交与重置事件的示例请看以下代码，注意加粗的文字。

```
01  <html>
02    <head>
03      <title>提交与重置事件</title>
04      <script type="text/javascript">
05        <!--
06          function submitCheckForm()
07          {
08            if (myform.myName.value==" 刘智勇 ")
09            {
10              alert(" 姓名没有修改，不能提交表单 ");
11              return false;
12            }
13          }
14          function resetCheckForm()
15          {
16            if (myform.myName.value!=" 刘智勇 ")
17            {
18              alert(" 姓名已经修改，不能重置表单 ");
19              return false;
20            }
21          }
22        -->
23      </script>
24    </head>
25    <body>
26      <form name="myform" onsubmit="return submitCheckForm()" onreset="return
27      resetCheckForm()" action="submit.htm">
28        姓名：<input type="text" name="myName" value=" 刘智勇 "><br>
29        性别：
30        <input type="radio" name="mySex" value=" 男 ">男
31        <input type="radio" name="mySex" value=" 女 ">女
32        <br>
33        城市：
34        <select name="city">
35          <option value=" 北京 ">北京</option>
36          <option value=" 上海 ">上海</option>
37          <option value=" 广州 ">广州</option>
38        </select><br>
39        <input type="submit" value=" 提交 ">
40        <input type="reset" value=" 重置 ">
41      </form>
42    </body>
43  </html>
```

【代码说明】在本例中，定义了两个函数。提交表单时调用第 6 ～ 13 行的 submitCheckForm()
函数，该函数的作用是检测姓名文本框中的文字是否更改，如果已更改返回 false，阻止提交表
单。重置表单时调用第 14 ～ 20 行的 resetCheckForm() 函数，该函数的作用是检测姓名文本框中
的文字是否已经更改，如果已经更改则返回 false，阻止重置表单。读者可以自己运行该文件查看
效果。

【运行效果】以上代码为本书配套代码文件目录"代码 \ 第 08 章 \sample18.htm"里的内容，
读者可自行测试结果。

8.3.8 选择与改变事件

选择事件（select）通常是指文本框中的文字被选择时产生的事件。改变事件（change）通常

在文本框或下拉列表框中激发。在下拉列表框中，只要修改了可选项，就会激发 change 事件；在文本框中，只有修改了文本框中的文字并在文本框失去焦点时才会被激发。

【实例 8.19】有关选择与改变事件的示例请看以下代码，注意加粗的文字：

```
01  <html>
02    <head>
03      <title>选择与改变事件</title>
04    </head>
05    <body>
06      <form name="myform">
07        <textarea name="content" rows="10" cols="30" onselect="alert('您选择了文
08  本')" onchange="alert('您修改了文字')">表单是由表单元素组成的一个集合。在一个网页中，
09  可以允许有多个表单出现。</textarea><br>
10        <select name="city" onchange="alert('您修改了选项')">
11          <option value="北京">北京</option>
12          <option value="上海">上海</option>
13          <option value="广州">广州</option>
14        </select>
15      </form>
16    </body>
17  </html>
```

【代码说明】本例的关键知识点如下所示：

（1）代码第 7 ～ 9 行添加一个多行文本框，并使用了 "onselect="alert('您选择了文本')"" 语句设置在选择了文本框中文字时弹出警告框。

（2）在多行文本框中使用了 "onchange="alert('您修改了文字')"" 语句设置了 change 事件，只有要修改了多行文本框中的文字并让多行文本框失去焦点时才会弹出警告框。

（3）第 10 ～ 14 行添加了一个下拉列表框，并使用 "onchange="alert('您修改了选项')"" 设置在修改了下拉列表框选项时弹出警告框。

在 HTML 4.01 中规则 INPUT 和 TEXTAREA 元素拥有 onselect 属性，INPUT、SELECT 和 TEXTAREA 元素拥有 onchange 属性。

【运行效果】以上代码为本书配套代码文件目录 "代码 \ 第 08 章 \sample19.htm" 里的内容，读者可自行测试效果。

8.4　小结

JavaScript 之所以可以与用户互动，是因为 JavaScript 的事件驱动与事件处理机制。由于事件驱动是由浏览器所产生的，所以不同的浏览器可以产生的事件是不相同的。在本章里介绍了 HTML 4.01 标准中所规定的几种事件，这几种事件都是在 JavaScript 编程中常用的事件，希望读者可以熟练掌握。下一章中将会介绍 JavaScript 中的 Window 对象。

8.5　本章练习

1. 以下语句中，this 指向的对象是？

```
<input type=button value=确定 onclick="alert(this.value)">
```

A. input B. button C. onclick D. value

2. button，submit，link 是 javascript 的对象，还是 dom 的对象？

3. 一个浏览器窗口中的 DOM 顺序是_____?

    A. window->(screen,history,location,document,navigator)

    B. window->(navigator,screen,history,location,document)

    C. window->(navigator,,history, screen,location,document)

    D. window->(navigator,screen,history, document ,location)

4. 练习题：有一个 function mo()。界面上有一个 <div id="po">aaaa</div>，有一个 link<a href="#" onclick= "mo()">link</a>。单击 link 的时候 id="po" 的 div 消失，再单击 Link，div 显示。怎么写这个 function?

第 9 章　窗口与框架

窗口操作是 JavaScript 中一个很重要的操作。所谓窗口是指浏览器窗口，也是通常所说的 Window 对象。使用 HTML 中的 FRAMESET 元素可以在一个窗口中使用多个框架，框架是窗口的一个重要组成部分。在本章里将会介绍 Window 对象的方法、属性和事件。

本章重点：

❏ 学习 Window 对象的属性、方法和事件；

❏ 了解窗体中的对话框和状态栏；

❏ 窗口的各种操作；

❏ 框架操作和窗体子对象等。

9.1　Window 对象

Window 对象是一个全局对象、是所有对象的顶级对象，在 JavaScript 中有着举足轻重的作用。Window 对象作为对象的一种，也有着自己的方法和属性。

9.1.1　Window 对象介绍

Window 对象代表的是打开的浏览器窗口。通过 Window 对象可以控制窗口的大小和位置、由窗口弹出的对话框、打开窗口与关闭窗口，还可以控制窗口上是否显示地址栏、工具栏和状态栏等栏目。对于窗口中的内容，Window 对象可以控制是否重载网页、返回上一个文档或前进到下一个文档，还可以停止加载文档。在框架方面，Window 对象可以处理框架与框架之间的关系，并通过这种关系在一个框架处理另一个框架中的文档。

Window 对象还是所有其他对象的顶级对象，通过对 Window 对象的子对象进行操作，可以实现更多动态效果。

9.1.2　Window 对象的使用方法

作为一个对象，Window 对象也有着自己的方法和属性。与其他对象类似，Window 对象可以使用以下语句来调用其方法和属性。

```
window.属性名
window.方法名（参数列表）
```

Window 对象、Document 对象、Location 对象、History 对象和 Screen 对象等都属于客户端的对象，与第 6 章中所介绍的 Object 对象、布尔对象、数字对象、数学对象和字符串对象等

JavaScript 语言核心对象不同，这些对象是不需要实例化的，即不需要使用 new 运算符来创建的对象。因此，在使用 Window 对象时，只要直接使用 "window." 来引用 Window 对象即可。如以下代码所示：

```
window.alert(" 字符串 ");
window.document.write(" 字符串 ");
```

在现实运用中，JavaScript 允许使用一个字符串来给窗口命名，也可以使用一些关键字来代替某些特定的窗口。例如使用 "self" 代表当前窗口、"parent" 代表父级窗口等。对于这种情况，可以用这些字符串来代表 "window"，如以下代码：

```
parent. 属性名
parent. 方法名 ( 参数列表 )
```

9.1.3　Window 对象的属性

Window 对象中的属性比较多，这些属性大多都是浏览器窗口中所特有的属性，并且是不可移植的。表 9.1 为 Window 对象的属性列表。

表 9.1　Window 对象的属性

属 性 名	说　　明
closed	返回一个布尔值，用于判断窗口是否已经关闭。对于一个浏览器窗口而言，即使浏览器窗口已经关闭，但该窗口的 Window 对象并不会消失，只是此时 closed 属性值为 true
defaultStatus	属性值为字符串，用于定义状态栏中的默认文字
document	对 Document 对象的引用
frames[]	一个数组，用于存放 Window 对象中的框架。每个 Window 对象都至少会包含一个框架
history	对 History 对象的引用
length	返回窗口中包含的框架个数，也就是 frames[] 数组的 length 属性
location	对 Location 对象的引用
math	对数学对象的引用
name	属性值为字符串，用于一个窗口的命名，该命名通常是在 window.open() 方法中指定的
navigator	对 Navigator 对象的引用
opener	对一个 Window 对象的引用，该 Window 对象所代表的窗口是打开当前窗口的父级窗口。只有表示顶层窗口的 Window 对象的该属性才有效，表示框架的 Window 对象的该属性是无效的
parent	对一个 Window 对象的引用，该对象应该是包含当前窗口或框架的 Window 对象
screen	对 Screen 对象的引用
self	对一个 Window 对象的引用，该对象为自身窗口
status	属性值为字符串，可以用来改变状态栏的内容
top	对一个 Window 对象的引用，该对象是包含当前窗口或框架的顶级窗口
window	对一个 Window 对象的引用，该对象就是自身窗口，相当于 self 属性

9.1.4　Window 对象的方法

除了属性之外，Window 对象还拥有很多方法，表 9.2 为 Window 对象的方法列表。

表 9.2 Window 对象的方法

方 法 名	说 明
alert()	弹出一个警告框
blur()	将焦点从顶层窗口中移走
clearInterval()	取消周期性执行的代码
clearTimeout()	取消超时的操作
close()	关闭窗口
confirm()	选对是或否的确认框
focus()	将焦点赋予窗口
moveBy()	以相对位置的方式移动窗口
moveTo()	以绝对位置的方式移动窗口
open()	打开一个新窗口
prompt()	弹出一个可以输入文字的提示框
resizeBy()	以相对值的方式调整窗口大小
resizeTo()	以绝对值的方式调整窗口大小
scroll()	滚动窗口中的文档
scrollBy()	以相对值的方式将窗口中的文档滚动到指定位置
scrollTo()	以绝对值的方式将窗口中的文档滚动到指定位置
setInterval()	指定周期性执行的代码
setTimeout()	指定在经过一段时间后执行的代码

9.1.5 Window 对象的事件

除了方法和属性之外，Window 对象还支持如表 9.3 所示的事件。

表 9.3 Window 对象的事件

事 件 名	说 明
blur	当窗口失去焦点时激发的事件
error	当执行 JavaScript 代码产生错误时激发的事件
focus	当窗口得到焦点时激发的事件
load	当窗口中的文档完全加载时激发的事件
resize	当调整窗口大小时激发的事件
unload	当卸载网页时激发的事件

9.2 Window 对象事件

常用的 Window 对象的事件包括 blur、error、focus、load、move、resize 和 unload 七种。通过这 7 种事件，可以在浏览器窗口装载与卸载文档、得到与失去焦点、移动和调整窗口大小、执行代码出错时执行特定的程序。

9.2.1 装载文档

Window 对象中的 load 事件通常作用在 BODY 元素中，也可以作用在 IMG 元素中。当作用在 BODY 元素中时，只有当整个网页都加载完毕后才会被激发。

在上网浏览网页的时候常常可以看到这样一种情况。在网页打开时，显示"正在打开"的几个字，只有当网页完全加载之后，才会显示其中的内容。这种效果通常就是利用 load 事件并结合 CSS 来完成的，其设计步骤如下。

（1）设置网页内容，在本例中为添加一个图片，请将以下代码放在 <body> 标签与 </body> 标签之间。

```
<img src="img/flower.jpg" name="myImg">
```

（2）添加一个层，该层的作用是遮挡未加载完毕的网页内容，当网页加载完毕之后，会触发 load 事件，利用 load 事件将层隐藏起来，显示出网页的内容。请将以下代码添加在 <img> 标签之后。

```
<div style="position:absolute;background-color:white;width:320px;height:220px;left:0px;top:0px"
id="myDiv">
    正在加载网页……
</div>
```

在以上代码中，div 元素的 style 属性用于设置层的样式。style 属性值中"position:absolute"代表该层是绝对定位的层；"background-color:white;"代表该层的背景颜色为白色；"width:320px; height: 220px;"代表该层的大小，即宽为 320px，高为 220px ；"left:0px;top:0px"代表层的位置，即层与浏览器窗口的文档区域的上边框和左边框的距离都是 0px。这个区域和大小正好可以遮盖住图片。有关样式的更多信息请看后续章节。

（3）定义一个名为 myLoad() 的函数，该函数的作用是隐藏第（2）步中所创建的层，以便显示层下的图片。请将以下代码添加到 <head> 标签与 </head> 标签之间。

```
<script type="text/javascript">
    <!--
    function myLoad()
    {
        myDiv.style.display="none";
    }
    -->
</script>
```

以上代码中的"myDiv.style.display="none";"语句就是用于隐藏层。

（4）在 body 元素中添加 onload 属性，并将属性值设为 myLoad()，当网页加载完毕后，浏览器会自动运行 myLoad() 函数。如以下代码所示。

```
<body onload="myLoad()">
```

（5）完整的设计到到第（4）步就已经结束了，为了让读者可以更好地看清效果，在本例的最后添加一段 JavaScript 语句，该语句的作用是弹出一个警告框，只有单点了警告框中的"确定"按钮之后，浏览器才会调用 myLoad() 函数。请将以下代码添加到网页的最后。

```
<script type="text/javascript">
    <!--
        alert("网页加载完毕,显示图片");
    -->
</script>
```

【实例 9.1】完整的代码如下所示,请注意加粗的文字。

```
01    <html>
02      <head>
03        <title>装载文档</title>
04        <script type="text/javascript">
05          <!--
06            function myLoad()
07            {
08                myDiv.style.display="none";
09            }
10          -->
11        </script>
12      </head>
13      <body onload="myLoad()">
14        <!-- 在网页上显示一个图片 -->
15        <img src="img/flower.jpg" name="myImg">
16        <!-- 设置一个层,该层盖在图片之上,当整个网页都加载完毕之后,再将该层隐去,
17        显示出图片 -->
18        <div style="position:absolute; background-color:
19          white;width:320px;height:220px;left:0px;to
20        p:0px" id="myDiv">
21            正在加载网页……
22        </div>
23        <script type="text/javascript">
24          <!--
25            /*
26            此处代码在正式文档中可以省略,在此处的作用是延迟显示效果。
27            只有在单击警告框中的"确定"按钮之后,整个网页才完全加载完毕。
28            也只有在整个网页加载完毕之后,才会激发 load 事件。
29            */
30            alert("网页加载完毕,显示图片");
31          -->
32        </script>
33      </body>
34    </html> >
```

【代码说明】代码第 14 ~ 22 行是一个 img 和一个 div,这两个标签其实显示在同一位置,代码第 8 行的 display="none" 来控制是否显示这个用来提示加载过程的 div。

【运行效果】以上代码为本书配套代码文件目录"代码\第 09 章\sample01.htm"里的内容,读者可以自己运行该文件来查看效果。

【实例 9.2】在第 8 章曾经介绍过,onload 属性可以作用在 body 元素与 frameset 元素中。那么在一个框架中,load 事件的激发次序是什么呢?假设有一个框架页,其代码如下:

```
01    <html>
02      <head>
03        <title>框架的 load 事件</title>
04      </head>
05      <frameset cols="50%,*" onload="alert('打开框架页')">
06        <frame src="sample02_left.htm">
```

```
07          <frame src="sample02_right.htm">
08      </frameset>
09  </html>
```

【代码说明】以上代码为本书配套代码文件目录"代码\第09章\sample02.htm"里的内容。这是一个框架页面，在该页面中，将浏览器窗口分为左右两部分。其中左侧窗口调用 sample02_left.htm 文件，右侧窗口调用 sample02_right.htm 文件。

sample02_left.htm 文件的源代码如下：

```
01  <html>
02      <head>
03          <title>框架的 load 事件</title>
04      </head>
05      <body onload="alert('打开左框架页')">
06          左框架页
07      </body>
08  </html>
```

sample02_right.htm 文件的源代码如下：

```
01  <html>
02      <head>
03          <title>框架的 load 事件</title>        .
04      </head>
05      <body onload="alert('打开右框架页')">
06          右框架页
07      </body>
08  </html>
```

【运行效果】sample02.htm 的运行结果如图 9.1 所示，其中 sample02.htm 为整个框架，而 sample02_left.htm 与 sample02_right.htm 分别为左右两个框架的内容。

图 9.1　sample02.htm 的运行结果

对于不同的浏览器，激发框架中的 load 事件的次序有所不同，读者可以自己运行 sample02.htm 文件查看效果。

❑ 对于 IE 浏览器而言，先激发框架中的 load 事件（本例中为 sample02.htm），再激发框架页中的 load 事件（本例中为 sample02_left.htm 与 sample02_right.htm）。至于先激发哪个框架页中的 load 事件，要看是哪个框架页先加载完文档而定。

❑ 对于 Netscape 浏览器而言，先激发框架页中的 load 事件（本例中为 sample02_left.htm 与 sample02_right.htm），再激发框架中的 load 事件（本例中为 sample02.htm）。

9.2.2　卸载文档

与 load 事件相反，unload 事件是在浏览器窗口卸载文档时所激发的事件。所谓卸载是浏览器的一个功能，即在加载新文档之前，浏览器会清除当前的浏览器窗口的内容。以下 3 种操作都会激发 unload 事件。

- 浏览器窗口中的文档从一个内容转换到另一个内容时，也就是指从当前页跳转到另一页时，那么当前页就会激发 unload 事件，而另一页会激发 load 事件。
- 浏览器窗口关闭。Netscape 不支持关闭浏览器窗口时激发 unload 事件。
- 刷新浏览器窗口。在刷新浏览器窗口时，相当于将当前文档重新加载一次，在加载新文档时，旧文档也会被卸载。

【实例 9.3】有关 unload 事件的使用请看以下代码，注意加粗的文字。

```
01    <html>
02      <head>
03        <title> 卸载文档 </title>
04      </head>
05      <body onunload="alert(' 欢迎您再来 ')">
06        <a href="sample01.htm"> 例一 </a>
07      </body>
08    </html>
```

【代码说明】代码第 5 行为该页面的主体添加了 unload 事件，其属于在浏览器窗口卸载文档时所激发的事件。

【运行效果】以上代码为本书配套代码文件目录"代码 \ 第 09 章 \sample03.htm"里的内容，在该文档中，无论是单击了网页中的超链接，还是关闭了浏览器窗口，或者是刷新了该窗口，都会激发 unload 事件，弹出一个警告框，警告框中的文字为"欢迎您再来"。

【实例 9.4】与 load 事件类似，onunload 属性也可以作用在 body 元素与 frameset 元素中。以下是一个框架页的代码：

```
01    <html>
02      <head>
03        <title> 框架的 unload 事件 </title>
04      </head>
05      <frameset cols="50%,*" onunload="alert(' 关闭框架页 ')">
06        <frame src="sample04_left.htm">
07        <frame src="sample04_right.htm">
08      </frameset>
09    </html>
```

【代码说明】以上代码为本书配套代码文件目录"代码 \ 第 09 章 \sample04.htm"里的内容。这是一个框架页面，在该页面中，将浏览器窗口分为左右两部分。其中左侧窗口调用 sample04_left.htm 文件，右侧窗口调用 sample04_right.htm 文件。sample04_left.htm 文件的源代码如下：

```
01    <html>
02      <head>
03        <title> 卸载文档 </title>
04      </head>
05      <body onunload="alert(' 关闭左框架页 ')">
06        左框架页
```

```
07        </body>
08    </html>
```

sample04_right.htm 文件的源代码如下：

```
01    <html>
02      <head>
03        <title>卸载文档</title>
04      </head>
05      <body onunload="alert(' 关闭右框架页 ')">
06        右框架页
07      </body>
08    </html>
```

【运行效果】无论是 IE 浏览器还是 Netscape 浏览器，都会先激发框架中的 unload 事件（本例中为 sample04.htm），再激发框架页中的 unload 事件（本例中为 sample04_left.htm 与 sample04_right.htm）。

9.2.3 得到焦点与失去焦点

当浏览器窗口得到焦点时可以触发 focus 事件，所谓得到焦点是指浏览器窗口为当前的活动窗口。与得到焦点相反，当浏览器窗口失去焦点时可以触发 blur 事件。通常 focus 事件与 blur 事件都会联合起来使用，多用于网页中有动画的情况。

【实例 9.5】请看以下代码，注意加粗的文字。

```
01    <html>
02      <head>
03        <title>得到焦点与失去焦点</title>
04        <script type="text/javascript">
05          <!--
06            // 在网页中输出 100 行文字
07            for (var i=0;i<100;i++)
08            {
09                document.write(" 第 " + (i+1) + " 行 <br>")
10            }
11            // 以下代码用于滚动屏幕
12            var pos,timer;
13            // 初始化
14            function initialize()
15            {
16                timer = setInterval("windowscroll()",50);
17            }
18            // 滚动屏幕
19            function windowscroll()
20            {
21                pos = document.body.scrollTop;
22                window.scroll(0,++pos);
23                if (pos != document.body.scrollTop)
24                {
25                    myScroll();
26                }
27            }
28            // 停止滚动屏幕
29            function myScroll()
```

```
30              {
31                  clearInterval(timer);
32              }
33          -->
34      </script>
35  </head>
36  <body onfocus="initialize()"onblur="myScroll()">
37  </body>
38  </html>
```

【代码说明】本例的关键知识点如下。

【运行效果】以上代码为本书配套代码文件目录"代码 \ 第 09 章 \sample05.htm"里的内容。本例所实现的效果为：当浏览器窗口为活动窗口时（即得到焦点时）滚动窗口中的文档内容；当浏览器窗口失去焦点时，停止滚动窗口中的文档内容。

❑ 使用 for 循环语句在页面输出 100 行文字。此操作的目的是在浏览器窗口里产生滚动条，以便滚动文档内容。

❑ 定义变量和函数，用于滚动文档内容和停止滚动文档内容。因为函数中的 setInterval()、scroll() 等方法在面前章节里还没有介绍过，所以读者可以暂时不需要理解函数中的每行语句所表达的意思，只要知道调用 initialize() 函数可以滚动文档内容、调用 myScroll() 函数可以停止滚动文档内容即可。

❑ 在 body 元素中设置 onfocus 属性和 onblur 属性，这两个属性值分别为 initialize() 和 myScroll()。读者可以自己运行 sample05.htm 文件查看效果。

9.2.4 调整窗口大小

当浏览器窗口大小被调整时，将会触发 resize 事件。在 body 元素里可以通过 onresize 属性来设置 resize 事件所调用的函数。例如一个网页，在某个尺寸窗口下浏览可能会达到比较完美的效果，那么就可以使用 resize 事件来监视用户是否改变了窗口大小，如果改变，就提示用户。

【实例 9.6】请看以下代码，注意加粗的文字。

```
01  <html>
02    <head>
03      <title>调整窗口大小</title>
04      <script type="text/javascript">
05        <!--
06            function windowSize()
07            {
08                if (confirm(" 该页面适合使用 800×600 像素的大小观看，是否调整到
09                800×600" 像素 ))
10                {
11                    window.resizeTo(800,600);
12                }
13            }
14        -->
15      </script>
16    </head>
17    <body onresize="windowSize()">
18    </body>
19  </html>
```

【运行效果】以上代码为本书配套代码文件目录"代码\第 09 章 \sample06.htm"里的内容，读者可以自己运行该文件查看效果。

【代码说明】本例的关键知识点如下。

❏ 在 body 元素中添加 onresize 属性，其属性值为"windowSize()"。

❏ 定义一个名为"windowSize"的函数，当窗口大小改变时调用该函数。在该函数中使用了confirm() 方法弹出一个确认框，询问用户是否将浏览器窗口的大小调为 800×600。如果用户单击"取消"按钮，则不调整浏览器窗口大小。如果用户单击"确定"按钮，则调用window.resizeTo() 方法来调整窗口大小。

9.2.5 错误处理

Window 对象中有一个可以用来处理错误信息的事件（error），这是一个十分特殊的事件。之所以特殊，是因为只在有当前窗口中发生了 JavaScript 错误时才会响应。这一点与 try...catch...finally 语句十分相似，但是error 事件是由浏览器产生的。以 IE 浏览器为例，一旦产生了 JavaScript 错误，可以看到详细的错误信息，如图 9.2 所示。

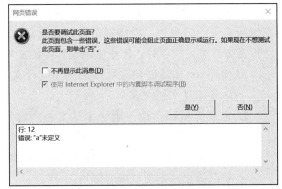

图 9.2 详细错误信息

使用 error 事件可以调用一个错误处理函数，error 事件可以传递以下 3 个参数给错误处理函数，这也是 error 事件的特殊之处。其他事件仅仅只能调用函数，但不能给函数传递参数。

❏ 第一个参数是详细的错误信息。

❏ 第二个参数是产生错误的网页的 URL。

❏ 第三个参数是产生错误的行数。

error 事件还可以通过函数的返回值来确认是否在浏览器窗口显示错误提示（以 IE 为例，错误提示就是出现图 9.2 左下角的感叹号）。如果返回值为 true，则不在浏览器窗口显示错误提示，否则显示错误提示。利用这个特点，可以在浏览器窗口屏蔽错误提示。

【实例 9.7】请看以下代码，注意加粗的文字。

```
01   <html>
02     <head>
03       <title>错误处理</title>
04       <script type="text/javascript">
05         <!--
06             window.onerror = killErr;
07             function killErr()
08             {
09                 return true;
10             }
11             // 以下是一个错误语句，因为变量 a 和 b 都没有定义
12             var err = a*b;
13         -->
14       </script>
15     </head>
16     <body>
```

```
17        </body>
18    </html>
```

【代码说明】本例的关键知识点如下。

❑ "window.onerror = killErr;" 语句中的 window 代表当前窗口。该语句说明了只要当前窗口产生了 JavaScript 错误，就调用 killErr() 函数。

注意　onerrer 属性不能作用在 body 元素中，只能在 Window 对象中设置。从这一点上来看，onerrer 更像是 Window 对象的属性。

❑ 定义 killErr() 函数，该函数唯一的作用就是返回一个 true。浏览器接收到该返回值，就不会再显示错误提示。

❑ 在 JavaScript 代码中添加一个会产生错误的语句，本例中为 "var err = a*b;" 由于在 JavaScript 代码中没有定义变量 a 和 b，所以两个变量相乘，将会产生错误。

【运行效果】以上代码为本书配套代码文件目录 "代码 \ 第 09 章 \sample07.htm" 里的内容。运行 sample07.htm，将会发现，在 IE 浏览器中什么显示也没有，包括错误提示。

由于 error 事件可以传递 3 个参数，因此，也可以让浏览器中不显示错误提示，但通过 JavaScript 程序来显示这些错误信息。

【实例 9.8】请看以下代码，注意加粗的文字。

```
01    <html>
02      <head>
03        <title> 错误处理 </title>
04        <script type="text/javascript">
05          <!--
06            window.onerror = showErr;
07            function showErr(errMessage,errUrl,errLine)
08            {
09              var str = "JavaScript 程序出错: \n"
10              str += " 错误信息: " + errMessage + "\n";
11              str += " 产生错误的文件: " + errUrl + "\n";
12              str += " 产生错误的行数: " + errLine + "\n";
13              alert(str);
14              return true;
15            }
16            // 以下是一个错误语句，因为变量 a 和 b 都没有定义
17            var err = a*b;
18          -->
19        </script>
20      </head>
21      <body>
22      </body>
23    </html>
```

【代码说明】代码第 7 ~ 15 行是一个 showErr 函数，其中使用了 3 个传递的参数 errMessage、errUrl 和 errLine。然后组成一个字符串 str，最后通过第 13 行弹出这个提示信息。

【运行效果】以上代码为本书配套代码文件目录 "代码 \ 第 09 章 \ sample08.htm" 里的内容，其运行结果如图 9.3 所示。从该图中可以看出，一旦产生了 JavaScript 程序错误，就会弹出一个警告框，并且将出错信息显示在警告框中。

图 9.3 sample08.htm 的运行结果

9.3 对话框

Window 对象里有 3 种方法，可以用来创建 3 种不同的对话框，分别为警告框、确认框和提示框。

9.3.1 警告框

使用 Window 对象的 alert() 方法可以在浏览器窗口上弹出一个警告框，并且警告框里可以显示纯文本的文字。alert() 方法的语句代码为：

```
window.alert(message)
```

其中 message 参数为要在警告框中显示的文字。用户可以单击警告框中的"确定"按钮来关闭这个警告框。不同的浏览器的警告框样式可能会有些不一样。警告框通常用来给用户显示一些提示信息。

【**实例** 9.9】请看以下代码，注意加粗的文字。

```
01    <html>
02      <head>
03        <title>警告框</title>
04        <script type="text/javascript">
05          <!--
06            function showMessage(message)
07            {
08                window.alert(message);
09            }
10          -->
11        </script>
12      </head>
13      <body onload="showMessage('进入网页')">
14        <input type="button" onclick="window.alert('单击了第一个按钮')" value="第一个
15          按钮">
16        <input type="button" onclick="alert('单击了第二个按钮')" value="第二个按钮">
17      </body>
18    </html>
```

【**代码说明**】本例的关键知识点如下。

【运行效果】以上代码为本书配套代码文件目录"代码\第 09 章\sample09.htm"里的内容，其运行结果如图 9.4 所示。

图 9.4　sample09.htm 的运行结果

□ 第 6～9 行定义了一个名为 showMessage 的函数，该函数调用 Window 对象的 alert() 方法，并将参数值传递给 alert() 方法。

□ 在 body 元素中以"onload="showMessage ('进入网页')""语句设置了在网页加载完毕后调用 show Message() 函数，并通过该函数调用 window.alert() 方法，弹出一个警告框，在警告框中输出"进入网页"文字，如图 9.4 所示。

□ 添加一个按钮，使用"onclick="window.alert('单击了第一个按钮')""语句为该按钮添加了 click 事件。当单击该按钮时，会自动调用 window.alert() 方法，弹出一个警告框。

□ 添加一个按钮，使用"onclick="alert('单击了第二个按钮')""语句为该按钮添加了 click 事件。当单击该按钮时，会自动调用 alert() 方法，弹出一个警告框。

> **注意**　由于 Window 对象是顶级对象，因此在调用 Window 对象的方法时，可以省略"window."。因此 alert() 或 window.alert() 是等价的。

警告框中的文字是纯文本的文字，并不支持 HTML 代码。如果在 alert() 方法中使用了 HTML 代码，会将 HTML 代码原样输出。在 alert() 中可以使用换行符"\n"来将字符串多行显示。

【实例 9.10】请看以下代码，注意加粗的文字。

```
01    <html>
02      <head>
03        <title>Microsoft Internet Explorer</title>
04        <script type="text/javascript">
05          <!--
06            var str = "";
07            str = "这是一行文字 <br> 这是另一行文字。";
08            alert(str);
09            str = "这是一行文字 \n 这是另一行文字。";
10            alert(str);
11          -->
12        </script>
13      </head>
14      <body>
15      </body>
16    </html>
```

【代码说明】在本例中，两次使用到了 alert() 方法。第 1 次代码第 8 行使用 alert() 方法时，在警告框中输出了一行带有 HTML 代码的文字，如图 9.5 所示。在该图中可以看出，alert() 方法将 HTML 代码原样输出，并没有换行。第

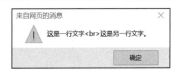

图 9.5　警告框中不支持 HTML 代码

2 次代码第 10 行使用 alert() 方法时，使用了"\n"换行符，警告框中的文字被分为了两行，如图 9.6 所示。

【运行效果】以上代码为本书配套代码文件目录"代码\第 09 章\sample10.htm"里的内容。下面是两个提示信息。

9.3.2 确认框

使用 Window 对象的 confirm() 方法可以在浏览器窗口中弹出一个确认框。confirm() 方法的语法代码如下：

图 9.6 警告框中支持换行符

```
window.confirm(message)
```

其中，message 参数为在确认框中显示的文字。与警告框相同，该文字必须是纯文本文字，不支持 HTML 代码。与警告框不同，在确认框上会有两个按钮，一个按钮为"确定"按钮，另一个按钮为"取消"按钮。确认框上的按钮通常与浏览器有关，不同的浏览器弹出的确认框样式可能会有所不同。图 9.7 为 IE 浏览器所弹出的确认框。在该图中，message 的参数值为"文字"。

与 alert() 方法的另一个不同之处在于，confirm() 方法还可以产生一个布尔类型的返回值。如果用户单击了"确定"按钮，confirm() 方法将返回 true；如果用户单击了"取消"按钮，confirm() 方法将返回 false。因为 confirm() 方法有返回值，所以就可以使用该方法来与用户进行互动。

例如，在提交一个表单时，可以先检测该表单的输入项是否完全填写完毕，如果都填写完毕，则直接提交表单；如果没有填写完毕，则提示用户还有输入项没有填写，是否继续提交表单。此时用户可以选择提交表单或取消提交表单。本例的设计方法如下。

图 9.7 确认框

（1）在网页中添加一个表单，表单中有一个文本框、一个密码框、一个提交按钮和一个重置按钮。

（2）在 form 元素中添加一个 onsubmit 属性，用来调用检测表单输入项的函数。如以下代码：

```
<form name="myForm" action="submit.htm" onsubmit="return checkData()">
```

（3）添加一个 checkData() 函数，在函数体内使用以下代码来检测文本框和密码框是否有输入内容。

```
if (myForm.myName.value.length==0 || myForm.myPassword.value.length==0)
{}
```

在以上代码中，只要文本框或密码框中的文字长度为 0，则执行 if 语句中的代码，其代码如下所示。该代码提示用户还有表单项未输入，并询问用户是否继续提交表单。如果用户选择继续，则返回 true，提交表单；如果用户选择取消，则返回 false，阻止提交表单。

```
if (confirm("您的表单未填写完毕,是否确定提交? "))
{
    return true;
}
else
{
```

```
       return false;
   }
```

【实例 9.11】完整的代码如下所示，注意加粗的文字。

```
01    <html>
02      <head>
03         <title> 确认框 </title>
04         <script type="text/javascript">
05           <!--
06              function checkData()
07              {
08                 if (myForm.myName.value.length==0 ||
09                    myForm.myPassword.value.length==0)
10                 {
11                    if (confirm(" 您的表单未填写完毕，是否确定提交？ "))
12                    {
13                       return true;
14                    }
15                    else
16                    {
17                       return false;
18                    }
19                 }
20              }
21           -->
22         </script>
23      </head>
24      <body>
25         <form name="myForm" action="submit.htm" onsubmit="return checkData()">
26            姓名：<input type="text" name="myName"><br>
27            密码：<input type="password" name="myPassword"><br>
28            <input type="submit" value=" 提交 "><input type="reset" value=" 重置 ">
29         </form>
30      </body>
31    </html>
```

【代码说明】代码第 11 ～ 18 行应用 confirm 返回一个布尔值，当用户单击"确定"按钮时，返回 true，单击"取消"按钮时会返回 false。

【运行效果】以上代码为本书配套代码文件目录"代码＼第 09 章＼sample11.htm"里的内容。文本框或密码框中只要有一个为空，在单击提交按钮时，都会弹出一个确认框，读者可以自己运行该文件查看效果。

9.3.3　提示框

使用 window 对象的 prompt() 方法可以在浏览器窗口中弹出一个提示框。与警告框和确认框不同，在提示框中有一个输入框，用户可以在该输入框中输入文字。提示框的语法代码如下：

```
window.prompt(message,defaulfText);
```

其中，message 参数为在提示框中显示的文本内容，该文本也必须是纯文本，不支持 HTML 代码。defaulfText 参数为提示框的输入框的默认文字。提示框上的样式与按钮通常与浏览器有关，不同的浏览器弹出的提示框可能会有所不同。图 9.8 为 IE 浏览器所弹出的提示框。在该图中，message 的参数值为"文字"，defaulfText 参数值为"用户文字"。

提示	如果省略 defaulfText 参数，则会在提示框中显示"undefined"。如果要显示一个空的输入框，可以将 defaulfText 参数值设为空字符串。

图 9.8 提示框

prompt() 方法可以返回字符串类型的返回值。如果用户单击了"确定"按钮，prompt() 方法返回的是输入框中的文字，如果输入框中的没有文字则返回空字符串。如果用户单击了"取消"按钮，无论输入框中是否有文字，都返回 null。

当浏览器窗口弹出提示框时，会等待用户输入文字。在用户单击"确定"按钮或"取消"按钮之前，浏览器不会再继续执行 prompt() 方法后面的 JavaScript 代码。

【实例 9.12】有关 prompt() 方法的使用请看以下代码，注意加粗的文字。

```
01    <html>
02      <head>
03        <title> 确认框 </title>
04        <script type="text/javascript">
05          <!--
06            var strName = prompt(" 请输入您的姓名 ","");
07            if (strName == null)
08            {
09              document.write(" 您取消了姓名输入 ");
10            }
11            else if (strName == "")
12            {
13              document.write(" 您没有输入您的姓名 ");
14            }
15            else
16            {
17              document.write(" 欢迎您: " + strName);
18            }
19          -->
20        </script>
21      </head>
22      <body>
23      </body>
24    </html>
```

【代码说明】在本例中，代码第 6 行弹出一个提示框，并将 prompt() 方法的返回值赋给变量 strName。然后根据 strName 的值输出不同的语句。

【运行效果】以上代码为本书配套代码文件目录"代码 \ 第 09 章 \ sample12.htm"里的内容。读者可以自己运行该文件来查看效果。

9.4 状态栏

状态栏位于浏览器底部，用于向用户显示信息，Window 对象中的 defaultStatus 属性和 status

可以控制状态栏中的信息。

9.4.1　状态栏介绍

状态栏位于浏览器底部，用于向用户显示信息。在状态栏中可以显示的信息通常有以下两种。

❑ 在浏览器加载文件的过程中，在状态栏里显示加载的文件或进度。

❑ 当鼠标放在超链接上时，在状态栏里显示出超链接的 URL。

在不显示以上两种动态消息的时候，默认情况下状态栏中的文字为空白。图 9.9 为鼠标放在超链接上时，状态栏信息显示的信息。

图 9.9　状态栏

在默认情况下，浏览器都会显示状态栏。如果浏览器没有显示状态栏，用户也可以通过浏览器的设置显示状态栏。以 IE 浏览器为例，显示状态栏的方式为：打开一个浏览器窗口，选择菜单栏上的"查看"→"状态栏"选项。

9.4.2　默认状态栏信息

通常情况下，状态栏里的信息都是空的，只有在加载网页或将鼠标放在超链接上时，状态栏中才会显示这些瞬间信息。Window 对象的 defaultStatus 属性可以用来设置在状态栏中的默认文本，当不显示瞬间信息时，状态栏可以显示这个默认文本。defaultStatus 属性是一个可读写的字符串。

【实例 9.13】有关 defaultStatus 属性的使用方法请看以下代码，注意加粗的文字。

```
01    <html>
02      <head>
03        <title>默认状态栏文本</title>
04        <script type="text/javascript">
05          <!--
06            var defaultText = prompt("请输入默认状态栏信息","");
07            window.defaultStatus = defaultText;
08            alert("默认的状态栏信息为: " + window.defaultStatus);
09          -->
10        </script>
11      </head>
12      <body>
13      </body>
14    </html>
```

【代码说明】 本例的关键知识点如下。

- □ 代码第 6 行使用 " prompt(" 请输入默认状态栏信息 ","");" 语句弹出一个提示框,并将用户输入的字符串赋值给变量 defaultText。
- □ 代码第 7 行使用 "window.defaultStatus = defaultText;" 将变量 defaultText 的值赋给 Window 对象的 defaultStatus 属性。此时,浏览器状态栏中的默认文字为用户在提示框中输入的文字。
- □ 代码第 8 行使用 " alert(" 默认的状态栏信息为: " + window.defaultStatus);" 语句弹出一个警告框,警告框中的文字为状态栏中的默认文字。

其中后两点分别示范了设置状态栏默认信息和读取状态栏默认信息的方法。

【运行效果】 以上代码为本书配套代码文件目录 "代码 \ 第 09 章 \ sample13.htm" 里的内容。图 9.10 为 sample13.htm 的运行结果。在该图中可以看出,在没有任何瞬间信息时,状态栏中还是有默认文字。

图 9.10　sample13.htm 的运行结果

9.4.3　状态栏瞬间信息

Window 对象的 defaultStatus 属性可以用来读取或设置状态栏的默认信息,但如果要设置状态栏的瞬间信息,就必须要使用到 Window 对象的 status 属性了。在默认情况下,将鼠标放在一个超链接上时,状态栏会显示该超链接的 URL,此时的状态栏信息就是瞬间信息。当鼠标离开超链接时,状态栏就会显示默认的状态栏信息,瞬间信息消失。

【实例 9.14】 有关状态栏瞬间信息设置的方法请看以下代码,注意加粗的文字。

```
01    <html>
02      <head>
03        <title> 状态栏瞬间信息 </title>
04        <script type="text/javascript">
05          <!--
06            window.defaultStatus = " 现在是状态栏的默认信息 ";
07            function setStatus(message)
08            {
09                window.status = message;
10                return true;
11            }
12          -->
13        </script>
14      </head>
15      <body>
16        <a href="sample01.htm"> 没有设置状态栏瞬间信息的超链接 </a><br>
17        <a href="sample01.htm" onmouseover="return setStatus(' 第 2 个超链接 ')"> 设置
18      了状态栏瞬间信息的超链接 </a><br>
19        <a href="sample01.htm" onmouseover="setStatus(' 第 3 个超链接 ')"> 设置了状态
20      栏瞬间信息的超链接,但没有返回值 </a><br>
21        <input type="button" value=" 按钮 " onmouseover="setStatus(' 我是一个按钮 ')">
22      </body>
23    </html>
```

【代码说明】在本例中添加了 3 个超链接和 1 个按钮，并对这些超链接和按钮做了不同的设置。

【运行效果】以上代码为本书配套代码文件目录"代码\第 09 章\sample14.htm"里的内容，读者可自行测试。

- 代码第 16 行的第 1 个超链接中，没有任何设置。如果将鼠标放在该超链接中，状态栏会显示超链接的 URL。

- 代码第 17 行的第 2 个超链接中，添加了 onmouseover 属性，属性值为"return setStatus（'第 2 个超链接'）"。该语句设置了当鼠标放在超链接上时，调用 setStatus() 函数。通过 setStatus() 函数设置状态栏的瞬间信息。需要注意的是，在该超链接的 mouseover 事件中，返回了布尔值 true，这就是通知浏览器，不要再执行默认的操作（默认操作为在状态栏中显示超链接的 URL），转而执行 setStatus() 函数中的操作。

- 代码第 19 行的第 3 个超链接与第 2 个超链接一样，也添加了 onmouseover 属性，但是在 onmouseover 属性值中没有使用 return 语句获得 setStatus() 函数的返回值。因此，将鼠标放在超链接上时，状态栏还是会显示该超链接的 URL。

- 代码第 21 行的最后的按钮上，也添加了 onmouseover 属性，在 onmouseover 属性值中也没有使用 return 语句获得 setStatus() 函数的返回值。但是将鼠标放在按钮上时，状态栏上还是会显示瞬间信息。这是因为在将鼠标放在按钮上时，并没有默认状态栏瞬间信息操作，所以浏览器会直接执行 setStatus() 函数中的操作。

9.5　窗口操作

窗口操作是 Window 对象中使用得比较多的操作之一，主要包括新开窗口、关闭窗口、窗口聚焦、滚动窗口、移动窗口和调整窗口大小等操作。

9.5.1　新开窗口

使用 Window 对象的 open() 方法可以打开一个新的浏览器窗口，下面开始介绍此方法。

1. open() 方法的语法

open() 方法的语法代码如下：

```
window.open(url,windowName,features,replace)
```

其中参数说明如下。

- url：在新开窗口要显示的文档的 URL，这是一个可选参数，如果省略该参数或该参数值为空字符或 null 时，都会新开一个空白窗口。

- windowName：新开窗口的名称。该名称可以在作为属性值在 a 元素或 form 元素的 target 属性中出现。如果指定的名称是一个已经存在的窗口名称，则返回对该窗口的引用，而不会再新开一个窗口。在这种情况下，features 参数值将失效。该参数也是一个可选参数。

- features：该参数为一个字符串，用于描述新窗口的特征，例如是否显示工具栏、菜单栏、状态栏和窗口大小等。该参数也是一个可选参数，如果省略该参数，新窗口将具有所有标准特征。

□ replace：该参数为布尔值，只有在 windowName 参数值为一个已经存在的窗口名称时才起作用。如果该参数值为 true，则用 url 参数值来替换该窗口浏览历史的当前项。如果该参数值为 false，则在该窗口浏览历史中创建一个新项。

open() 方法可以返回一个 Window 对象，该 Window 对象可能是新创建的，也可能是已经存在的，这取决于当前是否已经存在在 windowName 参数值为名称的浏览器窗口。

注意 虽然 Window 对象名可以省略，但是因为 Document 对象也有一个 open() 方法，为了不和 Document 对象的 open() 方法混淆，建议在使用 Window 对象的 open() 方法时，最好不要省略"window."。

---

2. 新开一个空白窗口

新开一个空白窗口，是 window.open() 方法中的一个最简单的运用。

【实例 9.15】请看以下代码，注意加粗的文字。

```
01   <html>
02     <head>
03       <title> 新开一个空白窗口 </title>
04     </head>
05     <body>
06       <a href="#" onclick="window.open()"> 新开一个空白窗口 </a><br>
07     </body>
08   </html>
```

【代码说明】在本例中，代码第 6 行添加了一个超链接，并设置了超链接的 click 事件为 window.open() 方法。在该方法中，没有使用任何参数，因此，单击超链接时，会打开一个空白的标准窗口。

【运行效果】以上代码为本书配套代码文件目录"代码\第 09 章\sample15.htm"里的内容。效果如图 9.11 所示。

图 9.11　空白的标准窗口

3. 新开一个有文档的窗口

新开一个包括文档的窗口，只要在 window.open() 方法中设置 url 参数即可。

【实例 9.16】请看以下代码，注意加粗的文字。

```
01   <html>
02     <head>
03       <title> 新开一个包含文档的窗口 </title>
04     </head>
05     <body>
06       <a href="#" onclick="window.open('sample05.htm')"> 新开一个包含文档的窗口
07   </a><br>
08     </body>
09   </html>
```

【代码说明】代码第 6 行中，window.open() 方法中的 url 参数值为"sample05.htm"，因此，单击超链接时，会打开一个标准窗口，并在窗口中加载"sample05.htm"文档。

【运行效果】以上代码为本书配套代码文件目录"代码\第 09 章\sample16.htm"里的内容。

读者可以自己运行该文件查看效果。

4. 新开一个命名窗口

window.open() 方法可以为新开的窗口命名，此时必须设置 windowName 参数。在运行 window.open() 方法时，当前浏览器窗口会先检测所有浏览器窗口的名称，如果所有浏览器窗口的名称都与 windowName 参数值不相同，则新开一个窗口。如果有一个浏览器窗口的名称与 windowName 参数值相同，则在该窗口中打开 url 参数所指定的文档。

【实例 9.17】请看以下代码，注意加粗的文字。

```
01    <html>
02      <head>
03        <title>新开一个命名窗口</title>
04      </head>
05      <body>
06        <a href="#" onclick="window.open('window_1.htm')">新开一个命名窗口
07          </a><br>
08        <a href="#" onclick="window.open('window_2.htm','')">新开一个命名窗口
09          </a><br>
10        <a href="#" onclick="window.open('window_3.htm','myWindows')">新开一个命
11          名窗口</a><br>
12        <a href="#" onclick="window.open('window_4.htm','myWindows')">新开一个命
13          名窗口</a><br>
14      </body>
15    </html>
```

【代码说明】在本例中创建了 4 个超链接，每个超链接的 click 事件都调用了 window.open() 方法来新开窗口。4 个超链接的 window.open() 方法的参数设置有所不同，读者可自己运行该文件来查看效果。

【运行效果】以上代码为本书配套代码文件目录"代码\第 09 章\sample17.htm"里的内容，读者可自行测试结果。

❑ 在第 1 个超链接中，只指定了 url 参数，没有指定 windowName 参数。因此，每次单击该超链接时，都会新开一个窗口，并在该窗口中加载 window_1.htm 文档。

❑ 在第 2 个超链接中，同时指定了 url 参数和 windowName 参数，但 windowName 参数值为空字符串。对于这种情况，JavaScript 的处理方法与没有设置 windowName 参数的处理方法一样。在每次单击该超链接时，都会新开一个窗口，并在该窗口中加载 window_2.htm 文档。

❑ 在第 3 个超链接中，同时指定了 url 参数和 windowName 参数。其中，windowName 参数值为"myWindows"。在第 1 次单击该超链接之前，名为"myWindows"的浏览器窗口不存在，则会打开一个新的窗口，并加载 window_3.htm 文档，此时该窗口名为"myWindows"。只要名为"myWindows"的窗口没有关闭，无论再单击该超链接多少次，所起到的效果也只是将名为"myWindows"的窗口中的 window_3.htm 文档重载而已。

❑ 在第 4 个超链接中，同时指定了 url 参数和 windowName 参数，其中 windowName 参数值为"myWindows"，该值与第 3 个超链接的 windowName 参数值相同。如果在第 1 次单击该超链接之前，名为"myWindows"的浏览器窗口不存在，则会打开一个新的窗口，并加

载 window_4.htm 文档，此时该窗口名为"myWindows"。如果名为"myWindows"的浏览器窗口存在，则直接在该浏览器窗口中加载 window_4.htm 文档。

5. 设置新开窗口的特征

使用 window.open() 方法可以通过设置 features 参数来设置新开窗口的特征，例如是否显示工具栏、是否显示状态栏、窗口的大小是多少等。features 参数值是一个字符串，该字符串是由多个用于描述窗口特征的子字符串组成，每个子字符串之间用逗号隔开。大多数子字符串的表现形式如下：

```
feature=value
```

在大多数情况下，value 的值都为 yes 或 no，width 和 height 除外。

【实例 9.18】请看以下代码，注意加粗的文字。

```
01    <html>
02      <head>
03        <title> 新开一个命名窗口 </title>
04      </head>
05      <body>
06        <a href="#" onclick="window.open(
07          'window_1.htm','','width=300,height=300')"> 新开一个指定大小的
08          窗口 </a><br>
09        <a href="#" onclick="window.open('window_1.htm','
10          ','width=300,height=300,menubar=yes')"> 新开
11          一个指定大小的、有菜单栏的窗口 </a><br>
12        <a href="#" onclick="window.open(
13          'window_1.htm','','width=300,height=300,menubar=yes,status=yes')">
14          新开一个指定大小的、有菜单栏的、有状态栏的窗口 </a><br>
15        <a href="#" onclick="window.open('window_1.htm',
16          '','width=300,height=300,menubar=yes,status=yes,toolbar=yes')">
17          新开一个指定大小的、有菜单栏的、有状态栏的、有工具栏的窗口 </a><br>
18        <a href="#" onclick="window.open(
19          'window_1.htm','','width=300,height=300,menubar=yes,status=yes
20          ,toolbar=yes,resizable=no')"> 新开一个指定大小的、有菜单栏的、有状态栏的、
21          有工具栏的、不能调整大小的窗口 </a><br>
22        <a href="#" onclick="window.open('window_1.htm',
23          '','width=300,height=300,menubar=yes,status=yes,
24          toolbar=yes,resizable=yes')"> 新开一个指定大小的、有菜单栏的、
25          有状态栏的、有工具栏的、可以调整大小的窗口 </a><br>
26        <a href="#" onclick="window.open('window_1.htm',
27          '','width=300,height=300,menubar=yes,status=yes,toolbar=yes,
28          location=yes')"> 新开一个指定大小的、有菜单栏的、有状态栏的、有工具栏
29          的、有地址栏的窗口 </a><br>
30        <a href="#" onclick="window.open('sample05.htm',
31          '','width=300,height=300,menubar=yes,status=yes,
32          toolbar=yes,location=yes,scrollbars=yes')"> 新开一个指定大小的、有
33          菜单栏的、有状态栏的、有工具栏的、有地址栏的、有滚动条的窗口 </a><br>
34        <a href="#" onclick="window.open('sample05.htm',
35          ','width=300,height=300,menubar=yes,status=yes,toolbar=yes,
36          location=yes,scrollbars=no')"> 新开一个指定大小的、有菜单栏的、有状态栏
37          的、有工具栏的、有地址栏的、无滚动条的窗口 </a><br>
38      </body>
39    </html>
```

【运行效果】以上代码为本书配套代码文件目录"代码 \ 第 09 章 \ sample18.htm"里的内容，

读者可以自己运行该文件查看效果。

【代码说明】在本例中可以看到常用的新开窗口的特征设置如表 9.4 所示。

表 9.4　常用的新开窗口的特征

特　征　名	说　　明
width	窗口的文档显示区域的宽度，该值为数字型，单位是像素
height	窗口的文档显示区域的高度，该值为数字型，单位是像素
location	是否显示地址栏。yes 为显示，no 为不显示
menubar	是否显示菜单栏。yes 为显示，no 为不显示
resizable	用户是否可以自己调整窗口大小。yes 为可以调整，no 为不可以调整
scrollbars	是否显示滚动条。yes 为显示，no 为不显示
status	是否显示状态栏。yes 为显示，no 为不显示
toolbar	是否显示工具栏。yes 为显示，no 为不显示
titlebar	是否显示标题栏。yes 为显示，no 为不显示
directories	是否显示链接栏
fullscreen	是否让新开窗口全屏显示。如果使用了该特征，width 和 height 特征失效
left	窗口的 X 坐标，该值为数字型，单位是像素
top	窗口的 Y 坐标，该值为数字型，单位是像素

在设置 features 参数时，没有出现的特征，浏览器会默认该值为 no。因此，以下两行的代码所表达的意思是一样的：

```
window.open('sample05.htm','','width=300,height=300,menubar=no,
status=no,toolbar=no,location=no,scrollbars=no')
window.open('sample05.htm','','width=300,height=300')
```

9.5.2　窗口名字

window.open() 方法可以设置新开窗口的名称，该窗口名称在 a 元素和 form 元素的 target 属性中使用。

【实例 9.19】请看以下代码，注意加粗的文字。

```
01   <html>
02     <head>
03       <title> 窗口的名字 </title>
04     </head>
05     <body>
06       <form name="myForm" action="submit.htm" target="myWindow">
07         <a href="#"
08   onclick=window.open("window_1.htm","myWindow","width=300,height=300")>
09       打开一个新窗口 </a><br>
10         <a href="window_2.htm" target="myWindow">在刚才打开的新窗口中打开超
11           链接 </a><br>
12         <input type="submit" value=" 提交 ">
13       </form>
14     </body>
15   </html>
```

【代码说明】以上代码为本书配套代码文件目录"代码＼第 09 章＼sample19.htm"里的内容。

读者可以自己运行该文件查看效果。

【运行效果】本例的关键知识点如下。

□ 代码第 7 行创建一个超链接，其中代码第 8 行的作用是，在单击该超链接时打开一个名为 "myWindow" 浏览器窗口。

□ 代码第 10 行创建一个超链接，其中使用了 target 属性指定在名为 "myWindow" 的浏览器窗口中打开链接。如果当前没有名为 "myWindow" 的浏览器窗口，则新开一个浏览器窗口来打开链接。如果当前有名为 "myWindow" 的浏览器窗口，则在该窗口显示文档。

□ 代码第 12 行创建一个提交按钮用于提交表单，在表单的 form 元素中使用 action 属性指定将表单提交到 submit.htm 文件，target 属性指定在名为 "myWindow" 的浏览器窗口中打开 submit.htm 文件。如果当前没有名为 "myWindow" 的浏览器窗口，则新开一个浏览器窗口来打开 submit.htm 文件。如果当前有名为 "myWindow" 的浏览器窗口，则在该窗口 submit.htm 文件。

9.5.3 关闭窗口

使用 Window 对象的 close() 方法可以关闭窗口。使用 window.close() 方法关闭的窗口通常可以分为 3 种：关闭自身窗口、关闭由 JavaScript 代码创建的自身窗口和关闭其他窗口。

1. 关闭自身窗口

使用 window.close() 方法关闭的浏览器窗口就是关闭自身窗口。

【实例 9.20】请看以下代码，注意加粗的文字。

```
01    <html>
02      <head>
03        <title> 关闭窗口 </title>
04      </head>
05      <body>
06        <input type="button" value=" 关闭窗口 " onclick="window.close()">
07      </body>
08    </html>
```

【代码说明】在本例中第 6 行创建了一个按钮，单击该按钮时调用 window.close() 方法来关闭当前窗口。关闭这种不是由 JavaScript 代码所创建的窗口时，大多数浏览器不会直接关闭窗口，而是弹出如图 9.12 所示的对话框来询问用户是否关闭浏览器窗口。如此设计是为了防止其他网页编写者关闭不属于自己的窗口。

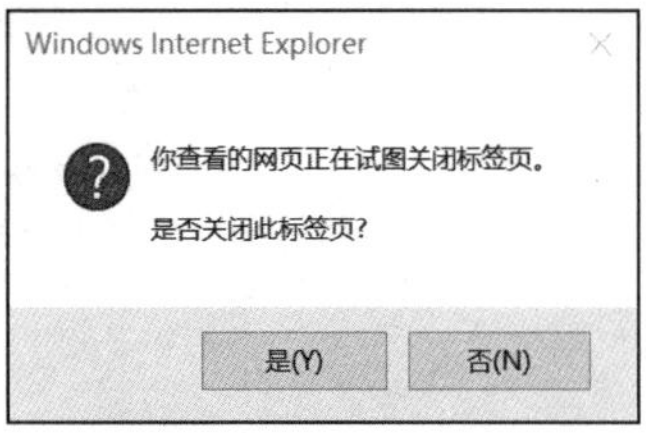

【运行效果】以上代码为本书配套代码文件目录 "代码 \ 第 09 章 \ sample20.htm" 里的内容，读者可以自己运行该文件查看效果。

图 9.12 询问是否关闭窗口的对话框

2. 关闭由 JavaScript 代码创建的自身窗口

对于在使用 JavaScript 代码打开的窗口中使用 window.close() 方法关闭窗口，大多数浏览器都不会弹出提示的对话框。

【实例 9.21】请看以下代码，注意加粗的文字。

```
01  <html>
02    <head>
03      <title>关闭窗口</title>
04    </head>
05    <body>
06      <input type="button" value=" 打开窗口 "
07  onclick="window.open('sample22_1.htm','myWindow','width=300,height=300')">
08    </body>
09  </html>
```

【运行效果】以上代码为本书配套代码文件目录"代码\第 09 章\sample21.htm"里的内容，该文件的主要作用是使用 window.open() 方法在新窗口里打开 sample21_1.htm 文件。sample21_1.htm 文件的内容如下：

```
01  <html>
02    <head>
03      <title>关闭窗口</title>
04    </head>
05    <body>
06      <input type="button" value=" 关闭窗口 " onclick="window.close()">
07    </body>
08  </html>
```

【代码说明】代码第 06 行在该文档里创建了一个按钮，单击该按钮时，调用 window.close() 方法关闭窗口。如果 sample21_1.htm 文件所在浏览器窗口是由 sample21.htm 文件通过 JavaScript 代码所创建的窗口，所以在单击按钮关闭窗口时，不会弹出类似如图 9.12 所示的对话框。

3. 关闭其他窗口

使用 window.close() 方法不但可以关闭当前浏览器窗口，也可以关闭其他浏览器窗口。如果要关闭其他浏览器窗口，就必须要先创建一个 Window 对象，再通过以下代码来关闭该 Window 对象所代表的窗口。

```
window 对象名 .close()
```

【实例 9.22】有关关闭其他浏览器窗口的示例请看以下代码，注意加粗的文字。

```
01  <html>
02    <head>
03      <title>关闭窗口</title>
04      <script type="text/javascript">
05        <!--
06          //定义一个变量
07          var myWin;
08          // 该函数的作用是使用 window.open() 方法打开一个窗口
09          // 并将返回的 Window 对象赋值给 myWin 变量
10          function openWindow()
11          {
12              myWin =
13  window.open("window_1.htm","myWindow","width=300,height=300");
14          }
15          // 该函数的作用是关闭 myWin 对象所代表的浏览器窗口
16          function closeWindow()
17          {
18              myWin.close();
19          }
```

```
20              -->
21          </script>
22      </head>
23      <body>
24          <input type="button" value=" 打开窗口 " onclick="openWindow()">
25          <input type="button" value=" 关闭窗口 " onclick="closeWindow()">
26      </body>
27  </html>
```

【代码说明】代码第 24 ～ 25 行在本例中创建了两个按钮。单击第 1 个按钮，调用 openWindow()
函数，该函数的作用是使用 window.open() 方法新开一个窗口，并将 window.open() 方法的返回值
赋给变量 myWin。由于 window.open() 方法返回的一个 Window 对象，该 Window 对象就是对新
开窗口的引用。因此，可以通过 myWin.close() 方法来关闭新开窗口。而单击第 2 个按钮时，会调
用 closeWindow() 函数，该函数的作用就是关闭新开的窗口。

【运行效果】以上代码为本书配套代码文件目录"代码\第 09 章\ sample22.htm"里的内容，
读者可自行测试。

4. 判断窗口是否关闭

仔细查看 sample22.htm 文件的源代码，可以发现，如果在单击"关闭窗口"按钮之前没有
单击过"打开窗口"按钮的话，那么在调用 closeWindow() 函数时，就会直接使用没有赋过值的
myWin 变量。没有赋过值的变量是不会存在 close() 方法的。因此，如果没有单击"打开窗口"按
钮就直接单击"关闭窗口"按钮，将会产生错误。

如果要解决以上问题，就必须要在关闭窗口之前先判断 myWin 变量是否已经赋值。为了让
程序进一步完善，还应该再判断新开的窗口是否已经关闭。如果已经关闭，再使用 window.close()
来关闭窗口，就是多此一举了。

【实例 9.23】请看以下代码，注意加粗的文字。

```
01  <html>
02      <head>
03          <title> 关闭窗口 </title>
04          <script type="text/javascript">
05              <!--
06                  var myWin;
07                  // 打开窗口
08                  function openWindow()
09                  {
10                      myWin =
11              window.open("window_1.htm","myWindow","width=300,height=300");
12                  }
13                  // 关闭窗口
14                  function closeWindow()
15                  {
16                      // 判断 myWin 变量是否已经赋值
17                      if (myWin==undefined)
18                      {
19                          alert(" 没有打开新窗口，请先单击【打开窗口】按钮 ");
20                      }
21                      else if (myWin.closed)      // 判断窗口是否已经关闭
22                      {
23                          alert(" 窗口已经关闭 ");
```

```
24                    }
25                else
26                {
27                        myWin.close();
28                }
29            }
30        -->
31    </script>
32    </head>
33    <body>
34        <input type="button" value="打开窗口" onclick="openWindow()">
35        <input type="button" value="关闭窗口" onclick="closeWindow()">
36    </body>
37 </html>
```

【代码说明】 代码第 16 ～ 28 行是多个判断条件，代码第 17 行首先判断 myWin 变量是否已经赋值，然后第 21 行判断窗口是否已经关闭，都不符合这些条件时才执行第 27 行的窗口关闭方法。

【运行效果】 以上代码为本书配套代码文件目录"代码 \ 第 09 章 \ sample23.htm"里的内容，读者可以自己运行该文件查看效果。

9.5.4　窗口的引用

在上一节中已经介绍过，使用 window.open() 方法可以弹出一个新窗口，并返回一个 Window 对象，该 Window 对象代表了新开的浏览器窗口。由于 Window 对象是 BOM 中的顶层对象，因此，使用这个 Window 对象可以操作新开窗口中信息，就和操作当前窗口中的信息一样。

1. 在新开窗口中输入文字

使用 document.write() 方法可以在窗口中输入文字，在新开窗口中输入文字与此类似，只是要在 Document 对象之前加上 Window 对象的引用。

【实例 9.24】 请看以下代码，注意加粗的文字。

```
01 <html>
02    <head>
03        <title>在打开的窗口里输入文字</title>
04        <script type="text/javascript">
05        <!--
06            function openWindow()
07            {
08                var myWin =
09            window.open("","myWindow","width=300,height=300");
10                myWin.document.write("输入一行文字");
11            }
12        -->
13    </script>
14    </head>
15    <body>
16        <input type="button" value="打开窗口"onclick="openWindow()">
17    </body>
18 </html>
```

【代码说明】 在本例中，使用 window.open() 方法打开了一个新的浏览器窗口，并将返回值赋给变量 myWin。此时 myWin 是一个 Window 对象，代表新打开的窗口。因此，myWin.document. write() 方法将在新打开的窗口中输入一行文字。

【运行效果】 以上代码为本书配套代码文件目录"代码 \ 第 09 章 \ sample24.htm"里的内容。读者可以自己运行该文件查看效果。

【实例 9.25】 在新开窗口中输入文字还有另一个比较普遍的运用，就是调试 JavaScript 代码。请看以下代码，注意加粗的文字。

```
01    <html>
02      <head>
03        <title>调试 JavaScript 代码</title>
04        <script type="text/javascript">
05          <!--
06            function tryCode()
07            {
08              var myWin = window.open();
09              myWin.document.write("<script language=\"javascript\"
10                type=\"text/javascript\">");
11              myWin.document.write(myForm.jsCode.value);
12              myWin.document.write("</script>");
13            }
14          -->
15        </script>
16      </head>
17      <body>
18        <form name="myForm">
19          <textarea name="jsCode" rows="10" cols="30">alert("测试")</textarea><br>
20          <input type="button" value="查看效果" onclick="tryCode()">
21        </form>
22      </body>
23    </html>
```

【代码说明】 在本例中，代码第 19 ~ 20 行创建了一个多行文本框和一个按钮。在多行文本框中输入 JavaScript 代码并单击按钮后，会新开一个窗口，在该窗口中可以看到多行文本框中 JavaScript 代码的运行结果。

【运行效果】 以上代码为本书配套代码文件目录"代码 \ 第 09 章 \ sample25.htm"里的内容。读者可以自己运行该文件查看效果。

2. 操作新开窗口中的数据

由于 window.open() 方法可以返回一个 Window 对象，因此可以通过该 Window 对象来操作新开窗口中的数据。

【实例 9.26】 请看以下代码，注意加粗的文字。

```
01    <html>
02      <head>
03        <title>操作新开窗口中的数据</title>
04      </head>
05      <body>
06        <form name="myForm">
07          <input type="text" name="myText1"><br>
08          <input type="text" name="myText2"><br>
09          <input type="button" value="查看效果" onclick="openWindow()">
```

```
10          </form>
11          <script type="text/javascript">
12              <!--
13                  myForm.myText1.value = "第 1 个文本框 ";
14                  myForm.myText2.value = "第 2 个文本框 ";
15
16                  function openWindow()
17                  {
18                      var myWin =
19                      window.open("sample27_1.htm","","width=300,height=300");
20
21                      myWin.myForm.myText1.value = " 由父级窗口输入的文字:
22                          第 1 个文本框 ";
23                      myWin.myForm.myText2.value = " 由父级窗口输入的文字:
24                          第 2 个文本框 ";
25                  }
26              -->
27          </script>
28      </body>
29  </html>
```

【运行效果】以上代码为本书配套代码文件目录"代码\第 09 章\sample26.htm"里的内容,读者可自行测试运行效果。

【代码说明】在本例中,创建了两个文本框和一个按钮,其中以下代码可以在当前页的两个文本框中添加文字:

```
myForm.myText1.value = " 第 1 个文本框 ";
myForm.myText2.value = " 第 2 个文本框 ";
```

单击按钮之后,调用 openWindow() 函数,该函数中的以下代码打开了一个窗口,并将返回的 Window 对象赋给变量 myWin:

```
var myWin = window.open("sample27_1.htm","","width=300,height=300");
```

新开的 sample26_1.htm 的源代码如下:

```
01  <html>
02      <head>
03          <title> 新开的窗口 </title>
04      </head>
05      <body>
06          <form name="myForm">
07              <input type="text" name="myText1" size="40"><br>
08              <input type="text" name="myText2" size="40"><br>
09          </form>
10      </body>
11  </html>
```

在 sample26.htm 使用以下代码可以在 sample26_1.htm 的两个文本框中添加文字:

```
myWin.myForm.myText1.value = " 由父级窗口输入的文字:第 1 个文本框 ";
myWin.myForm.myText2.value = " 由父级窗口输入的文字:第 2 个文本框 ";
```

注意 以上代码与 sample26.htm 中在当前页的两个文本框中添加文字的代码的区别。

3. 父级窗口的引用

使用 window.open() 方法返回的是子窗口的 Window 对象的引用，如果在子窗口要引用父级窗口的 Window 对象，可以在子窗口中使用以下代码：

```
window.opener
```

【实例 9.27】window.opener 返回的也是 Window 对象，该 Window 对象是对父级窗口的引用。请看以下代码，注意加粗的文字。

```
01    <html>
02      <head>
03        <title> 操作新开窗口中的数据 </title>
04      </head>
05      <body>
06        <form name="myForm">
07          <input type="text" name="myText"><br>
08          <input type="button" value=" 打开子窗口 "
09    onclick="window.open('sample28_1.htm','','width=300,height=50')">
10        </form>
11        <script type="text/javascript">
12          <!--
13              myForm.myText.value = " 当前页面添加的文字 ";
14          -->
15        </script>
16      </body>
17    </html>
```

【运行效果】以上代码为本书配套代码文件目录"代码 \ 第 09 章 \ sample27.htm"里的内容。读者可自行测试运行效果。

【代码说明】在本例中，创建了一个文本框和一个按钮，其中以下代码可以在当前页的文本框中添加文字：

```
myForm.myText.value = " 当前页面添加的文字 ";
```

单击按钮之后打开一个新浏览器窗口，并在窗口中加载 sample27_1.htm 文档。sample27_1.htm 文档的源代码如下所示，请注意加粗的文字。

```
01    <html>
02      <head>
03        <title> 新开的窗口 </title>
04        <script type="text/javascript">
05          <!--
06              function inputText()
07              {
08                  window.opener.myForm.myText.value = " 子页面添加的文字 ";
09              }
10          -->
11        </script>
12      </head>
13      <body>
14        <form name="myForm">
15          <input type="button" value=" 在父级窗口的文本框里添加文字 "
16              onclick="inputText()">
17        </form>
```

```
18        </body>
19    </html>
```

在 sample27_1.htm 文档中使用以下语句可以在父级窗口（sample27.htm）中的文本框中添加文字，请注意与 sample27.htm 文件中的在当前页的文本框中添加文字的代码的区别。

```
window.opener.myForm.myText.value = " 子页面添加的文字 ";
```

注意　（1）如果当前窗口不是由 JavaScript 代码打开的窗口，即没有父级窗口时，window.
opener 的属性值为 null。

（2）如果父级页面在框架中，并且子页面也是在框架中打开，那么子页面的 window.
opener 的属性值也为 null。

9.5.5　窗口聚焦

所谓窗口聚焦，就是将输入焦点赋给窗口，也是平时所说的激活窗口，或让窗口成为当前窗口，此时可以在该窗口中进行鼠标或键盘操作。在操作系统中，如果同时打开了多个窗口，激活的那个窗口通常是在最上面。使用 Window 对象的 focus() 方法可让浏览器窗口获得焦点。focus() 方法的语法代码如下：

```
window.focus()
window 对象名 .focus()
```

与窗口聚焦相反，也可以让激活的当前浏览器窗口失去焦点。如果当前浏览器窗口失去焦点，该窗口就会放在其他窗口的底部。使用 Window 对象的 blur() 方法可以让浏览器窗口失去焦点。blur() 方法的语法代码如下：

```
window.blur()
window 对象名 .blur()
```

通常，在使用 window.open() 方法打开一个新窗口时，该窗口就会自动得到焦点。但是，如果 window.open() 方法中 windowName 参数指定的窗口已经存在，那么 JavaScript 是不会自动使用该窗口成为可见窗口的。在这种情况下，可以使用 focus() 方法让该窗口得到焦点，成为可见窗口。

【实例 9.28】有关得到焦点与失去焦点的示例请看以下代码，注意加粗的文字。

```
01    <html>
02      <head>
03        <title> 窗口聚焦 </title>
04        <script type="text/javascript">
05          <!--
06            function openWindow(sURL)
07            {
08              var myWindow =
09              window.open(sURL,"myWin","width=200,height=100");
10              myWindow.focus();
11            }
12            function openBlurWindow(sURL)
13            {
```

```
14                    var myWindow =
15                        window.open(sURL,"","width=200,height=100");
16                    myWindow.blur();
17                }
18             -->
19         </script>
20     </head>
21     <body>
22         <a href="#"
23         onclick="window.open('window_1.htm','myWin','width=200,height=100')">
24             打开第 1 个网页 </a><br>
25         <a href="#"
26         onclick="window.open('window_2.htm','myWin','width=200,height=100')">
27             打开第 2 个网页 </a><br>
28         <a href="#" onclick="openWindow('window_3.htm')">打开第 3 个网页 </a><br>
29         <a href="#" onclick="openBlurWindow('window_4.htm')">打开第 4 个网页
30             </a><br>
31     </body>
32 </html>
```

【代码说明】以上代码为本书配套代码文件目录"代码\第 09 章\sample28.htm"里的内容。读者可自行测试运行效果。

【运行效果】在本例中创建了 4 个超链接,并且每个超链接中都使用了 window.open() 方法打开了一个新窗口。如果依次单击第 1 ~ 4 个超链接时,将会产生以下情况。

(1)单击第 1 个超链接时,打开名为 myWin 的浏览器窗口,并在该窗口中加载 window_1.htm 文件。由于当前没有一个窗口名为 myWin,所以新开的窗口自动获得焦点。

(2)回到 sample28.htm 文档所在窗口,此时该窗口获得焦点,名为 myWin 的窗口失去焦点。

(3)在 sample28.htm 文档所在窗口中单击第 2 个超链接,此时名为 myWin 的浏览器窗口已经存在。JavaScript 会在该窗口中加载 window_2.htm 文档,但不会让该窗口自动得到焦点,此时焦点仍在 sample28.htm 文档所在的窗口上。

(4)单击第 3 个超链接,调用 openWindow() 函数,在该函数中使用 window.open() 方法打开名为 myWin 的浏览器窗口,此时名为 myWin 的浏览器窗口已经存在。JavaScript 会在该窗口中加载 window_3.htm 文档,但不会让该窗口自动得到焦点,此时焦点仍在 sample28.htm 文档所在的窗口上。但是在 openWindow() 函数最后的"myWindow.focus();"语句将焦点放在了名为 myWin 的浏览器窗口上。因此,JavaScript 会让该窗口自动可见。

(5)单击第 4 个超链接,调用了 openBlurWindow() 函数。在该函数中使用了 window.open() 方法打开一个新窗口。在该方法中,windowName 参数值为空字符串,因此将会打开一个新窗口,并在该窗口中加载 window_4.htm 文档。此时,新窗口应该自动获得焦点。但是在 openBlurWindow() 函数的最后使用了"myWindow.blur()"语句让该窗口失去焦点。因此,该窗口只会在屏幕上闪一下,就被放到了其他窗口底下。

注意   focus() 方法、blur() 方法与 Window 对象的 focus、blur 事件不同,focus 和 blur 事件是在窗口得到焦点和失去焦点时激发的事件。而 focus() 方法和 blur() 方法是使得窗口得到焦点和失去焦点。

9.5.6　滚动文档

Window 对象中有 3 个方法可以用来滚动窗口中的文档，这 3 个方法如下：

```
window.scroll(x,y)
window.scrollTo(x,y)
window.scrollBy(x,y)
```

以上 3 个方法的具体解释如下。

❑ scroll()：该方法可以将窗口中显示的文档滚动到指定的绝对位置。滚动的位置由参数 x 和 y 决定，其中 x 为要滚动的横向坐标、y 为要滚动的纵向坐标。两个坐标都是相对文档的左上角而言的，即文档的左上角坐标为 (0,0)。

❑ scrollTo()：该方法的作用与 scroll() 方法完全相同。scroll() 方法是 JavaScript 1.1 中所规定的，而 scrollTo() 方法是 JavaScript 1.2 中所规定的。建议使用 scrollTo() 方法。

❑ scrollBy()：该方法可以将文档滚动到指定的相对位置上，参数 x 和 y 是相对当前文档位置的坐标。如果参数 x 的值为正数，则向右滚动文档，如果参数 x 的值为负数，则向左滚动文档。与此类似，如果参数 y 的值为正数，则向下滚动文档，如果参数 y 的值为负数，则向上滚动文档。

【实例 9.29】有关滚动文档的使用方法请看以下代码，注意加粗的文字。

```
01   <html>
02     <head>
03       <title> 滚动文档 </title>
04     </head>
05     <body>
06       <form name="myForm">
07         横坐标: <input type="text" name="scrollX" value="10" size="5"><br>
08         纵坐标: <input type="text" name="scrollY" value="10" size="5"><br>
09         <input type="button" value=" 滚动到绝对位置 "onclick="GoTo()">
10         <input type="button" value=" 滚动到相对位置 "onclick="GoBy()">
11       </form>
12       <pre>
13       <script type="text/javascript">
14         <!--
15           // 在网页中输出 100 行文字, 用于产生竖向滚动条
16           for (var i=0;i<100;i++)
17           {
18             document.write(" 第 " + (i+1) + " 行: ");
19             // 输出空格, 用于产生横向滚动条
20             for (var j=0;j<100;j++)
21             {
22                 document.write("  ");
23             }
24             document.write("<br>");
25           }
26           function GoTo()
27           {
28           window.scrollTo(
29                 myForm.scrollX.value,myForm.scrollY.value);
30           }
31           function GoBy()
32           {
33           window.scrollBy(
```

```
34                          myForm.scrollX.value,myForm.scrollY.value);
35                      }
36                  -->
37              </script>
38          </pre>
39      </body>
40  </html>
```

【运行效果】以上代码为本书配套代码文件目录"代码\第 09 章 \ sample29.htm"里的内容，其运行结果如图 9.13 所示。

【代码说明】在图中可以看出，本例创建了两个文本框和两个按钮。当单击"滚动到绝对位置"按钮时调用 GoTo() 函数，在该函数中使用 window.scrollTo() 方法将文档滚动到一个绝对位置，该绝对位置由两个文本框中的数字决定。由于是绝对位置，所以无论单击多少次该按钮，文档都只会滚动到同一个位置。

当单击"滚动到相对位置"按钮时调用 GoBy () 函数，在该函数使用 window.scrollBy() 方法将当前文档的位置再横向滚动和竖向滚动一个范围。滚动的范围由两个文本框中的数字决定。由于是绝对位置，所以每单击一次该按钮，文档就滚动一次。

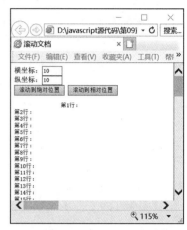

图 9.13　sample29.htm 的运行结果

> **注意** 使用 scroll()、scrollTo() 和 scrollBy() 方法滚动文档时，看不到"滚动"的过程，看上去有点像直接跳到指定的位置。如果要产生滚动的效果，可以使用 sample05.htm 中的方法。

9.5.7　移动窗口

Window 对象中的以下两个方法可以用来移动浏览器窗口。

```
window.moveTo(x,y)
window.moveBy(x,y)
```

其中 moveTo() 方法可以将窗口移动到一个绝对位置上，而 moveBy() 方法可以将窗口移动到一个相对位置上。移动的幅度由参数 x 和 y 来决定。

【实例 9.30】有关移动窗口的示例请看以下代码，注意加粗的文字。

```
01  <html>
02      <head>
03          <title>移动窗口</title>
04          <script type="text/javascript">
05              <!--
06                  function GoTo()
07                  {
08                      window.moveTo(myForm.moveX.value,myForm.moveY.value);
09                  }
10                  function GoBy()
```

```
11                {
12                  window.moveBy(myForm.moveX.value,myForm.moveY.value);
13                }
14            -->
15        </script>
16    </head>
17    <body>
18        <form name="myForm">
19            横坐标: <input type="text" name="moveX" value="10" size="5"><br>
20            纵坐标: <input type="text" name="moveY" value="10" size="5"><br>
21            <input type="button" value=" 移动到绝对位置 " onclick="GoTo()">
22            <input type="button" value=" 移动到相对位置 " onclick="GoBy()">
23        </form>
24    </body>
25 </html>
```

【代码说明】在本例中，第 19 ～ 22 行创建了两个文本框和两个按钮，其中文本框的作用是输入移动窗口的绝对位置或相对位置的坐标。单击"移动到绝对位置"按钮可以将窗口移动到一个绝对位置上。由于是绝对位置，所以只要文本框中的数字没有改变，无论单击多少次该按钮，窗口都会出现在同一个位置。单击"移动到相对位置"按钮可以将窗口移动到一个相对位置上，这个相对位置是相对当前窗口的位置。由于是相对位置，所以每次单击按钮，窗口都会移动一次。

注意　（1）在 moveTo() 与 moveBy() 方法中，参数可以为负数。
（2）为了安全起见，浏览器通常不允许将整个窗口移动到屏幕之外。

【运行效果】以上代码为本书配套代码文件目录"代码＼第 09 章＼ sample30.htm"里的内容，读者可以自己运行该文件来查看效果。

9.5.8　调整窗口大小

Window 对象中的以下两个方法可以用来调整浏览器窗口的大小：

```
window.resizeTo(x,y)
window.resizeBy(x,y)
```

其中，resizeTo() 方法可以将窗口调整到一个绝对大小，参数 x 代表窗口的宽度，参数 y 代表窗口的高度。resizeBy() 方法将窗口在当前大小的情况上，再增加或减小宽度和高度。参数 x 为要增加或减小的宽度的大小，以像素为单位。参数 y 为要增加或减小的高度的大小，以像素为单位。

【实例 9.31】有关调整窗口大小的示例请看以下代码，注意加粗的文字。

```
01 <html>
02    <head>
03        <title> 调整窗口大小 </title>
04        <script type="text/javascript">
05            <!--
06                function GoTo()
07                {
08     window.resizeTo(myForm.windowWidth.value,myForm.windowHeight.value);
09                }
10                function GoBy()
11                {
12     window.resizeBy(myForm.windowWidth.value,myForm.windowHeight.value);
```

```
13                    }
14                -->
15            </script>
16        </head>
17        <body>
18            <form name="myForm">
19                宽度: <input type="text" name="windowWidth" value="300" size="5"><br>
20                高度: <input type="text" name="windowHeight" value="300" size="5"><br>
21                <input type="button" value=" 调整到绝对大小 "onclick="GoTo()">
22                <input type="button" value=" 调整到相对大小 "onclick="GoBy()">
23            </form>
24        </body>
25    </html>
```

【代码说明】 在本例中，第 19 ～ 22 行创建了两个文本框和两个按钮，其中文本框的作用是输入要调整窗口大小的数值。单击"调整到绝对大小"按钮可以重新设置窗口的大小。由于是绝对大小，所以只要文本框中的数字没有改变，无论单击多少次该按钮，窗口的大小都是固定的。单击"调整到相对大小"按钮可以以增量或减量的方法来调整窗口的大小。由于是相对大小，所以每次单击按钮，窗口的大小都会改变一次。

注意
（1）如果 resizeBy() 方法中的参数为负数，则减少窗口宽度或高度。如果 resizeTo() 方法中参数为负数，浏览器会自动调整为负数的宽度或高度，使其不能小于 100 像素。
（2）为了安全起见，浏览器通常不允许将整个窗口宽度或高度小于 100 像素。

【运行效果】 以上代码为本书配套代码文件目录"代码 \ 第 09 章 \ sample31.htm"里的内容，读者可以自己运行该文件来查看效果。

9.6 超时与时间间隔

Window 对象中还有一些方法可以用来设置代码的执行时间和执行方式，例如在某个指定的时间执行代码或让代码周期执行等。

9.6.1 延迟执行代码

在 JavaScript 程序中，除了函数是需要调用时才执行的代码之外，所有代码都是在浏览器读取代码时立刻执行的。但使用 Window 对象的 setTimeout() 方法可以延迟代码的执行时间，也可以用该方法来指定代码的执行时间。setTimeout() 方法的语法代码如下：

```
window.setTimeout(code,delay)
```

其中参数解释如下。
❑ code：延迟执行的 JavaScript 代码。
❑ delay：延迟的时间，单位为毫秒。
【实例 9.32】 有关 setTimeout() 方法的示例请看以下代码，注意加粗的文字。

```
01    <html>
02        <head>
```

```
03          <title>延迟执行</title>
04          <script type="text/javascript">
05            <!--
06              function showName()
07              {
08                  setTimeout("alert(' 您的姓名为： ' +
09                  myForm.myName.value)",3000);
10              }
11            -->
12          </script>
13      </head>
14      <body>
15          <form name="myForm">
16              姓名：<input type="text" name="myName" value=" 刘智勇 ">
17              <input type="button" value=" 确定 "onclick="showName()">
18          </form>
19      </body>
20  </html>
```

【代码说明】在本例中，代码第 16 ～ 17 行创建了一个文本框和一个按钮。当单击按钮时调用 showName() 函数，该函数的作用是在 3 秒钟之后弹出一个警告框，警告框中的文字内容为文本框中的文字内容。如果只要弹出警告框的话，使用以下代码即可：

```
alert(' 您的姓名为： ' + myForm.myName.value)
```

但是如果要 3 秒钟之后再弹出警告框，就要使用 setTimout() 方法。如以下代码所示：

```
setTimeout(code,3000)
```

最后将 alert() 语句替换上面代码中的 code 参数就可以完成操作了。需要注意的是，code 参数必须是一个字符串，所以要用以下代码来替换 code 参数：

```
"alert(' 您的姓名为： ' + myForm.myName.value) "
```

【运行效果】以上代码为本书配套代码文件目录"代码 \ 第 09 章 \ sample32.htm"里的内容。读者可自行测试运行效果。

9.6.2　周期性执行代码

setTimeout() 方法只能让代码在延迟一定时间后执行，并不能让代码反复执行。如果要让代码反复执行，就必须要使用到 Window 对象的 setInterval() 方法。该方法的语法代码如下：

```
window.setInterval(code, interval)
window.setInterval(function, interval, parameters)
```

其中参数解释如下。

❑ code：要周期执行的 JavaScript 代码。

❑ interval：执行代码的周期时间，以毫秒为单位。

❑ function：要周期执行的函数。

❑ parameters：function 函数的参数列表。

【实例 9.33】有关 setIntervale() 方法的示例请看以下代码，注意加粗的文字。

```
01    <html>
02      <head>
03        <title> 周期执行 </title>
04        <script type="text/javascript">
05          <!--
06            function myFun()
07            {
08              setInterval("setDate()",1000);
09            }
10            function setDate()
11            {
12              var myDate = new Date();
13              myForm.showDate.value = myDate.toLocaleString();
14            }
15          -->
16        </script>
17      </head>
18      <body onload="myFun()">
19        <form name="myForm">
20          当前时间为: <input type="text" name="showDate" size="25">
21        </form>
22      </body>
23    </html>
```

【代码说明】本例的作用是在文本框中显示当前时间，并且每一秒更新一次该时间。本例的关键知识点如下。

❑ 第 6 ～ 9 行定义一个名为 myFun 的函数，该函数的作用是每隔一秒执行一次 setDate() 函数。

❑ 第 10 ～ 14 行定义一个名为 setDate 的函数，该函数的作用是获取当前时间，并在文本框中显示。

❑ 第 18 行在 body 元素中设置 load 事件，在网页加载完毕时调用 myFun() 函数。

【运行效果】以上代码为本书配套代码文件目录"代码 \ 第 09 章 \ sample33.htm"里的内容。读者可以自己运行该文件查看效果，并注意 setInterval() 方法与循环语句的区别。

9.6.3　停止周期性执行代码

使用 setInterval() 方法可以周期性执行代码，但是只有在少数情况下才需要将代码一直执行下去。在大多数情况下，只要达到了一定条件，都会需要停止代码的周期执行。Window 对象中的 clearInterval() 方法可以停止周期性执行代码。clearInterval() 方法的语法代码如下：

```
window.clearInterval(id)
```

其中，id 为 setInterval() 方法的返回值。clearInterval() 方法就是根据这个返回值来决定停止哪个 setInterval() 方法的周期执行。

【实例 9.34】请看以下代码，注意加粗的文字。

```
01    <html>
02      <head>
03        <title> 停止周期执行代码 </title>
04        <script type="text/javascript">
05          <!--
```

```
06              //times 变量用来设置计时
07              var times;
08              //intervalid 变量返回 setInterval() 方法的值。根据该值停止周期执行代码
09              var intervalid;
10              function showName()
11              {
12                  // 设置 3 秒后弹出警告框
13                  times = 3;
14                  // 初始化倒计时文本框中的数字
15                  myForm.showTime.value = times;
16              // 每隔一秒执行一次 setTime() 函数，即让倒计时文本框中的数字倒计时
17                  intervalid = setInterval("setTime()",1000);
18              }
19
20              function setTime()
        {
21                  // 时间计数减 1
22                  times--;
23                  // 在倒计时文本框中显示剩余时间
24                  myForm.showTime.value = times;
25                  // 判断剩余时间是否为 0
26                  if (times==0)
27                  {
28                      // 如果剩余时间为 0，停止倒计时文本框中的计数
29                      clearInterval(intervalid);
30                      // 弹出警告框
31                      alert(" 您的姓名为: " + myForm.myName.value);
32                  }
33              }
34          -->
35      </script>
36      </head>
37      <body>
38          <form name="myForm">
39              姓名: <input type="text" name="myName" value=" 刘智勇 ">
40              <input type="button" value=" 确定 "onclick="showName()"><br>
41              <input type="text" name="showTime" size="1" value="3"> 秒后弹出警告框
42          </form>
43      </body>
44  </html>
```

【运行效果】以上代码为本书配套代码文件目录 "代码 \ 第 09 章 \ sample34.htm" 里的内容，其运行结果如图 9.14 所示。

【代码说明】在本例中，第 39 ～ 41 行创建了两个文本框和一个按钮，其中第 1 个文本框用于输入姓名，第 2 个文本框用于倒计数。本例的作用是：在第 1 个文本框中输入姓名并单击 "确定" 按钮之后，第 2 个文本框从 3 秒开始倒计时，3 秒之后弹出一个警告框，显示输入的姓名。本例的关键知识点如下。

（1）在单击 "确定" 按钮之后，倒计时文本框中的文字要开始倒计数，并且是从 3 秒开始计数。因此，必须在单击 "确定" 按钮之后初始化倒计时文本框中的文字，即将倒计时文本框中的文字设为 3，如以下代码所示。之所以要用 times

图 9.14　sample34.htm 的运行结果

变量是为了可以用递减的方法倒计时。

```
times = 3;
myForm.showTime.value = times;
```

（2）由于每次单击按钮时都要初始化倒计时文本框中的文字，所以将以上代码写为一个名为 showName 的函数，并设置按钮的 click 事件调用该函数。

（3）使用 setInterval() 每隔 1 秒钟向倒计时文本框中更新一次数字，并且数字每隔 1 秒递减 1，这样可以让倒计时文本框中的数字看起来好像是在倒计数。setInterval() 方法所调用的代码如下：

```
times--;
myForm.showTime.value = times;
```

（4）为了方便 setInterval() 方法调用以上文字，将以上文字独立成名为 setTime 的函数。

（5）setInterval() 方法每隔 1 秒调用一次 setTime() 函数，就可以达到倒计数的效果。调用代码如下所示，其中 intervalid 变量是为了方便 3 秒以后停止计数所用。以下代码必须放在 showName() 函数中执行。

```
intervalid = setInterval("setTime()",1000);
```

（6）通过对变量 times 是否等于 0 可以判断出是否倒计数 3 秒结束。如果倒计数结束，则停止倒计数，并弹出警告框。如以下代码所示：

```
if (times==0)
{
    clearInterval(intervalid);
    alert("您的姓名为: " + myForm.myName.value);
}
```

9.6.4 取消延迟执行

与停止周期性执行代码类似，Window 对象中的 clearTimeout() 方法也可以取消延迟执行的代码。clearTimeout() 方法的语法代码如下：

```
window.clearTimeout(id)
```

其中 id 为 setTimeout() 方法的返回值。clearTimeout() 方法就是根据这个返回值来决定停止哪个 setTimeout() 方法的延迟执行。

【实例 9.35】请看以下代码，注意加粗的文字。

```
01    <html>
02      <head>
03        <title>延迟执行</title>
04        <script type="text/javascript">
05          <!--
06            var intervalid;
07            function showName()
08            {
09                intervalid = setTimeout("alert('您的姓名为: ' +
10                    myForm.myName.value)",3000);
11            }
```

```
12              function showNameStop()
13              {
14                  clearTimeout(intervalid);
15              }
16          -->
17      </script>
18  </head>
19  <body>
20      <form name="myForm">
21          姓名: <input type="text" name="myName" value=" 刘智勇 ">
22          <input type="button" value=" 确定 " onclick="showName()">
23          <input type="button" value=" 取消弹出警告框 " onclick="showNameStop()">
24      </form>
25  </body>
26  </html>
```

【代码说明】本例在 sample32.htm 的基础上添加了一个按钮。在单击"确定"按钮后,将会延迟 3 秒弹出警告框。如果在单击"确定"按钮后的 3 秒之内单击了"取消弹出警告框"按钮,将会取消警告框的弹出。

【运行效果】以上代码为本书配套代码文件目录"代码 \ 第 09 章 \ sample35.htm"里的内容。读者可自行测试运行效果。

9.7　框架操作

HTML 中的 frameset 元素可以创建框架。虽然在很多时候都把框架称为 Frame 对象,但是事实上,在 JavaScript 中并不存在 Frame 对象。所谓的 Frame 对象只是 Window 对象的一个实例,该对象拥有 Window 对象的所有方法和属性以及事件。

9.7.1　框架介绍

框架可以在同一个浏览器窗口里打开多个网页,并且这些网页之间并不是独立的,网页与网页之间的信息可以有相互的联系。

【实例 9.36】以下代码可以创建一个框架,请注意加粗的文字。

```
01  <html>
02  <head>
03      <title> 框架页 </title>
04  </head>
05  <!-- 将浏览器窗口水平划分为两个部分 -->
06  <frameset rows="20%,*">
07      <!-- 水平划分的第一个部分加载 sample37_top.htm 文件 -->
08      <frame src="sample37_top.htm" name="top">
09      <!-- 水平划分的第二个部分并没有加载文件,而是再垂直划分为两个部分 -->
10      <frameset cols="30%,*">
11          <!-- 垂直划分的第一个部分加载 sample37_left.htm 文件 -->
12          <frame src="sample37_left.htm" name="left">
13          <!-- 垂直划分的第二个部分加载 sample37_right.htm 文件 -->
14          <frame src="sample37_right.htm" name="right">
15      </frameset>
16  </frameset>
17  </html>
```

【运行效果】以上代码为本书配套代码文件目录"代码\第 09 章\ sample36.htm"里的内容，其运行结果如图 9.15 所示。

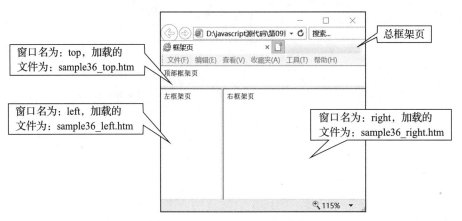

图 9.15　sample36.htm 运行结果

【代码说明】要制作一个这样的框架页，一共需要 4 个文件。

❑ 第一个文件为 sample36.htm，该文件的作用是将浏览器窗口划分为 3 个部分，并指定每一部分应该加载哪个网页。

❑ 第二个文件为 sample36_top.htm，即显示在框架顶部的文件，窗口名为"top"。

❑ 第三个文件为 sample36_left.htm，即显示在框架左侧的文件，窗口名为"left"。

❑ 第四个文件为 sample36_right.htm，即显示在框架右侧的文件，窗口名为"right"。

可以用以下的层次图来表示 sample36.htm 的框架与网页之间的关系，如图 9.16 所示。

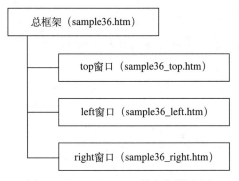

图 9.16　sample36.htm 的框架层次图

注意　使用 iframe 元素创建的内置框架也属于框架的一种。

9.7.2　框架的数量

在 Window 对象中有一个 frames 属性，该属性是个数组，数组中的元素代表着框架中所包含的窗口。因此，在框架页中可以使用 frames[0] 表示第 1 个子窗口、frames[1] 表示第 2 个子窗口，以此类推。如果一个窗口中没有包含框架，那么 frames[] 数组为空，也就是 frames[] 数组中的元素个数为 0。

【实例 9.37】请看以下代码，注意加粗的文字。

```
01  <html>
02    <head>
03      <title>框架页</title>
04    </head>
05    <body>
06      <iframe src="sample38_1.htm" height="50"></iframe><br>
07      <iframe src="sample38_2.htm" height="50"></iframe><br>
08      <iframe src="sample38_3.htm" height="50"></iframe><br>
09      <script type="text/javascript">
10        <!--
11          document.write("本页中一共存在 " + window.frames.length + " 个子窗口
12            ");
13        -->
14      </script>
15    </body>
16  </html>
```

【代码说明】在本例中第 6 ～ 8 行使用了 iframe 元素创建了 3 个内置框架，使用 " window.frames.length " 语句可以得到子窗口的数量。由于浏览器对 HTML 代码和 JavaScript 代码都是逐行执行，函数除外。因此，在本例中，必须将 window.frames.length 语句放在 iframe 元素之后，否则该语句将返回 0。

【运行效果】以上代码为本书配套代码文件目录 "代码\第 09 章 \sample37.htm" 里的内容，其运行结果如图 9.17 所示。

图 9.17　sample37.htm 运行结果

9.7.3　父窗口与子窗口

框架中的窗口与窗口之间并不是没有联系的，如图 9.16 所示的就是框架页中窗口与窗口之间的关系。Window 对象的 frames 属性是一个数组，该数组中的每一个元素都代表着框架页面中的子窗口。例如 frames[0] 代表第 1 个子窗口、frames[1] 代表第 2 个子窗口，以此类推。frames 数组中的元素也是 Window 对象，所以，通过 frames 数组中的元素，可以操作每个子窗口中的数据。

【实例 9.38】请看以下代码，注意加粗的文字。

```
01  <html>
02    <head>
03      <title>框架页</title>
04    </head>
05    <body>
06      <iframe src="sample38_1.htm" height="50"></iframe><br>
07      <iframe src="sample38_2.htm" height="50"></iframe><br>
08      <iframe src="sample38_3.htm" height="50"></iframe><br>
09      <script language="javascript" type="text/javascript">
10        <!--
11          for (i=0;i<window.frames.length;i++)
```

```
12                    {
13                        // 在子窗口文档中输入文字
14                        window.frames[i].document.write(" 这是第 " + (i+1) + " 个子窗口的内容 ");
15                        // 关闭子窗口文档的输出流
16                        window.frames[i].document.close();
17                    }
18              -->
19          </script>
20      </body>
21  </html>
```

【运行效果】以上代码为本书配套代码文件目录"代码\第 09 章 \ sample38.htm"里的内容，其运行结果如图 9.18 所示。

【代码说明】在本例中第 6 ~ 8 行使用了 iframe 元素创建了 3 个内置框架。由于 frames 属性返回的是 Window 对象，因此，window.frames[0] 代表第 1 个窗口。而 window.frames[0]. document.write() 相当于在第 1 个窗口中（即 sample37_1.htm）使用了 document.write() 方法。在本例中通过循环在框架页中为每个子窗口输出了一行文字。

在框架或窗口中使用 frames[0] 可以引用它的第一个子框架，如果引用的子框架页中还包含了子框架，同样可以使用以下代码来引用该框架页下的第一个子框架页。

图 9.18　sample38.htm 运行结果

```
frames[0].frames[0]
```

【实例 9.39】有关多层子框架引用的示例请看以下代码，注意加粗的文字。

```
01  <html>
02      <head>
03          <title> 框架页 </title>
04      </head>
05      <body>
06          <iframe src="sample38.htm" width="400" height="250"></iframe><br>
07          <input type="button" value=" 更新内容按钮 " onclick="upDate()">
08          <script type="text/javascript">
09              <!--
10              function upDate()
11              {
12                  for (i=0;i<window.frames.length;i++)
13                  {
14                      for (j=0;j<window.frames[i].frames.length;j++)
15                      {
16                          // 在子窗口文档中输入文字
17                          window.frames[i].frames[j].document.write(" 这是第 " + (j+1)
18                              + " 个子窗口的内容 ");
19                          // 关闭子窗口文档的输出流
20                          window.frames[i].frames[j].document.close();
21                      }
22                  }
23              }
24              -->
```

```
25        </script>
26      </body>
27    </html>
```

【代码说明】 在本例中使用第 6 行的 iframe 元素创建了一个内置框架，该框架中引用的是 sample38.htm 文件，该文件中也有 3 个内置框架。单击"更新内容按钮"按钮之后调用 upDate()，在该函数是通过一个循环在所有子窗口中输出一行文字。循环体中关键的语句如下所示，该语句可以用来调用所有子窗口。

```
window.frames[i].frames[j].document.write()
```

【运行效果】 以上代码为本书配套代码文件目录"代码\第 09 章\ sample39.htm"里的内容，其运行结果如图 9.19 所示。

9.7.4　窗口之间的关系

除了在父窗口中可以引用子窗口之外，JavaScript 还允许在子窗口中引用父窗口，以及在几个子窗口中互相引用。

1. 框架关系中常用到的属性

在介绍框架调用之前，先介绍以下几个 Window 对象的属性，通过这几个属性可以用来引用不同的框架。

图 9.19　sample39.htm 运行结果

❑ self：该属性代表当前窗口，与 window 等价。

❑ parent：该属性代表当前窗口的父级窗口。

❑ top：当前窗口的顶级窗口。

2. 一个复杂的框架

【实例 9.40】 为了可以更好地理解框架中的窗口与窗口之间的关系，以下代码中创建了一个比较复杂的框架。

```
01    <html>
02      <head>
03        <title> 框架页 </title>
04      </head>
05      <!-- 将浏览器窗口水平划分为两个部分 -->
06      <frameset rows="20%,*">
07        <!-- 水平划分的第一个部分加载 sample41_top.htm 文件 -->
08        <frame src="sample41_top.htm" name="ftop">
09        <!-- 水平划分的第二个部分并没有加载文件，是再垂直划分为两个部分 -->
10        <frameset cols="30%,*">
11          <!-- 垂直划分的第一个部分加载 sample41_left.htm 文件 -->
12          <frame src="sample41_left.htm" name="fleft">
13          <!-- 垂直划分的第二个部分加载 sample41_right.htm 文件 -->
14          <frame src="sample41_right.htm" name="fright">
15        </frameset>
16      </frameset>
17    </html>
```

【代码说明】 以上代码为本书配套代码文件目录"代码\第 09 章\ sample40.htm"里的内容，

该文件将一个浏览窗口划分成上、左、右三个区域。其中上框架加载了 sample40_top.htm 文件、左框架加载了 sample40_left.htm 文件、右框架加载了 sample40_right.htm 文件。而 sample40_right. htm 文件也是一个框架页，其源代码如下：

```
01    <html>
02      <head>
03         <title>右框架页 </title>
04      </head>
05      <!-- 将浏览器窗口水平划分为两个部分 -->
06      <frameset rows="20%,*">
07         <!-- 水平划分的第一个部分加载 sample41_right_1.htm 文件 -->
08         <frame src="sample41_right_1.htm" name="right_top">
09         <!-- 水平划分的第二个部分加载 sample41_right_2.htm 文件 -->
10         <frame src="sample41_right_2.htm" name="rigth_under">
11      </frameset>
12    </html>
```

【运行效果】在 sample40_right.htm 文件中，将窗口水平划分了两个区域，其中上框架加载了 sample40_right_1.htm 文件、下框架加载了 sample40_right_2.htm 文件。在浏览器中打开 sample40. htm 文件的结果如图 9.20 所示。

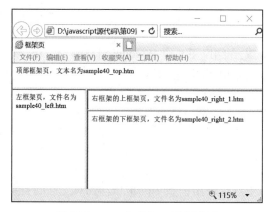

图 9.20 sample40.htm 运行结果

图 9.21 为 sample40.htm 的框架层次图，通过该图可以更好地理解 sample40.htm 中的框架结构。

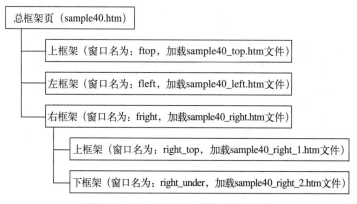

图 9.21 sample40.htm 的框架层次图

3. 框架自身的引用

图 9.21 中，任何一个框架中的 self 属性都代表该窗口的本身。例如总框架页中的 self 属性，代表的是加载 sample40.htm 文件的窗口；名为 top 的子窗口中的 self 属性代表的就是加载 sample40_top.htm 文件的窗口。例如将以下代码分别加在 sample40_top.htm 与 sample40_right_2.htm 文件的最后，输出结果如图 9.22 所示。

```
<script type="text/javascript">
    <!--
    self.document.write(" 使用 self.document.write() 方法输出的文字 ");
    -->
</script>
```

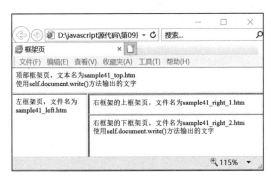

图 9.22 self 属性的输出结果

从该图可以看出，在哪个页面使用了 self 属性，只会作用在该页面上。对于 sample40_top.htm 和 sample40_right_2.htm 文件来说，以下 3 个语句的作用是相同的。

```
self.document.write();
window.document.write();
document.write();
```

4. 父窗口对子窗口的引用

父窗口对子窗口的引用，使用的就是 Window 对象中的 frames 属性，这在前面章节中已经介绍过了。以 sample40.htm 为例，父窗口对子窗口的引用如图 9.23 所示。

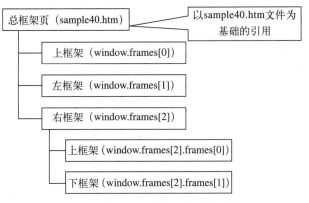

图 9.23 父窗口对子窗口的引用示意图

5. 子窗口对父窗口及其他窗口的引用

子窗口对父窗口的引用，就要使用到 Window 对象的 parent 属性，该属性所代表的就是父级窗口。通过 parent 属性与 frames 属性的结合，子窗口不但可以引用父窗口，还可以引用其他兄弟窗口或子窗口。以图 9.23 的框架层次图为例，sample40_left.htm 文件对各窗口的引用情况如图 9.24 所示。

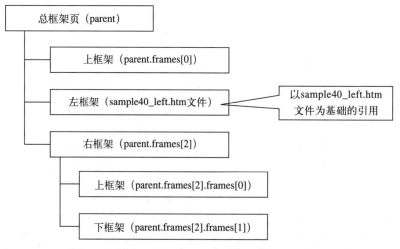

图 9.24 子窗口对父窗口及其他窗口的引用示意图

框架嵌套层次比较多的子框架也可以通过多次使用 parent 属性来依次调用父级或父级以上的窗口。以图 9.22 的框架层次图为例，sample40_right_1.htm 文件对各窗口的引用情况如图 9.25 所示。

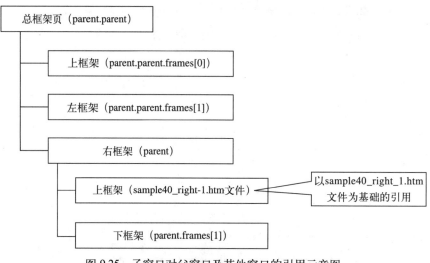

图 9.25 子窗口对父窗口及其他窗口的引用示意图

> **提示**　如果一个窗口的本身是顶级窗口，那么 parent、self、window 属性所引用的 Window 对象都是相同的。

6. 对顶级窗口的引用

从图 9.24 中可以看出，多次使用 parent 属性可以引用父级以上的窗口，但如果框架嵌套的层次比较多，多次使用 parent 属性会显得很麻烦。Window 对象的 top 属性可以直接引用到顶层（即最外层）的窗口。以图 9.22 的框架层次图为例，sample40_right_1.htm 文件对各窗口的引用情况如图 9.26 所示。

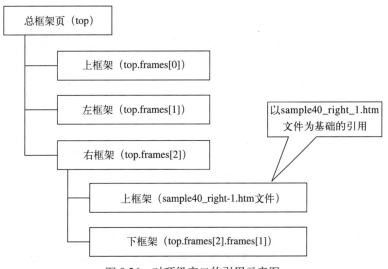

图 9.26　对顶级窗口的引用示意图

Window 对象的 top 属性永远是对最顶层的窗口的引用，因此，在图 9.26 中，无论是以哪个文件为基本的引用，引用的方法和值都是相同的。

> **提示**
> （1）如果一个窗口的本身就是顶级窗口，那么该窗口的 top、parent、self 和 window 属性所引用的窗口都是同一个窗口，即该窗口本身。
> （2）如果一个窗口是顶级窗口的直接子窗口，那么该窗口的 top、parent 属性所引用的都是同一个窗口，即该窗口的父级窗口。

9.7.5　窗口的名字

在使用 HTML 代码创建一个框架时，经常会使用到类似于下面的代码：

```
<frame src="sample41_top.htm" name="top">
```

在上面代码中使用了 name 属性为框架中的窗口设置了一个名称，使用窗口名称也可以引用该窗口的 Window 对象。以图 9.22 的框架层次图为例，sample40_top.htm 文件对各窗口的引用情况如图 9.27 所示。

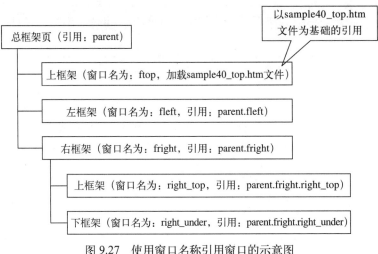

图 9.27 使用窗口名称引用窗口的示意图

9.8 Window 对象的子对象

Window 对象是 BOM 模型中的顶层对象，因此所有 BOM 模型中的对象都是该对象的子对象。Window 对象的子对象包括 Document 对象、History 对象、Location 对象、Math 对象、Navigator 对象和 Screen 对象等。

9.8.1 Document 对象

Document 对象引用的是 HTML 文档，因此 Document 对象可以说是在 BOM 模型中使用得最多的对象。Document 对象可以对文档中的内容进行操作，如超链接颜色、文档的背景颜色、文档中的 Cookies、表单和图片等。有关 Document 对象在后续章节里还会详细介绍。

9.8.2 History 对象

History 对象所存储的是当前窗口的浏览历史。但是出于安全性的考虑，History 对象并不能调用浏览历史的记录，只能让当前窗口中的文档前进或后退到某一个已经访问过的 URL。

9.8.3 Location 对象

Location 对象所引用的是当前文档的 URL。使用 Location 对象可以获得当前文档的 URL 的各个部分，例如协议部分、主机名部分、端口部分和路径部分等。使用 Location 对象的 search 属性还可以得到 URL 的查询部分。Location 对象还可以重载文档或用一个新文档来替换当前文档。

9.8.4 Math 对象

Math 对象在第 6 章中就已经做过介绍。Math 对象主要作用是为数学计算提供常量和计算函数。Math 对象是一种静态对象，可以直接拿来就可以使用，不需要去定义一个数学对象实例。

9.8.5　Navigator 对象

Navigator 对象包含了浏览器的总体信息，例如浏览器的名称、版本信息、代码名称、浏览器版本所使用的默认语言和运行浏览器的硬件平台等。Navigator 对象甚至还可以用来检测浏览器安装了一些什么插件、是否启用 Java 等高级功能。通过对 Navigator 对象的使用，可以收集用户的信息或者根据用户的浏览器信息来选择显示的页面。

9.8.6　Screen 对象

Screen 对象包含了有关用户所使用的显示器信息，例如显示器的分辨率、显示器的可用的颜色数量等信息。可以通过 Screen 对象对显示器分辨率的判断来调整用户浏览的网页，例如使用 1024×768 的分辨率显示器的用户看到的是一个内容比较多的网页，而使用 800×600 分辨率显示器的用户看到的是一个内容比较少的网页。

9.9　IE 浏览器中的方法和属性

除了前面章节中所介绍过的 Window 对象的方法和属性之外，IE 浏览器对 Window 对象进行了扩展，拥有一些 IE 浏览器中才能使用的 Window 对象的方法和属性。不过不同版本的 IE 浏览器对这些方法和属性的支持情况可能也有所不同。以下方法与属性为 IE 浏览器所支持的方法和属性。

9.9.1　IE 浏览器中的方法

IE 浏览器中允许使用以下两个方法，如表 9.5 所示。

表 9.5　IE 浏览器中的方法

方　法　名	说　　　明	参数说明
navigate(url)	加载一个文档	url：字符串，指用来加载的文档的 URL
print()	打印当前文档，与用户单击了浏览器上的打印按钮效果相同	

9.9.2　IE 浏览器中的属性

IE 浏览器中为 Window 对象扩展了以下两个属性，如表 9.6 所示。

表 9.6　IE 浏览器中的属性

属　性　名	说　　　明
event	引用一个 Event 对象，该对象的作用是存放窗口中最近发生的事件的详细信息
clientInformation	该属性与 Window 对象中的 navigator 属性相同，都是用来引用 Navigator 对象

9.10　小结

在本章中介绍了 Window 对象的事件、方法和属性，Window 对象是 BOM 结构模型中的顶层对象，是其他所有对象的父级对象。Window 对象可以操作对话框、状态栏、浏览器窗口和框架，还可以让 JavaScript 代码延期执行或周期执行。Window 对象的子对象在后续章节里将会陆续介绍，在第 10 章里将会介绍 Screen 对象和 Navigator 对象。

9.11　本章练习

1. 弹出输入提示框的方法是_____？

    A. window.open();   B. window.confirm();

    C. window.alert();   D. window.prompt();

2. document.close(); 的意思是_____？

3. 在窗口中，_____代表父亲对象，_____代表最顶端对象。

第 10 章　屏幕对象与浏览器对象

Screen 对象，也称为屏幕对象，这是一个由 JavaScript 自动创建的对象，用来描述屏幕的颜色和显示信息。Navigator 对象，也称为浏览器对象，该对象用于描述客户端浏览器相关信息。本章将会详细介绍这两种对象。

本章重点：

❑ 了解屏幕对象的各个属性；
❑ 掌握浏览器对象的子对象和属性；
❑ 操作浏览器的各种方法。

10.1　屏幕对象

JavaScript 是一种在客户端执行的语言，而不同的客户端所使用的计算机以及计算机上所使用的显示器都有可能是不相同的。不同显示器的大小、分辨率、可使用的色彩可能都不一样。那么对于同一个网页来说，在不同的显示器上显示的效果也就有可能不同。例如一个以 1024×768 分辨率为基础设计的网页，在 800×600 分辨率的显示器上浏览的效果可能会出现偏差。

10.1.1　屏幕对象属性

Screen 对象是一个由 JavaScript 自动创建的对象，该对象的作用主要是描述客户端的显示器的信息，例如屏幕的分辨率、可用颜色数等。Screen 对象是一个全局对象，该对象中存放的都是静态属性，这些属性值是只读的。Screen 对象的属性如表 10.1 所示。

表 10.1　Screen 对象的属性

属　性　名	说　　　明
height	屏幕的高度，单位为像素
width	屏幕的宽度，单位为像素
colorDepth	颜色深度
availHeight	显示器可用的屏幕高度，单位为像素。对于 Windows 操作系统来说，在屏幕底部通常都有一个任务栏，那么屏幕的可用高度就是屏幕高度减去任务栏的高度
availWidth	显示器可用的屏幕宽度，单位为像素

10.1.2 客户端显示器屏幕的分辨率

客户端计算机的显示器可能会有所不同，而不同显示器的分辨率也就有可能不同。Windows 推荐的显示器分辨率为 1366×768。以 Windows 操作系统为例，查看和设置显示器分辨率的方法如下：

（1）右击桌面空白处，在弹出的菜单中选择"显示设置"菜单。

（2）在弹出的"设置"窗口中选择"显示"选项。

（3）如图 10.1 所示，可以设置"屏幕分辨率"。

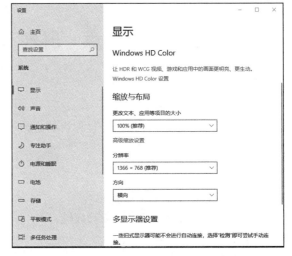

图 10.1 查看和设置屏幕分辨率

【实例 10.1】Screen 对象中的 height 属性和 width 属性可以分别获得客户端显示器的高度与宽度，而这个高度与宽度也正是客户端显示器屏幕的分辨率。请看以下代码，注意加粗的文字：

```
01   <html>
02     <head>
03       <title> 获取客户端显示器分辨率 </title>
04       <script type="text/javascript">
05         <!--
06           document.write(" 您的屏幕分辨为: "
07             + screen.width + "*" +screen.height);
08         -->
09       </script>
10     </head>
11     <body>
12     </body>
13   </html>
```

【代码说明】代码第 7 行使用了 Screen 对象中的 height 属性和 width 属性，获取的值组成一个字符串然后直接输出在屏幕上。

【运行效果】以上代码为本书配套代码文件目录"代码\第 10 章\sample01.htm"里的内容，其运行结果如图 10.2 所示。不同客户端的屏幕分辨率可能会导致该文件的运行结果不同，读者也可以在如图 10.1 所示对话框中设置不同的屏幕分辨率后再运行该文件，看看运行结果有什么变化。

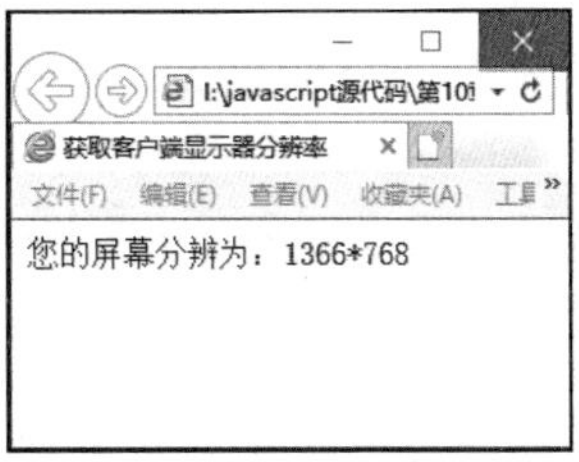

图 10.2 sample01.htm 的运行结果

10.1.3 客户端显示器屏幕的有效宽度和高度

所谓有效宽度和高度，是指在打开客户端浏览器时，所能达到的最大宽度和高度。在不同的操作系统中，操作系统本身可能要占据整个显示器屏幕的一定位置，那么在浏览器窗口最大化打开时，也许不能占满整个显示器屏幕，有效宽度和高度就是指浏览器窗口所能占据的最大宽度和高度。例如在 Windows 操作系统中，默认情况下任务栏会一直显示在屏幕的最下方，即使浏览器窗口最大化，也不可能占满整个屏幕。此时，有效宽度和高度就是浏览器窗口最大化时所占据的宽度和高度。

【实例 10.2】请看以下代码，注意加粗的文字：

```
01    <html>
02      <head>
03        <title> 客户端显示器屏幕的有效宽度和高度 </title>
04        <script type="text/javascript">
05          <!--
06            document.write(" 您的屏幕的宽度和高度为: " + screen.width + "*" +
07              screen.height + "<br>");
08            document.write(" 您的屏幕的有效宽度和高度为: " + screen.availWidth +
09              "*" + screen.availHeight + "<br>");
10          -->
11        </script>
12      </head>
13      <body>
14      </body>
15    </html>
```

【代码说明】在本例中可以看出，屏幕的有效高度与屏幕的高度是不相同的。在 Windows 操作系统中，屏幕的有效高度相当于屏幕的高度减去状态栏的高度。

【运行效果】以上代码为本书配套代码文件目录"代码\第 10 章 \ sample02.htm"里的内容，其运行结果如图 10.3 所示。不同客户端的屏幕分辨率可能会导致该文件的运行结果不同。读者可以自己设置状态栏的高度或将状态栏设置成自动隐藏状态之后，再运行该文件，看看结果有什么不同。

图 10.3　sample02.htm 的运行结果

10.1.4　颜色深度

Screen 对象的 colorDepth 属性可以用来查看屏幕所使用的颜色深度，也就是屏幕可用颜色数。这个颜色深度是以 2 为底的对数，例如屏幕的可用颜色为 128 色，则返回 7；可用颜色为 256，则返回 8；可用颜色为 2^{16}（16 位增强色），则返回 16；可用颜色为 2^{32}（32 位真彩色），则返回 32。屏幕的颜色深度代表着颜色质量，颜色深度值越大，屏幕可显示的颜色数越多，颜色质量也就越高。

【实例 10.3】有关 Screen 对象的 colorDepth 属性的使用方法请看以下代码，注意加粗的文字：

```
01    <html>
02      <head>
03        <title> 颜色深度 </title>
04        <script type="text/javascript">
05          <!--
06            var colors = screen.colorDepth;
07            document.write(" 您的屏幕的颜色深度为: " + colors + "<br>");
08            document.write(" 可用颜色为: " + Math.pow(2,colors) + "<br>");
09          -->
10        </script>
11      </head>
12      <body>
13      </body>
14    </html>
```

【代码说明】 代码第 6 行定义了变量 colors，然后代码第 7 行直接输出这个变量。可用颜色是通过代码第 8 行的 Math.pow 方法获取。

【运行效果】 以上代码为本书配套代码文件目录 "代码 \ 第 10 章 \ sample03.htm" 里的内容，其运行结果如图 10.4 所示。不同客户端的屏幕颜色深度不同，可能会导致该文件的运行结果不相同。读者也可以在如图 10.1 所示对话框中设置不同的颜色质量后再运行该文件，看看运行结果有什么变化。

图 10.4　sample03.htm 的运行结果

10.1.5　综合应用

使用 Screen 对象可以根据客户端显示器的不同情况来为用户输出不同的内容。例如对于分辨率不同的用户输出不同的网页；对于颜色深度不同的用户显示颜色质量不同的图片等。下面的例子可以根据不同的显示器分辨率显示不同的文字内容，并且无论是什么显示器分辨率都能让浏览器窗口最大化显示。

【实例 10.4】 请看以下代码，注意加粗的文字：

```
01    <html>
02      <head>
03        <title>综合应用</title>
04        <script type="text/javascript">
05          <!--
06            // 获得屏幕的宽度
07            var ScreenWidths = screen.width;
08            // 获得屏幕的有效高度
09            var ScreenAvailHeight = screen.availHeight;
10            // 获得屏幕的有效宽度
11            var ScreenAvailWidth = screen.availWidth;
12
13            // 根据不同的分辨率输出不同的内容
14            if (ScreenWidths == 1024)
15            {
16              document.write(" 您正在使用的屏幕分辨为：1024×768" );
17            }
18            else if (ScreenWidths == 800)
19            {
20              document.write(" 您正在使用的屏幕分辨为：1024×768" );
21            }
22            else
23            {
24              document.write(" 您正在使用的屏幕分辨为：" + screen.width + "*" +
25                screen.height);
26            }
27            // 将窗口移动到屏幕的左上角
28            window.moveTo(0,0);
29            // 根据显示器的有效宽度和高度自动调整浏览器窗口大小
30            window.resizeTo(ScreenAvailWidth,ScreenAvailHeight);
31          -->
32        </script>
33      </head>
34      <body>
35      </body>
36    </html>
```

【代码说明】 代码第 6 ～ 11 行获取屏幕的宽度、有效高度和有效宽度。代码第 14 ～ 26 行判断根据不同的分辨率输出不同的内容。

【运行效果】以上代码为本书配套代码文件目录"代码\第 10 章\sample04.htm"里的内容，读者可以自己运行该文件查看效果。

10.2　浏览器对象

Navigator 对象，也称为浏览器对象，该对象包含了浏览器的整体信息，如浏览器名称、版本号等。早期的 Netscape 浏览器称为 Navigator 浏览器，Navigator 对象是在 Navigator 浏览器之后命名的。后来，Navigator 对象成为了一种标准，IE 浏览器也支持 Navigator 对象。可惜不同的浏览器都自己制定了不同的 Navigator 对象属性，使得 Navigator 对象属性有很多不同。

10.2.1　浏览器对象属性

虽然各种浏览器对 Navigator 对象的支持有所不同，但表 10.2 中的 5 个 Navigator 对象的属性是大多数浏览器都支持的属性，这 5 个属性返回的都是字符串类型的值。

表 10.2　Navigator 对象的属性

属　性　名	说　　明
appName	返回浏览器的名称
appVersion	返回浏览器的版本号
userAgent	返回浏览器用于 HTTP 请求的用户代理头的值
appCodeName	返回浏览器的代码名
platform	返回运行浏览器的操作系统或硬件平台

除了以上属性之外，IE 浏览器还扩展了一些 Navigator 对象属性，这些 Navigator 对象属性如表 10.3 所示。

表 10.3　IE 浏览器支持的 Navigator 对象属性

属　性　名	说　　明
cookieEnabled	检测浏览器是否支持 cookie。该属性值为布尔类型，如果浏览器支持 cookie 则返回 true，否则返回 false
systemLanguage	返回操作系统使用的默认语言，该属性值为字符串
userLanguage	返回用户使用的语言，该属性值为字符串

【实例 10.5】有关 Navigator 对象属性的示例请看以下代码，注意加粗的文字：

```
01    <html>
02      <head>
03        <title>Navigator 对象的属性</title>
04        <script type="text/javascript">
05          <!--
06            document.write("<i>JavaScript 中的 Navigator 对象的属性:
07                </i><br><br>");
08
09            document.write("<b>浏览器名: </b>" + navigator.appName + "<br>");
10            document.write("<b>浏览器代码名: </b>" + navigator.appCodeName
```

```
11                    + "<br>");
12            document.write("<b> 浏览器版本: </b>" + navigator.appVersion +
13                    "<br>");
14            document.write("<b>HTTP 头: </b>" + navigator.userAgent+"<br>");
15            document.write("<b> 操作平台: </b>" + navigator.platform+"<br><br>");
16
17            document.write("<i>IE 浏览器中的 Navigator 对象的属性: </i><br><br>");
18
19            document.write("<b> 是否支持 Cookie: </b>" +
20                    navigator.cookieEnabled + "<br>");
21            document.write("<b> 操作系统的默认语言: </b>" +
22                    navigator.systemLanguage + "<br>");
23            document.write("<b> 用户使用的语言: </b>" + navigator.userLanguage
24                    + "<br><br>");
25
26            document.write("<i>Netscape 浏览器中的 Navigator 对象的属性:
27                    </i><br><br>");
28
29            document.write("<b> 是否支持 Cookie: </b>" +
30                    navigator.cookieEnabled + "<br>");
31            document.write("<b> 浏览器中默认的语言: </b>" + navigator.language +
32                    "<br>");
33            document.write("<b>MimeType: </b>" + navigator.mimeTypes +
34                    "<br>");
35            document.write("<b>plugins: </b>" + navigator.plugins + "<br>");
36        -->
37    </script>
38    </head>
39    <body>
40
41    </body>
</html>
```

【运行效果】以上代码为本书配套代码文件目录 "代码 \ 第 10 章 \sample05.htm" 里的内容。该文件在 IE 浏览器中的运行结果如图 10.5 所示。

图 10.5　sample05.htm 在 IE 浏览器中的运行结果

【代码说明】通过图 10.5 可以发现,IE 浏览器对 Navigator 对象属性的支持情况如下所示。

❑ appName：该属性返回浏览器名称。无论是 IE 浏览器、Google Chrome 还是 Microsoft Edge 浏览器，都返回 "Netscape"。

❑ appCodeName：该属性返回浏览器代码名称。无论是 IE 浏览器、Google Chrome 还是 Microsoft Edge 浏览器，都返回 "Mozilla"。

❑ appVersion：该属性返回浏览器版本。对于 IE 11.0 浏览器来说，返回 "5.0 (Windows NT 10.0; WOW64; Trident/7.0; .NET4.0C; .NET4.0E; .NET CLR 2.0.50727; .NET CLR 3.0.30729; .NET CLR 3.5.30729; HCTE; rv:11.0) like Gecko"，这个返回值比较长。小括号中的内容是使用浏览器的当前系统环境，在小括号前的是浏览器代码版本，而并不是平时所说的浏览器版本，只有 "rv: 11.0" 标识的才是真正的浏览器版本。

注意　appVersion 属性不仅可以返回浏览器版本，还可以返回当前环境。如小括号中的 ".NET CLR 2.0.50727" 等，不同的操作系统环境返回的结果不同。

❑ userAgent：该属性返回浏览器用于 HTTP 请求的用户代理头的值。对于 IE 11.0 浏览器来说，返回 "Mozilla/5.0 (Windows NT 10.0; WOW64; Trident/7.0; .NET4.0C; .NET4.0E; .NET CLR 2.0.50727; .NET CLR 3.0.30729; .NET CLR 3.5.30729; HCTE; rv:11.0) like Gecko"，通过 HTTP 请求的用户代理头的值也可以看出用户使用的浏览器及版本。

❑ platform：该属性值返回操作系统平台。IE 浏览器、Google Chrome、Microsoft Edge 等浏览器所返回的值应该是相同的。

❑ cookieEnabled：该属性返回浏览器对 cookie 的支持情况。该属性虽然不是 JavaScript 中规定的属性，但是 IE 浏览器、Google Chrome、Microsoft Edge 等浏览器都支持该属性。

❑ systemLanguage：该属性返回操作系统的默认语言，不过只有 IE 浏览器支持该属性。

❑ userLanguage：该属性返回用户使用的语言，不过只有 IE 浏览器支持该属性。

❑ language：该属性返回浏览器中默认的语言，IE 浏览器中返回 zh-CN。

❑ mimeTypes：该属性返回包含 MIME 类型的数组，IE 浏览器返回 [object MimeTypeArray]。

❑ plugins：该属性返回包含插件的数组，IE 浏览器返回 [object PluginArray]。

10.2.2　浏览器对象的子对象

在 Netscape 浏览器中，Navigator 对象 mimeTypes 属性返回的是包含 MimeType 对象的数组，plugins 属性返回的是包含 Plugin 对象的数组。因此，MimeType 对象与 Plugin 对象是 Navigator 对象的子对象。

1. MimeType 对象

MimeType 对象所代表的 Netscape 浏览器支持的 MIME 类型（数据格式）。这种 MIME 类型可以是浏览器直接支持的，也可以是由外部程序或插件所支持的。MimeType 对象包含的属性如表 10.4 所示。

表 10.4　MimeType 对象的属性

属　性　名	说　　明
description	该属性返回对 MimeType 对象的描述

(续)

属 性 名	说 明
enabledPlugin	该属性返回一个数组，数组中的元素为 Plugin 对象。该数组用于说明有哪些插件支持该数据格式，如果没有插件支持则返回 null
suffixes	该属性返回 MIME 类型文件的扩展名，如果有多个扩展名则用逗号隔开
type	该属性返回 MIME 类型的名称，该名称是唯一可以用来描述当前 MIME 类型的字符串

由于 Navigator 对象的 mimeTypes 属性返回值是一个数组，因此可以使用以下代码来得到
MimeType 对象。

```
navigator.mimeTypes[i]
navigator.mimeTypes["typename"]
```

其中 i 为数组的下标，typename 为 MIME 数据类型的名称。通过一个循环可以查看 IE 浏览
器支持哪些 MIME。

【实例 10.6】请看以下代码，注意加粗的文字：

```
01    <html>
02      <head>
03        <title>Netscape 浏览器所支持的 MIME</title>
04        <script type="text/javascript">
05          <!--
06            for (i=0;i<navigator.mimeTypes.length;i++)
07            {
08              document.write("数据类型的名称: " +
09                navigator.mimeTypes[i].type + "<br>");
10              document.write("数据类型的描述: " +
11                navigator.mimeTypes[i].description + "<br>");
12              document.write("使用该数据类型的文件的扩展名: " +
13    navigator.mimeTypes[i].suffixes + "<br><br>");
14            }
15          -->
16        </script>
17      </head>
18      <body>
19      </body>
20    </html>
```

【代码说明】第 6～14 行是判断 IE 浏览器的类型，第 9 行输出数据类型的名称，第 11 行输
出数据类型的描述。

【运行效果】以上代码为本书配套代码文件目录"代码\第 10 章\sample06.htm"里的内容，
该文件在 IE 浏览器中的运行结果如图 10.6 所示。

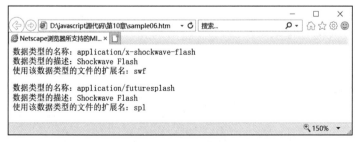

图 10.6   sample06.htm 在 IE 浏览器中的运行结果

【**实例** 10.7】如果不想使用循环来遍历 Navigator 对象的所有 mimeTypes 属性，也可以通过 MIME 的类型名来直接引用 mimeType 对象，请看以下代码，注意加粗的文字：

```
01    <html>
02      <head>
03        <title> 判断浏览器是否支持某种数据类型 </title>
04        <script type="text/javascript">
05          <!--
06            // 判断是否支持 QuickTime 文件
07            if (navigator.mimeTypes["video/quicktime"]!=null)
08            {
09                document.write(" 该浏览器支持 QuickTime 类型的文件，可以在
10                    HTML 直接使用 embed 元素插入 QuickTime 文件 <br>");
11                document.write("QuickTime 类型的文件的类型名称为: " +
12                    navigator.mimeTypes["video/quicktime"].type + "<br>");
13                document.write("QuickTime 类型的文件的类型描述为: " +
14                    navigator.mimeTypes["video/quicktime"].description + "<br>");
15                document.write("QuickTime 类型的文件类型的文件扩展名: " +
16                navigator.mimeTypes["video/quicktime"].suffixes + "<br><br>");
17            }
18            // 判断是否支持 ASF 文件
19            if (navigator.mimeTypes["video/x-ms-asf"]!=null)
20            {
21                document.write(" 该浏览器支持 asf 类型的文件 ");
22            }
23            else
24            {
25                document.write(" 该浏览器不支持 asf 类型的文件 ");
26            }
27          -->
28        </script>
29      </head>
30      <body>
31      </body>
32    </html>
```

【**代码说明**】代码第 6 行判断浏览器是否支持 QuickTime 文件，代码第 19 行判断浏览器是否支持 ASF 文件。

【**运行效果**】以上代码为本书配套代码文件目录"代码\第 10 章\sample07.htm"里的内容，该文件在 IE 浏览器中的运行结果如图 10.7 所示。

图 10.7　sample07.htm 在 IE 浏览器中的运行结果

2. Plugin 对象

Plugin 对象用来描述 IE 浏览器所安装的插件。在 IE 中，Navigator 对象的 plugins 属性可以返回 Plugin 对象的数组，数组中的每一个元素都代表了一个浏览器已经安装的插件。Plugin 对象

提供的是与插件相关的信息，这个信息包括插件名称、说明以及插件所支持的 MIME 类型等。由于 plugins 属性返回值为数组，所以可以使用以下代码来获得 Plugin 对象：

```
navigator.plugins[i]
navigator.plugins["pluginName"]
```

其中 i 为数组的下标，pluginName 为插件名称。Plugin 对象的属性如表 10.5 所示。

表 10.5　Plugin 对象的属性

属 性 名	说 明
description	插件的说明，该说明由插件的创建者提供，用于说明插件的功能、厂商信息和版本信息等
filename	插件程序的文件名，不同的操作系统下的文件可能不同
length	插件所支持的 MIME 数据格式的个数，即该插件支持多少种数据格式
name	插件的名称

【实例 10.8】通过一个循环可以查看 IE 浏览器能安装了哪些插件。请看以下代码，注意加粗的文字：

```
01    <html>
02      <head>
03        <title>Netscape 浏览器所安装的插件 </title>
04        <script type="text/javascript">
05          <!--
06            for (i=0;i<navigator.plugins.length;i++)
07            {
08              document.write(" 插件名称: " + navigator.plugins[i].name +
09                "<br>");
10              document.write(" 插件支持的数组格式个数: " +
11                navigator.plugins[i].length + "<br>");
12              document.write(" 插件说明: " + navigator.plugins[i].description +
13                "<br><br>");
14            }
15          -->
16        </script>
17      </head>
18      <body>
19      </body>
20    </html>
```

【代码说明】代码第 8 ～ 13 行调用了 Navigator 对象中 plugins 的一些属性，包括插件的名称、插件支持的数组格式个数和插件的说明。

【运行效果】以上代码为本书配套代码文件目录"代码 \ 第 10 章 \sample08.htm"里的内容，该文件在 IE 浏览器中的运行结果如图 10.8 所示。

图 10.8　sample08.htm 在 IE 浏览器中的运行结果

3. mimeType 对象与 Plugin 对象互查

mimeType 对象与 Plugin 对象并不是独立的两个对象，这两个对象之间存在着联系。mimeType 对象的 enbledPlugin 属性返回的是 Plugin 对象，而 Plugin 数组中的元素就是 mimeType 对象。

【**实例** 10.9】请看以下代码，注意加粗的文字：

```
01    <html>
02      <head>
03        <title>mimeType 对象与 Plugin 对象互查</title>
04        <script type="text/javascript">
05          <!--
06            // 判断是否支持 Flash 文件
07            if (navigator.mimeTypes["application/x-shockwave-flash"]!=null)
08            {
09                //navigator.mimeTypes 属性是一个数组
10                //navigator.mimeTypes["application/x-shockwave-flash"] 是数组中的
11            一个元素，代表浏览器支持的 MIME 类型。本例中该 MIME 类型为：
12            "application/x-shockwave-flash"
13                //navigator.mimeTypes["application/x-shockwave-flash"]
14                .enabledPlugin 是对 Plugin 对象的引用，该 Plugin
15            对象可以支持 MIME 类型为 "application/x-shockwave-flash" 的文件。
16                document.write(" 支持 Flash 文件的插件为： " +
17        navigator.mimeTypes["application/x-shockwave-flash"].enabledPlugin.name
18                +"<br><br>");
19            }
20            else
21            {
22                document.write(" 该浏览器不支持 Flash 文件 <br>");
23            }
24
25            // 判断是否安装 Flash 插件, navigator.plugins["Shockwave Flash"] 代表的
26            // 是一个名为 "Shockwave Flash" 的插件
27            if (navigator.plugins["Shockwave Flash"]!=null)
28            {
29                document.write(" 该浏览器安装了 Flash 插件, Flash 插件可以打开以
30                    下扩展名的文件: <br>");
31                //navigator.plugins["Shockwave Flash"] 元素返回的是一个数组，该数
32                // 组是 "Shockwave Flash" 插件可以支持的所有 MIME 类型
33                for (i=0;i<navigator.plugins["Shockwave Flash"].length;i++)
34                {
35                    document.write("." + navigator.plugins["Shockwave
36                        Flash"][i].suffixes + "  ");
37                }
38            }
39          -->
40        </script>
41      </head>
42      <body>
43      </body>
44    </html>
```

【**代码说明**】本例中其实主要演示的是 mimeType 对象和 Plugin 对象。代码第 7 行判断是否支持 Flash 文件，代码第 27 行判断是否安装 Flash 插件，navigator.plugins[" Shockwave Flash "] 代表的是一个名为 " Shockwave Flash " 的插件。

【**运行效果**】以上代码为本书配套代码文件目录 "代码 \ 第 10 章 \sample09.htm" 里的内容，该文件在 IE 浏览器中的运行结果如图 10.9 所示。

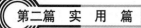

图 10.9　sample09.htm 在 IE 浏览器中的运行结果

10.2.3　浏览器对象的方法

Navigator 对象的方法比较简单，只有一个用于判断浏览器是否支持并启用了 Java 的方法，该方法的语法代码如下所示：

```
navigator.javaEnabled()
```

【实例 10.10】有关 navigator.javaEnabled() 的用法请看以下代码，注意加粗的文字：

```
01    <html>
02      <head>
03        <title>查看浏览器是否支持并启用了 Java</title>
04        <script type="text/javascript">
05          <!--
06              if (navigator.javaEnabled())
07              {
08                  document.write("您的浏览器支持并启用了 Java。");
09              }
10              else
11              {
12                  document.write("您的浏览器可能不支持 Java，也可能支持 Java 但
13                      没有启动它。");
14              }
15          -->
16        </script>
17      </head>
18      <body>
19      </body>
20    </html>
```

【代码说明】navigator.javaEnabled() 方法返回布尔值，如果当前浏览器支持并启用 Java 则返回 true，否则返回 false。通过该方法的返回值可以检测当前浏览器是否支持 Java，从而可以确定是否让浏览器显示 Java 小程序。

【运行效果】以上代码为本书配套代码文件目录"代码 \ 第 10 章 \sample10.htm"里的内容，读者可以自己运行该文件来查看效果。

除了 navigator.javaEnabled() 方法之外，Netscape 浏览器还支持一个启用新安装插件的方法。该方法的语法代码如下所示：

```
navigator.plugins.refresh(load)
```

refresh() 方法可以检测 Netscape 浏览器是否已经安装了新插件。如果安装了新插件则将插件信息写入 plugins[] 数组。其中 load 参数为布尔值，如果为 true，则在将插件信息写入 plugins[] 数

组之后再刷新当前文档，如果为 false 则不刷新。默认值为 false。

> **注意**　refresh() 方法是 plugins 数组的方法，不是 Navigator 对象的方法，但通常都将该方法称为 Navigator 对象的方法。

10.3　小结

本章介绍了 Screen 对象和 Navigator 对象，其中 Screen 对象主要描述客户端的显示器信息，例如屏幕的分辨率、可用屏幕宽度和高度、可用颜色数等。Navigator 对象主要描述浏览器的整体信息，如浏览器名称、版本号等。下一章将会介绍 History 对象和 Location 对象。

10.4　本章练习

1. 简述屏幕对象的作用，屏幕对象都包括哪些属性？

2. Netscape 浏览器都包括哪些子对象？

3. navigator.javaEnabled() 的含义是？

　　A. 当前浏览器支持并启用 Java 则返回 true，否则返回 false。

　　B. 当前浏览器支持并启用 JavaScript 则返回 true，否则返回 false。

　　C. 当前浏览器支持并启用插件则返回 true，否则返回 false。

第 11 章　历史对象与地址对象

History 对象，也称历史对象，该对象用来存储客户端浏览器窗口最近所浏览过的网址。Location 对象，也称地址对象，该对象用来代表客户端浏览器窗口的 URL 地址信息。本章将会详细介绍这两个对象。

本章重点：

❑ 历史对象的属性和方法；
❑ 地址对象的常用属性和方法；
❑ 学习如何在浏览器中前进、后退等；
❑ Location 对象的使用。

11.1　历史对象

History 对象是 JavaScript 中的一种默认对象，该对象可以用来存储客户端浏览器窗口最近所浏览过的网址。利用 History 对象的方法，可以实现类似于浏览器窗口中的前进、后退等按钮的功能。出于安全方面的考虑，在 History 对象中，不能访问客户端浏览器窗口最近所浏览过的网页 URL。

11.1.1　历史对象的属性

History 对象的属性只有一个，该属性的作用是查看客户端浏览器窗口的历史列表中的网址个数。该属性的语法代码如下：

```
history.length
```

使用 length 属性只能知道浏览器窗口的历史列表中的网址个数，由于凭借 History 对象不能获得历史列表中网页的 URL，因此该属性的作用很小。

【实例 11.1】有关 length 属性的使用方法请看以下代码，注意加粗的文字。

```
01    <html>
02      <head>
03        <title>历史列表中的网址个数</title>
04        <script type="text/javascript">
05          <!--
06            document.write("<br><br><br><br><br><br><br><br>");
07            document.write("当前浏览器窗口的历史列表中的网址个数为：" +
08              history.length);
09          -->
```

```
10          </script>
11      </head>
12      <body>
13      </body>
14  </html>
```

【代码说明】 代码第 8 行调用了 History 对象的 length 属性，使用它只能知道浏览器窗口的历史列表中的网址个数。

【运行效果】 以上代码为本书配套代码文件目录"代码 \ 第 11 章 \sample01.htm"里的内容，其运行结果如图 11.1 所示。运行本例之前，IE 浏览器窗口已经先运行了 5 个 HTML 文件。因此，在运行本例时，history.length 的输出结果为 5。单击浏览器窗口的"☆"图标（查看收藏夹、源和历史记录），可以看到历史列表中的 5 个窗口的标题。

图 11.1　sample01.htm 的运行结果

11.1.2　历史对象的方法

History 对象拥有如表 11.1 所示的 3 个方法，通过这 3 个方法可以前进或后退到一个已经访问过的 URL，也可以直接跳转到某个已经访问过的 URL。

表 11.1　History 对象的方法

方 法 名	说　　明
back()	使用该方法可以返回到上一个访问过的 URL
forward()	使用该方法可以前进到下一个访问过的 URL
go()	使用该方法可以直接跳转到某个访问过的 URL。该方法可以包含两种参数，一种参数为要访问的 URL 在历史列表中的相对位置；另一种参数为要访问的 URL 的子串

11.1.3　前进（向右箭头）与后退（向左箭头）

使用 History 对象的 forward() 方法和 back() 方法可以在网页上实现前进或后退的作用。其中，使用 forward() 方法可以前进到下一个访问过的 URL（只有该 URL 存在时才起作用），调用该方法与单击浏览器窗口中的"前进"（向右箭头）按钮的结果相同。使用 back() 方法可以返回到上一个访问过的 URL（只有该 URL 存在时才起作用），调用该方法与单击浏览器窗口中的"后退"（向左按钮）按钮的结果相同。

【实例 11.2】请看以下代码，注意加粗的文字。

```
01    <html>
02      <head>
03        <title> 前进与后退 </title>
04      </head>
05      <body>
06        <input type="button" value=" 后退到上一页 "onclick="history.back()">
07        <input type="button" value=" 前进到下一页 "onclick="history.forward()">
08      </body>
09    </html>
```

【代码说明】读者可以按以下次序来运行该文件。

（1）打开一个浏览器窗口。

（2）在该浏览器窗口中随便浏览几个网页。

（3）在该浏览器窗口中打开 sample02.htm 文件。

（4）在该浏览器窗口中再随便浏览几个网页。

（5）单击该浏览器窗口中的"后退"（向左箭头）按钮返回到 sample02.htm 文件。

（6）单击 sample02.htm 文件中的两个按钮查看运行结果。

【运行效果】以上代码为本书配套代码文件目录"代码 \ 第 11 章 \sample02.htm"里的内容。读者可自行测试运行结果。

11.1.4 跳转

使用 History 对象的 go() 方法可以直接跳转到某个历史 URL。例如运行以下代码可以前进到下一个访问过的 URL，相当于 history.forward() 方法。

```
history.go(1)
```

运行以下代码可以返回到上一个访问过的 URL，相当于 history.back() 方法。

```
history.go(-1)
```

运行以下两行代码可以分别前进到第 4 个访问过的 URL 和后退到第 4 个访问过的 URL。第一行代码相当于执行了 4 次 history.forward() 方法，而第二行代码相当于执行了 4 次 history.back() 方法。

```
history.go(4)
history.go(-4)
```

【实例 11.3】有关 go() 方法的详细用法请看以下代码，注意加粗的文字。

```
01    <html>
02      <head>
03        <title> 跳转 </title>
04        <script type="text/javascript">
05          <!--
06            function goHistory()
07            {
```

```
08                    goSite = myForm.myText.value;
09                    history.go(goSite);
10                }
11            -->
12        </script>
13    </head>
14    <body>
15        <form name="myForm">
16            <input type="type" name="myText">
17            <input type="button" value=" 跳转 "onclick="goHistory()">
18        </form>
19    </body>
20 </html>
```

【代码说明】在本例中创建了一个文本框和一个按钮，在文本框中输入正整数或负整数，再单击按钮，可以直接跳转到相应的历史网页上。第 9 行代码实现真正的跳转。

技巧　使用 history.go(0) 可以让当前网页刷新一次。

---

history.go() 方法中的参数除了可以是正整数与负整数之外，还可以是字符串。如果该方法的参数是字符串，则代表要跳转到历史网页的 URL 上。

【运行效果】以上代码为本书配套代码文件目录"代码 \ 第 11 章 \sample03.htm"里的内容。读者可以按以下步骤来测试结果。

（1）打开一个 IE 浏览器窗口，随便浏览几个网页。在本例中浏览" E:\book\javascript\ 代码 \ 第 11 章 \ sample01.htm"和" E:\book\javascript\ 代码 \ 第 11 章 \sample02.htm"。

（2）在当前浏览器窗口中打开 sample03.htm 文件。

（3）在文本框中输入一个历史网页的 URL。在本例中可以输入"−1"或"−2"。

（4）单击按钮，会直接跳转到指定的历史网页。

11.2　地址对象

Location 对象也是 JavaScript 中的一种默认对象，该对象代表了浏览器当前显示的文档的 URL。通过 Location 对象可以访问当前文档的 URL 的各个不同部分。

11.2.1　URL 介绍

URL（Uniform Resource Locators）翻译成中文是"统一资源定位器"，简单一点说就是网页或者是网络上的其他文件的地址。URL 可以由协议、域名或 IP、端口、虚拟目录、文件名、参数以及锚 7 个部分组成，但并不是每个 URL 都同时拥有这 7 个部分。

1. 协议与域名

一个 URL 通常会包含协议和域名两个部分，以下是一个常见的 URL：

```
http://www.jxnch.com
```

该 URL 由协议和域名两部分组成。其中，" http://"代表该网页使用的是 HTTP 协议。在

Internet 中可以使用多种协议，HTTP 协议就是其中的一种。如果使用的是 FTP 协议，则 URL 的第一部分就会是"ftp://"。URL 中常用的协议如表 11.2 所示。"://"是用来分隔协议与域名或 IP 的分隔符。"www.jxnch.com"是域名。域名也可以用 IP 来替代。

表 11.2　常用的协议

协　　议	说　　明	示　　例
HTTP	超文本传输协议	http://www.aspxfans.com
FTP	文件传输协议	ftp://www.aspxfans.com
mailto	发送电子邮件	mailto:www@aspxfans.com
new	新闻组	news://www.aspxfans.com
gopher	信息查访	gopher://gopher.aspxfans.com
file	本地文件	file:///E:/aspxfans/index.htm
JavaScript	JavaScript 程序代码	javascript:alert（"请输入文字"）
view-source	查看网页源代码，对于该协议，IE 浏览器和 Opera 浏览器已经不再支持，但 Netscape 浏览器和 Firefox 浏览器还支持	view-source:file:///E:/aspxfans/index.htm

2. 端口

在通常情况下，HTTP 协议使用的默认端口为 80 端口，FTP 协议使用的默认端口为 21 端口。在使用默认端口时，URL 可以省略端口号，如果协议使用的不是默认端口，那么就要在 URL 中指定端口号。如以下 URL 所示：

```
http://www.jxnch.com:8080
```

以上代码中，"8080"为 HTTP 协议所使用的端口号；":"是用来分隔域名或 IP 与端口号的分隔符。

3. 文件名

在本小节前面的两个例子里都没有指定打开网页的文件名称。此时 Web 服务器会根据事先的设定打开一个默认的网页，也可以在 URL 中指定网页的文件名，如以下 URL 所示：

```
http://www.jxnch.com:8080/index.htm
http://www.jxnch.com/default.htm
```

以上两行代码中的"index.htm"和"default.htm"都是指定的文件名，"/"相当于 Web 服务器虚拟目录的根目录。

4. 虚拟目录

如果要浏览的文件不在 Web 服务器虚拟目录的根目录下时，还可以在 URL 中指定虚拟目录名，如以下 URL 所示：

```
http://www.jxnch.com:8080/news/index.htm
http://www.jxnch.com/news/2019/8/30/default.htm
```

以上两行代码中的"news"和"news/2019/8/30"都是虚拟目录，"/"用于分隔目录和子目录。如果 Web 服务器设置了虚拟目录的默认文件，那么在浏览默认文件时，URL 也可以只包含虚拟目录部分，不包含文件名部分，如以下 URL 所示：

```
http://www.jxnch.com:8080/news/
http://www.jxnch.com/news/2019/8/30/
```

5. 锚

使用超链接元素（A 元素）的 name 属性，可以创建一个命名锚。在创建了命名锚之后，在其他超链接中可以使用以下代码来定位到该命名锚。

```
<a href="http://www.jxnch.com:8080/news/index.htm#name"> 链接名 </a>
```

在以上代码中，href 属性值为一个 URL，在该 URL 中"#"是用于分隔文件名和锚名称的分隔符。

6. 参数

在一些动态网页中，为了处理程序，往往要为一个网页传递一些信息，而这些信息可以通过 URL 传递。请看以下 URL：

```
http://www.jxnch.com:8080/news/index.asp?boardID=5&ID=24618&page=1
```

以上 URL 是一个拥有了协议、域名、端口、虚拟目录、文件名以及参数 6 个部分的 URL，这 6 个部分的介绍如下。

- ❑ http://：协议部分，指明 URL 使用的是 HTTP 协议。
- ❑ www.jxnch.com：域名部分。
- ❑ 8080：端口部分，指明 HTTP 协议使用的是 8080 端口。
- ❑ news：虚拟目录部分。
- ❑ index.asp：文件名部分。
- ❑ boardID=5&ID=24618&page=1：参数部分。

参数部分与文件名部分是用"?"隔开的。上面的 URL 一共传递了 3 个参数，参数与参数之间用"&"分隔。因此，上面的 URL 传递的 3 个参数及值如下。

- ❑ boardID=5：参数名为 boardID，参数值为 5。
- ❑ ID=24618：参数名为 ID，参数值为 24618。
- ❑ page=1：参数名为 page，参数值为 1。

如果一个 URL 中既有参数又有锚，通常都会将锚放在参数之后，如以下 URL 所示。

```
http://www.jxnch.com:8080/news/index.asp?boardID=5&ID=24618&page=1#name
```

11.2.2　Location 对象的属性

Location 对象的属性大多都是用来引用当前文档的 URL 的各个部分，表 11.3 为 Location 对象的属性。

表 11.3　Location 对象的属性

属　　性	说　　明
protocol	返回当前文档 URL 的协议部分，包括其他冒号
hostName	返回当前文档 URL 的域名部分
port	返回当前文档 URL 的端口部分
host	返回当前文档 URL 的域名部分和端口部分
pathname	返回当前文档 URL 的虚拟目录和文件名部分
hash	返回当前文档 URL 的锚部分
search	返回当前文档 URL 的参数部分，包括"?"
href	返回当前文档的完整的 URL

在上一节中介绍了 URL 的 7 个组成部分，以下是一个包含 7 个组成部分的 URL。

```
http://www.jxnch.com:8080/news/index.asp?boardID=5&ID=24618&page=1#name
```

使用 Location 对象的属性可以引用以上 URL 的各个部分。

❏ protocol：返回"http:"。

❏ hostName：返回"www.jxnch.com"。

❏ port：返回"8080"。

❏ host：URL 返回"www.jxnch.com:8080"。

❏ pathname：返回"/news/index.asp"。

❏ hash："name"。

❏ search：返回"?boardID=5&ID=24618&page=1"。

❏ href：返回当前文档的完整 URL。

【实例 11.4】有关 Location 对象的属性的使用方法如下所示，请注意加粗的文字。

```
01    <html>
02      <head>
03        <title>位置对象的属性</title>
04        <script type="text/javascript">
05          <!--
06            document.write("当前文档的URL为: " + location.href + "<br>");
07            document.write("当前文档的协议为: " + location.protocol + "<br>");
08            document.write("当前文档的域名为: " + location.hostname + "<br>");
09            document.write("当前文档的端口号为: " + location.port + "<br>");
10            document.write("当前文档的域名和端口号为: " + location.host + "<br>");
11            document.write("当前文档的虚拟目录和文件名为: " +
12                location.pathname + "<br>");
13            document.write("当前文档的命名锚为: " +location.hash + "<br>");
14            document.write("当前文档的参数为: " +location.search + "<br>");
15
16          -->
17        </script>
18      </head>
19      <body>
20      </body>
21    </html>
```

【运行效果】以上代码为本书配套代码文件目录"代码\第 11 章\sample04.htm"里的内容。

在 IE 浏览器中直接浏览该文件的结果如图 11.2 所示。

图 11.2 直接在 IE 浏览器中打开 sample04.htm 文件

【代码说明】本例中关键知识点如下。

（1）在浏览器中打开本地计算机中的文件时，通常使用的是 file 协议。虽然在 IE 浏览器的地址栏里并没有显示" file://"，但是通过 Location 对象的 href 属性和 protocol 属性都可以得到真实的 URL 及协议。如果在 Netscape 浏览器中打开该文件，其地址栏中也会显示完整的、包含协议的 URL。

（2）在浏览器中打开本地计算机中的文件时，并没有使用到域名，因此在本例中 hostname 属性的返回值为空。

（3）因为没有使用到域名，也就不会涉及端口，所以在本例中的 port 属性和 host 属性的返回值都为空。

（4）在本例中也没有使用命名锚和参数，所以 hash 属性和 search 属性的返回值都为空。

由于 URL 可以传递参数和锚名称，因此，可以人为地在 URL 中添加这些内容。例如在 IE 浏览器的地址栏中输入以下 URL，则 sample04.htm 的运行结果如图 11.3 所示。

```
file:///E:/book/javascript/ 代码 / 第 11 章 /sample04.htm?boardID=5&ID=24618&page=1#name
```

图 11.3 在 URL 中添加参数和锚

将图 11.3 与图 11.2 相比较，可以看到在 URL 中添加了参数和锚之后，Location 对象的 hash 属性与 search 属性都有了返回值。

如果将 sample04.htm 文件上传到 Web 服务器上，再通过域名和端口来访问该文件，那么显示结果又将有所不同。例如：将 sample04.htm 文件上传到 192.168.1.103 服务器上的 BookSupport/JavaScript/11 虚拟目录中。通过以下 URL 来访问该文件，其运行结果如图 11.4 所示。

```
http://192.168.1.103/BookSupport/JavaScript/11/sample04.htm?boardID=5&ID=24618&page=1#name
```

图 11.4　在 Web 服务器上运行的 sample04.htm 的结果

11.2.3　Location 对象属性的应用：加载新网页

使用 Location 对象的属性不仅仅可以获取当前文档的 URL 这么简单。Location 对象的属性不是只读属性，也就是说，可以为 Location 对象的属性赋值。以 Location 对象的 href 属性为例，该属性返回值为当前文档的 URL，如果将该属性值设置为新的 URL，那么浏览器会自动加载该 URL 的内容。同样，如果修改了 Location 对象的其他属性，浏览器也会自动更新 URL，并显示新的 URL 的内容。

【实例 11.5】请看以下代码，注意加粗的文字。

```
01    <html>
02      <head>
03        <title>使用 Location 对象属性加载新网页</title>
04        <script type="text/javascript">
05          <!--
06              // 获取当前文档的 URL 的各部分数据
07              var nowHref = location.href;
08              var nowProtocol = location.protocol;
09              var nowHostname = location.hostname;
10              var nowPort = location.port;
11              var nowHost = location.host;
12              var nowPathname = location.pathname;
13              var nowHash = location.hash;
14              var nowSearch = location.search;
15
16              // 设置文本框中的默认内容
17              function setText()
18              {
19                  myForm.urlHref.value = nowHref;
20                  myForm.urlProtocol.value = nowProtocol;
21                  myForm.urlHostname.value = nowHostname;
22                  myForm.urlPort.value = nowPort;
23                  myForm.urlHost.value = nowHost;
24                  myForm.urlPathname.value = nowPathname;
```

```
25                    myForm.urlHash.value = nowHash;
26                    myForm.urlSearch.value = nowSearch;
27                }
28
29              // 修改 URL 的属性
30              function changeURL()
31              {
32                  if(myForm.urlHref.value != nowHref)
33                  {
34                      location.href = myForm.urlHref.value;
35                  }
36                  else if(myForm.urlProtocol.value != nowProtocol)
37                  {
38                      location.protocol = myForm.urlProtocol.value;
39                  }
40                  else if(myForm.urlHostname.value != nowHostname)
41                  {
42                      location.hostname = myForm.urlHostname.value;
43                  }
44                  else if(myForm.urlPort.value != nowPort)
45                  {
46                      location.port = myForm.urlPort.value;
47                  }
48                  else if(myForm.urlHost.value != nowHost)
49                  {
50                      location.host = myForm.urlHost.value;
51                  }
52                  else if(myForm.urlPathname.value != nowPathname)
53                  {
54                      location.pathname = myForm.urlPathname.value;
55                  }
56                  else if(myForm.urlHash.value != nowHash)
57                  {
58                      location.hash = myForm.urlHash.value;
59                  }
60                  else if(myForm.urlSearch.value != nowSearch)
61                  {
62                      location.search = myForm.urlSearch.value;
63                  }
64              }
65          -->
66      </script>
67   </head>
68   <body onload="setText()">
69      <form name="myForm">
70          当前文档的 URL 为: <input type="text" name="urlHref" size="70"><br>
71          当前文档的协议为: <input type="text" name="urlProtocol"><br>
72          当前文档的域名为: <input type="text" name="urlHostname"><br>
73          当前文档的端口号为: <input type="text" name="urlPort"><br>
74          当前文档的域名和端口号为: <input type="text" name="urlHost"><br>
75          当前文档的虚拟目录和文件名为: <input type="text" name="urlPathname"
76          size="50"><br>
77          当前文档的命名锚为: <input type="text" name="urlHash"><br>
78          当前文档的参数为: <input type="text" name="urlSearch" size="50"><br>
79          <input type="button" value=" 确定 "onclick="changeURL()">
80          <input type="button" value=" 还原 "onclick="setText()">
81      </form>
82   </body>
83 </html>
```

【代码说明】 本例的关键知识点如下。

- ❑ 在 body 元素中设置 onload 属性,当网页加载完毕后调用 setText() 函数。
- ❑ setText() 函数的作用是通过 Location 对象的属性获取当前 URL 以及 URL 各部分的值,并将这些值显示在不同的文本框中。
- ❑ 在"确定"按钮中设置 onclick 属性,当单击该按钮时调用 changeURL() 函数。
- ❑ changeURL() 函数的作用是依次检查文本框中的值是否更改,如果更改则修改 Location 对象的相应属性值。
- ❑ 在修改 Location 对象的属性值之后,浏览器会自动加载新的 URL。

> **注意** 在本例中,每次只能修改 Location 对象的一个属性值。如果同时修改了多个文本框中的值,则第一个被修改的文本框中的值有效。

【运行效果】 以上代码为本书配套代码文件目录"代码\第 11 章\sample05.htm"里的内容,读者可以自己运行该文件查看效果。

11.2.4　Location 对象属性的应用:获取参数

通过 Location 对象的 search 属性,可以获得从 URL 中传递过来的参数和参数值。然后在 JavaScript 代码中可以处理这些参数和参数值。

【实例 11.6】 请看以下代码,注意加粗的文字。

```
01    <html>
02      <head>
03        <title> 提交数据 </title>
04      </head>
05      <body>
06        <form name="myForm" action="sample06_submit.htm">
07          地址:
08          <select name="address">
09            <option value="beijing"> 北京 </option>
10            <option value="shanghai"> 上海 </option>
11            <option value="shenzhen"> 深圳 </option>
12          </select>
13          性别:
14          <select name="sex">
15            <option value="men"> 男 </option>
16            <option value="women"> 女 </option>
17          </select>
18          <input type="submit" value=" 提交 ">
19        </form>
20      </body>
21    </html>
```

【代码说明】 以上代码为本书配套代码文件目录"代码\第 11 章\sample06.htm"里的内容。本例只是一个很普通的 HTML 网页,在本例中创建了两个下拉列表框和一个"提交"按钮。在没有设置 form 元素的 method 属性时,默认提交表单的方式为 get 方式,也就是将表单以 URL 的形式提交到 action 属性值所指定的网页上。在本例中,将表单提交到 sample06_submit.htm 文件中。sample06_submit.htm 文件的源代码如下所示,请注意加粗的文字。

```
01    <html>
02      <head>
03        <title>使用 Location 对象属性获取提交数据 </title>
04        <script type="text/javascript">
05          <!--
06            // 获取 Location 对象的 search 属性值
07            var searchStr = location.search;
08            // 由于 searchStr 属性值包括 "?"，所以除去该字符
09            searchStr = searchStr.substr(1);
10            // 将 searchStr 字符串分割成数组，数组中的每一个元素为一个参数和参数值
11
12            var searchs = searchStr.split("&");
13            // 获得第一个参数和值
14            var address = searchs[0].split("=");
15            switch (address[1])
16            {
17              case "beijing":
18                document.write(" 您选择的地址为：北京 <br>");
19                break;
20              case "shanghai":
21                document.write(" 您选择的地址为：上海 <br>");
22                break;
23              case "shenzhen":
24                document.write(" 您选择的地址为：深圳 <br>");
25                break;
26            }
27            // 获得第二个参数和值
28            var sex = searchs[1].split("=");
29            switch(sex[1])
30            {
31              case "men":
32                document.write(" 您选择的性别为：男 <br>");
33                break;
34              case "women":
35                document.write(" 您选择的性别为：女 <br>");
36                break;
37            }
38          -->
39        </script>
40      </head>
41      <body>
42      </body>
43    </html>
```

【代码说明】本例的关键知识点如下：

❑ 通过 location.search 属性获取当前网页的 URL 中的参数部分。如果在 sample06.htm 文件的下拉列表框中分别选择"北京"和"男"选项，则该 URL 的参数部分为"?address=beijing & sex=men"。

❑ 使用字符串对象中的 substr() 方法处理 URL 中的参数部分，除去字符串中的"?"，剩下的字符串仅为参数、参数值和"&"分割符。

❑ 使用字符串对象中的 split() 方法以"&"字符作为分割符分割上一步产生的字符串，将参数和参数值存入 searchs 数组中。此时 searchs 数组中包含两个元素，第一个元素为"address=beijing"，第二个元素为"sex=men"。

□ 再次使用 split() 方法以"＝"字符作为分割符分割 searchs 数组的第一个元素并将结果存入 address 数组中。此时 address 数组中有两个元素，第一个元素为"address"，第二个元素为"beijing"。即 address 数组中存放的是 URL 中的第一个参数名和参数值。

□ 通过判断第一个参数的值（address[1]）来选择输出语句。

□ 用同样的方法得到 URL 中第二个参数和参数值，并根据参数值输出语句。

【运行效果】以上代码为本书配套代码文件目录"代码 \ 第 11 章 \sample06.htm"里的文件和 sample06_ submit.htm 文件。读者可自行测试运行效果。

11.2.5 Location 对象的方法

Location 对象的属性主要用来获取当前文档的 URL 信息，而 Location 对象的方法主要是对当前文档的 URL 进行操作，如重新加载 URL 或用一个新的 URL 取代当前的 URL。Location 对象的方法如表 11.4 所示。

表 11.4　Location 对象的方法

属　　性	说　　明
reload()	该方法可以用来刷新文档
replace()	该方法可以用一个新的 URL 来取代当前的 URL

11.2.6 Location 对象方法的应用：刷新文档

使用 Location 对象的 reload() 方法可以刷新当前文档。reload() 方法的语法代码如下：

```
location.reload(loadType)
```

其中 loadType 是一个可选参数，该参数为布尔值。如果 loadType 参数值为 false，浏览器会检测缓存中的文档与服务器中的文档是否一致。如果一致，则将缓存中的文档加载到浏览器中；如果不一致，则将服务器中的文档加载到浏览器中。如果 loadType 参数值为 true，浏览器则不检测缓存中的文档与服务器中的文档是否一致，直接将服务器中的文档加载到浏览器中。如果省略 loadType 参数，默认为 false。

【实例 11.7】有关 reload() 方法的示例请看以下代码，注意加粗的文字。

```
01    <html>
02      <head>
03        <title>刷新子窗口</title>
04        <script type="text/javascript">
05          <!--
06            // 显示当前时间，刷新窗口时可以看到时间的改变
07            var nowTime = new Date();
08            document.write(nowTime.toLocaleString() + "<br>");
09            // 定义变量，用于判断子窗口是否打开
10            var win;
11
12            // 打开子窗口
13            function openSubWin()
14            {
15              win =
16          window.open('sample08_1.htm','subWin','width=300,height=300');
17            }
18            // 刷新子窗口
19            function reLoadWin()
20            {
```

```
21              if (win==undefined)        // 判断子窗口是否打开过
22              {
23                  alert(" 没有打开子窗口 ");
24              }
25              else if (win.closed)       // 判断子窗口是否已经关闭
26              {
27                  alert(" 子窗口已经被关闭 ");
28              }
29              else
30              {
31                  // 刷新子窗口
32                  win.location.reload();
33              }
34          }
35          -->
36      </script>
37    </head>
38    <body>
39      <a href="#" onclick="openSubWin()"> 弹出子窗口 </a><br>
40      <a href="#" onclick="reLoadWin()"> 刷新子窗口 </a><br>
41    </body>
42  </html>
```

【运行效果】以上代码为本书配套代码文件目录“代码 \ 第 11 章 \sample07.htm”里的内容，在本例中创建了两个超链接，单击第一个超链接时弹出一个浏览器窗口，并在该浏览器窗口里加载 sample07_1.htm 文档。单击第二个超链接时，可以刷新 sample07_1.htm 文档。sample07_1.htm 文档的源代码如下所示，请注意加粗的文字。

```
01  <html>
02    <head>
03      <title> 刷新父窗口 </title>
04      <script type="text/javascript">
05        <!--
06          // 显示当前时间，刷新窗口时可以看到时间的改变
07          var nowTime = new Date();
08          document.write(nowTime.toLocaleString() + "<br>");
09          // 刷新父窗口
10          function reLoadWin()
11          {
12              // 判断父窗口是否已经关闭
13              if (window.opener.closed)
14              {
15                  alert(" 父窗口已经被关闭 ");
16              }
17              else
18              {
19                  window.opener.location.reload();
20              }
21          }
22        -->
23      </script>
24    </head>
25    <body>
26      <a href="#"onclick="reLoadWin()"> 刷新父窗口 </a><br>
27    </body>
28  </html>
```

【代码说明】本例中的关键知识点如下。

□ 在 sample07.htm 文档中使用了 JavaScript 语句输出当前时间，如果该文档被刷新，当前时间会随之改变。

□ 在 sample07.htm 文档中，创建了一个超链接，单击该超链接可以打开一个浏览器窗口，并在浏览器窗口中加载 sample07_1.htm 文档。

□ 在 sample07_1.htm 文档中使用了 JavaScript 语句输出当前时间，如果该文档被刷新，当前时间会随之改变。

□ 在 sample07.htm 文档中，单击"刷新子窗口"超链接，将调用 reLoadWin () 函数，该函数会先判断子窗口是否存在，如果存在，则刷新该子窗口。

□ 在 sample07_1.htm 文档中，单击"刷新父窗口"超链接，将调用 reLoadWin() 函数，该函数会先判断父窗口是否存在，如果存在，则刷新该窗口。

11.2.7　Location 对象方法的应用：加载新文档

Location 对象的 replace() 方法可以使用一个 URL 来取代当前窗口的 URL，以达到加载新文档的效果。replace() 方法的语法代码如下：

```
location.replace(url)
```

其中，url 参数为字符型，是用来替代当前窗口的 URL。与单击一个超链接类似，都可以在当前窗口打开一个指定 URL 的文档。与超链接不同的是，超链接在当前窗口中打开文档时，会将当前文档记录在 History 对象中。而使用 replace() 方法打开文档时，会将该 URL 覆盖当前文档在 History 对象中的记录。

【实例 11.8】有关 replace() 方法的示例请看以下代码，注意加粗的文字。

```
01    <html>
02      <head>
03        <title> 加载新文档 </title>
04      </head>
05      <body>
06        <a href="#" onclick="location.replace('sample01.htm')"> 加载新文档 </a><br>
07      </body>
08    </html>
```

【代码说明】代码第 6 行使用 replace() 方法打开一个 sample01.htm 文档，这不能通过单击浏览器上的"后退"按钮回到本页面。

【运行效果】以上代码为本书配套代码文件目录"代码 \ 第 11 章 \sample08.htm"里的内容。新开一个浏览器窗口打开本例后，单击超链接会打开 sample01.htm。在 sample01.htm 中可以看到，History 对象的 length 属性值为 0。这就说明 replace() 方法是将新 URL 替换了旧 URL。

11.3　小结

在本章里介绍了两个 JavaScript 默认的对象，一个是用于描述浏览器窗口打开文档历史的 History 对象，另一个是用于描述浏览器窗口 URL 的 Location 对象。History 对象可以查看浏览器窗口历史列表中 URL 的个数，也可以前进、后退或跳转到某个已经访问过的 URL。Location 对象可以引用当前文档 URL 的各个部分，也可以通过设置 URL 各个部分来达到加载新 URL 的目的。另外 Location 对象还可以刷新当前文档和用新文档替换当前文档。第 12 章将会介绍 JavaScript 中的十分重要的 Document 对象。

11.4　本章练习

1. 这里的问题不涉及历史对象，但是我们在页面中输入内容时，一些文本框会保存我们输入过的一些数据，如何清除这些数据？下面是一段提示代码。

```
<input  type=password  autocomplete="off">
Sample  1:普通情况，即默认情况,AutoComplete 时打开的。
<form>
<input  type = text  name = Email>
</form>
```

2. history.back(1) 是跳转到历史记录的上一个页面，那怎么跳转到历史记录的第二个页面呢?

第12章 文档对象

Document 对象，又称为文档对象，该对象 JavaScript 中的最重要的一个对象。Document 对象是 Window 对象中的一个子对象，Window 对象代表浏览器窗口，而 Document 对象代表了浏览器窗口中的文档。

本章重点：

❑ 学习文档对象的属性和方法；
❑ 掌握如何在网页中输出内容；
❑ 学习图像对象的各种属性；
❑ 掌握链接对象和锚对象的属性和事件。

12.1 文档对象

Document 对象是代表一个浏览器窗口或框架中的显示 HTML 文件的对象。JavaScript 会为每个 HTML 文档自动创建一个 Document 对象。通过 Document 对象可以操作 HTML 文档中的内容及其他对象。

12.1.1 文档对象介绍

Document 对象是 JavaScript 中使用得最多的对象，因为 Document 对象可以操作 HTML 文档的内容和对象。Document 对象除了拥有大量的方法和属性之外，还拥有大量的子对象，这些子对象可以用来控制 HTML 文档中的图片、超链接、表单元素等控件。Document 对象的层次关系如图 12.1 所示。

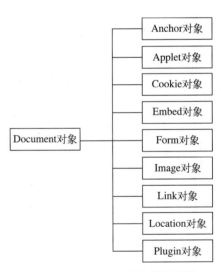

图 12.1　Document 对象的层次图

在图 12.1 中，Embed 对象与 Plugin 对象引用的是同一个对象数组，数组中的元素表示文档中的插件或 ActiveX 控件，用于与嵌入的数据进行交互，推荐使用 Embed 对象。另外，Applet 对象代表的是嵌在网页中的小程序，可以通过该对象来获得 Applet 小程序中的公有方法和属性。从严格意义上来说，这 3 个对象并不属于 JavaScript 中的对象。

Document 对象中的 Location 对象与 Window 对象的 Location 对象完全相同，都是用来代表当前浏览器窗口的 URL。不过 Document 对象中的 Location 对象是不推荐使用的对象，因此读者还是尽量使用 Window 对象中的 Location 对象。在本章里将会介绍 Document 对象以及该对象中的 Image 对象、Link 对象和 Anchor 对象，至于 Form 对象和 Cookie 对象由于内容比较多，将放在后继章节里介绍。

12.1.2 文档对象的属性

Document 对象拥有大量的属性，这些属性主要用于描述 HTML 文档中的标题、颜色、URL 以及 HTML 文档中的图片、超链接、表单元素等。Document 对象的属性如表 12.1 所示。

表 12.1 Document 对象的属性

属　　性	说　　明
alinkColor	该属性用于设置或返回被激活的超链接的颜色。所谓被激活的超链接的颜色是在单击超链接时，按下鼠标键与释放鼠标键那一瞬间的颜色
anchors	该属性返回一个数组，数组中的元素为 Anchor 对象，用来代表当前文档中的锚
applets	该属性返回一个数组，数组中的元素为 Applet 对象，用来代表当前文档中的 Java 小程序
bgColor	该属性用于设置或返回当前文档的背景颜色
cookie	该属性可以用来读写 Cookie
domain	该属性可以用来指定当前文档所属的 Internet 域，并且可以使处在同一个 Internet 域中的相互信任的 Web 服务器在网页之间交互时减低某项安全性的限制
embeds	该属性返回一个数组，数组中的元素代表一个由 embed 元素插入到 HTML 文档中的数据。通常是插件或 ActiveX 控件
fgColor	该属性用于设置或返回当前文档的文本默认的颜色
forms	该属性返回一个数组，数组中的元素为 Form 对象，代表当前文档中的表单
images	该属性返回一个数组，数组中的元素为 Image 对象，代表当前文档中的图像
lastModified	该属性可以返回当前文档的最后一次修改时间
linkColor	该属性可以用来设置或返回当前文档中未被访问过的超链接的颜色
links	该属性返回一个数组，数组中的元素为 Link 对象，代表当前文档中的超链接
location	该属性可以返回一个 Location 对象，与 Window 对象中的 Location 对象相同。但该属性是不推荐使用的属性
plugins	该属性与 embeds 属性相同，但推荐使用 embeds 属性
referrer	该属性可以返回链接到当前文档的 HTML 文档的 URL
title	该属性可以用来设置或返回当前文档的标题
URL	该属性可以返回当前文档的 URL
vlinkColor	该属性可以用来设置或返回当前文档中已经访问过的超链接的颜色

除了 JavaScript 中定义的 Document 对象属性之外，IE 浏览器和 Netscape 浏览器都分别定义了自己支持的 Document 对象属性。不过即使是相同的浏览器，不同版本之间的浏览器对 Document 对象属性的支持也有所不同。表 12.2 为 IE 6.0 浏览器中所定义的 Document 对象属性，表 12.3 为 Netscape 7.0 浏览器中所定义的 Document 对象属性。

表 12.2 IE 浏览器定义的 Document 对象属性

属　　性	说　　明
activeElement	该属性用于引用文档中具有输入焦点的元素，也称为活动的输入元素
all	该属性可以返回一个数组，数组中的元素为文档中所包含的所有元素
charset	该属性可以返回文档所使用的字符集

(续)

属　性	说　明
children	该属性可以返回一个数组，数组中的元素为文档中元素的子元素
defaultCharset	该属性可以返回文档使用的默认文字符集
expando	该属性可以返回或设置是否阻止 IE 浏览器显示不存在属性的错误信息。如果该值为 false，当程序在设置客户端对象不存在的属性时，IE 浏览器将会引发错误。如果该值为 true，则忽略该错误
parentWindow	该属性可以返回包含文档的窗口对象
readyState	该属性可以返回文档的装载状态，属性值可以为 uninitialized（未开始加载文档）、loading（正在加载文档）、interactive（加载的文档已经可以与用户进行交互）、complete（文档加载完毕）

表 12.3　Netscape 浏览器定义的 Document 对象属性

属　性	说　明
height	该属性可以返回文档的高度，单位为像素
width	该属性可以返回文档的宽度，单位为像素

12.1.3　文档对象的方法

Document 对象中包含了一些用来处理文档内容的方法，表 12.4 为 Document 对象所定义的方法。

表 12.4　Document 对象的方法

方　法	说　明
clear()	该方法可以擦去文档中的内容。不过该方法为不推荐使用的方法
close()	该方法可以关闭一个文档的输出流，并显示已经在文档流中的内容
open()	该方法可以打开一个新文档
write()	该方法可以在文档中添加数据
writeln()	与 write() 方法相同，只是在 write() 方法后添加一个换行

除了 JavaScript 中为 Document 对象定义的方法之外，IE 浏览器和 Netscape 浏览器都分别为 Document 对象定义了自己支持的方法。表 12.5 为 IE 浏览器中定义的 Document 对象的方法，表 12.6 为 Netscape 浏览器中定义的 Document 对象的方法。

表 12.5　IE 浏览器定义的 Document 对象方法

方　法	说　明
elmentFromPoint()	该方法可以返回位于指定位置的元素

表 12.6　Netscape 浏览器定义的 Document 对象方法

方　法	说　明
captureEvents()	该方法可以请求指定类型的事件
getSelection()	该方法可以返回当前选中的文档文本
releaseEvents()	该方法可以停止捕捉指定类型的事件
routeEvent()	该方法可以传递已经捕捉到的事件

12.1.4　文档中对象的引用方法

在一个 HTML 文档中，可能会出现很多种元素，Document 对象将这些元素按以下方法进行分类：

- HTML 文档中每个 form 元素都在 forms[] 数组中创建一个元素。forms[] 数组中的每一个元素都是一个 Form 对象。也就是说，每个 form 元素在都会创建一个 Form 对象。可以通过 forms[] 数组中的元素可以访问这些 Form 对象。
- HTML 文档中每个 a 元素都会在 links[] 数组中创建一个元素。数组中的每一个元素都是 Link 对象，可以通过 links[] 数组中的元素来访问这些 Link 对象。
- HTML 文档中每个命名锚都会在 anchors[] 数组中创建一个元素。数组中的每一个元素都是 Anchor 对象，可以通过 anchors[] 数组中的元素来访问这些 Anchor 对象。
- HTML 文档中每个 img 元素都会在 images[] 数组中创建一个元素。数组中的每一个元素都是 Image 对象，可以通过 images[] 数组中的元素来访问这些 Image 对象。
- HTML 文档中每个 applet 元素都会在 applets[] 数组中创建一个元素。数组中的每一个元素都是 Applet 对象，可以通过 applets[] 数组中的元素来访问这些 Applet 对象。
- HTML 文档中每个 embed 元素都会在 embeds[] 数组和 plugins[] 数组中创建一个元素。embeds[] 数组和 plugins[] 数组是同义数组，建议使用 embeds[] 数组。

在 HTML 元素中，如果为元素设置了 name 属性，那么 Document 对象也可以通过 name 属性值来引用由 HTML 元素所创建的对象。

【实例 12.1】请看以下代码，注意加粗的文字：

```
01   <html>
02     <head>
03       <title>对象的引用方法</title>
04       <script type="text/javascript">
05         <!--
06           function btClick1()
07           {
08             // 获取第 1 个 form 对象的第 1 个元素的值
09             var Name = document.forms[0].elements[0].value;
10             // 也可以使用以下方法
11             //var Name = document.myForm1.myName.value;
12             //var Name = document.forms[0].myName.value;
13             //var Name = document.myForm1.elements[0].value;
14             //var Name = document.forms["myForm1"].elements[0].value;
15             //var Name = document.forms["myForm1"].myName.value;
16             alert(Name);
17           }
18           function btClick2()
19           {
20             // 获取名为 myForm2 的对象下的 mySex 的值
21             var sex = document.myForm2.mySex.value;
22             // 也可以使用以下方法
23             //var sex = document.forms[1].elements[0].value;
24             //var sex = document.forms[1].mySex.value;
25             //var sex = document.myForm2.elements[0].value;
26             //var sex = document.forms["myForm2"].elements[0].value;
27             //var sex = document.forms["myForm2"].mySex.value;
28             alert(sex);
```

```
29                  }
30              -->
31          </script>
32      </head>
33      <body>
34          <form name="myForm1">
35              请输入姓名: <input type="text"name="myName">
36              <input type="button" value=" 确定 "onclick="btClick1()">
37          </form>
38          <form name="myForm2">
39              请输入性别: <input type="text"name="mySex">
40              <input type="button" value=" 确定 "onclick="btClick2()">
41          </form>
42      </body>
43  </html>
```

【代码说明】以上代码为本书配套代码文件目录"代码\第 12 章\sample01.htm"里的内容。读者可自行测试运行效果。

【运行效果】在本例中,通过代码第 9 行的以下方法获得第 1 个 Form 对象,这种方式是通过获取数组元素方式。

```
document.forms[0]
```

也可以通过以下代码来获得第 2 个 Form 对象,这种方式是命名方式。

```
document.myForm2
```

在使用数组方式获得第 1 个 Form 对象时,也可以使用 form 元素的名称,以下 3 行代码的结果是相同。

```
document.forms["myForm1"]
document.forms[0]
document.myForm1
```

对于 Form 对象中的表单元素,也可以通过 elements[] 数组或表单元素名称两种方式。例如获得第 1 个 Form 对象中的第 1 个表单元素(本例中为第 1 个文本框),以下 3 种方法都可以达到同样的目的:

```
document.forms[0].elements[0]
document.forms[0].elements["myName"]
document.forms[0].myName
```

也可以将上面几种方法以不同的方式组合在一起使用。例如要获得第 1 个 Form 对象中的第 1 个表单元素,以下 9 种方法都可以达到同样的目的:

```
document.forms[0].elements[0]
document.forms[0].elements["myName"]
document.forms[0].myName
document.forms["myForm1"].elements[0]
document.forms["myForm1"].elements["myName"]
document.forms["myForm1"].myName
document.myForm1.elements[0]
document.myForm1.elements["myName"]
document.myForm1.myName
```

12.2　文档对象的应用

Document 对象的属性和方法比较多，下面通过一些例子来介绍这些属性和方法。

12.2.1　设置超链接的颜色

在默认情况下，未访问过的超链接为蓝色、已访问过的超链接和正在访问的超链接为暗红色。使用 Document 对象的 linkColor 属性、vlinkColor 属性和 alinkColor 属性可以分别设置文档中的未访问过的超链接的颜色、已访问过的超链接的颜色和正在访问的超链接的颜色。

【实例 12.2】请看以下代码，注意加粗的文字：

```
01  <html>
02    <head>
03      <title>设置超链接属性</title>
04      <script type="text/javascript">
05        <!--
06          function setDoc()
07          {
08            document.alinkColor = document.myForm.alink.value;
09            document.linkColor = document.myForm.mylink.value;
10            document.vlinkColor = document.myForm.vlink.value;
11          }
12        -->
13      </script>
14    </head>
15    <body>
16      <form name="myForm">
17        未访问过的超链接颜色: <input type="text" name="mylink" value="red"><br>
18        已访问过的超链接颜色: <input type="text" name="vlink" value="blue"><br>
19        激活的超链接颜色: <input type="text" name="alink" value="green"><br>
20        <input type="button" value=" 确定 " onclick="setDoc()">
21      </form>
22      <a href="sample1.htm">未访问过的超链接</a>
23      <a href="sample01.htm">已访问过的超链接</a>
24      <a href="sample01.htm">激活的超链接</a>
25    </body>
26  </html>
```

【代码说明】代码第 17 ～ 19 行先通过 3 个文本框设置指定的超链接颜色，然后通过代码 8 ～ 10 行获取这些指定的颜色。

【运行效果】以上代码为本书配套代码文件目录 "代码 \ 第 12 章 \sample02.htm" 里的内容。

在浏览器中打开 sample02.htm 文件时如图 12.2 所示。在该图中可以看出，在默认情况下，未访问过的超链接为蓝色、已访问过的超链接和正在访问的超链接为暗红色。

在文本框中输入未访问过的超链接颜色、已访问过的超链接颜色和正在访问的超链接颜色之后，单击"确定"按钮，其运行结果如图 12.3 所示。从该图中可以看

图 12.2　sample02.htm 的运行结果

出，未访问过的超链接颜色、已访问过的超链接颜色和正在访问的超链接颜色相对于图 12.2 中的颜色有所改变。

12.2.2 设置网页背景颜色和默认文字颜色

在 HTML 中的 body 元素中，可以通过 bgcolor 属性和 text 属性来设置网页背景颜色和默认的文字颜色。而 Document 对象的 bgColor 属性和 fgColor 属性也可以设置网页背景颜色和默认的文字颜色。在 body 元素中设置了 bgcolor 属性和 text 属

图 12.3 设置颜色后的运行结果

性之后，HTML 本身是不能修改这些属性值的，但是可以通过 Document 对象的 bgColor 属性和 fgColor 属性来修改。

【实例 12.3】请看以下代码，注意加粗的文字：

```
01    <html>
02      <head>
03        <title> 设置网页背景颜色和默认文字颜色 </title>
04        <script type="text/javascript">
05          <!--
06            function setDoc()
07            {
08                document.bgColor = document.myForm.bgcolor.value;
09                document.fgColor = document.myForm.fgcolor.value;
10            }
11          -->
12        </script>
13      </head>
14      <body bgcolor="black" text="white">
15        <form name="myForm">
16          网页背景颜色: <input type="text" name="bgcolor" value="red"><br>
17          默认文字颜色: <input type="text" name="fgcolor" value="blue"><br>
18          <input type="button" value=" 确定 " onclick="setDoc()">
19        </form>
20        <font color="green"> 设置为绿色的文字 </font>
21      </body>
22    </html>
```

【代码说明】代码第 16 ～ 17 行通过两个文本框设置背景和文字颜色，代码第 8 ～ 9 行通过指定 Document 对象的两个属性来重新设定窗体和文字的颜色。

【运行效果】以上代码为本书配套代码文件目录 "代码 \ 第 12 章 \sample03.htm" 里的内容。在浏览器中打开 sample03.htm 文件时如图 12.4 所示。此时文档的背景颜色、文字颜色为 body 元素中的 bgcolor 属性和 text 属性中所设置的颜色，即背景颜色为黑色，文字颜色为白色。使用 font 元素设置的文字颜色不受默认的文字颜色影响。

在如图 12.4 所示的文本框中输入文档的背景颜色和默认的文字颜色之后，单击 "确定" 按钮，其运行结果如图 12.5 所示。从该图中可以看出网页的背景颜色和默认的文字颜色都已经改变，但是使用 font 元素设置的文字颜色并没有受默认的文字颜色影响。

图 12.4　sample03.htm 的运行结果　　　　图 12.5　设置颜色后的运行结果

12.2.3　文档信息

Document 对象中的 lastModified、title 和 URL 属性可以显示文档的信息。在 HTML 文件的最下方输出这些信息，可以方便用户查看文档是否已经更新，也可以根据这些信息来确定是否需要重新打印文档。

【实例 12.4】请看以下代码，注意加粗的文字：

```
01    <html>
02      <head>
03        <title> 文档信息 </title>
04        <script type="text/javascript">
05          <!--
06            document.write(" 文档标题为: " + document.title + "<br>");
07            document.write(" 文档地址为: " + document.URL + "<br>");
08            document.write(" 文档最后更新时间为: " + document.lastModified +
09              "<br>");
10          -->
11        </script>
12      </head>
13      <body>
14      </body>
15    </html>
```

【代码说明】代码第 6 ～ 8 行分别输出了 Document 对象的 3 个属性：lastModified、title 和 URL 属性。

【运行效果】以上代码为本书配套代码文件目录"代码 \ 第 12 章 \sample04.htm"里的内容，其运行结果如图 12.6 所示。

图 12.6　sample04.htm 的运行结果

12.2.4 在标题栏中显示滚动信息

将 Document 对象的 title 属性与 Window 对象的 setInterval() 方法相结合，可以在浏览器窗口显示动态标题。

【实例 12.5】请看以下代码，注意加粗的文字。

```
01  <html>
02    <head>
03      <title>滚动的标题</title>
04      <script type="text/javascript">
05        <!--
06            // 设置变量，用于控制循环显示标题
07            var step = 0;
08            // 将要显示的标题内容放在一个数组中，通过显示数组中的元素来显示标题
09            var titleText = ["您好！","欢迎光临","祝您身体健康"];
10            // 设置用于循环显示标题的函数
11            function showTitle()
12            {
13                // 如果数组下标等于数组长度，则让下标恢复到 0
14                if (step==titleText.length)
15                {
16                    step = 0;
17                }
18                // 显示标题
19                document.title = titleText[step];
20                // 如果使用以下代码，则可以在状态栏上显示滚动的信息
21                //window.status = titleText[step];
22                // 数组下标记数加 1
23                step++;
24            }
25            // 每隔一秒钟显示一次标题
26            setInterval("showTitle()",1000);
27        -->
28      </script>
29    </head>
30    <body>
31    </body>
32  </html>
```

【代码说明】本例的实现原理如下所示：

（1）在标题栏中滚动显示信息，其实只是每隔一段时间在标题栏中显示不同的信息。

（2）将要在标题栏中显示的信息存放在数组中，这样就可以依次将数组中的信息显示在标题栏中：先显示数组中第 1 个元素的值，再显示数组中第 2 个元素的值，一直到显示完毕数组中的所有值后，再重新显示数组中第 1 个元素的值，如此循环下去。

（3）定义一个变量，该变量用于数组的下标的计数。变量的值的范围应该是从 0 到数组的长度减 1。如果变量的值递增到与数组长度相等，则将该值重新设置为 0。

（4）使用 Window 对象中的 setInterval() 方法每隔一段时间显示一次标题，以达到滚动显示的效果。

【运行效果】以上代码为本书配套代码文件目录"代码\第 12 章\sample05.htm"里的内容，读者可以自己运行该文件查看效果。

12.2.5　防止盗链

所谓盗链，就是超链接的目标网页并不是放在自己的服务器上，而是放在别人服务器上的一种行为。盗链现象通常发生在小网站中，这些小网站将一些有实力的大网站中的好文章、好图片或者是音乐、软件的下载地址（URL）放在自己的网站中，以此来吸引浏览者，提高自己网站的访问量。这种做法可以在不增加成本的情况下扩充自己网站的内容，也会增加资源网站的服务器负担。这对于资源网站来说，是不公平的。使用 Document 对象的 URL 属性和 referrer 属性就可以防止盗链行为。

【实例 12.6】请看以下代码，注意加粗的文字：

```
01    <html>
02      <head>
03        <title>防止盗链</title>
04        <script type="text/javascript">
05          <!--
06            // 当前文档的 URL
07            var currentURL = document.URL;
08            // 上一个文档的 URL
09            var frontURL = document.referrer;
10            // 如果上一个文档的 URL 为空，则是直接打开当前文档，则不存在盗链的问题。
11              否则有可能是盗链
12            if (frontURL!="")
13            {
14              // 通过分割，将当前文档的 URL 各部分存放在 currentURLs 数组中
15              var currentURLs = currentURL.split("/");
16              // 通过分割，将上一个文档的 URL 各部分存放在 frontURLs 数组中
17              var frontURLs = frontURL.split("/");
18              // 两个数组的第 3 个元素都为 URL 的域名部分
19              // 比较两个数组的第 3 个元素，如果域名相同，则不是盗链，否则就是盗链
20
21              if (currentURLs[2]==frontURLs[2])
22              {
23                  document.write("不是盗链，可以显示正常文档");
24              }
25          else
26          {
27            document.write("您不是从本站中访问到该网址，请通过本部访问");
28            // 可以使用以下代码跳转到网站的首页
29            //history.location = "http://" + currentURLs[2];
30          }
31          }
32          else
33          {
34            document.write("您是直接打开该文档的，不存在盗链问题");
35          }
36          -->
37        </script>
38      </head>
39      <body>
40      </body>
41    </html>
```

【代码说明】本例的实现原理如下所示：

（1）使用 document.URL 属性可以获得当前网页的 URL。

（2）使用 document.referrer 属性可以获得上一个网页的 URL。

（3）比较以上两个 URL 的域名部分，如果域名部分相同，则不是盗链，否则就是盗链。

【运行效果】以上代码为本书配套代码文件目录"代码\第 12 章\sample06.htm"里的内容，读者可自行测试运行效果。

12.2.6 在网页中输出内容

使用 Document 对象的 write() 和 writeln() 方法可以在网页中输出内容，这两种方法的语法代码如下所示：

```
document.write(value1,value2…)
document.writeln(value1,value2…)
```

write() 方法和 writeln() 方法中可以有一个或多个参数，也可以没有参数。write() 方法和 writeln() 方法中的参数为字符串类型，如果参数值不是字符串，将会自动转化为字符。如果在方法中有多个参数，Document 对象会将这些参数依次输出在文档中。write() 方法在文档中输出文字时不会产生换行，而 writeln() 方法在文档中输出文字时会产生换行。

1. 简单地输出文字

使用 write() 方法和 writeln() 方法可以简单地在文档中输出文字。

【实例 12.7】请看以下代码，注意加粗的文字：

```
01    <html>
02     <head>
03       <title>在网页中输出文字</title>
04       <script type="text/javascript">
05         <!--
06           document.write("本行文字是在 JavaScript 中输出的文字 <br>");
07           document.writeln("本行文字也是在 JavaScript 中输出的文字 <br>");
08         -->
09       </script>
10     </head>
11     <body>
12       本行文字是在 HTML 代码中输出的文字
13     </body>
14    </html>
```

【代码说明】在本例中，第 6～7 行分别使用 write() 方法和 writeln() 方法输出了一行文字。从结果上来看两个方法所输出的文字并没有什么不同。

【运行效果】以上代码为本书配套代码文件目录"代码\第 12 章\sample07.htm"里的内容，其运行结果如图 12.7 所示。

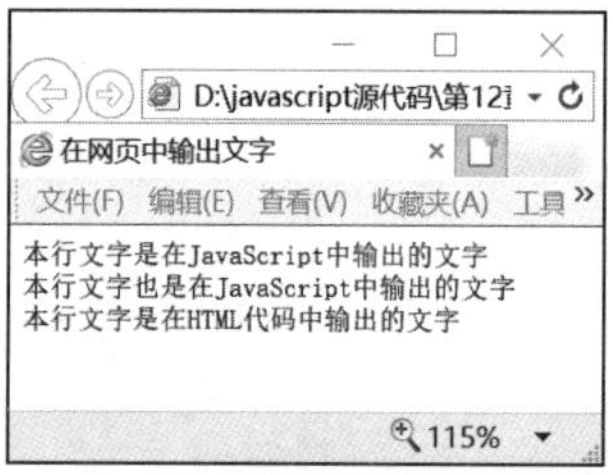

图 12.7　sample07.htm 的运行结果

2. 将多个字符串连接后输出

使用 write() 方法和 writeln() 方法可以将多个字符串连接之后一次性输出。

【实例 12.8】 请看以下代码，注意加粗的文字：

```
01    <html>
02      <head>
03        <title> 在网页中输出文字 </title>
04        <script type="text/javascript">
05          <!--
06            var str = " 由 JavaScript 输出的文字 ";
07            document.write(str,"<br>");
08            document.writeln(str,"<br>");
09          -->
10        </script>
11      </head>
12      <body>
13        本行文字是在 HTML 代码中输出的文字
14      </body>
15    </html>
```

【代码说明】 在本例中，第 7 ～ 8 行分别使用 write()
方法和 writeln() 方法输出文字，在这两个方法中都使用了
两个参数，其中第 2 个参数为
 标签，因此在网页上产
生了换行。

【运行效果】 以上代码为本书配套代码文件目录"代
码 \ 第 12 章 \sample08.htm"里的内容，其运行结果如图 12.8
所示。

图 12.8 sample08.htm 的运行结果

3. write() 方法和 writeln() 方法的区别

write() 方法在输出文字之后，不会产生换行，而 writeln() 方法在输出文字之后，会产生换
行。但是这个换行在浏览器中并不能被体现。

【实例 12.9】 请看以下代码，注意加粗的文字：

```
01    <html>
02      <head>
03        <title> 在网页中输出文字 </title>
04        <script type="text/javascript">
05          <!--
06            document.write(" 使用 write() 方法 ");
07            document.write(" 产生的文字 ");
08            document.writeln(" 使用 writeln() 方法 ");
09            document.writeln(" 产生的文字 ");
10          -->
11        </script>
12      </head>
13      <body>
14        在 HTML 代码中输出的文字
15      </body>
16    </html>
```

【运行效果】 以上代码为本书配套代码文件目录"代码 \ 第 12 章 \sample09.htm"里的内容，
其运行结果如图 12.9 所示。

图 12.9　sample09.htm 的运行结果

【代码说明】在该图中可以看出，无论是使用 write() 方法还是 writeln() 方法输出的文字在网页上都没有产生换行。之所以出现这种情况，是因为 writeln() 方法只是在源代码中换行。在 sample09.htm 中有以下两行文字。

```
document.write(" 使用 write() 方法 ");
document.write(" 产生的文字 ");
```

由于 write() 方法在输出文字时不产生换行，因此这两行代码相当于在 HTML 代码中输出如下文字：

```
使用 write() 方法产生的文字
```

sample09.htm 中的另外两行代码如下所示：

```
document.writeln(" 使用 writeln() 方法 ");
document.writeln(" 产生的文字 ");
```

由于 writeln() 方法在输出文字后产生换行，因此这两行代码相当于在 HTML 代码中输出如下文字：

```
使用 writeln() 方法
产生的文字
```

熟悉 HTML 代码的读者都知道，在 HTML 代码中输入了如上文字，浏览器中显示时是不会换行的。除非以上两行文字处在 <pre> 与 </pre> 标签中。

【实例 12.10】请看以下代码，注意加粗的文字：

```
01    <html>
02      <head>
03        <title> 在网页中输出文字 </title>
04      </head>
05      <body>
06        <pre>
07  <script type="text/javascript">
08  <!--
09  document.write(" 使用 write() 方法 ");
10  document.write(" 产生的文字 ");
11  document.writeln(" 使用 writeln() 方法 ");
12  document.writeln(" 产生的文字 ");
13  -->
14  </script>
15        </pre>
16      </body>
17    </html>
```

【代码说明】本例中的 JavaScript 语句相当于在 HTML 代码中输出如下文字。由于这些文字是放在 < pre > 与 </pre > 之间的，所以按原样输出。

```
使用 write() 方法产生的文字使用 writeln() 方法
产生的文字
```

【运行效果】以上代码为本书配套代码文件目录"代码 \ 第 12 章 \ sample10.htm"里的内容，其运行结果如图 12.10 所示。

4. 使用 write() 方法和 writeln() 方法的注意事项

write() 方法和 writeln() 方法可以在浏览器窗口中输出文字。在 sample10.htm 中可以看出浏览器会将 JavaScript 代码与 HTML 代码混在一起解析。在解析到 HTML 代码时，会在浏览器窗口中输出解析后的内容，在解析到 JavaScript 代码时，也会在浏览器窗口中输出解析后的内容。但值得注意的是，只有在当前文档正在解析时可以使用 write() 方法或 writeln() 方法在网页中输出内容，否则 write() 方法或 writeln() 会清除当前窗口中的内容。

【实例 12.11】请看以下代码，注意加粗的文字：

```
01   <html>
02     <head>
03       <title>在网页中输出文字</title>
04       <script type="text/javascript">
05       <!--
06         function outText()
07         {
08           var myStr = myForm.myText.value;
09           document.write(" 使用 write() 方法输出的文字 ","<br>");
10           document.writeln(" 使用 writeln() 方法输出的文字 ","<br>");
11           document.write(" 您输入的文字为：",myStr);
12         }
13       -->
14       </script>
15     </head>
16     <body>
17       <form name="myForm">
18         请输入文字: <input type="text" name="myText" value=" 刘智勇 ">
19           <input type="button" value=" 提交 "onclick="outText()">
20       </form>
21     </body>
22   </html>
```

【运行效果】以上代码为本书配套代码文件目录"代码 \ 第 12 章 \sample11.htm"里的内容，其运行结果如图 12.11 所示。

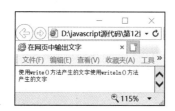

图 12.10　sample10.htm 的运行结果

图 12.11　sample11.htm 的运行结果

【代码说明】在本例中第 6 ～ 12 行创建了一个函数，函数的作用是输出两行文字和文本框中的文字。在单击"提交"按钮时会调用该函数。单击按钮之后的运行结果如图 12.12 所示。

在该图可以看出，单击"提交"按钮之后，使用 document.write() 输出文字，会自动将浏览器窗口中的内容清空，再重新输出文字。而不是在窗口中原来的文档内容之后添加新内容。将 sample11.htm 的内容修改如下。

【实例 12.12】看看将会出现什么情况，请注意加粗的文字：

```
01   <html>
02     <head>
03       <title>在网页中输出文字</title>
04       <script type="text/javascript">
05       <!--
06         function outText()
07         {
08           document.write("使用 write() 方法输出的文字 ","<br>");
09           document.writeln("使用 writeln() 方法输出的文字 ","<br>");
10           document.write("您输入的文字为：",myForm.myText.value);
11         }
12       -->
13       </script>
14     </head>
15     <body>
16       <form name="myForm">
17         请输入文字：<input type="text" name="myText" value=" 刘智勇 ">
18         <input type="button" value=" 提交 " onclick="outText()">
19       </form>
20     </body>
21   </html>
```

【运行效果】以上代码为本书配套代码文件目录"代码 \ 第 12 章 \ sample12.htm"里的内容。运行 sample12.htm 文件，再单击"提交"按钮之后的显示结果如图 12.13 所示。

图 12.12　单击按钮之后的运行

图 12.13　单击"提交"按钮之后的运行

【代码说明】本例只是修改了 sample11.htm 中的内容，将以下代码直接写入了 write() 方法中。

```
var myStr = myForm.myText.value;
```

在该图中可以看出，outText() 函数体中的最后一行代码并没有输出文字。之所以产生这种结果，是因为在运行第一个 document.write() 方法时，就已经将窗口中的内容清空，因此 myForm. myText 是一个不存在的对象，所以无法返回 myForm.myText 的 value 值，因此最后一个 write() 方法不能输出文字。

```
document.write("您输入的文字为：",myForm.myText.value);
```

12.2.7 在其他文档中输出内容

使用 Document 对象的 write() 方法和 writeln() 方法除了可以在当前文档中输出内容之外，还可以在其他浏览器窗口的文档中输出内容。在介绍如何在其他文档中输出内容之前，先介绍 Document 对象中的另外两个方法：

```
document.open()
document.close()
```

以上两个方法中，open() 方法可以打开一个文档流，之后就可以使用 document.write() 或 document.wirteln() 方法在文档中输出内容，而 close() 方法可以关闭一个文档流。

通常只有在一个新文档中才需要使用 open() 方法来打开文档流。如果在调用 open() 方法之前文档中已经有显示的内容，那么使用 open() 方法或 write()、writeln() 方法都会将当前文档中的内容清除，如 sample12.htm 文件所示。

close() 方法可以关闭一个文档流。close() 方法的作用有两个。一个是显示已经写入到文档流中，但没有在浏览器窗口中显示的内容。另一个是关闭文档流。如果不使用 close() 方法关闭文档流，那么结果可能会有两种：

❑ 浏览器将文档流放在缓存里，因此在浏览器窗口中不会显示缓存中的内容。

❑ 文档流一直打开着，浏览器有可能不能显示其他动态内容。

【实例 12.13】有关在其他文档中输出内容的示例请看以下代码，注意加粗的文字：

```
01    <html>
02      <head>
03        <title> 框架页 </title>
04      </head>
05      <body>
06        <iframe height="150" width="350"></iframe><br>
07        <script type="text/javascript">
08          <!--
09            window.frames[0].document.writeln("<html>");
10            window.frames[0].document.writeln("<body>");
11            window.frames[0].document.writeln("<font color=red> 这是子窗口中
12              的内容 </font>");
13            window.frames[0].document.writeln("</body>");
14            window.frames[0].document.writeln("</html>");
15          -->
16        </script>
17      </body>
18    </html>
```

【运行效果】以上代码为本书配套代码文件目录 "代码 \ 第 12 章 \sample13.htm" 里的内容，读者可自行测试运行效果。

【代码说明】在本例中，使用 iframe 元素创建了一个内置框架。在内置框架中并没有使用 src 属性指定框架打开的文件，而是通过 writeln() 方法在内置框架中直接输出内容。在本例中，由于没有使用 close() 方法关闭文档流，因此在 IE 浏览器中运行该文件时，标签页一直在转动状态。

【实例 12.14】一个完整的在其他文档中输出内容的代码应该如下所示，请注意加粗的文字：

```
01    <html>
02      <head>
```

```
03           <title>框架页</title>
04        </head>
05        <body>
06           <iframe height="150" width="350"></iframe><br>
07           <script type="text/javascript">
08             <!--
09                window.frames[0].document.open();
10                window.frames[0].document.writeln("<html>");
11                window.frames[0].document.writeln("<body>");
12                window.frames[0].document.writeln("<font color=red>这是子窗口中的内
13                   容</font>");
14                window.frames[0].document.writeln("</body>");
15                window.frames[0].document.writeln("</html>");
16                window.frames[0].document.close();
17             -->
18           </script>
19        </body>
20     </html>
```

【代码说明】 与 sample13.htm 相比，本例中添加了 open() 方法和 close() 方法。这样一来，在其他文档中输出完内容之后，会关闭文档流，不会让其一直打开。

注意   document.open() 方法的调用并不是必需的，对于一个已经关闭文档流的文档来说，第一次使用 write() 方法或 writeln() 方法输出内容时，JavaScript 会自动调用 open() 方法来打开文档流。而 close() 方法是不能省略的。

【运行效果】 以上代码为本书配套代码文件目录"代码 \ 第 12 章 \sample14.htm"里的内容。读者可自行测试运行效果。

12.2.8　输出非 HTML 文档

使用 open() 方法可以打开一个文档流，在默认情况下将会打开一个新的 HTML 文档。如果要想打开的不是 HTML 文档，就要给 open() 方法传递一个参数。open() 方法的语法代码如下所示：

```
document.open()
document.open(mimeType)
```

其中 mimeType 参数是一个可选参数，该参数值为一个字符串，用于指定打开的文档的 MIME 类型。在默认情况下，打开的是一个 MIME 类型为"text/html"的 HTML 文档。事实上，浏览器除了可以打开 HTML 文档之外，还可以打开 TEXT 文件、JS 文件、CSS 文件、XML 文件等。如果要使浏览器打开 HTML 文档之外的文件，就必须在 open() 方法中声明 mimeType 参数。

【实例 12.15】 请看以下代码，注意加粗的文字：

```
01     <html>
02        <head>
03           <title>输出非 HTML 文档</title>
04           <script type="text/javascript">
05             <!--
06                function writeText(myWin)
07                {
```

```
08            myWin.document.writeln("<HTML>");
09            myWin.document.writeln("<HEAD>");
10            myWin.document.writeln("<TITLE>");
11            myWin.document.writeln(" 新开文档 ");
12            myWin.document.writeln("</TITLE>");
13            myWin.document.writeln("</HEAD>");
14            myWin.document.writeln("<BODY>");
15            myWin.document.writeln("<FONT COLOR='RED'>");
16            myWin.document.writeln(" 这是使用 JavaScript 创建的网页。");
17            myWin.document.writeln("</FONT>");
18            myWin.document.writeln("</BODY>")
19            myWin.document.writeln("</HTML>");
20        }
21        function outHTML()
22        {
23            var htmlWin =
24    window.open("","myHTML","width=300,height=300,resizable=yes");
25            htmlWin.document.open("text/html");
26            writeText(htmlWin);
27        }
28        function outText()
29        {
30            var textWin =
31    window.open("","myText","width=300,height=300,resizable=yes");
32            textWin.document.open("text/plain");
33            writeText(textWin);
34        }
35        -->
36    </script>
37  </head>
38  <body>
39    <input type="button" value=" 在新窗口中打开 HTML 文档 " onclick="outHTML()">
40    <input type="button" value=" 在新窗口中打开 TEXT 文档 " onclick="outText()">
41  </body>
42 </html>
```

【运行效果】以上代码为本书配套代码文件目录"代码 \ 第 12 章 \sample15.htm"里的内容。这里有好几个运行结果，看下面的代码说明。

【代码说明】本例的关键知识点如下所示：

（1）代码第 39 ～ 40 行创建了两个按钮，单击这两个按钮时，分别调用 outHTML() 函数和 outText() 函数。

（2）在代码第 21 ～ 27 行的 outHTML() 函数中，使用 window.open() 方法打开了一个名为 htmlWin 的新浏览器窗口。然后使用了以下代码打开了一个 MIME 类型为 text/html 的文档流。浏览器将会使用 HTML 方式来解析文档流中的内容。

```
htmlWin.document.open("text/html")
```

（3）在 outHTML() 函数中调用 writeText() 函数，该函数的作用是输出文档流中的内容。其运行结果如图 12.14 所示，从该图中可以看出，浏览器以 HTML 方式解析了文档流中的内容。

（4）在第 28 ～ 34 行的 outText() 函数中，使用 window.open() 方法打开了一个名为 textWin 的新浏览器窗口。然后使用了以下代码打开了一个 MIME 类型为 text/plain 的文档流。浏览器将会使用纯文本方式来解析文档流中的内容。

```
textWin.document.open("text/plain");
```

（5）在 outHTML() 函数中调用 writeText() 函数输出文档流中的内容。其运行结果如图 12.15 所示，从该图中可以看出，浏览器以纯文本方式解析了文档流中的内容，因此所有 HTML 标签也原样输出，并且 writeln() 方法中的换行在该图中也有所体现。

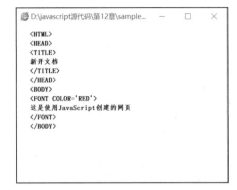

图 12.14　document.open（"text/html"）的结果　　图 12.15　document.open（"text/ plain"）的结果

> **提示**　在本例中，没有使用 document.close() 方法关闭文档流，如果关闭的话，新开的窗口也会随之关闭。

12.2.9　文档中的所有 HTML 元素

IE 浏览器为 Document 对象扩展了一个 all 属性，该属性可以返回一个数组，数组中的元素为 HTML 文档中的所有 HTML 元素。

【**实例 12.16**】请看以下代码，注意加粗的文字：

```
01    <html>
02      <head>
03        <title>输出 HTML 文件中的所有元素 </title>
04      </head>
05      <body>
06        <font color='red'>请完成以下表单: </font>
07        <form name="myForm">
08          姓名: <input type="text" name="myName"><br>
09          性别:
10          <select name="mySex">
11            <option value="man">男 </option>
12            <option value="woman">女 </option>
13          </select><br>
14          <input type="submit" value=" 提交 ">
15          <input type="reset" value=" 重置 ">
16        </form>
17        <script type="text/javascript">
18          <!--
19            var elementLength = document.all.length;
20            for (i=0;i<elementLength;i++)
21            {
22              document.write(document.all[i].tagName,"<br>");
```

```
23                    }
24               -->
25          </script>
26     </body>
27 </html>
```

【运行效果】以上代码为本书配套代码文件目录"代码\
第 12 章 \ sample16.htm"里的内容,其运行结果如图 12.16
所示。

【代码说明】本例中的关键知识点如下所示:

(1) 由于 Document 对象的 all 属性的返回值为数组,因
此可以通过 document.all.length 来获得数组的长度,也就是
HTML 文档中的所有 HTML 标签的个数。此处的 HTML 标
签不包括标签属性和结束标签。

(2) 由于 all[] 数组中的元素都是 HTML 元素,因此可
以使用 tagName 属性获得元素名称。

(3) 通过循环输出所有 all[] 数组中的元素的名称。从输
出结果可以看出,all[] 数组中的元素是按照 HTML 元素在文
档中出现的次序进行排放的。

图 12.16　sample16.htm 的运行结果

注意　由于 Document 对象的 all 属性是 IE 浏览器扩展的属性,所以本例只能在 IE 浏览器中
运行。

12.2.10　引用文档中的 HTML 元素

Document 对象的 all 属性返回值为包含文档中所有 HTML 标签的数组,对 all[] 数组中的元
素的引用方法有以下 3 种:

```
document.all[i]
document.all[name]
document.all.tags[tagName]
```

从以上代码可以看出,获得文档中的 HTML 元素的 3 种方法分别为:
❑ 通过下标的方式获得 Document 对象的 all 属性返回的数组中的元素。
❑ 使用 HTML 标签中的 name 属性或 id 属性的值来从 all[] 数组中获得元素。
❑ 使用 HTML 标签的元素名来从 all[] 数组中获得元素。因为在 HTML 文档中可能出现多个
　相同的元素(如 br 元素),因此使用这种方法返回值仍然是数组,是所有具有指定类型的
　HTML 元素的数组。

【实例 12.17】有关引用文档中元素的例子请看以下代码,注意加粗的文字:

```
01 <html>
02     <head>
03         <title>输出 HTML 文件中的所有元素 </title>
04     </head>
05     <body>
06         <font color='red'>请完成以下表单: </font>
```

```
07        <form name="myForm">
08          姓名: <input type="text" name="myName" value=" 刘智勇 "><br>
09          性别:
10          <select name="mySex">
11            <option value="man"> 男 </option>
12            <option value="woman"> 女 </option>
13          </select><br>
14          <input type="submit" value=" 提交 ">
15          <input type="reset" value=" 重置 ">
16        </form>
17        <script type="text/javascript">
18          <!--
19            document.write("HTML 文档中的第一个标签为:
20              &lt;",document.all[0].tagName,"&gt;<br>");
21            document.write(" 文本框中的内容为:
22              ",document.all["myName"].value,"<br>");
23            var buttons = document.all.tags("input");
24            document.write(" 本例中 input 元素有 ",buttons.length," 个, 其类型分别为:
25              <br>");
26            for (i=0;i<buttons.length;i++)
27            {
28              document.write(buttons[i].type,"<br>");
29            }
30
31          -->
32        </script>
33      </body>
34  </html>
```

【运行效果】以上代码为本书配套代码文件目录"代码 \ 第 12 章 \sample17.htm"里的内容, 其运行结果如图 12.17 所示。

【代码说明】本例中的关键知识点如下所示:

(1) 使用 document.all[0] 方法可以获得 HTML 文档中的第 1 个 HTML 元素。只要是 HTML 元素都有 tagName 属性, 因此在本例中使用 document.all[0].tagName 可以输出 HTML 文档中的第 1 个标签名, 即 HTML。

(2) 使用 document.all[" myName"] 方法可以获得 name 属性值为" myName"的 HTML 元素, 在本例中符合条件的元素为:

图 12.17 sample17.htm 的运行结果

```
<input type="text" name="myName" value=" 刘智勇 ">
```

(3) 使用 document.all.tags(" input") 方法可以获得所有 input 元素。因为在一个 HTML 文档中可能会出现多个相同的元素, 因此返回一个数组, 数组中存放的都是 input 元素。

(4) 每个 input 元素都有一个 type 属性, 因此可以通过 buttons[i].type 来获得 input 元素的 type 属性值。

注意 由于 Document 对象的 all 属性是 IE 浏览器扩展的属性, 所以本例只能在 IE 浏览器中运行。

12.2.11　引用文档元素中的子元素

在 IE 浏览器中，Document 对象的 all 属性可以返回整个 HTML 文档中的所有 HTML 元素，而在现实运用中，很少有需要获得所有元素的情况，通常需要获得某个元素下的子元素。为此 IE 浏览器又扩展了一个 children 属性，该属性用来返回一个文档中的某个元素的所有子元素。

【实例 12.18】请看以下代码，注意加粗的文字：

```
01    <html>
02        <head>
03            <title> 输出 HTML 元素下的子元素 </title>
04        </head>
05        <body>
06            <font color='red'> 请完成以下表单: </font>
07            <form name="myForm"onsubmit="return showSelect()">
08                姓名: <input type="text" name="myName" value=" 刘智勇 "><br>
09                性别:
10                <select name="mySex">
11                    <option value="man"> 男 </option>
12                    <option value="woman"> 女 </option>
13                </select><br>
14                <input type="submit" value=" 提交 ">
15                <input type="reset" value=" 重置 ">
16            </form>
17            <script type="text/javascript">
18                <!--
19                    function showSelect()
20                    {
21                        // 获取下拉列表框下的所有元素
22                        var selects = document.all["mySex"].children;
23
24                        for (i=0;i<selects.length;i++)
25                        {
26                            // 判断选项框是否被选择
27                            if (selects[i].selected)
28                            {
29                                // 输出已选择的选项框中的文字
30                                document.write(" 您选择的性别为:
31                                    ",selects[i].text,"<br>");
32                                break;
33                            }
34                        }
35                        return true;
36                    }
37                -->
38            </script>
39        </body>
40    </html>
```

【运行效果】以上代码为本书配套代码文件目录"代码 \ 第 12 章 \sample18.htm"里的内容。读者可自行测试运行效果。

【代码说明】在本例中的 form 元素中使用 onsubmit 属性设置提交表单时调用 showSelect() 函数。showSelect() 函数的作用是判断下拉列表框哪个可选项处于选择状态，并输出已选择的选项的文字内容。showSelect() 函数的处理方法如下所示：

（1）使用"document.all["mySex"]"语句可以获得名为 mySex 的 HTML 元素，在本例中

为下拉列表框。

（2）"document.all["mySex"].children"语句返回的是下拉列表框中的所有子元素。在本例中为 option 元素。

（3）通过循环遍历所有下拉列表框中的可选项，即 option 元素。

（4）在遍历 option 元素时，通过"selects[i].selected"语句来判断该可选项是否被选择。如果可选项被选择，则返回 true。

（5）如果可选项被选择，则通过"selects[i].text"语句输出该可选项的文字。

也可以通过递归方式输出 HTML 文档中的所有元素。

【实例 12.19】请看以下代码，注意加粗的文字：

```
01    <html>
02      <head>
03        <title>输出 HTML 文件中的所有元素</title>
04      </head>
05      <body>
06        <font color='red'>请完成以下表单：</font>
07        <form name="myForm">
08          姓名：<input type="text" name="myName" value="刘智勇"><br>
09          性别：
10          <select name="mySex">
11          <option value="man">男</option>
12          <option value="woman">女</option>
13          </select><br>
14          <input type="submit" value="提交">
15          <input type="reset" value="重置">
16        </form>
17        <script type="text/javascript">
18          <!--
19          //用于递归调用的函数，可以输出所有 HTML 元素
20          function showTag(htmlLElement,layerCount)
21          {
22            //当前元素的所有子元素
23            var childElement = htmlLElement.children;
24            //当前元素的子元素个数
25            var childElementLenght = childElement.length;
26            //用于控制版式的变量
27            layerCount++;
28            //通过循环输出当前元素的所有子元素
29            for (var i=0;i<childElementLenght;i++)
30            {
31              //版式控制
32              for(var j=0;j<layerCount;j++)
33              {
34                document.write("  ");
35              }
36              //输出当前元素的子元素名称
37              document.write(childElement[i].tagName,"<br>");
38              //递归调用
39              showTag(childElement[i],layerCount);
40            }
41          }
42          //输出 HTML 文档中的第一个元素
43          document.write(document.all[0].tagName,"<br>");
44          //开始调用递归函数
```

```
45              showTag(document.all[0],0);
46              -->
47          </script>
48      </body>
49  </html>
```

【代码说明】 代码第 7 ～ 16 行创建了多个表单元素，代码第 20 ～ 41 行用递归调用的函数，输出所有 HTML 元素。

【运行效果】 以上代码为本书配套代码文件目录"代码\第 12 章\sample19.htm"里的内容，其运行结果如图 12.18 所示。

> **注意** all 属性和 children 属性都是 IE 浏览器扩展的 Document 属性，因此本节中的两个例子都只能在 IE 浏览器中运行。

12.2.12 其他文档信息

在 IE 浏览器中除了可以使用 Document 对象中的 lastModified、title 和 URL 属性来显示文档信息之外，还可以使用以下 3 种属性来显示其他文档信息：

图 12.18　sample19.htm 的运行结果

```
document.charset
document.defaultCharset
document.readyState
```

其中 charset 属性为文档中所设定的字符集，defaultCharset 属性为文档中采用的默认字符集，readyState 属性可以返回文档的加载状态。charset 属性和 defaultCharset 属性的返回值是字符串。虽然 readyState 属性的返回值也是字符串，但该属性的字符串只有以下 4 个可用值。

❑ uninitialized：该属性值说明文档还没有开始加载。

❑ loading：该属性值说明文档正在加载中。

❑ interactive：该属性值说明文档虽然还没有加载完毕，但是已经加载的部分足够与用户进行互动了。

❑ complete：该属性值说明文档加载完毕。

【实例 12.20】 有关以上 3 种属性的示例请看以下代码，注意加粗的文字：

```
01  <html>
02      <head>
03          <title> 其他文档信息 </title>
04          <!-- 使用以下语句设置文档采用的字符集 -->
05          <meta http-equiv="content-type" content="text/html; charset=utf-8"/>
06          <script type="text/javascript">
07              <!--
08              document.write(" 文档采用的字符集为: ",document.charset,"<br>");
09              document.write(" 文档采用的默认字符集为:
10                  ",document.defaultCharset,"<br>");
```

```
11              var nowState = setInterval("setState()",100);
12              function setState()
13              {
14                  state = document.readyState;
15                  switch (state)
16                  {
17                      case "uninitialized":
18                          document.title = " 还没有开始加载文档 ";
19                          break;
20                      case "loading":
21                          document.title = " 文档加载中……";
22                          break;
23                      case "interactive":
24                          document.title = " 加载的文档已经可以和用户进行交互
25                              了 ";
26                          break;
27                      case "complete":
28                          document.title = " 文档加载完毕 ";
29                          clearInterval(nowState);
30                          break;
31                  }
32              }
33          -->
34      </script>
35  </head>
36  <body>
37      <!-- 这是一张不存在的图片，作用是延迟加载网页的完成时间 -->
38      <img src="http://www.aspxfans.cs/test.gif">
39  </body>
40 </html>
```

【运行效果】以上代码为本书配套代码文件目录"代码\第 12 章\sample20.htm"里的内容，读者可以自己运行该文件查看效果。

【代码说明】本例中的关键知识点如下所示：

（1）在 HTML 代码中可以使用代码第 5 行设置文档所使用的默认字符集。

（2）如果使用代码第 5 行，则 document.charset 的返回值为以上语句中的 charset 的值。本例中为 utf-8。

（3）document.defaultCharset 语句可以返回文档使用的默认字符集。

（4）document.readyState 可以返回文档的加载情况。与 Window 对象的 setInterval() 方法结合，可以动态地将文档的加载情况显示在标题栏中。

（5）通过 switch 语句来判断文档的加载情况，并将该情况显示在标题栏中。

在本例中，uninitialized 状态是不会出错的，因为打开网页时，就已经开始加载内容了。loading 状态也会很快消失，因为网页加载的速度太快，来不及显示。因此，在本例中添加了一个不存在的图片，浏览器加载图片会有一定的延迟时间，此时可以显示 interactive 状态。一旦浏览器发现图片不存在，就会结束加载文档过程，此时显示 complete 状态。

注意　charset 属性、defaultCharset 属性和 readyState 属性都是 IE 浏览器扩展的 Document 属性，因此本例只能在 IE 浏览器中运行。

12.3 图像对象

Document 对象的 images 属性的返回值是一个数组，数组中的每一个元素都是一个 Image 对象。在本节里将会介绍 Image 对象的属性、事件以及使用方法。

12.3.1 图像对象介绍

Image 对象，又称为图像对象。在 HTML 文档里，有可能会存在多张图片，JavaScript 在加载 HTML 文档时，就会自动创建一个 images[] 数组，数组中的元素个数由 HTML 文档中的 <img> 标签决定。JavaScript 为每一个 <img> 标签在 images 数组中创建一个元素。因此，images[] 数组的每一个元素都代表着 HTML 文档中的一张图片，通过对 images[] 数组元素的引用，可以达到引用图片的目的。

如果要引用 images[] 数组中的元素，可以采用以下方法：

```
document.images[i]
document.images[imageName]
document.imageName
```

其中，参数 i 为 images[] 数组的下标，imageName 为图片的名字。假设在 HTML 文档中只有一张图片，该图片的名称为 myImg，那么要引用该图片可以使用以下 3 种方式：

```
document.images[0]
document.images["myImg"]
document.myImg
```

在 JavaScript 中支持使用构造函数来创建一个图片对象，其语法代码如下所示：

```
new Image(width,heiight)
```

其中，width 和 height 参数分别为图片的宽和度，单位为像素，这两个是可选参数。

12.3.2 图像对象的属性

Image 对象与其他对象类似，也拥有属于自己的属性，这些属性主要用于描述图片的高度、宽度、边框、地址等信息。Image 对象的属性如表 12.7 所示。

表 12.7　Image 对象的属性

属　性	说　明
border	该属性返回一个整数，用于说明图片的边框宽度，单位为像素。该属性值由 img 元素的 border 属性值所决定
complete	该属性返回一个布尔值，用于说明图片是否加载完毕。加载完毕则返回 true，否则返回 false。但如果在加载过程中发生了错误或用户取消加载图片，也会返回 true
height	该属性返回一个整数，用于说明图片的高度，单位为像素。该属性值由 img 元素的 height 属性值所决定
hspace	该属性返回一个整数，用于说明图片与文字在水平方向的距离，单位为像素。该属性值由 img 元素的 hspace 属性值所决定
lowsrc	该属性可以返回或设置替代图片的低质量图片的 URL。当用户的显示器分辨率比较低时，或者在高质量图片还没有加载完毕时，浏览器可以先显示低质量的图片。该属性的初始值由 img 元素的 lowsrc 属性值所决定

（续）

属　　性	说　　明
name	该属性返回图片的名称，其属性值由 img 元素的 name 属性值所决定
src	该属性可以返回或设置图片的 URL。该属性的初始值由 img 元素的 src 属性值所决定
vspace	该属性返回一个整数，用于说明图片与文字在垂直方向的距离，单位为像素。该属性值由 img 元素的 vspace 属性值所决定
width	该属性返回一个整数，用于说明图片的宽度，单位为像素。该属性值由 img 元素的 width 属性值所决定

12.3.3　图像对象的事件

Image 对象没有可以使用的方法，但是 Image 对象支持 abort、error 等事件，这些事件是大多数其他对象都不支持的。Image 对象所支持的事件如表 12.8 所示。

表 12.8　Image 对象支持的事件

事　　件	说　　明
abort	当用户放弃加载图片时激发的事件
click	在图片上单击鼠标时激发的事件
dblclick	在图片上双击鼠标时激发的事件
error	如果在加载图片的过程中产生错误时激发的事件
load	成功加载图片时激发的事件
keydown	当用户按下键盘上的键时激发的事件
keypress	当用户按下并释放键盘上的键时激发的事件
keyup	当用户释放键盘上的键时激发的事件
mousedown	在图片上按下鼠标键（并没有释放）时激发的事件
mouseup	在图片上释放鼠标键时激发的事件
mouseover	移动鼠标到图片上时激发的事件
mousemove	在图片上移动鼠标时激发的事件
mouseout	将鼠标从图片上移开时激发的事件

12.3.4　显示图片的信息

Image 对象的属性大多都可以用来获取图片的信息，而图片的这些信息是在 <img> 标签中指定。

【实例 12.21】请看以下代码，注意加粗的文字：

```
01    <html>
02      <head>
03        <title>显示图片信息</title>
04      </head>
05      <body>
06        本例可以显示图片的信息: <br>
07        <img src="img/flower.jpg" border="2" hspace="10" vspace="30"
08          name="myImg" lowsrc="lowflower.jpg" align="left">
09        这是一张由笔者自己拍的照片 <br><br>
10        <script type="text/javascript">
```

```
11          <!--
12          document.write(" 图片的属性如下所示: <br>");
13          document.write(" 图片名称为: ",document.images[0].name,"<br>");
14          document.write(" 图片的宽度为: ",document.images[0].width,"<br>");
15          document.write(" 图片的高度为: ",document.images[0].height,"<br>");
16          document.write(" 图片的边框为: ",document.images[0].border,"<br>");
17          document.write(" 图片与文字水平方向的间距为:
18              ",document.images[0].hspace,"<br>");
19          document.write(" 图片与文字垂直方向的间距为:
20              ",document.images[0].vspace,"<br>");
21          document.write(" 图片的 URL 为: ",document.images[0].src,"<br>");
22              document.write(" 该图片的低质量图片为:
23              ",document.images[0].lowsrc,"<br>");
24          -->
25      </script>
26  </body>
27 </html>
```

【代码说明】代码第 7 ~ 8 行是一个完整的 <img> 标签,其中的 src 属性用来指定图片的地址,一般是相对地址。

【运行效果】以上代码为本书配套代码文件目录"代码\第 12 章\sample21.htm"里的内容,其运行结果如图 12.19 所示。

图 12.19 sample21.htm 的运行结果

12.3.5 置换图片

Image 对象中的大多数属性都是只读属性,但其中的 src 属性却是一个可读写的属性,通过改变 Image 对象中的 src 属性值,可以改变置换图片。

【实例 12.22】请看以下代码,注意加粗的文字:

```
01 <html>
02   <head>
03     <title> 置换图片 </title>
04     <script type="text/javascript">
```

```
05            <!--
06                function changeImg(imgName)
07                {
08                    document.images[imgName].src="img/article2.gif";
09                }
10                function resetImg(imgName)
11                {
12                    document.images[imgName].src="img/article1.gif";
13                }
14            -->
15        </script>
16    </head>
17    <body>
18        <img src="img/article1.gif"name="img1">
19        <a href="#" onmouseover="changeImg('img1')"
20          onmouseout="resetImg('img1')">第 1 章 JavaScript 基础 </a><br>
21        <img src="img/article1.gif"name="img2">
22        <a href="#"onmouseover="changeImg('img2')"
23          onmouseout="resetImg('img2')">第 2 章 常量、变量与数据类型 </a><br>
24        <img src="img/article1.gif"name="img3">
25        <a href="#"onmouseover="changeImg('img3')"
26          onmouseout="resetImg('img3')">第 3 章 表达式与运算符 </a><br>
27    </body>
28 </html>
```

【运行效果】以上代码为本书配套代码文件目录"代码\第 12 章\ sample22.htm"里的内容，其运行结果如图 12.20 所示。读者可以自己运行该文件查看效果。

【代码说明】本例的作用为，当鼠标移动到一个超链接上时，该超链接前的绿色箭头会自动变成红色箭头；当鼠标从超链接上移开时，该超链接前的红色箭头又会自动变成绿色箭头。本例的实现原理如下所示。

图 12.20　sample22.htm 的运行结果

（1）每个超链接前的绿色箭头都是一张小图片（article1.gif），当鼠标放在超链接上时，该小图片置换为另一张红色箭头的小图片（article2.gif），如此就可以实现动态效果。反之，当鼠标从超链接上移开时，再用绿色箭头的图片置换红色箭头的图片。

（2）为了让 JavaScript 程序可以区分不同的箭头，就要为每个图片命名。

（3）当鼠标放在超链接上时，使用 onmouseover 属性调用 changeImg() 函数，并将要置换的图片名传递给函数。

（4）changeImg() 函数接收到图片名之后，使用以下语句置换图片。

```
document.images[imgName].src="img/article2.gif";
```

（5）当鼠标离开超链接时，使用 onmouseout 属性调用 resetImg() 函数，并将要置换的图片名传递给函数。

（6）resetImg () 函数接收到图片名之后，使用以下语句置换图片。

```
document.images[imgName].src="img/article1.gif";
```

12.3.6　随机图片

产生一个随机图片的原理与置换图片的原理类似，在产生随机图片之前先产生一个随机数，再根据随机数来显示一张图片。下面的例子可以在网页上循环显示图片，并且图片显示是无规律的。

【实例 12.23】请看以下代码，注意加粗的文字：

```
01   <html>
02      <head>
03         <title> 随机图片 </title>
04         <script type="text/javascript">
05            <!--
06               function changeImg()
07               {
08                  // 设置随机数
09                  var ran = Math.random();
10                  // 由于 random() 方法产生的是 0~1 之间的随机数，所以将其乘以 10，
11                  // 后再取整，就可以得到 0~10 之间的数
12                  ram = Math.round(ran*10);
13                  // 将图片地址存在数组中
14                  var arr = new Array();
15                  arr[0] = "img/img01.jpg";
16                  arr[1] = "img/img02.jpg";
17                  arr[2] = "img/img03.jpg";
18                  arr[3] = "img/img04.jpg";
19                  arr[4] = "img/img05.jpg";
20                  arr[5] = "img/img06.jpg";
21                  arr[6] = "img/img07.jpg";
22                  arr[7] = "img/img08.jpg";
23                  arr[8] = "img/img09.jpg";
24                  arr[9] = "img/img10.jpg";
25                  arr[10] = "img/flower.jpg";
26
27                  document.images[0].src = arr[ram];
28               }
29               setInterval("changeImg()",1000);
30            -->
31         </script>
32      </head>
33      <body>
34         <img src="img/flower.jpg">
35      </body>
36   </html>
```

【代码说明】上述代码常用在网页的广告中，使用户在浏览网页时随机显示图片广告。代码第 14 ~ 25 行是一个图片数组，根据代码第 9 行的随机数来选择具体要显示的图片。

【运行效果】以上代码为本书配套代码文件目录"代码 \ 第 12 章 \sample23.htm"里的内容，读者可以自己运行该文件查看效果。

12.3.7　动态改变图片大小

使用 Image 对象的 width 属性和 height 属性可以动态改变图片的大小。

【实例 12.24】请看以下代码，注意加粗的文字：

```
01    <html>
02        <head>
03        <title> 改变图片大小 </title>
04        <script type="text/javascript">
05          <!--
06              // 将图片缩小 10%
07              function changeImg1()
08              {
09                  document.images[0].width = document.images[0].width * 0.9;
10                  document.images[0].height = document.images[0].height * 0.9;
11              }
12              // 将图片扩大 10%
13              function changeImg2()
14              {
15                  document.images[0].width = document.images[0].width * 1.1;
16                  document.images[0].height = document.images[0].height * 1.1;
17              }
18          -->
19        </script>
20        </head>
21        <body>
22        <input type="button" value="-" onclick="changeImg1()">
23        <input type="button" value="+" onclick="changeImg2()"><br>
24        <img src="img/flower.jpg">
25        </body>
26    </html>
```

【代码说明】代码第 7 ～ 11 行的 changeImg1 函数用来将图片缩小 10%，代码第 13 ～ 17 行的 changeImg2 用来将图片扩大 10%。

【运行效果】以上代码为本书配套代码文件目录"代码 \ 第 12 章 \sample24.htm"里的内容，读者可以自己运行该文件查看效果。

在 IE 浏览器中还支持图片使用 mousewheel 事件，mousewheel 事件是在滚动鼠标中轴时产生的事件。使用该事件可以实现通过滚动鼠标中轴来动态改变图片大小的功能。

【实例 12.25】请看以下代码，注意加粗的文字：

```
01    <html>
02        <head>
03        <title> 改变图片大小 </title>
04        <script type="text/javascript">
05          <!--
06              // 将图片缩小 10%
07              function changeImg1()
08              {
09                  document.images[0].width = document.images[0].width * 0.9;
10                  document.images[0].height = document.images[0].height * 0.9;
11              }
12              // 将图片扩大 10%
13              function changeImg2()
14              {
15                  document.images[0].width = document.images[0].width * 1.1;
16                  document.images[0].height = document.images[0].height * 1.1;
17              }
18
19              function changeImg()
20              {
```

```
21                       // 滚动鼠标中轴的方向，event.wheelDelta 大于零为向上滚动鼠标中轴
22
23                       if (event.wheelDelta>0)
24                       {
25                               changeImg2();
26                       }
27                       else
28                       {
29                               changeImg1();
30                       }
31                   }
32               -->
33           </script>
34       </head>
35       <body>
36           <input type="button" value="-"onclick="changeImg1()">
37           <input type="button" value="+"onclick="changeImg2()"><br>
38           <img src="img/flower.jpg"onmousewheel="changeImg()">
39       </body>
40   </html>
```

【代码说明】上述代码相比较前一个案例，多了代码第 19 ～ 31 行定义的 changeImg 函数。代码第 23 行的 event.wheelDelta 属性用来判断鼠标滚动的方向。

【运行效果】以上代码为本书配套代码文件目录"代码 \ 第 12 章 \sample25.htm"里的内容，读者可以自己运行该文件，并在图片上滚动鼠标的中轴查看效果。

> **注意** mousewheel 事件是 IE 浏览器所支持的事件，因此本例只能在 IE 浏览器上运行有效。

12.3.8 缓存图片

在随机图片的例子中，使用了 setInterval() 方法每隔 1 秒钟显示一张图片。事实上，如果这个文件放在网络上，并且在图片比较大、网络比较慢的情况下，有可能会出现图片不能显示的问题。假设当前显示的图片为 img01.jpg，1 秒钟之后将显示的图片为 img03.jpg。但是由于网速原因，完全加载 img01.jpg 的时间就超过 1 秒钟，这么一来，就有可能出现图片 img01.jpg 还没有加载完毕，就转而加载图片 img03.jpg 的情况。

对于这种情况，可以使用缓存图片的技术，先将图片下载回来，放在缓存中。等到要加载图片时，再从缓存中直接加载到浏览器中，这样就不用再去网络上下载图片了。

【实例 12.26】使用图片缓存的方法请看以下代码，注意加粗的文字。

```
01   <html>
02       <head>
03           <title> 随机图片 </title>
04           <script type="text/javascript">
05               <!--
06                   function changeImg()
07                   {
08                       // 设置随机数
09                       var ran = Math.random();
10                       // 由于 random() 方法产生的是 0~1 之间的随机数，所以将其乘以 10
11                       // 后再取整，就可以得到 0~10 之间的数
12                       ram = Math.round(ran*10);
```

```
13              // 将图片存在数组中
14              var arr = new Array();
15              // 通过循环，设置数组中的元素为一个图片对象
16              // 注意与 sample23.htm 中的数组不同，sample23.htm 中的 arr[ ] 数组
17              // 存放的是图片的地址，而不是图片对象
18              for (i=0;i<11;i++)
19              {
20                  arr[i] = new Image();
21              }
22              // 设置图片对象的 src 属性
23              arr[0].src = "img/img01.jpg";
24              arr[1].src = "img/img02.jpg";
25              arr[2].src = "img/img03.jpg";
26              arr[3].src = "img/img04.jpg";
27              arr[4].src = "img/img05.jpg";
28              arr[5].src = "img/img06.jpg";
29              arr[6].src = "img/img07.jpg";
30              arr[7].src = "img/img08.jpg";
31              arr[8].src = "img/img09.jpg";
32              arr[9].src = "img/img10.jpg";
33              arr[10].src = "img/flower.jpg";
34
35              // 设置图片的地址为数组元素（即图片对象）的 src 属性值
36              // 注意此处与 sample23.htm 中的不同，sample23.htm 中此处设置的
37              // 是 arr[ram]，而不是 arr[ram].src
38              document.images[0].src = arr[ram].src;
39          }
40          setInterval("changeImg()",1000);
41          -->
42      </script>
43   </head>
44   <body>
45      <img src="img/flower.jpg">
46   </body>
47 </html>
```

【运行效果】以上代码为本书配套代码文件目录"代码\第12章\sample26.htm"里的内容，读者可以自己运行该文件查看效果。

【代码说明】本例的关键知识点如下所示。

（1）本例与 sample23.htm 相比，使用的是缓存技术，而 sample23.htm 并没有使用缓存技术。

（2）使用 new 运算符可以创建一个新的 Image 对象。在默认情况下该 Image 对象不是由 HTML 文档创建的图片，因此在 Document 对象的 images[] 数组中是不会包括该对象，并且该对象所代表的图片，也不会在浏览器窗口中显示，浏览器只是将该对象所代表的图片下载并放在缓存中，以备需要时使用。

（3）因此，在本例中并不是将图片的地址存放在数组元素中，而是将使用 new 运算符创建的 Image 对象放在了数组元素中，如以下代码所示。

```
for (i=0;i<11;i++)
{
   arr[i] = new Image();
}
```

（4）如果只创建了 Image 对象，而没有设置该对象的 src 属性，浏览器也无法将 Image 对象所代表的图片下载到缓存中，因此还要使用以下代码指定 Image 对象的 src 属性。

```
arr[0].src = "img/img01.jpg";
```

（5）在需要使用缓存中的图片时，可以直接通过对 Image 对象的 src 属性的引用来调用该图片，如以下代码所示。

```
document.images[0].src = arr[ram].src;
```

12.3.9　图像对象的 load 事件

Image 对象的 load 事件是在图片加载完毕后激发的事件。在上个例子中，每隔 1 秒钟就会显示一个随机的图片，如果正在显示的图片还没有下载到缓存中时，该图片还是会无法完全显示。针对这种情况，可以为每个图片都添加一个 load 事件，统计要随机显示的图片是否都已经下载到缓存中了。只有所有图片都下载完毕之后，才开始随机显示图片，否则不显示图片。

【实例 12.27】请看以下代码，注意加粗的文字：

```
01    <html>
02      <head>
03        <title> 随机图片 </title>
04      </head>
05      <body>
06        <img src="img/flower.jpg"><br>
07        图片: <input type="text" name="showImgCount" size="60">
08        <script type="text/javascript">
09          <!--
10            // 设置计数器，查看是否所有图片都已经加载完毕
11            var imgCount = 0;
12            // 创建数组，将图片存在数组中
13            var arr = new Array();
14
15            // 通过循环，设置数组中的元素为一个图片对象，并设置图片的 load 事件
16            for (i=0;i<11;i++)
17            {
18                arr[i] = new Image();
19                // 当一个图片加载完毕后检查是否所有图片都加载完毕，如果是的话，
20                // 开始随机显示图片
21                arr[i].onload = imgOK;
22            }
23            // 设置图片对象的 src 属性
24            arr[0].src = "img/img01.jpg";
25            arr[1].src = "img/img02.jpg";
26            arr[2].src = "img/img03.jpg";
27            arr[3].src = "img/img04.jpg";
28            arr[4].src = "img/img05.jpg";
29            arr[5].src = "img/img06.jpg";
30            arr[6].src = "img/img07.jpg";
31            arr[7].src = "img/img08.jpg";
32            arr[8].src = "img/img09.jpg";
33            arr[9].src = "img/img10.jpg";
34            arr[10].src = "img/img11.jpg";
35
36            // 用于判断图片是否缓存完毕的函数
37            function imgOK()
38            {
39                // 计数器自加 1
40                imgCount++;
```

```
41                showImgCount.value = "正在加载第 " + imgCount + " 张图片";
42                // 如果已经缓存完毕的图片数等于数组元素个数，则开始随机显示图片
43
44                if (imgCount==arr.length)
45                {
46                    setInterval("showImg()",1000);
47                }
48            }
49
50            function showImg()
51            {
52                // 设置随机数
53                var ran = Math.random();
54                ram = Math.round(ran*10);
55                // 显示一个随机图片
56                document.images[0].src = arr[ram].src;
57                document.images[0].width = arr[ram].width * 0.15;
58                document.images[0].height = arr[ram].height * 0.15;
59
60                showImgCount.value = arr[ram].src;
61            }
62        -->
63        </script>
64    </body>
65 </html>
```

【运行效果】 以上代码为本书配套代码文件目录"代码\第 12 章\sample27.htm"里的内容，读者可以自己运行该文件查看效果。

【代码说明】 本例的关键知识点如下所示：

（1）代码第 11 行创建了一个全局变量 imgCount，该变量用于统计下载到缓存中的图片张数。

（2）在创建 Image 对象数组时，使用代码第 21 行设置图片下载完毕后调用 imgOK() 函数。

（3）第 37 ～ 48 行的 imgOK() 函数的作用是让全局变量 imgCount 自加 1，如果全局变量 imgCount 等于数组元素的长度，则开始随机显示图片。

12.3.10　显示默认图片

在加载图片产生错误（如加载的图片不存在）时，会激发 error 事件。利用 error 事件与 Image 对象相结合，可以在图片加载出错时显示一张默认的图片，这样在网页上永远都不会有图片不能显示时出现的小叉。

【实例 12.28】 请看以下代码，注意加粗的文字：

```
01 <html>
02    <head>
03        <title>显示默认图片</title>
04        <script type="text/javascript">
05        <!--
06            function showDefualtImg(img)
07            {
08                img.src = "img/err.gif"
09            }
10        -->
11        </script>
12    </head>
```

```
13        <body>
14            <!-- 以下三张图片都是不存在的图片 -->
15            <img src="img/1.jpg"onerror="showDefualtImg(this)"><br>
16            <img src="img/2.jpg"onerror="showDefualtImg(this)"><br>
17            <img src="img/3.jpg"onerror="showDefualtImg(this)"><br>
18        </body>
19    </html>
```

【代码说明】代码第 15 ~ 17 行设置了 3 个 < img > 标签，但 src 属性指定的文件都是不存在的。onerror 是发生错误时触发的事件，其调用代码第 6 ~ 9 行定义的 showDefualtImg 函数。

【运行效果】以上代码为本书配套代码文件目录"代码 \ 第 12 章 \sample28.htm"里的内容，读者可以自己运行该文件查看效果。

12.4　链接对象

Document 对象的 links 属性可以返回一个数组，该数组中的每一个元素都是一个 Link 对象，也称为链接对象。在一个 HTML 文档中，可能会存在多个超链接，JavaScript 在加载 HTML 文档时，就会自动创建一个 links[] 数组，数组中的元素个数由 HTML 文档中的 <a> 标签和 <area> 标签个数所决定。JavaScript 会将每一个超链接都以 Link 对象的形式存放在 link[] 数组中，link[] 数组中的每一个元素所代表的就是 HTML 文档中的每一个超链接，可以使用以下方法来引用 links[] 数组中的元素。

```
document.links[i]
```

12.4.1　链接对象的属性

Link 对象引用的是文档中的超链接，包括 <a> 标签、</a> 标签以及这两个标签之间的文字。由于超链接元素的 href 属性值为文件 URL，因此 Link 对象的大多数属性与 Location 对象的属性相同。Link 对象的属性如表 12.9 所示。

表 12.9　Link 对象的属性

属　　性	说　　明
hash	该属性可以返回或设置 Link 对象中的 URL 的锚部分，包括分隔符 "#"
host	该属性可以返回或设置 Link 对象中的 URL 的域名（或 IP）部分和端口部分
hostname	该属性可以返回或设置 Link 对象中的 URL 的或名（或 IP）部分
href	该属性可以返回或设置 Link 对象中的完整的 URL 部分
pathname	该属性可以返回或设置 Link 对象中的 URL 的路径部分，包括虚拟目录和文件名
port	该属性可以返回或设置 Link 对象中的 URL 的端口部分
protocol	该属性可以返回或设置 Link 对象中的 URL 的协议部分，包括协议和冒号
search	该属性可以返回或设置 Link 对象中的 URL 的查询部分，包括分隔符 "?"
target	该属性可以返回或设置 Link 对象中的超链接打开的目标窗口，相当于 A 元素的 target 属性
text	该属性是 Netscape 浏览器支持的属性，用于显示 Link 对象中的超链接文字，相当于 <a> 标签与 </a> 标签的文字。但该属性必须在 <a> 标签与 </a> 标签之间没有其他 HTML 标签的情况下才起作用。该属性是只读属性
innerText	该属性是 IE 浏览器支持的属性，与 text 属性相当

12.4.2 链接对象的事件

Link 对象可以支持的事件与 Image 对象可以支持的事件大致相同。Link 对象所支持的事件如表 12.10 所示。在现实运用中，Link 对象使用得较多的事件为 click 事件、mouseover 事件和 mouseout 事件。

表 12.10　Link 对象支持的事件

事 件	说 明
click	在超链接上单击鼠标时激发的事件
dblclick	在超链接上双击鼠标时激发的事件
keydown	当用户按下键盘上的键时激发的事件
keypress	当用户按下并释放键盘上的键时激发的事件
keyup	当用户释放键盘上的键时激发的事件
mousedown	在超链接上按下鼠标键（并没有释放）时激发的事件
mouseup	在超链接上释放鼠标键时激发的事件
mouseover	移动鼠标到超链接上时激发的事件
mousemove	在超链接上移动鼠标时激发的事件
mouseout	将鼠标从超链接上移开时激发的事件

12.4.3 查看一个网页上的所有超链接

使用 Link 对象可以查看一个网页上有哪些超链接，并且可以设置这些超链接的属性。

【实例 12.29】请看以下代码，注意加粗的文字：

```
01    <html>
02      <head>
03        <title>网页上的所有超链接</title>
04      </head>
05      <body>
06        <a href="sample01.htm">sample01.htm</a><br>
07        <a href="sample02.htm">sample02.htm</a><br>
08        <a href="sample03.htm">sample03.htm</a><br>
09        <a href="sample04.htm">sample04.htm</a><br>
10        <a href="sample05.htm">sample05.htm</a><br>
11        <script type="text/javascript">
12          <!--
13            document.write("本页中所包含的超链接有: <br>");
14            for(i=0;i<document.links.length;i++)
15            {
16                document.write(document.links[i].href,"<br>");
17                document.links[i].target = "_blank";
18            }
19          -->
20        </script>
21      </body>
22    </html>
```

【代码说明】在本例中，通过循环输出当前网页中所有超链接的 URL，并且为每个超链接都添了一个 target 属性。虽然在 HTML 代码中的超链接都没有设置 target 属性，但是在单击这些超链接时，不会在当前窗口打开目标 URL，而是新开一个窗口打开目标 URL。读者可以自己运行该文件显示效果。

【运行效果】以上代码为本书配套代码文件目录"代码 \ 第 12 章 \sample29.htm"里的内容，其运行结果如图 12.21 所示。

12.4.4　翻页程序

使用 Link 对象可以完成翻页功能。当一个网页的内容很多有可能就需要分为多页显示。也有可能是因为其他需要，几个网页具有连续性，因此需要通过"上一页""下一页"等链接联系到一起，这就是翻页功能。

【实例 12.30】有关翻页功能的示例请看以下代码，注意加粗的文字：

图 12.21　sample29.htm 的运行结果

```
01    <html>
02      <head>
03        <title> 翻页 </title>
04      </head>
05      <body>
06        <!--iframe 用于网页链接 -->
07        <iframe src="sample30_1.htm" width="400" height="300"
08          name="sampleWin"></iframe><br>
09        <a href="#"onclick="return pageChange('up')" target="sampleWin"> 上一个范例
10          </a> 
11        <a href="#"target="sampleWin"></a> 
12        <a href="#"onclick="return pageChange('down')"target="sampleWin"> 下一个范
13            例 </a>
14        <br>
15        <script type="text/javascript">
16          <!--
17            // 当前页计数（可翻页页数为 1~9，所以当前页计数也为 1~9）
18            var sample = 1;
19            // 初始化信息
20            changeText(1);
21            // 翻页控制
22            function pageChange(changeType)
23            {
24                // 向下翻页
25                if (changeType=="down")
26                {
27                    // 当前页计数自加 1
28                    sample++;
29                    // 最大当前页不能大于 9，如果大于 9 则重设为 9
30                    if (sample==10)
31                    {
32                        sample = 9;
33                        alert(" 已经是最后一页了 ");
34                        return false;
35                    }
36                    else
```

```
37                    {
38                            // 如果计数器还在 1~9 范围之内, 则设置 links 属性
39                            changeText(sample);
40                    }
41              }
42              else if (changeType=="up")         // 向上翻页
43              {
44                      // 当前页计数自减 1
45                      sample--;
46                      // 最大当前页不能小于 1, 如果小于 1 则重设为 1
47                      if (sample==0)
48                      {
49                          sample = 1;
50                          alert(" 已经是第一页了 ");
51                          return false;
52                      }
53                      else
54                      {
55                              // 如果计数器还在 1~9 范围之内, 则设置 links 属性
56                              changeText(sample);
57                      }
58              }
59        }
60        // 设置 links 属性
61        function changeText(page)
62        {
63              // 设置链接的 URL
64              for (var i=0;i<document.links.length;i++)
65              {
66                      document.links[i].href="sample30_" + page + ".htm";
67              }
68              // 设置第 2 个链接的文本, 以下设置在 IE 中有效
69              document.links[1].innerText = " 当前网页为: sample30_" + page
70                  + ".htm";
71        }
72      -->
73    </script>
74  </body>
75 </html>
```

【运行效果】以上代码为本书配套代码文件目录"代码 \ 第 12 章 \sample30.htm"里的内容,其运行结果如图 12.22 所示。

【代码说明】本例在网页中使用 iframe 元素创建了 1 个内置框架,并在框架下面创建了 3 个超链接,第 1 个超链接用于向上翻页、第 2 个超链接用于显示当前正在打开的网页信息、第 3 个超链接用于向下翻页。当超链接上有 click 事件时,JavaScript 的处理过程是:

(1) 执行 click 事件所调用的函数。

(2) 如果 onclick 属性中没有使用 return 语句接收返回值,则执行默认操作,即打开超链接的 URL。

图 12.22　sample30.htm 的运行结果

（3）如果 onclick 属性中使用了 return 语句接收返回值，则判断 click 事件所调用的函数返回什么值。

（4）如果返回 false，则不执行默认操作，即不打开超链接的 URL。否则，就执行默认操作。

在本例中，假设相关联的网页一共 9 页。因此，可以翻页的范围为 1 ~ 9，为了程序控制方便，在本例中设计了一个用于控制翻页计数的变量 sample，在初始状态下该变量值为 1。变量 sample 的有效范围为 1 ~ 9。程序控制如下所示：

（1）当单击"下一页"时，变量 sample 计数加 1。例如当前页为第 1 个网页，变量 sample 的值为 1，变量 sample 自加 1 之后值为 2。将代表"下一页"超链接的 Link 对象的 URL 设置为第 2 页网页的 URL。

（2）处理完毕之后，JavaScript 会自动执行单击"下一页"超链接的默认操作，即打开"下一页"超链接的 URL，也就是第 2 页网页的 URL。

（3）当变量 sample 计数加到了 9，即当前页为第 9 页时，如果再单击"下一页"超链接，变量 sample 就应该停止计数，并弹出一个警告框，提示已经到达最后一页。最后函数再返回 false。

（4）JavaScript 将 false 返回到超链接，不再执行其他操作。

（5）当单击上一页时，与单击下一页类似，只不过变量 sample 计数减 1。在此就不再赘述了。

注意 由于在本例中使用了 Link 对象的 innerText 属性，该属性是 IE 浏览器所支持的属性，所以本例中 IE 浏览器中运行的效果比较好。在 Netscape 浏览器中，也可以运行该文件，但无法显示 links[1] 超链接中的文本。

12.4.5 网站目录

使用 Link 对象，不但可以查看一个网页中的所有超链接，还可以通过与 Window 对象相结合，根据网页中的超链接一直追踪到其他网页的超链接，这样，可以看到一个网站的所有超链接地址。

【**实例 12.31**】请看以下代码，注意加粗的文字：

```
01   <html>
02     <head>
03       <title>网站目录</title>
04       <script type="text/javascript">
05         <!--
06           //打开网页，并查看该网页中的links[]
07           function openPage(pageURL)
08           {
09             //新开窗口打开网页
10             var indexWin = window.open(pageURL);
11             //查看新窗口中的超链接个数
12             var linkLength = indexWin.document.links.length;
13             //通过循环输出当前新开窗口中的所有超链接的URL
14             for (var i=0;i<linkLength;i++)
15             {
16               document.write(indexWin.document.links[i].href,"<br>");
```

```
17                    // 递归调用
18                    openPage(indexWin.document.links[i].href);
19                }
20                // 关闭新开窗口
21                indexWin.close();
22            }
23        -->
24        </script>
25    </head>
26    <body>
27        <a href="#"onclick="openPage('sample31_index.htm')">网站首页 </a>
28    </body>
29 </html>
```

【代码说明】本例中第 14 ～ 19 行采用了递归的方式输出了一个网站的所有网页的超链接地址。本例只是起了一个抛砖引玉的作用，如果要真正输出整个网站的目录，还需要对程序进行修改。

【运行效果】以上代码为本书配套代码文件目录"代码\第 12 章\sample31.htm"里的内容，读者可以自己运行该文件查看效果。

12.5 锚对象

Document 对象的 anchors 属性可以返回一个数组，该数组中的每一个元素都是一个 Anchors 对象，也称为锚对象。只有在 <a> 标签中设置 name 属性，才可以创建一个锚。在加载 HTML 文档时，JavaScript 就会自动创建一个 anchors [] 数组，数组中的元素个数由 HTML 文档中锚个数所决定。JavaScript 会将每一个锚都以 Anchors 对象的形式存放在 anchors[] 数组中。anchors[] 数组中的每一个元素所代表的就是 HTML 文档中的每一个锚，可以使用以下方法来引用 anchors[] 数组中的元素。

```
document.anchors[i]
```

12.5.1 锚对象属性

Anchor 对象是一个比较简单的对象，该对象所拥有的属性不多。Anchor 对象的属性如表 12.11 所示。

表 12.11 Anchor 对象的属性

属　　性	说　　明
name	该属性可以返回锚的命名，该属性值由 a 元素的 name 属性值决定
text	该属性是 Netscape 浏览器支持的属性，用于显示 Anchor 对象中的超链接文字，相当于 <a> 标签与 </a> 标签的文字。但该属性必须在 <a> 标签与 </a> 标签之间没有其他 HTML 标签的情况下才起作用。该属性是只读属性
innerText	该属性是 IE 浏览器支持的属性，与 text 属性相当

12.5.2 锚对象与链接对象的区别

锚对象与链接对象都是由 <a> 标签所创建的，但并不是每个 <a> 标签都能创建 Link 对象或

Anchor 对象。如果要创建 Link 对象，<a> 标签中必须要有 href 属性；如果要创建 Anchor 对象，<a> 标签中必须要有 name 属性。如果 <a> 标签中既有 href 属性又有 name 属性，那么将同时创建 Link 对象和 Anchor 对象。

【实例 12.32】请看以下代码，注意加粗的文字：

```
01  <html>
02    <head>
03      <title> 锚对象与链接对象的区别 </title>
04    </head>
05    <body>
06      <a name="index">JavaScript 课程介绍 </a><br>
07      <a href="sample31_1.htm" name="mylink1"> 基础篇 </a><br>
08      <a href="sample31_2.htm" name="mylink2"> 实用篇 </a><br>
09      <a href="sample31_3.htm">Ajax 篇 </a><br><br>
10      <script type="text/javascript">
11        <!--
12          // 循环输出所有 Link 对象
13          var linkLenght = document.links.length;
14          document.write(" 本例中的超链接一共有 ",linkLenght," 个 <br> 这些超链接
15              分别为： <br>");
16          for(var i=0;i<linkLenght;i++)
17          {
18              if (document.links[i].text !=undefined)
19              {
20                  document.write(document.links[i].text,": ")
21              }
22              else if (document.links[i].innerText !=undefined)
23              {
24                  document.write(document.links[i].innerText,": ")
25              }
26              document.write(document.links[i].href,"<br>");
27          }
28          // 循环输出所有 Anchor 对象
29          var anchorsLenght = document.anchors.length;
30          document.write("<br> 本例中的锚一共有 ",anchorsLenght," 个 <br> 这些超
31              链接分别为： <br>");
32          for(var i=0;i<anchorsLenght;i++)
33          {
34              if (document.anchors[i].text !=undefined)
35              {
36                  document.write(document.anchors[i].text,": ")
37              }
38              else if (document.anchors[i].innerText !=undefined)
39              {
40                  document.write(document.anchors[i].innerText,": ")
41              }
42              document.write(document.anchors[i].name,"<br>");
43          }
44        -->
45      </script>
46    </body>
47  </html>
```

【运行效果】以上代码为本书配套代码文件目录"代码 \ 第 12 章 \sample32.htm"里的内容，其运行结果如图 12.23 所示。

图 12.23 sample32.htm 的运行结果

【代码说明】在本例中,一共有以下 4 处使用 <a> 了标签:

(1)代码第 6 行创建了一个 Anchor 对象,但是没有创建 Link 对象,因为该语句中并没有 href 属性。

(2)代码第 7 行同时拥有 href 属性和 name 属性,因此同时创建了一个 Link 对象和一个 Anchor 对象。

(3)代码第 8 行同时创建了一个 Link 对象和一个 Anchor 对象。

(4)代码第 9 行创建了一个 Link 对象,但没有创建 Achor 对象,因为该语句中并没有 name 属性。

因此在本例中,第 2、3、4 个 <a> 标签创建了 Link 对象,而第 1、2、3 个 <a> 标签创建了 Anchor 对象,如图 12.24 所示。

在本例中,使用了以下语句输出 <a> 标签与 </a> 标签之间的文字:

```
if (document.links[i].text!=undefined)
{
    document.write(document.links[i].text,": ")
}
else if (document.links[i].innerText!=undefined)
{
    document.write(document.links[i].innerText,": ")
}
```

IE 浏览器和 Netscape 浏览器都可以输出 <a> 标签和 </a> 标签中的文字,但是这两个浏览器所使用的属性名不同。对于 IE 浏览器来说,使用 link.innerText 属性或 anchor.innerText 属性可以获得 <a> 标签和 </a> 标签中的文字。但对于 Netscape 浏览器来说,就必须使用 link.text 属性或 anchor.text 属性了。如果在 IE 浏览器中使用以下两种属性,将会返回 undefined。

```
document.links[i].text
document.anchors[i].text
```

反之,在 Netscape 浏览器中使用以下两种属性,也会返回 undefined。

```
document.links[i].innerText
document.anchors[i].innerText
```

因此,可以通过判断返回值是否为 undefined 来确定使用哪种属性返回值。

12.5.3 创建文档索引

锚通常都在一个内容比较多的网页中使用。当网页内容比较多的时候，可以在网页的不同位置设置不同的锚，通过对锚的引用让用户直接跳转到锚所在位置。使用 Anchor 对象，可以很方便地为一个网页上的锚创建索引。

【实例 12.33】请看以下代码，注意加粗的文字：

```
01   <html>
02      <head>
03         <title> 文档索引 </title>
04      </head>
05      <body>
06         <div id="partIndex"></div>
07         <a name="part1"> 第 1 章   JavaScript 基础 </a><br><br>
08         ……
09         <a name="part2"> 第 2 章   常量、变量与数据类型 </a><br><br>
10         ……
11         <a name="part3"> 第 3 章   表达式与运算符 </a><br><br>
12         ……
13         <a name="part4"> 第 4 章   流程控制语句 </a><br><br>
14         ……
15         <script type="text/javascript">
16            <!--
17               // 准备字符串，用于存放超链接
18               var partIndexStr = "";
19               for (i=0;i<document.anchors.length;i++)
20               {
21                  // 创建超链接
22                  partIndexStr += "<a href='#" + document.anchors[i].name +
23                     "'>" + document.anchors[i].innerText + "</a></br>"
24               }
25               partIndexStr += "<br>";
26               // 将超链接显示在 <div> 与 </div> 之间
27               partIndex.innerHTML = partIndexStr;
28            -->
29         </script>
30      </body>
31   </html>
```

【运行效果】以上代码为本书配套代码文件目录"代码\第 12 章\sample33.htm"里的部分内容，完整的代码读者可行查看源文件。该文件的运行结果如图 12.24 所示。

【代码说明】上图的超链接部分是由 JavaScript 自动创建的。其工作原理如下所示：

（1）在文档中的关键位置创建不同的锚，锚的命名也互不相同。

（2）在 body 元素之后添加 <div> 标签，用于存放文档的索引。

（3）使用循环语句取得所有锚的名称和 <a> 标签与 </a> 标签之间的文字，并创建超链接文字。

（4）将所有超链接文字显示在 <div> 与 </div> 标签之间。

图 12.24   sample33.htm 的运行结果

> **注意** 由于在本例中使用了 innerHTML 属性和 innerText 属性，这两个属性都是 IE 浏览器所支持的属性，因此，本例在 IE 浏览器中运行比较正常。

12.6　小结

在本章中介绍了 Document 对象，以及该对象下的 Image 对象、Link 对象和 Anchor 对象。其中 Document 对象代表了网页中的文档、Image 对象代表了文档中的所有图片、Link 对象代表了文档中的所有超链接、Anchor 对象代表了文档中的所有锚。灵活使用这些对象方法和属性，可以实现很多动态效果。在下一章里将会介绍 Document 对象中的 Form 对象，Form 对象代表着文档中的所有表单元素。

12.7　本章练习

1. 问答题：JavaScript 中的文档对象不是 document 本身，而是很多对象的一个总称。以上这种说法是否正确。

> **提示** 文档是 DOM 对象的代称。当前窗口的文档：window.document。

2. write() 方法和 writeln() 方法的区别？

3. 获取窗体中所有表单的数量的代码？

4. 以下代码是弹出窗口执行的。父页只会跑到锚点 A1，而不刷新，有什么办法让它刷新呢？

```
window.opener.location.href="Admin_Tool.asp?menu=AD&Forumid=<%=Forumid%>#A1";
```

> **提示** IE 中可以使用语句：var　anchor=document.createElement(" <a　name='abc '> ");

第13章 表单对象

Document 对象的 forms 属性可以返回一个数组，数组中的元素都是 Form 对象。Form 对象又称为表单对象，该对象可以让用户实现输入文字、选择选项和提交数据等功能。

本章重点：

☐ 表单对象的属性、方法和事件；

☐ 如何应用表单对象；

☐ 了解表单对象中的各个组件；

☐ 学习文件上传的功能。

13.1 表单对象

Form 对象代表了 HTML 文档中的表单，由于 HTML 中的表单会由很多表单元素组成，因此 Form 对象也会包含很多子对象。

13.1.1 表单对象介绍

在 HTML 文档中有可能会出现多个表单，也就是说，一个 HTML 文档中有可能出现多个 <form> 标签。JavaScript 会为每个 <form> 标签创建一个 Form 对象，并将这些 Form 对象存放在 forms[] 数组中。因此，可以使用以下代码来获得文档中的 Form 对象。

```
document.forms[i]
```

由于在 forms[] 数组中，Form 对象是按照其在 HTML 文档中出现的次序所排列的，所以以下代码可以获得 HTML 文档中的第 1 个 Form 对象。

```
document.forms[0]
```

除了使用 forms[] 数组下标的方式获得 Form 对象之外，还可以通过 <form> 标签中的 name 属性值来获得 Form 对象。例如 <form> 标签如下：

```
<form name="myForm">
```

如果要获得代表以上 form 元素的 Form 对象，可以使用以下代码。

```
document.fom["myForm"]
document.myForm
```

13.1.2 表单对象的属性

Form 对象的属性大多与 form 元素的属性相关。Form 元素常用的属性如表 13.1 所示。

表 13.1 Form 对象常用的属性

属　　性	说　　明
acceptCharset	该属性可以返回或设置能接受的输入数据所用的字符编码方式列表。该属性的初始值由 form 元素中的 acceptCharset 属性值所决定。该属性由 W3C 标准支持，不过最新的浏览器大多都不再支持该属性了
action	该属性可以返回或设置表单提交的 URL。该属性的初始值由 form 元素中的 action 属性值所决定
elements	该属性可以返回由 Form 对象中的元素所构成的数组，数组中的元素也是对象，有可能是 Button 对象、Checkbox 对象、Hidden 对象、Password 对象、Radio 对象、Reset 对象、Select 对象、Submit 对象、Text 对象或 Textarea 对象
encoding	该属性可以返回或设置提交表单时传输数据的编码方式。该属性的初始值由 form 元素中的 enctype 属性值所决定。该属性值通常有"multipart/form-data"和"text/plain"两种
id	该属性可以返回或设置表单的 id。该属性的初始值由 form 元素中的 id 属性值所决定
length	该属性可以返回 Form 对象中元素的个数，相当于 elements[] 数组的长度
method	该属性可以返回或设置提交表单的方式。该属性的初始值由 form 元素中的 method 属性值所决定。该属性有"get"和"post"两种，默认为 get 方式
name	该属性可以返回或设置表单的名称。该属性的初始值由 form 元素中的 name 属性值所决定
target	该属性可以返回或设置将表单提交到哪个浏览器窗口或框架中。该属性的初始值由 form 元素中的 target 属性值所决定

13.1.3 表单对象的方法

Form 对象的方法并不多，只有 reset() 和 submit() 两个方法，这两个方法类似于单击了"重置"按钮和"提交"按钮。Form 对象常用的方法如表 13.2 所示。

表 13.2 Form 对象常用的方法

方　　法	说　　明
reset()	该方法可以将表单中所有元素重置为初始值，相当于单击了"重置"按钮（但不激活重置按钮中设置的事件）
submit()	该方法可以提交表单内容，相当于单击了"提交"按钮（但不激活"提交"按钮中设置的事件）

13.1.4 表单对象的事件

Form 对象的事件与 Form 对象的方法相似，也与表单的提交和重置相关。Form 对象常用的事件如表 13.3 所示。

表 13.3 Form 对象常用的事件

事　　件	说　　明
reset	在重置表单时激活该事件。通常该事件所调用的函数都会返回一个布尔值，用于决定是否重置表单
submit	在提交表单时激活该事件。通常该事件所调用的函数都会返回一个布尔值，用于决定是否提交表单

13.2　表单对象的应用

利用 Form 对象的属性、方法和事件可以现实很多动态效果。本节里介绍几个 Form 对象的应用方法，希望可以起到抛砖引玉的作用。

13.2.1　表单验证

在 Form 对象中使用得比较多的就是表单验证。在填写表单时，常常有些必选项是需要填写的。因此，在提交表单时，可以先验证是不是所有必选项都已经填写完毕。如果是，则提交表单，否则取消提交表单，让用户继续填写。

【**实例** 13.1】请看以下代码，注意加粗的文字。

```
01    <html>
02        <head>
03            <title> 表单验证 </title>
04            <script type="text/javascript">
05                <!--
06                function checkForm()
07                {
08                    if (document.myForm.myName.value.length==0)
09                    {
10                        alert(" 请输入您的姓名 ");
11                        return false;
12                    }
13                    if (document.myForm.mySex.value.length==0)
14                    {
15                        alert(" 请输入您的性别 ");
16                        return false;
17                    }
18                    if (document.myForm.myYear.value.length==0 ||
19                        document.myForm.myMonth.value.length==0 ||
20                        document.myForm.myDay.value.length==0)
21                    {
22                        alert(" 您的出生年月日填写不完整 ");
23                        return false;
24                    }
25                    if (document.myForm.myNational.value.length==0)
26                    {
27                        alert(" 请输入您的民族 ");
28                        return false;
29                    }
30                    if (document.myForm.myBirthplace.value.length==0)
31                    {
32                        alert(" 请输入您的籍贯 ");
33                        return false;
34                    }
35                }
36                -->
37            </script>
38        </head>
39        <body>
40            <form name="myForm" onsubmit="return checkForm()" action="submit.htm">
41                姓名: <input type="text" name="myName"><br>
42                性别: <input type="text" name="mySex"><br>
```

```
43              出生年月日:<input type="text" name="myYear" size="4">-<input type="text"
44              name="myMonth" size="2">-<input type="text" name="myDay" size="2"><br>
45              民族: <input type="text" name="myNational"><br>
46              籍贯: <input type="text" name="myBirthplace"><br>
47              <input type="submit" value=" 提交 ">
48              <input type="reset" value=" 重置 ">
49          </form>
50      </body>
51  </html>
```

【运行效果】以上代码为本书配套代码文件目录"代码 \ 第 13 章 \sample01.htm"里的内容。在本例中，创建了一个表单，并在表单里创建了几个文本框。本例要求在提交表单之前进行验证，只有所有文本框中都有内容才能提交，否则弹出警告框，提交用户哪些文本框没有填写。

【代码说明】本例的关键知识点如下。

❑ 在 form 元素中添加 onsubmit 属性，在单击"提交"按钮时，会自动激活 checkForm() 函数。

❑ 在 checkForm() 函数中，使用代码第 8 行判断名为 myName 的文本框是否有输入的内容。

❑ 这是使用命名方式获取名为 myForm 的表单下的名为 myName 元素的 value 值，也就是姓名文本框中的内容。如果没有在文本框中输出内容，document.myForm.myName.value 将会返回一个空字符串。因此，可以通过判断 document.myForm.myName.value 的长度来判断用户是否在该文本框中输入文字。

❑ 如果用户没有在姓名文本框中输入文字，则使用 alert() 方法弹出警告框，提示用户输入文字，并返回 false。

❑ 如果 checkForm() 函数返回 false，将会取消表单的提交。

❑ 如果姓名文本框中输入文字的长度不为 0，则继续判断其他文本框中的输入文字的长度是否为 0。只有所有文本框中的输入文字长度都不为 0 才提交表单。

13.2.2 循环验证表单

在上面的例子中，通过元素名称判断每一个文本框是否输入了文字，这种方法使用起来比较方便，源代码看上去也比较直观。然而，Form 对象的 elements 属性可以返回所有表单中的元素，因此可以使用一个循环来判断 elements[] 数组中对象的 value 属性值的长度是否为 0 来验证表单。

【实例 13.2】请看以下代码，注意加粗的文字。

```
01  <html>
02      <head>
03          <title> 表单验证 </title>
04          <script type="text/javascript">
05          <!--
06          function checkForm()
07          {
08              for (i=0;i<document.myForm.elements.length;i++)
09              {
10                  if (document.myForm.elements[i].value.length==0)
11                  {
12                      alert(" 您的表单没有填写完整 ");
13                      return false;
14                  }
```

```
15                }
16            }
17            -->
18        </script>
19    </head>
20    <body>
21        <form name="myForm"onsubmit="return checkForm()" action="submit.htm">
22            姓名: <input type="text" name="myName"><br>
23            性别: <input type="text" name="mySex"><br>
24            出生年月日:<input type="text" name="myYear" size="4">-<input type="text"
25        name="myMonth" size="2">-<input type="text" name="myDay" size="2"><br>
26            民族: <input type="text" name="myNational"><br>
27            籍贯: <input type="text" name="myBirthplace"><br>
28            <input type="submit" value=" 提交 ">
29            <input type="reset" value=" 重置 ">
30        </form>
31    </body>
32 </html>
```

【运行效果】以上代码为本书配套代码文件目录"代码 \ 第 13 章 \sample02.htm"里的内容。本例所实现的功能为:在提交表单时进行表单验证,查看是否所有文本框都已经输入内容,如果所有文本框都输入了内容则提交表单,否则取消提交表单。

【代码说明】本例的关键知识点如下。

❑ 在 form 元素中添加 onsubmit 属性,属性值为" return checkForm()"。在提交表单时,会激活 checkForm() 函数,并获得返回值。如果返回值为 false,则取消提交表单,否则提交表单。

❑ 在 checkForm() 函数中,使用代码第 8 行的以下语句可以获得表单中的元素个数。

```
document.myForm.elements.length
```

❑ 获得表单元素个数之后,就可以在一个循环中使用以下语句来获得所有表单元素中的 value 属性值。

```
document.myForm.elements[i].value
```

❑ 判断表单元素的 value 属性值的长度,如果等于 0 则返回 false,取消提交表单。

❑ 如果判断完所有表单元素的 value 属性值之后,都没有返回 false,则提交表单。

❑ 使用循环方式验证表单,可以使源代码变得简洁。但是使用循环方式不方便指定验证某些表单元素。如果本例只需要验证姓名和性别两项,使用循环方式就不太方便了。由于循环方式会验证所有表单元素,因此,在本例中同样验证了提交按钮和重置按钮的 value 属性值,不过这两个按钮都有默认的属性值(即 value 属性值的长度都不为 0),因此可以通过验证。

13.2.3 设置表单的提交方式

在表单填写完毕之后,可以将表单提交到一个接收表单内容的地方。通常的做法是,将表单提交到一个动态网页,动态网页接收到表单的内容之后,将其写入数据库或以文本形式记录在服务器,以便日后使用。而另一种做法是,将表单内容作为 E-mail 的内容发送到一个指定的邮箱中。下面的例子可以让用户自己选择将表单以哪种方法提交。

【实例 13.3】请看以下代码,注意加粗的文字。

```
01   <html>
02     <head>
03       <title>设置表单的提交方式</title>
04       <script type="text/javascript">
05         <!--
06         function checkForm()
07         {
08             // 判断表单是否填写完整
09             for (i=0;i<2;i++)
10             {
11                 if (document.myForm.elements[i].value.length==0)
12                 {
13                     alert("您的表单没有填写完整");
14                     return false;
15                 }
16             }
17             // 判断下拉列表框的值
18             if (document.myForm.submitType.value=="Server")
19             {
20                 // 如果下拉列表框的值为 Server, 则将表单提交到网页上
21                 document.myForm.action = "submit.htm";
22             }
23             else
24             {
25                 // 如果下拉列表框的值为 Email, 则将表单使用 Email 方式提交
26                 // 设置提交表单的编码方法
27                 document.encoding = "text/plain";
28                 document.myForm.action = "mailto:admin@aspxfans.com";
29             }
30         }
31         -->
32       </script>
33     </head>
34     <body>
35       <form name="myForm"onsubmit="return checkForm()">
36         姓名: <input type="text" name="myName"><br>
37         性别: <input type="text" name="mySex"><br>
38         表单提交方式:
39         <select name="submitType">
40           <option value="Server">服务器方式</option>
41           <option value="Email">EMAIL 方式</option>
42         </select>
43         <input type="submit" value=" 提交 ">
44         <input type="reset" value=" 重置 ">
45       </form>
46     </body>
47   </html>
```

【代码说明】本例中关键知识点如下。

❏ 在 form 元素中添加 onsubmit 属性, 属性值为 " return checkForm()"。在提交表单时, 将会激活 checkForm() 函数, 并获得返回值。如果返回值为 false, 则取消提交表单, 否则提交表单。

❏ 通过一个循环语句判断两个文本框中是否都已经填入内容, 只要有一个文本框没有填入内容, 都会弹出一个警告框, 并返回 false 取消单提交。

❑ 如果两个文本框都填入内容，则判断用户在下拉列表框中选择了哪个可选项，通过以下代码可以返回可选项的 value 属性值。

```
document.myForm.submitType.value
```

❑ 如果用户选择将表单提交到服务器上，则使用以下语句设置接收表单的 URL。

```
document.myForm.action = "submit.htm";
```

❑ 如果用户选择将表单提交到 E-mail 中，则使用以下语句设置将表单提交到哪个 E-mail 中。

```
document.myForm.action = "mailto:admin@aspxfans.com";
```

❑ 要将表单提交到 E-mail 中，就需要使用以下语句设置传输表单数据的编码方式。如果采用默认的编码方式也可以提交表单，但会将表单数据以附件的方式提交，并且附件的扩展名为 att。

```
document.encoding = "text/plain";
```

【运行效果】以上代码为本书配套代码文件目录“代码 \ 第 13 章 \sample03.htm”里的内容。读者可自行测试程序。

13.2.4　重置表单的提示

在默认情况下，如果用户单击了重置表单按钮，浏览器窗口就会马上将表单中的所有元素的值设置为初始状态。如果用户一不小心单击了该按钮，则会清除所有已经填写完毕的数据。为了防止这种意外情况的出现，可以在单击“重置”按钮时，弹出一个确认框，让用户确认是否重置表单。

【实例 13.4】请看以下代码，注意加粗的文字。

```
01    <html>
02      <head>
03        <title>重置表单的提示</title>
04        <script type="text/javascript">
05          <!--
06          function ifReset()
07          {
08              if (window.confirm("真的要重置表单吗？"))
09              {
10                  return true;
11              }
12              else
13              {
14                  return false;
15              }
16          }
17          -->
18        </script>
19      </head>
20      <body>
21        <form name="myForm" onreset="return ifReset()">
22          姓名: <input type="text" name="myName"><br>
23          性别: <input type="text" name="mySex"><br>
24          <input type="submit" value="提交">
25          <input type="reset" value="重置">
```

```
26          </form>
27      </body>
28  </html>
```

【代码说明】本例比较简单，一共分为 2 个步骤。

（1）在 form 元素中添加 onreset 属性，属性值为"return ifReset()"。在重置表单时，会激活 ifReset() 函数，并获得返回值。如果返回值为 false，则取消重置表单，否则重置表单。

（2）在 ifReset() 函数中，弹出一个确认框，弹出用户是否确定重置表单，如果用户选择"确定"，则返回 true，重置表单。如果用户选择"取消"，则返回 false，取消重置表单。

【运行效果】以上代码为本书配套代码文件目录"代码 \ 第 13 章 \sample04.htm"里的内容。读者可自行测试程序。

13.2.5 不使用提交按钮提交表单

通常在表单中，都是使用单击"提交"按钮的方法来提交表单。然而，在 Form 对象中有一个 submit() 方法，使用该方法可以在不使用"提交"按钮的情况下提交表单。

【实例 13.5】请看以下代码，注意加粗的文字。

```
01  <html>
02      <head>
03          <title>不使用提交按钮提交表单</title>
04          <script type="text/javascript">
05              <!--
06              function submitForm()
07              {
08                  // 判断表单是否填写完整
09                  for (i=0;i<2;i++)
10                  {
11                      if (document.myForm.elements[i].value.length==0)
12                      {
13                          alert(" 您的表单没有填写完整 ");
14                          // 将下拉列表框的默认选项设为第 1 项（即放在 " 请选择 " 选项
15                          // 上）
16                          document.myForm.submitType.options[0].selected = true;
17                          // 使用 return 可以从函数中返回，即跳出该函数
18                          return;
19                      }
20                  }
21                  // 判断下拉列表框的值
22                  if (document.myForm.submitType.value=="selectType")
23                  {
24                      alert(" 请选择表单的提交方式 ");
25                  }
26                  else if (document.myForm.submitType.value=="Server")
27                  {
28                      // 如果下拉列表框的值为 Server，则将表单提交到网页上
29                      document.myForm.action = "submit.htm";
30                  }
31                  else if (document.myForm.submitType.value=="E-mail")
32                  {
33                      // 如果下拉列表框的值为 E-mail，则将表单使用 E-mail 方式提交
34                      document.encoding = "text/plain";
35                      document.myForm.action = "mailto:admin@aspxfans.com";
36                  }
```

```
37                    // 提交表单
38                    document.myForm.submit();
39                }
40              -->
41          </script>
42      </head>
43      <body>
44          <form name="myForm">
45              姓名: <input type="text"name="myName"><br>
46              性别: <input type="text"name="mySex"><br>
47              表单提交方式:
48              <select name="submitType"onchange="submitForm()">
49                <option value="selectType"> 请选择 </option>
50                <option value="Server"> 服务器方式 </option>
51                <option value="Email">EMAIL 方式 </option>
52              </select>
53          </form>
54      </body>
55  </html>
```

【运行效果】以上代码为本书配套代码文件目录"代码 \ 第 13 章 \sample05.htm"里的内容。读者可自行测试程序。

【代码说明】本例是由 sample03.htm 修改而成。在本例中，没有"提交"按钮和"重置"按钮。在选择下拉列表框选项之后，将会自动提交表单。其具体操作如下:

❏ 在下拉列表框（select 元素）中添加 onchange 属性，属性值为 submitForm() 函数。当下拉列表框中的选项改变时，会自动激活该函数。

❏ 在 submitForm() 函数中，先判断两个文本框是否都已经填写内容，只要有一个文本框中没有填写内容，都会弹出一个警告框，提示用户内容没有填写完毕。并使用以下语句跳出函数体。

```
return
```

❏ return 语句的作用是返回一个值，但是在没有返回值的情况下，同样会结束函数的执行。因此，在 return 语句之后的所有语句都不会再执行。

❏ 在使用 return 语句跳出函数体之前，本例还使用了以下语句将下拉列表框的默认选项设置在第 1 个选项上，即"请选择"。

```
document.myForm.submitType.options[0].selected = true;
```

❏ 如果没有使用以上语句，下拉列表框中的选项就会停留在当前选择的选项上，例如停留在第 2 个选项上，用户将文本框中的内容填写完毕，还想再选择第 2 个选项，此时就不会再激活 change 事件了。

❏ 在用户填写完所有文本框之后，根据下拉列表框的选项设置 Form 对象的 action 属性值。

❏ 最后使用以下语句提交表单。

```
document.myForm.submit();
```

13.3 表单元素

Form 表单中可以存在很多表单元素，通常在浏览器窗口中，看不到 Form 元素，但是可以看到这些表单元素。

13.3.1　表单元素

在 HTML 中定义的表单元素有很多，这些表单元素可以让用户输入文字，如文本框、密码框等；或者让用户选择可选项，如下拉列表框、复选框等；也可以让用户提交信息或重置表单，如"提交"按钮、"重置"按钮等；甚至还可以为程序员提供开发上的便利，如隐藏框等。在 HTML 4.01 中所规定的表单元素如表 13.4 所示。

表 13.4　表单元素

表单元素名	说　明	示　例
单行文本框	只能显示一行文本框	`<input type="text">`
多行文本框	可以显示多行的文本框	`<textarea></textarea>`
密码框	一种特殊的单行文本框，在其中输入的文字以掩码形式出现	`<input type="password">`
单选框	通常多个单选框组成一个单选框组，在一组单选框中只能有一个可以处于选中状态。name 属性值相同的单选框为一个单选框组	`<input type="radio" name="myRedio"` `value="value1">`
复选框（多选框）	与单选框类似，通常将多个复选框组成一个复选框组，但在一组复选框中可以有多个处于选中状态。name 属性值相同的复选框为一个复选框组	`<input type="checkbox" name=` `"myCheckbox" value="value1">`

下拉列表框	可以通过下拉列表的方式选择可选项的表单元素。创建下拉列表框需要使用两个元素：
	`<select></select>` 标签用于标记下拉列表框。
	`<option></option>` 用于标记下拉列表框中的可选项
		`<select name="mySelect">`
		`  <option value="value1">` 选项 1`</option>`
		`  <option value="value2">` 选项 2`</option>`
		`</select>`

文件选择框	可以让用户选择计算机中的文件，多用于上传	`<input type="file">`

普通按钮	多用于和用户交互，单击普通按钮时调用 JavaScript 程序	`<input type="button">`
		或
		`<button type="button">`

提交按钮	用于提交表单	`<input type="submit">`
		或
		`<button type="submit">`

重置按钮（清除按钮）	用于重置表单	`<input type="reset">`
		或
		`<button type="reset">`

隐藏框（隐藏域）	在浏览器窗口中看不到的表单元素	`<input type="hidden">`
分组元素	用于该表单中的元素进行分组	`<fieldest></fieldset>`

13.3.2　表单元素的命名

在上一节中可以看出，`<form>` 标签与 `</form>` 标签之间可以存在很多表单元素。Form 对象中可以使用 elements[] 数组来获得代表这些表单元素的子对象。elements[] 数组中存放的是各种类型的 Form 对象的子对象，elements[] 数组中的元素是由 `<form>` 标签与 `</form>` 标签之间表单元素所组成，因此可以使用以下代码来获得代表 HTML 文档中的第 1 个 Form 对象中的第 2 个元素的对象。

```
document.forms[0].elements[1]
```

Form 对象的子对象也可以使用命名的方式获得，在这一点上与 Form 对象类似，假设 HTML
代码如下：

```
<form name="myForm">
    <input type="text" name="myText">
</form>
```

如果要获得以上 Form 对象中的文本框，可以使用以下代码：

```
document.form[ "myform" ].elements[ "myText" ]
document.form[ "myform" ].myText
```

也可以将 Form 对象的子对象的几种引用方式与获取 Form 对象的 3 种方式相结合使用。例如
以下几行中的代码所代表的意思完全相同。

```
document.forms[0].elements[0]
document.form["myForm"].elements[0]
document.myForm.elements[0]
document.forms[0].elements["myText"]
document.form["myForm"].elements["myText"]
document.myForm.elements["myText"]
document.forms[0].myText
document.form["myForm"].myText
document.myForm.myText
```

13.4 文本框

在 HTML 中，文本框包括单行文本框和多行文本框两种。密码框可以看成是一种特殊的单行
文本框，在密码框中输入的文字将会以掩码形式出现。

13.4.1 文本框的创建方式

在 HTML 代码中，创建单行文本框与创建密码框所使用的元素都是 input 元素，其语法代码
如下：

```
<input type=boxType name=boxName value=boxValue size=boxSize maxlength=lengths>
```

以上代码中的属性为 input 元素中的常用属性，该元素的其他属性请参考 HTML 4.01 标准。
其中属性的解释如下。

❑ type：文本框的类型。单行文本框为 text，密码框为 password。

❑ name：文本框的名称。

❑ value：文本框中的初始值。

❑ size：文本框的宽度。

❑ maxlength：文本框中的文字最大数。

创建多行文本框就要使用 textarea 元素。与 input 元素不同，<textarea> 标签必须要有结束标

签 </textarea>，而 <input> 标签不需要。其语法代码如下：

```
<textarea rows=rows cols=cols>text</textarea>
```

以上代码中的属性为 textarea 元素中的常用属性，该元素的其他属性请参考 HTML 4.01 标准。其中属性的解释如下。

❑ rows：多行文本框的高度。

❑ cols：多行文本框的宽度。

❑ text：多行文本框中的初始值。

【实例 13.6】有关文本框的使用方法请看以下代码，注意加粗的文字：

```
01    <html>
02      <head>
03        <title> 文本框的创建方式 </title>
04      </head>
05      <body>
06        <form name="myForm">
07          单行文本框: <input type="text" name="myName" size="20" value=" 这是
08            单行文本框 "><br>
09          密码框: <input type="password" name="myPassword" size="20"
10            value="password"><br>
11          多行文本框: <textarea rows="10" cols="30"> 这是多行文本框 </textarea>
12        </form>
13      </body>
14    </html>
```

【代码说明】代码第 7 ～ 11 行分别使用了单行文本框、密码框和多行文本框，注意密码框中 type 属性的值。

【运行效果】以上代码为本书配套代码文件目录"代码 \ 第 13 章 \sample06.htm"里的内容，其运行结果如图 13.1 所示。在该图中，第 1 个文本框为单行文本框，第 2 个文本框为密码框，第 3 个文本框为多行文本框。

图 13.1　sample06.htm 的运行结果

13.4.2　文本框属性

代表文本框的对象称为 Text 对象、代表多行文本框的对象称为 Textarea 对象、代表密码框的对象称为 Password 对象。无论是 Text 对象、Textarea 对象，还是 Password 对象，所拥有的属性大多都是相同的。常用的文本框属性如表 13.5 所示。

表 13.5　文本框对象常用的属性

属　　性	说　　明
accessKey	该属性可以返回或设置访问文本框的快捷键。该属性的初始值由 input 元素或 textarea 元素的 accessKey 属性值决定。Netscape 浏览器不支持该属性
defaultValue	该属性可以返回或设置文本框中的初始文本，即在单击"重置"按钮时还原的文本。对于单行文本框和密码框而言，该属性的初始值由 input 元素的 value 属性值所决定。对于多行文本框而言，该属性的初始值由 <textarea> 标签和 </textarea> 标签之间的文本所决定

（续）

属　　性	说　　明
disabled	该属性可以返回或设置文本框是否被禁用。属性值为 true 时禁用文本框，属性值为 false 时启用文本框
form	该属性可以返回包含文本框元素的 Form 对象的引用。假设 HTML 代码如下： <form name="**myForm**"> <input type="**myText**"> </form> 那么 myText.form 引用的就是 myForm 表单
id	该属性可以返回或设置文本框的 id 属性值。该属性的初始值由 input 元素或 textarea 元素中的 id 属性值所决定
maxLength	该属性可以返回或设置文本框可输入文字的最大数
name	该属性可以返回文本框的名称，该属性值由 input 元素或 textarea 元素的 name 属性值所决定
readOnly	该属性可以返回或设置文本框是否只读。属性值为 true 时文本框内容只读，不能输入文字，属性值为 false 时可以输入文字
size	该属性可以返回或设置单行文本框和密码框的大小
tabIndex	该属性可以返回或设置文本框的 tab 顺序索引。该属性的初始值由 input 元素或 textarea 元素的 tabIndex 属性值所决定。Netscape 浏览器不支持该属性
type	该属性可以返回文本框的类型。对于单行文本框而言，返回 "text"；对于多行文本框而言，返回 "textarea"；对于密码框而言，返回 "password"
value	该属性可以返回或设置文本框中的文本，也就是文本框的值，通常该值是在提交表单时被提交的数据
rows	该属性可以返回或设置多行文本框的高度
cols	该属性可以返回或设置多行文本框的宽度

13.4.3　文本框方法

无论是 Text 对象、Textarea 对象，还是 Password 对象，所拥有的方法都是相同的。这些方法大多都与文本框中的文本相关，常用的文本框方法如表 13.6 所示。

表 13.6　文本框对象常用的方法

方　　法	说　　明
blur()	该方法可以将焦点从文本框中移开
click()	该方法可以模拟文本框被鼠标单击
focus()	该方法可以将焦点赋给文本框
select()	该方法可以选中文本框中的文字

13.4.4　文本框的事件

无论是 Text 对象、Textarea 对象，还是 Password 对象，可以响应的事件都是相同的。这些事件大多都与文本框中的文本相关，常用的文本框事件如表 13.7 所示。

表 13.7　文本框对象常用的事件

事　　件	说　　明
blur	当焦点从文本框中移开时激发的事件
change	当文本框中的内容改变并失去焦点时激发的事件
click	单击文本框时激发的事件
dblclick	双击文本框时激发的事件
focus	当焦点赋给文本框时激发的事件
keydown	当用户按下键盘上的键时激发的事件

(续)

事 件	说 明
keypress	当用户按下并释放键盘上的键时激发的事件
keyup	当用户释放键盘上的键时激发的事件
mousedown	在文本框上按下鼠标键（并没有释放）时激发的事件
mouseup	在文本框上释放鼠标键时激发的事件
mouseover	移动鼠标到文本框上时激发的事件
mousemove	在文本框上移动鼠标时激发的事件
mouseout	将鼠标从文本框上移开时激发的事件
select	当文本框中的文字被选中并失去焦点时激发的事件
selectstart	当文本框中的文字开始被选中时激发的事件，Netscape 浏览器不支持该事件

13.4.5 限制文本框中输入的字数

在很多种情况下，都要求用户在文本框中输入的文字数量不能超过一定数量，例如邮编文本框中的文字数不能超过 6 个，文章标题的文字数不能超过 20 个，文章内容的文字数不能超过 1000 个等。在 JavaScript 中可以很方便地实现限制文本框输入字数的功能。

1. 在输入文字时判断输入字数

对于限制文本框输入字数要求，一个简单并常用的方法就是在提交表单时对表单中的数据进行验证，当一个文本框中的字数超过要求的字数，则弹出警告框，并取消提交表单。

【实例 13.7】请看以下代码，注意加粗的文字。

```
01    <html>
02      <head>
03        <title> 限制文本框中输入的字数 </title>
04        <script type="text/javascript">
05        <!--
06          function checkText()
07          {
08              if (document.myForm.textTitle.value.length>15)
09              {
10                  alert(" 标题文字内容不能超过 15 个字 ");
11                  return false;
12              }
13              if (document.myForm.Context.value.length>100)
14              {
15                  alert(" 内容框中的文字不能超过 100 个字 ");
16                  return false;
17              }
18          }
19        -->
20        </script>
21      </head>
22      <body>
23        <form name="myForm"onsubmit="return checkText()" action="submit.htm">
24            标题: <input type="text" name="textTitle" size="30"> (限输入 15 个文字) <br>
25            内容: <textarea rows="10" cols="30" name="Context"></textarea><br>
26            (限输入 100 个文字) <br>
27            <input type="submit" value=" 提交 ">
```

```
28              <input type="reset" value=" 重置 ">
29          </form>
30      </body>
31  </html>
```

【运行效果】以上代码为本书配套代码文件目录"代码 \ 第 13 章 \sample07.htm"里的内容。读者可自行测试程序。

【代码说明】本例的关键知识点如下。

- ❑ 在 form 元素中设置 onsubmit 属性，其属性值为 checkText() 函数。当提交表单时自动激活 checkText() 函数，并从 checkText() 函数中获得返回值。如果返回值为 false，则取消表单提交，否则提交表单。
- ❑ 在 checkText() 函数中，使用以下语句判断标题文本框中的文字个数，如果大于 15 则弹出警告框，并返回 false 取消提交表单。

```
if (document.myForm.textTitle.value.length>15)
{
    alert(" 标题文字内容不能超过 15 个字 ");
    return false;
}
```

- ❑ 在 checkText() 函数中，使用以下语句判断内容文本框中的文字个数，如果大于 100 则弹出警告框，并返回 false 取消提交表单。

```
if (document.myForm.Context.value.length>100)
{
    alert(" 内容框中的文字不能超过 100 个字 ");
    return false;
}
```

2. 在提交数据时判断输入字数

在 sample07.htm 中使用的是在提交表单时进行校验的方法，用户在输入标题和内容时，将不会提示字数超出限制。当用户知道字数超出限制时，可能已经做了很多无用功。可以将 sample07.htm 的代码进行修改，利用文本框的 keypress 事件让用户在输入文字时判断字数是否超过限制，如果超过限制，立刻产生提示。

【实例 13.8】请看以下代码，注意加粗的文字。

```
01  <html>
02      <head>
03          <title> 限制文本框中输入的字数 </title>
04          <script type="text/javascript">
05          <!--
06              // 校验标题文字个数是否超过限制
07              function titleLimit()
08              {
09                  if (document.myForm.textTitle.value.length>15)
10                  {
11                      alert(" 标题文字内容不能超过 15 个字 ");
12                      return false;
13                  }
14              }
15              // 校验内容文字个数是否超过限制
```

```
16        function textLimit()
17        {
18            var titleCount = document.myForm.Context.value.length;
19            if (titleCount>100)
20            {
21                alert(" 内容框中的文字不能超过 100 个字 ");
22                return false;
23            }
24        }
25        // 在提交时校验文字是否超过限制
26        function checkText()
27        {
28            // 如果从 titleLimit() 函数返回 false, 则返回 false
29            if (titleLimit()==false)
30            {
31                return false;
32            }
33            // 如果从 textLimit() 函数返回 false, 则返回 false
34            if (textLimit()==false)
35            {
36                return false;
37            }
38        }
39        -->
40    </script>
41    </head>
42    <body>
43        <form name="myForm"onsubmit="return checkText()" action="submit.htm">
44            标题: <input type="text" name="textTitle" size="30" onkeypress="return
45            titleLimit()">（限输入 15 个文字）<br>
46            内容: <textarea rows="10" cols="30" name="Context" onkeypress="return
47            textLimit()"></textarea><br>
48            （限输入 100 个文字）<br>
49            <input type="submit" value=" 提交 ">
50            <input type="reset" value=" 重置 ">
51        </form>
52    </body>
53 </html>
```

【运行效果】以上代码为本书配套代码文件目录"代码 \ 第 13 章 \sample08.htm"里的内容。读者可自行测试程序。

【代码说明】本例的关键知识点如下。

❑ 在单行文本框中设置 onkeypress 属性，其属性值为" return titleLimit()"。在单行文本框中输出文字时，会自动调用 titleLimit() 函数，并从函数获得返回值，如果返回 false，则取消输入。

❑ 在 titleLimit() 函数中判断单行文本框中的文字数是否超过限制，如果超过，则弹出警告框，并返回 false 取消输入。

❑ 在多行文本框中设置 onkeypress 属性，其属性值为" return textLimit()"。在多行文本框中输出文字时，会自动调用 textLimit() 函数，并从函数获得返回值，如果返回 false，则取消输入。

❑ 在 textLimit() 函数中判断多行文本框中的文字数是否超过限制，如果超过，则弹出警告框，并返回 false 取消输入。

- keypress 事件只会响应单击键盘时产生的事件，如果用户按下 Ctrl+V 快捷键在文本框中粘贴文字是不会激发 keypress 事件的。因此，在本例中，还在 form 元素中设置了 onsubmit 属性，其属性值为 "return checkText()"。在提交表单时会自动活动 checkText() 函数，并从该函数中获得返回值。如果返回值为 false，则取消提交表单。
- 在 checkText() 函数中使用了以下代码来判断单行文本框和多行文本框中的文字数是否超过限制。如果 titleLimit() 函数或 textLimit() 函数返回 false，则 checkText() 函数也返回 false，取消提交表单。

```
if (titleLimit()==false)
if (textLimit()==false)
```

3. 在失去焦点时判断输入字数

在 sample08.htm 中使用 submit 事件，可以通过 submit 事件来判断文本框中的文字数是否超过限制。除此之外，还可以使用 blur 事件，只要焦点离开文本框，就马上判断文本框中的文字数是否超过限制。使用这种方法可以让用户及时修改文本框中的文字。

【实例 13.9】请看以下代码，注意加粗的文字。

```
01    <html>
02      <head>
03        <title> 限制文本框中输入的字数 </title>
04        <script type="text/javascript">
05        <!--
06          // 校验标题文字个数是否超过限制
07          function titleLimit()
08          {
09              if (document.myForm.textTitle.value.length>15)
10              {
11                  alert(" 标题文字内容不能超过 15 个字 ");
12                  return false;
13              }
14          }
15          // 校验内容文字个数是否超过限制
16          function textLimit()
17          {
18              var titleCount = document.myForm.Context.value.length;
19              if (titleCount>100)
20              {
21                  alert(" 内容框中的文字不能超过 100 个字 ");
22                  return false;
23              }
24          }
25          // 在失去焦点时校验标题文字个数是否超过限制
26          function blurCheckTitle()
27          {
28              if (titleLimit()==false)
29              {
30                  if (window.confirm(" 是否截断文字？ "))
31                  {
32                      context = document.myForm.textTitle;
33                      context.value = context.value.substring(0,15);
34                  }
35              }
```

```
36                }
37                // 在失去焦点时校验内容文字个数是否超过限制
38                function blurCheckText()
39                {
40                    if (textLimit()==false)
41                    {
42                        if (window.confirm("是否截断文字？"))
43                        {
44                            context = document.myForm.Context;
45                            context.value = context.value.substring(0,100);
46                        }
47                    }
48                }
49                // 在提交时校验文字是否超过限制
50                function checkText()
51                {
52                    // 如果从 titleLimit() 函数返回 false, 则返回 false
53                    if (titleLimit()==false)
54                    {
55                        return false;
56                    }
57                    // 如果从 textLimit() 函数返回 false, 则返回 false
58                    if (textLimit()==false)
59                    {
60                        return false;
61                    }
62                }
63                -->
64            </script>
65        </head>
66        <body>
67            <form name="myForm" onsubmit="return checkText()" action="submit.htm">
68                标题: <input type="text" name="textTitle" size="30" onkeypress="return
69                titleLimit()"onblur="blurCheckTitle()">（限输入 15 个文字）<br>
70                内容: <textarea rows="10" cols="30" name="Context" onkeypress="return
71                textLimit()"onblur="blurCheckText()"></textarea><br>
72            （限输入 100 个文字）<br>
73            <input type="submit" value="提交">
74            <input type="reset" value="重置">
75        </form>
76    </body>
77 </html>
```

【代码说明】本例的增加的关键知识点如下。

❑ 在 input 标签中添加 onblur 属性，其属性值为 blurCheckTitle()。当单行文本框失去焦点时，
   会自动调用 blurCheckTitle() 函数。

❑ 在 blurCheckTitle() 函数中调用 titleLimit() 函数，并判断该函数的返回值是否为 false。如
   果为 false 说明单行文本框中的文字超过限制，则弹出确认框，询问用户是否将单行文本
   框中的文字截断。如果用户选择是，则截断单行文本框中的文字。

❑ 在多行文本框中的操作与单行文本框的类似，在此就不再赘述了。

【运行效果】以上代码为本书配套代码文件目录"代码 \ 第 13 章 \sample09.htm"里的内容，
本例由 sample08.htm 修改而成。读者可自行测试程序。

13.4.6 自动选择文本框中的文字

在很多时候，文本框中会显示一些默认的文字，这些文字用于提示用户在文本框中可以输入什么内容。因此，如果用户准备在文本框中输入自己的文字，就必须要将原来的文字删除，这么一来，将会给用户带来一些不便。在 JavaScript 中可以让程序做得更人性化。

1. 鼠标经过文本框时选择文本

使用文本框的 select() 方法与 mouseover 事件相结合，可以在鼠标经过文本框时自动选中其中的内容。这样，用户就可以直接在文本框中输入文字，而不需要再去删除文本框中的文字了。

【实例 13.10】请看以下代码，注意加粗的文字。

```
01  <html>
02    <head>
03      <title>自动选择文本框中的文字</title>
04    </head>
05    <body>
06      <form name="myForm" action="submit.htm">
07        关键字：<input type="text" name="myText" size="30"
08          onmouseover="this.select()" value="请输入文字：">
09        <input type="submit" value="提交">
10      </form>
11    </body>
12  </html>
```

【代码说明】本例中的代码很简单，仅在 input 标签中添加了以下语句。

```
onmouseover="this.select()"
```

该语句声明当鼠标经过文本框时，调用 this.select() 方法。其中 this 代表文本框自身，select() 方法可以选中文本框中的文字。

【运行效果】以上代码为本书配套代码文件目录"代码 \ 第 13 章 \sample10.htm"里的内容。读者可自行测试程序。

2. 鼠标经过文本框时清除文本

在 sample10.htm 中还可以让用户将鼠标从文本框中经过时，既选择了文本框中的文字，又将文本框中的文字清除掉，这样更方便用户的输入。

【实例 13.11】请看以下代码，注意加粗的文字。

```
01  <html>
02    <head>
03      <title>自动消除文本框中的文字</title>
04      <script type="text/javascript">
05      <!--
06        function clearText()
07        {
08          myForm.myText1.value = "";
09        }
10      -->
11      </script>
12    </head>
13    <body>
```

```
14        <form name="myForm" action="submit.htm">
15           关键字: <input type="text" name="myText1" size="30"
16    onmouseover="this.select()" onfocus="clearText()" value=" 请输入文字: "><br>
17           <input type="submit" value=" 提交 ">
18        </form>
19     </body>
20  </html>
```

【代码说明】本例是由 sample10.htm 修改而成,本例的关键知识点如下。

❑ 在 <input> 标签中添加了 onmouseover 属性,属性值为 this.select()。因此,在鼠标经过文本框时,会自动选择文本框中的文字。

❑ 在 <input> 标签中再添加了 onfocus 属性,属性值为 clearText()。因此,在文本框获得焦点时,会自动调用 clearText() 函数。

❑ 事实上,在使用 select() 方法选择文本框中的文字时,就已经将焦点赋给文本框了。因此,只要鼠标经过文本框,除了可以选择文本框中的文字之外,还可以调用 clearText() 函数。

❑ 在 clearText() 函数中,使用以下语句将文本框中的文字清除。所谓清除文字,也就是将文本框的 value 值设为空而已。

```
myForm.myText1.value = ""
```

【运行效果】以上代码为本书配套代码文件目录"代码 \ 第 13 章 \sample11.htm"里的内容。读者可自行测试程序。

3. 进一步完善

在运行 sample11.htm 文件时可以发现,每次鼠标经过文本框时,都会清除文本框中的文字,即使这些文字是用户自己输入的也一样。如此一来,可能会给用户带来更大的不便。针对这种情况,可以稍微地修改一下 sample11.htm 的源代码。

【实例 13.12】请看以下代码,注意加粗的文字。

```
01  <html>
02     <head>
03        <title> 自动消除文本框中的文字 </title>
04        <script type="text/javascript">
05        <!--
06        function clearText(textbox)
07        {
08           textbox.focus();
09           if (textbox.value == textbox.defaultValue)
10           {
11              textbox.value = "";
12           }
13        }
14        -->
15        </script>
16     </head>
17     <body>
18        <form name="myForm" action="submit.htm">
19           关键字: <input type="text" name="myText1" size="30"
20              onmouseover="clearText(this)" value=" 请输入文字: "><br>
21           <input type="submit" value=" 提交 ">
22        </form>
```

```
23      </body>
24    </html>
```

【代码说明】本例是由 sample11.htm 修改而成，本例的关键知识点如下。

❑ 将 <input> 标签中 onfocus 属性删除，并将 onmouseover 的属性值改为" clearText(this)"。此时，文本框只响应 mouseover 事件，在鼠标经过文本框时激活 clearText() 函数，并将文本框对象作为参数传递给 clearText() 函数。

❑ 修改 clearText() 函数，为该函数增加一个参数。在函数体内使用以下代码将焦点赋给参数所代表的对象，在本例中为文本框。

❑ textbox.focus()。

❑ 使用以下代码判断参数所代表的对象的当前值是否与初始值相同。

❑ if (textbox.value == textbox.defaultValue)。

❑ 如果参数所代表的对象的当前值与初始值相同，则使用以下代码将当前值清除。如此一来，如果文本框中的文字与默认的文字不相同，则不会清除文本框中的文字。

```
textbox.value = ""
```

【运行效果】以上代码为本书配套代码文件目录"代码 \ 第 13 章 \sample12.htm"里的内容。读者可自行测试程序。

13.5 按钮

在 HTML 中，按钮分为 3 种，分别为：普通按钮（Button 对象）、提交按钮（Submit 对象）和重置按钮（Reset 对象）。从功能上看起来，普通按钮主要作用是用来激活函数；提交按钮的主要作用是提交表单；重置按钮的主要作用是重置表单。虽然 3 种按钮的功能有所不同，但是这 3 种按钮的属性、方法和事件几乎都是完全相同的。

13.5.1 按钮的创建方式

在 HTML 中有两种元素都可以创建按钮，这两种元素分别为 input 元素和 button 元素。

1. 使用 button 元素创建按钮

在 HTML 4.01 标准中，可以使用 button 元素创建按钮，其语法代码如下所示：

```
<button type=buttonType>buttonText</button>
```

其中属性解释如下：

❑ type 为按钮的类型，普通按钮为 button、提交按钮为 submit、重置按钮为 reset。

❑ buttonText 为显示在按钮上的文字。

【实例 13.13】button 元素的其他属性请参考 HTML 4.01 标准。有关 button 元素的应用请看以下代码，注意加粗的文字。

```
01    <html>
02      <head>
03        <title> 使用 button 元素创建按钮 </title>
```

```
04      </head>
05      <body>
06        <form name="myForm" action="submit.htm">
07          关键字：<input type="text" name="myText1"><br>
08          <button type="submit"> 提交 </button> 
09          <button type="reset"> 重置 </button> 
10          <button type="button"> 确定 </button>
11        </form>
12      </body>
13    </html>
```

【代码说明】代码第 8～10 行使用 <button> 标签创建了
3 个按钮，根据 type 属性来生成不同类型的按钮。

【运行效果】以上代码为本书配套代码文件目录"代码\
第 13 章 \ sample13.htm"里的内容，其运行结果如图 13.2 所
示。从该图上看，提交按钮、重置按钮、普通按钮从外观上
看起来区别并不大。

图 13.2　sample13.htm 的运行结果

2. 使用 input 元素创建按钮

在 HTML 4.01 中，还可以使用 input 元素创建按钮。与使用 input 元素创建文本框类似，只
要为 input 元素的 type 属性设置不同的属性值就可以创建不同的按钮。其语法代码如下：

```
<input type=buttonType value=buttonText>
```

其中属性解释如下。

❑ type：按钮的类型。普通按钮为 button、提交按钮为 submit、重置按钮为 reset。

❑ value：按钮上的文字。

【实例 13.14】有关 input 元素创建按钮的使用方法请看以下代码，注意加粗的文字。

```
01    <html>
02      <head>
03        <title> 使用 input 元素创建按钮 </title>
04      </head>
05      <body>
06        <form name="myForm" action="submit.htm">
07          关键字：<input type="text" name="myText1"><br>
08          <input type="submit" value=" 提交 "> 
09          <input type="reset" value=" 重置 "> 
10          <input type="button" value=" 确定 ">
11        </form>
12      </body>
13    </html>
```

【代码说明】代码第 8～10 行使用 < input > 标签创建了
3 个按钮，根据 type 属性来生成不同类型的按钮。

【运行效果】以上代码为本书配套代码文件目录"代码\
第 13 章 \sample14.htm"里的内容，其运行结果如图 13.3 所
示。从该图上看，无论使用 button 元素还是使用 input 元素创
建的按钮，从外观上看起来区别并不大。

图 13.3　sample14.htm 的运行结果

13.5.2　按钮的属性

无论是 Submit 对象、Reset 对象还是 Button 对象，所拥有的属性都是相同的。常用的按钮属性如表 13.8 所示。

表 13.8　按钮常用的属性

属　　性	说　　明
accessKey	该属性可以返回或设置访问按钮的快捷键。该属性的初始值由 input 元素或 button 元素的 accessKey 属性值决定。Netscape 浏览器不支持该属性
defaultValue	该属性可以返回或设置按钮上显示的初始文本。对于使用 input 元素创建的按钮而言，该属性的初始值由 input 元素的 value 属性值所决定。对于使用 button 元素创建的按钮而言，该属性的初始值为 undefined
disabled	该属性可以返回或设置按钮是否被禁用。属性值为 true 时禁用按钮，属性值为 false 时启用按钮
form	该属性可以返回包含按钮元素的 Form 对象的引用。与文本框类似
id	该属性可以返回或设置按钮的 id 属性值。该属性的初始值由 input 元素或 button 元素中的 id 属性值所决定
name	该属性可以返回按钮的名称，该属性值由 input 元素或 button 元素的 name 属性值所决定
tabIndex	该属性可以返回或设置按钮的 tab 顺序索引。该属性的初始值由 input 元素或 button 元素的 tabIndex 属性值所决定。Netscape 浏览器不支持该属性
type	该属性可以返回按钮的类型。对于提交按钮而言，返回"submit"；对于重置按钮而言，返回"reset"；对于普通按钮而言，返回"button"
value	该属性可以返回或设置显示在按钮上的文本。对于使用 input 元素创建的按钮而言，该属性的初始值由 input 元素的 value 属性值所决定。对于使用 button 元素创建的按钮而言，该属性的初始值由 <button> 标签与 </button> 标签之间的文本所决定

13.5.3　按钮的方法

无论是 Submit 对象、Reset 对象还是 Button 对象，所拥有的方法都是相同的。常用的按钮的方法如表 13.9 所示。

表 13.9　按钮对象常用的方法

方　法	说　　明
blur()	该方法可以将焦点从按钮中移开
click()	该方法可以模拟按钮被鼠标单击
focus()	该方法可以将焦点赋给按钮

13.5.4　按钮的事件

无论是 Submit 对象、Reset 对象还是 Button 对象，可以响应的事件都是相同的。常用的按钮事件如表 13.10 所示。

表 13.10　按钮对象常用的事件

事　　件	说　　明
blur	当焦点从按钮中移开时激发的事件
click	单击按钮时激发的事件
dblclick	双击按钮时激发的事件
focus	当焦点赋给按钮时激发的事件
keydown	当用户按下键盘上的键时激发的事件
keypress	当用户按下并释放键盘上的键时激发的事件

（续）

事　　件	说　　明
keyup	当用户释放键盘上的键时激发的事件
mousedown	在按钮上按下鼠标键（并没有释放）时激发的事件
mouseup	在按钮上释放鼠标键时激发的事件
mouseover	移动鼠标到按钮上时激发的事件
mousemove	在按钮上移动鼠标时激发的事件
mouseout	将鼠标从按钮上移开时激发的事件

13.5.5　网页调色板

在设计网页时，常常需要设计网页的前景色和背景色。只有前景色与背景色搭配协调网页才会好看。然而在网页上调试前景色和背景色并不是很方便，因此可以制作一个简单的网页调色板程序，用来测试前景色与背景色的搭配是否协调。

【**实例** 13.15】请看以下代码，注意加粗的文字。

```
01   <html>
02     <head>
03       <title> 网页调色板 </title>
04       <script type="text/javascript">
05       <!--
06         function colorChange()
07         {
08           // 设置文字颜色
09           document.fgColor = document.myForm.fgColors.value;
10           // 设置背景颜色
11           document.bgColor = document.myForm.bgColors.value;
12         }
13       -->
14       </script>
15     </head>
16     <body>
17       <form name="myForm" >
18         <h1 align="center"> 文档对象 </h1>
19             Document 对象是代表一个浏览器窗口或框架中的
20   显示的 HTML 文件的对象。JavaScript 会为每个 HTML 文档自动创建一个 Document 对象。通
21   过 Document 对象可以操作 HTML 文档中的内容及其他对象。<br>
22         文字颜色: <input type="text" value="#ffffff" name="fgColors"><br>
23         背景颜色: <input type="text" value="#000000" name="bgColors"><br>
24         <input type="button" value=" 调色 " onclick="colorChange()">
25       </form>
26     </body>
27   </html>
```

【**代码说明**】本例是一个简单的网页调色板程序，其运行原理如下。

（1）在网页中随便输入一些文字，用于显示调色板结果。

（2）在网页中创建两个文本框，一个用于输入文字颜色，也就是网页的前景色；另一个用于输入网页的背景色。需要注意的是，两个文本框中的内容应该是 HTML 中所能支持的颜色代码。

（3）在按钮元素中添加 onclick 属性，属性值为 colorChange()。单击按钮时，会自动调用 colorChange() 函数。

（4）在 colorChange() 函数中使用以下语句设置网页的前景色与背景色。这样就可以看到网页颜色搭配的效果了。

```
document.fgColor = document.myForm.fgColors.value;
document.bgColor = document.myForm.bgColors.value;
```

【运行效果】以上代码为本书配套代码文件目录"代码\第13章\sample15.htm"里的内容。读者可自行测试程序。

13.5.6 改变多行文本框大小

多行文本框中通常可以输入很多文字，如果文字内容比较多，多行文本框会自动产生滚动条，此时可以加大多行文本框的宽度或高度来浏览其中的文字，就会更加方便一些。

【实例 13.16】请看以下代码，注意加粗的文字。

```
01    <html>
02      <head>
03        <title>改变多行文本框大小</title>
04        <script type="text/javascript">
05        <!--
06          function resizeTextarea(resizeType)
07          {
08            if (resizeType=="big")
09            {
10              if (document.myForm.Context.rows<40)
11              {
12                document.myForm.Context.rows += 5;
13              }
14            }
15            else if (resizeType=="small")
16            {
17              if (document.myForm.Context.rows>5)
18              {
19                document.myForm.Context.rows -= 5;
20              }
21            }
22          }
23        -->
24        </script>
25      </head>
26      <body>
27        <form name="myForm">
28          <input type="button" value="+"onclick="resizeTextarea('big')">
29          <input type="button" value="-"onclick="resizeTextarea('small')"><br>
30          <textarea rows="10" cols="60" name="Context"></textarea>
31        </form>
32      </body>
33    </html>
```

【代码说明】在本例中，第28～30行添加了两个按钮和一个多行文本框。在单击按钮时，可以加大或缩小多行文本框的高度。

【运行效果】以上代码为本书配套代码文件目录"代码\第13章\sample16.htm"里的内容。读者可自行测试程序。

13.6　单选框和复选框

单选框（Radio 对象）与复选框（Checkbox 对象），看上去好像是两个完全不同的对象。但事实上，这两个对象除了一个能单选、一个可以多选之外，其属性、方法和事件几乎是完全相同的。

13.6.1　创建单选框和复选框

在 HTML 中使用 input 元素同样可以创建单选框与复选框。其语法代码如下：

```
<input type=Type value=value name=name>Text
```

其中属性解释如下。

❑ type：用于设置表单是单选框还是复选框。单选框为 radio、复选框为 checkbox。

❑ value：单选框或复选框的值。

❑ name：单选框或复选框的名称。名称相同的为一组。

❑ Text：显示在单选框或复选框后的文字。

以上属性为单选框和复选框中常用的属性，其他属性请参考 HTML 4.01 标准。

【实例 13.17】有关单选框和复选框的使用方法请看以下代码，注意加粗的文字。

```
01    <html>
02      <head>
03        <title>创建单选框和复选框</title>
04      </head>
05      <body>
06        <form name="myForm">
07          请选择性别：<br>
08          <input type="radio" value="男" name="mySex">男<br>
09          <input type="radio" value="女" name="mySex">女<br><br>
10          请选择您常用的浏览器：<br>
11          <input type="radio" value="IE" name="myNavigator">IE<br>
12          <input type="radio" value="Netscape"
13            name="myNavigator">Netscape<br>
14          <input type="radio" value="Firefox" name="myNavigator">Firefox<br>
15          <input type="radio" value="Opera"
16            name="myNavigator">Opera<br><br>
17          喜欢的阅读方式：<br>
18          <input type="checkbox" value="book" name="myRead">图书<br>
19          <input type="checkbox" value="web" name="myRead">网络<br>
20          <input type="checkbox" value="TV" name="myRead">电视<br>
21        </form>
22      </body>
23    </html>
```

【代码说明】代码第 8 ～ 9 行创建了一组单选框，在同一组中，单选框只能有一个被选中，通过 name 属性决定哪些是同一组。代码第 18 ～ 20 行创建了一组复选框，复选框就允许多个同时被选中。

【运行效果】以上代码为本书配套代码文件目录"代码\第13章\sample17.htm"里的内容，其运行结果如图 13.4 所示。从该图中可以看出，在同一组单选框中只能有一个单选框可以处于被选中状态。而同一组复选框中可以有多个复选框处于被选中状态。

图 13.4　sample17.htm 的运行结果

> **提示**　name 属性值相同的单选框为同一组单选框；name 属性值相同的复选框为同一组复选框。

13.6.2　单选框和复选框的属性

无论是 Radio 对象还是 Checkbox 对象，所拥有的属性都是相同的。常用的 Radio 对象和 Checkbox 对象的属性如表 13.11 所示。

表 13.11　Radio 对象和 Checkbox 对象常用的属性

属　　性	说　　明
accessKey	该属性可以返回或设置访问单选框或复选框的快捷键。该属性的初始值由 input 元素的 accessKey 属性值决定。Netscape 浏览器不支持该属性
checked	该属性可以返回或设置一个单选框或复选框是否处在被选中状态。该属性值为布尔类型。属性值为 true 时，单选框或复选框则处在被选中状态，属性值为 false 时，单选框或复选框处在未选择状态
defaultChecked	该属性可以返回在默认情况下一个单选框或复选框是否处在被选中状态。当表单重置时，可以将单选框或复选框恢复到默认值上
defaultValue	该属性可以返回或设置单选框或复选框的初始值。默认情况下，初始值是由 value 属性所决定的
disabled	该属性可以返回或设置单选框或复选框是否被禁用。属性值为 true 时禁用单选框或复选框，属性值为 false 时启用单选框或复选框
form	该属性可以返回包含单选框或复选框的 Form 对象的引用。与文本框类似
id	该属性可以返回或设置单选框或复选框的 id。该属性的初始值由 input 元素中的 id 属性值所决定
length	该属性可以返回一组单选框或复选框中包含多少个单选框或复选框
name	该属性可以返回单选框或复选框的名称，该属性值由 name 属性值所决定
tabIndex	该属性可以返回或设置单选框或复选框的 tab 顺序索引。该属性的初始值由 input 元素的 tabIndex 属性值所决定。Netscape 浏览器不支持该属性
type	该属性可以返回单选框或复选框的类型。对于单选框而言，返回"radio"；对于复选框而言，返回"checkbox"
value	该属性可以返回或设置单选框或复选框的值，该值由 value 属性所决定

13.6.3 单选框和复选框的方法

无论是 Radio 对象还是 Checkbox 对象，所拥有的方法都是相同的。常用的 Radio 对象和 Checkbox 对象的方法如表 13.12 所示。

13.6.4 单选框和复选框的事件

无论是 Radio 对象还是 Checkbox 对象，可以响应的事件都是相同的。常用的 Radio 对象和 Checkbox 对象如表 13.13 所示。

表 13.12　Radio 对象和 Checkbox 对象常用的方法

方　　法	说　　明
blur()	该方法可以将焦点从单选框或复选框中移开
click()	该方法可以模拟单选框或复选框被鼠标单击
focus()	该方法可以将焦点赋给单选框或复选框

表 13.13　Radio 对象和 Checkbox 对象常用的事件

事　　件	说　　明
blur	当焦点从单选框或复选框中移开时激发的事件
click	单击单选框或复选框时激发的事件
dblclick	双击单选框或复选框时激发的事件
focus	当焦点赋给单选框或复选框时激发的事件
keydown	当用户按下键盘上的键时激发的事件
keypress	当用户按下并释放键盘上的键时激发的事件
keyup	当用户释放键盘上的键时激发的事件
mousedown	在单选框或复选框上按下鼠标键（并没有释放）时激发的事件
mouseup	在单选框或复选框上释放鼠标键时激发的事件
mouseover	移动鼠标到单选框或复选框上时激发的事件
mousemove	在单选框或复选框上移动鼠标时激发的事件
mouseout	将鼠标从单选框或复选框上移开时激发的事件

13.6.5 设置单选框组与复选框组

只有在少数情况下单选框和复选框会单独使用，大多数单选框与复选框都会以组的方式出现。创建单选框组与复选框组，只需要将 name 属性值设置成为相同的即可。以下代码为一个单选框组，在该代码中，两个单选框选项中，只能有一个选项处于被选中状态。

```
<input type="radio" value="男" name="mySex">男
<input type="radio" value="女" name="mySex">女
```

以下代码创建的两个单选框组。其中，name 属性值为 mySex 的两个单选框为一组，name 属性值为 myNavigator 的 4 个单选框为一组。在这两组单选框中，name 属性值为 mySex 的两个单选框中只能有一个选项处于被选中状态；name 属性值为 myNavigator 的 4 个单选框中也只能有一个选项处于被选中状态。

```
<input type="radio" value="男" name="mySex" checked>男 <br>
<input type="radio" value="女" name="mySex">女 <br>
<input type="radio" value="IE" name="myNavigator">IE<br>
<input type="radio" value="Netscape"name="myNavigator">Netscape<br>
<input type="radio" value="Firefox"name="myNavigator">Firefox<br>
<input type="radio" value="Opera"name="myNavigator">Opera<br><br>
```

复选框的分组与单选框类似，也是以 name 属性值作为分组的依据，只是复选框组中可以有多个选项同时处于选中状态。以下代码为一个复选框组。

```
<input type="checkbox" value="book"name="myRead"> 图书 <br>
<input type="checkbox" value="web"name="myRead"> 网络 <br>
<input type="checkbox" value="TV"name="myRead"> 电视 <br>
```

13.6.6　设置单选框与复选框的默认选项

在单选框与复选框当中，都可以使用 checked 属性来设置默认的选项。checked 属性没有属性值。

【实例 13.18】请看以下代码，注意加粗的文字。

```
01  <html>
02    <head>
03      <title> 设置单选框与复选框的默认选项 </title>
04    </head>
05    <body>
06      <form name="myForm">
07        请选择性别：<br>
08        <input type="radio" value=" 男 " name="mySex" checked> 男 <br>
09        <input type="radio" value=" 女 " name="mySex"> 女 <br><br>
10        请选择您常用的浏览器：<br>
11        <input type="radio" value="IE" name="myNavigator">IE<br>
12        <input type="radio" value="Netscape" name="myNavigator">Netscape<br>
13        <input type="radio" value="Firefox" name="myNavigator">Firefox<br>
14        <input type="radio" value="Opera" name="myNavigator">Opera<br><br>
15        喜欢的阅读方式：<br>
16        <input type="checkbox" value="book" name="myRead"> 图书 <br>
17        <input type="checkbox" value="web" name="myRead"checked> 网络 <br>
18        <input type="checkbox" value="TV" name="myRead"checked> 电视 <br>
19      </form>
20    </body>
21  </html>
```

【代码说明】在本例中创建了 2 个单选框组和 1 个复选框组。其中第 1 个单选框组中的第 1 个选项中使用 checked 属性，因此在默认状态下，该选项是处于被选中状态。第 2 个单选框组中没有选项使用了 checked 属性，因此在默认状态下，整个单选框组中没有选项处于被选中状态。在复选框组中，后两个选项都使用了 checked 属性，因此这两个选项都处于被选中状态。

【运行效果】以上代码为本书配套代码文件目录"代码\第 13 章 \sample18.htm"里的内容，其运行结果如图 13.5 所示。

图 13.5　sample18.htm 的运行结果

> **注意**　如果一个单选框组中有两个或两个以上选项使用了 checked 属性，那么只有最后一个使用了 checked 属性的选项会处于被选中状态。

13.6.7 Form 对象与 Radio 对象、Checkbox 对象

虽然单选框与复选框经常以组的形式出现，但是在一个组中每个选项都是一个独立的单选框与复选框。在 Form 对象中，会将每个单选框与复选框看成是一个独立的对象，而不是将每个单选框组与复选框组看成是一个独立的对象。每个单选框与复选框都有属于自己的属性和方法。

【实例 13.19】 请看以下代码，注意加粗的文字。

```
01    <html>
02      <head>
03        <title> Form 对象与单选框、复选框对象 </title>
04      </head>
05      <body>
06        <form name="myForm">
07          请选择性别: <br>
08          <input type="radio" value=" 男 " name="mySex" checked> 男 <br>
09          <input type="radio" value=" 女 " name="mySex"> 女 <br><br>
10          喜欢的阅读方式: <br>
11          <input type="checkbox" value="book" name="myRead"> 图书 <br>
12          <input type="checkbox" value="web" name="myRead" checked> 网络 <br>
13          <input type="checkbox" value="TV" name="myRead" checked> 电视 <br>
14
15        </form>
16        <script type="text/javascript">
17        <!--
18          for (i=0;i<document.myForm.length;i++)
19          {
20            document.write(" 元素 ",i," 的名称为:
21            ",document.myForm.elements[i].name," , 值为:
22            ",document.myForm.elements[i].value,"<br>");
23          }
24        -->
25        </script>
26      </body>
27    </html>
```

【代码说明】 虽然代码第 8 ～ 13 行创建的单选框和多选框，都是通过 name 来进行了分组，但 Form 对象依然认为每一个单选框或复选框都是一个对象。

【运行效果】 以上代码为本书配套代码文件目录 "代码 \ 第 13 章 \ sample19.htm" 里的内容，其运行结果如图 13.6 所示。在该图中可以看出，Form 对象一共拥有 5 个子对象，也就是每个单选框和复选框都是一个对象。并且，每个单选框与复选框都拥有自己的属性，如 name 属性和 value 属性。

13.6.8 组与选项

既然单选框与复选框可以以组的形式出现，那么就应该可以以组为单位获取单选框组与复选框组中的选项。在 JavaScript 中，将 name 属性值相同的单选框和复选框都放在了一个数组中，这样，就可以针对某个单选框组或复选框组进行操作了。假设单选框组如下:

图 13.6　sample19.htm 的运行结果

```
<form name="myForm">
    <input type="radio" value=" 男 " name="mySex"> 男
    <input type="radio" value=" 女 " name="mySex"> 女
</form>
```

在以上代码中，由两个单选框组成了一个单选框组，可以使用以下代码来获得这个单选框组。

```
document.myForm.mySex
```

以上代码返回的是一个数组，既然是数组，就可以通过以下代码来获得数组的长度。

```
document.myForm.mySex.length
```

在本例中，以上代码的返回结果为2。也可以通过以下代码来获得数组中的元素。在单选框组中，返回结果为单选框对象。

```
document.myForm.mySex[0]
document.myForm.mySex[1]
```

复选框组的处理方式与单选框组的相同，在此就不再赘述了。

【实例 13.20】有关单选框组与复选框组中选项的示例请看以下代码，注意加粗的文字。

```
01    <html>
02      <head>
03        <title> 组与选项 </title>
04      </head>
05      <body>
06        <form name="myForm">
07            请选择性别: <br>
08            <input type="radio" value=" 男 " name="mySex" checked> 男 <br>
09            <input type="radio" value=" 女 " name="mySex"> 女 <br><br>
10            喜欢的阅读方式: <br>
11            <input type="checkbox" value="book" name="myRead"> 图书 <br>
12            <input type="checkbox" value="web" name="myRead" checked> 网络 <br>
13            <input type="checkbox" value="TV" name="myRead" checked> 电视 <br>
14
15        </form>
16        <script type="text/javascript">
17        <!-
18            // 查看单选框组中的所有元素
19            for (i=0;i<document.myForm.mySex.length;i++)
20            {
21                document.write(" 元素 ",i," 的名称为:
22    ",document.myForm.mySex[i].name,", 值为: ",document.myForm.mySex[i].value,"<br>");
23            }
24            // 查看复选框组中的所有元素
25            for (i=0;i<document.myForm.myRead.length;i++)
26            {
27                document.write(" 元素 ",i," 的名称为:
28                ",document.myForm.myRead[i].name,", 值为:
29                ",document.myForm.myRead[i].value,"<br>");
30            }
31        -->
32        </script>
33      </body>
34    </html>
```

【代码说明】上述代码主要是学习如何获取表单中的单选框和复选框。如代码第 22 行的 document.myForm.mySex[i].name 就是获取名为 mySex 的指定索引号的单选框。

【运行效果】以上代码为本书配套代码文件目录"代码\第 13 章\sample20.htm"里的内容,其运行结果如图 13.7 所示。

图 13.7　sample20.htm 的运行结果

13.6.9　获取单选框与复选框的值

无论是单选框组还是复选框,其目的是让用户选择,并且可以获得用户选择的选项。使用 checked 属性可以判断用户是否选择了单选框组与复选框组中的选项。

【实例 13.21】具体操作方法请看以下代码,注意加粗的文字。

```
01  <html>
02    <head>
03      <title>获取单选框与复选框的值</title>
04    </head>
05    <body>
06      <form name="myForm">
07        请选择性别: <br>
08        <input type="radio" value="男" name="mySex">男<br>
09        <input type="radio" value="女" name="mySex">女<br><br>
10        喜欢的阅读方式: <br>
11        <input type="checkbox" value="图书" name="myRead">图书<br>
12        <input type="checkbox" value="网络" name="myRead">网络<br>
13        <input type="checkbox" value="电视" name="myRead">电视<br><br>
14        <input type="button" value="确定"onclick="boxValue()">
15      </form>
16      <script type="text/javascript">
17      <!-
18      function boxValue()
19      {
20          // 遍历单选框中的所有选项
21          for (i=0;i<document.myForm.mySex.length;i++)
22          {
23              // 判断单选框是否被选中
24              if (document.myForm.mySex[i].checked)
25              {
26                  alert("单选框中您选择了"" +
27  document.myForm.mySex[i].value + ""选项");
28                  break;
29              }
30          }
31          var checkBoxValue = "";
32          // 遍历复选框中的所有选项
33          for (i=0;i<document.myForm.myRead.length;i++)
34          {
35              // 判断复选框是否被选中
36              if (document.myForm.myRead[i].checked)
37              {
38                  checkBoxValue +=document.myForm.myRead[i].value + "
```

```
39          ";
40                      }
41                  }
42                  if (checkBoxValue!="")
43                  {
44                      alert(" 复选框中您选择了"" + checkBoxValue + "" 选项 ");
45                  }
46              }
47          -->
48          </script>
49      </body>
50  </html>
```

【代码说明】在本例中第 36 行使用了 checked 属性，来判断用户是否选择了单选框组或复选框组的选项，并以此判断用户选择了哪些选项。

【运行效果】以上代码为本书配套代码文件目录"代码 \ 第 13 章 \sample21.htm"里的内容。

13.6.10 限制复选框的选择项数

虽然在复选框组中可以允许用户选择多个选项，但是在某些时候可能要求用户只能选取其中的几项。例如在学校里，学生可以自主选课，但是有可能在某一个学期里，学生最多只能选择 6 门课程。这就要求在用户选择的复选框超过某个数量的时候，给出提示。

【实例 13.22】请看以下代码，注意加粗的文字。

```
01  <html>
02      <head>
03          <title> 获取单选框与复选框的值 </title>
04      </head>
05      <body>
06          <form name="myForm">
07              您的爱好是什么？(最多同时选三项)<br>
08              <input type="checkbox" value=" 看书 " name="like"onclick="return
09                  checkDate(this)"> 看书 <br>
10              <input type="checkbox" value=" 上网 " name="like"onclick="return
11                  checkDate(this)"> 上网 <br>
12              <input type="checkbox" value=" 看电视 " name="like"onclick="return
13                  checkDate(this)"> 看电视 <br>
14              <input type="checkbox" value=" 下棋 " name="like"onclick="return
15                  checkDate(this)"> 下棋 <br>
16              <input type="checkbox" value=" 钓鱼 " name="like"onclick="return
17                  checkDate(this)"> 钓鱼 <br>
18              <input type="checkbox" value=" 打牌 " name="like"onclick="return
19                  checkDate(this)"> 打牌 <br>
20              <input type="checkbox" value=" 发呆 " name="like"onclick="return
21                  checkDate(this)"> 发呆 <br>
22          </form>
23          <script type="text/javascript">
24          <!--
25              function checkDate(checkboxName)
26              {
27                  var checkCount = 0;
28                  for(i=0;i<document.myForm.like.length;i++)
29                  {
30                      if (document.myForm.like[i].checked)
31                      {
```

```
32                          checkCount ++;
33                      }
34                  }
35              if (checkCount>3)
36              {
37                  alert("最多只能选择三项");
38                  return false;
39              }
40          }
41      -->
42      </script>
43      </body>
44  </html>
```

【运行效果】以上代码为本书配套代码文件目录"代码\第13章\sample22.htm"里的内容。读者可自行测试程序。

【代码说明】本例的实现原理如下。

❏ 为每个复选框添加一个 onclick 属性，属性值为"return checkDate(this)"。在单击复选框时，自动调用 checkDate() 函数，并将当前复选框对象作为参数传递给 checkDate() 函数。checkDate() 函数执行完毕后，获得返回值，如果返回值为 false，则取消当前操作。

❏ 在 checkDate() 函数中通过循环判断复选框组中有多少个选项是被选中状态，如果超过 3 个，则发出警告框，并返回 false。

【实例 13.23】下面例子可以通过一个循环来设置复选框的 onclick 属性，请看以下代码，注意加粗的文字：

```
01  <html>
02      <head>
03          <title>获取单选框与复选框的值</title>
04      </head>
05      <body>
06      <form name="myForm">
07          您的爱好是什么？（最多同时选三项）<br>
08          <input type="checkbox" value="看书" name="like">看书 <br>
09          <input type="checkbox" value="上网" name="like">上网 <br>
10          <input type="checkbox" value="看电视" name="like">看电视 <br>
11          <input type="checkbox" value="下棋" name="like">下棋 <br>
12          <input type="checkbox" value="钓鱼" name="like">钓鱼 <br>
13          <input type="checkbox" value="打牌" name="like">打牌 <br>
14          <input type="checkbox" value="发呆" name="like">发呆 <br>
15      </form>
16      <script type="text/javascript">
17      <!--
18          for(i=0;i<document.myForm.like.length;i++)
19          {
20              document.myForm.like[i].onclick = checkDate;
21          }
22          function checkDate(checkboxName)
23          {
24              var checkCount = 0;
25              for(i=0;i<document.myForm.like.length;i++)
26              {
27                  if (document.myForm.like[i].checked)
28                  {
29                      checkCount ++;
```

```
30                    }
31               }
32               if (checkCount>3)
33               {
34                   alert("最多只能选择三项");
35                   return false;
36               }
37           }
38       -->
39       </script>
40     </body>
41   </html>
```

【代码说明】代码第 8 ~ 14 行定义了一组复选框，代码第 18 ~ 21 行是通过 for 语句遍历每个复选框，并为其添加 onclick 事件。

【运行效果】以上代码为本书配套代码文件目录"代码\第 13 章\sample23.htm"里的内容，本例的运行结果与上例完全相同。

13.7　下拉列表框

下拉列表框（Select 对象）也可以显示单项或多项选择。但是与单选框组和多选框组不同。单选框组与多选框组中每一个选项都是 Form 对象的一个子对象，而下拉列表框整体是 Form 对象的一个子对象。下拉列表框中的选项（Option 对象）只是下拉列表框的子对象。

13.7.1　创建下拉列表框

创建下拉列表框需要用到两个元素，首先要用到的是 select 元素，用于标记下拉列表框开始，然后要用到的是 option 元素，用于创建下拉列表框里的项目，如果一个下拉列表框里有多个可选项目，则重复使用 option 元素。其语法代码如下：

```
<select name=name size=number multiple>
    <option value=value>text</option>
</select>
```

其中属性解释如下。

❏ name：下拉列表的名称。

❏ size：同时显示的可选项数。

❏ multiple：该属性没有属性值，如果设置了该属性，下拉列表框则可以进行多选。

❏ value：可选项的值。

❏ text：显示在可选项上的文本。

以上属性为下拉列表框中常用的属性，其他属性请参考 HTML 5 标准。

【实例 13.24】创建下拉列表框的示例请看以下代码，注意加粗的文字。

```
01   <html>
02     <head>
03       <title>创建下拉列表框</title>
04     </head>
05     <body>
```

```
06              <form name="myForm">
07                  您的爱好是什么？<br>
08                  <select name="like">
09                      <option value=" 看书 "> 看书 </option>
10                      <option value=" 上网 "> 上网 </option>
11                      <option value=" 看电视 "> 看电视 </option>
12                      <option value=" 下棋 "> 下棋 </option>
13                      <option value=" 钓鱼 "> 钓鱼 </option>
14                      <option value=" 打牌 "> 打牌 </option>
15                      <option value=" 发呆 "> 发呆 </option>
16                  </select>
17              </form>
18          </body>
19      </html>
```

【代码说明】代码第 8 ～ 16 行创建了一个下拉列表框，其中的 value 属性是每个下拉选项的值。这里没有为其添加事件，所以选择时不发生任何操作。

【运行效果】以上代码为本书配套代码文件目录"代码\第 13 章\sample24.htm"里的内容，其运行结果如图 13.8 所示。

图 13.8　sample24.htm 的运行结果

13.7.2　下拉列表框的属性

与其他 Form 对象的子对象相同，Select 对象也拥有一些属于自己的属性。常用的 Select 对象的属性如表 13.14 所示。

表 13.14　Select 对象常用的属性

属　性	说　明
accessKey	该属性可以返回或设置访问下拉列表框的快捷键。该属性的初始值由 select 元素的 accessKey 属性值决定。Netscape 浏览器不支持该属性
disabled	该属性可以返回或设置下拉列表框是否被禁用。属性值为 true 时禁用下拉列表框，属性值为 false 时启用下拉列表框
form	该属性可以返回包含下拉列表框的 Form 对象的引用。与文本框类似
id	该属性可以返回或设置下拉列表框的 id 属性值。该属性的初始值由 select 元素中的 id 属性值所决定
length	该属性可以返回下拉列表框中的选项个数，相当于 options.length
multiple	该属性可以返回或设置下拉列表框中的选项是否允许多选。该属性值为布尔值。属性值为 true 时可以多选，属性值为 false 时只能单选
name	该属性可以返回下拉列表框的名称，该属性值由 name 属性值所决定
options	该属性可以返回一个数组，数组中的元素为下拉列表框中的选项
selectedIndex	该属性可以返回或设置下拉列表框当前选中的选项在 options[] 数组中的下标。假设下拉列表框中第 1 个选项处于选择状态，该属性则返回 0
tabIndex	该属性可以返回或设置下拉列表框的 tab 顺序索引。该属性的初始值由 select 元素的 tabIndex 属性值所决定。Netscape 浏览器不支持该属性
type	该属性可以返回下拉列表框的类型。当下拉列表框只允许选择一个选项时，返回"select-one"。当下拉列表框允许选择多个选项时，返回"select-multiple"
value	该属性可以返回下拉列表框的值

13.7.3 下拉列表框的方法

Select 对象的方法并不多，常用的 Select 对象的方法如表 13.15 所示。

表 13.15 Select 对象常用的方法

方 法	说 明
blur()	该方法可以将焦点从下拉列表框中移开
click()	该方法可以模拟下拉列表框被鼠标单击
focus()	该方法可以将焦点赋给下拉列表框
remove(i)	该方法可以删除下拉列表框中的选项，其中参数 i 为 options[] 数组的下标

13.7.4 下拉列表框的事件

Select 对象中的事件大多与其他 input 对象的事件相同。常用的 Select 对象的事件如表 13.16 所示。

表 13.16 Select 对象常用的事件

事 件	说 明
blur	当焦点从下拉列表框中移开时激发的事件
change	当选中下拉列表框中的一个选项或取消对下拉列表框中某个选项选中状态时激发的事件
click	单击下拉列表框时激发的事件
dblclick	双击下拉列表框时激发的事件
focus	当焦点赋给下拉列表框时激发的事件
keydown	当用户按下键盘上的键时激发的事件
keypress	当用户按下并释放键盘上的键时激发的事件
keyup	当用户释放键盘上的键时激发的事件
mousedown	在下拉列表框上按下鼠标键（并没有释放）时激发的事件
mouseup	在下拉列表框上释放鼠标键时激发的事件
mouseover	移动鼠标到下拉列表框上时激发的事件
mousemove	在下拉列表框上移动鼠标时激发的事件
mouseout	将鼠标从下拉列表框上移开时激发的事件

13.7.5 选项对象

创建下拉列表框必须要使用两个 HTML 元素，其中 select 元素用于声明下拉列表框，option 元素用于创建下拉列表框中的选项。在 JavaScript 中，将下拉列表框中的每一个选项看成是一个 Option 对象。创建下拉列表框中的选项，可以使用以下构造函数：

```
new Option(text,value,defalutSelected,selected)
```

其中参数解释如下。

❑ text：显示在下拉列表选项中的文字。

❑ value：下拉列表选项的值。

❑ defalutSelected：该参数为布尔类型参数，用于声明该下拉列表选项是否是下拉列表框中的默认选项。如果该值为 true，在重置表单时，下拉列表框会自动将该选项处于被选中状态。

❑ selected：该参数为布尔类型参数，用于声明该下拉列表选项当前是否处于选中状态。

在使用 Option 构造函数创建 Option 对象之后，可以直接将其赋值给 Select 对象的 Option 数组元素。如以下代码所示：

```
document.Form.Select.options[2] = new Option("text","value");
```

以上代码中将一个新的 Option 对象赋值给 Select 对象的 option[] 数组中的第 3 个元素。如果在该 option[] 数组中存在第 3 个元素，则用 Option 对象覆盖第 3 个元素。如果该 option[] 数组中不存在第 3 个元素，则创建第 3 个元素，并将 Option 对象赋值给第 3 个元素。在创建 option[] 数组的第 3 个元素时，如果 option[] 数组中并不存在第 1、2 个元素，那么 JavaScript 会使用以下语句来创建这些不存在的元素。

```
document.Form.Select.options[0] = new Option( "" , "" );
document.Form.Select.options[1] = new Option( "" , "" );
```

【实例 13.25】有关 Option 对象的示例请看以下代码，注意加粗的文字。

```
01    <html>
02      <head>
03        <title> 创建下拉列表框 </title>
04      </head>
05      <body>
06        <form name="myForm">
07          您的爱好是什么？ <br>
08          <select name="like">
09            <option> 游泳 </option>
10          </select>
11          <input type="reset" value=" 重置 ">
12        </form>
13        <script type="text/javascript">
14        <!--
15          var option1 = new Option(" 看书 "," 看书 ");
16          // 该选项是下拉列表框中的默认选项，单击重置按钮时会恢复到该选项上
17          var option2 = new Option(" 上网 "," 上网 ",true);
18          var option3 = new Option(" 看电视 "," 看电视 ");
19          var option4 = new Option(" 下棋 "," 下棋 ");
20          // 该选项是当前选中的选项
21          var option5 = new Option(" 钓鱼 "," 钓鱼 ",false,true);
22          var option6 = new Option(" 打牌 "," 打牌 ");
23          document.myForm.like.options[0] = option1;
24          document.myForm.like.options[1] = option2;
25          document.myForm.like.options[2] = option3;
26          document.myForm.like.options[3] = option4;
27          document.myForm.like.options[4] = option5;
28          document.myForm.like.options[5] = option6;
29          document.myForm.like.options[7] = new Option(" 发呆 "," 发呆 ");
30        -->
31        </script>
32      </body>
33    </html>
```

【运行效果】 以上代码为本书配套代码文件目录 "代码 \ 第 13 章 \sample25.htm" 里的内容，其运行结果如图 13.9 所示。

【代码说明】 本例的关键知识点如下。

（1）在本例的 HTML 代码第 8～10 行中，创建了一个下拉列表框。下拉列表框中只有一个 "游泳" 可选项。

（2）在 JavaScript 中使用了以下语句创建了 6 个 Option 对象。

```
var option1 = new Option("看书","看书");
var option2 = new Option("上网","上网",true);
var option3 = new Option("看电视","看电视");
var option4 = new Option("下棋","下棋");
var option5 = new Option("钓鱼","钓鱼",false,true);
var option6 = new Option("打牌","打牌");
```

其中，第 2 个 Option 对象（option2）中设置了 defalutSelected 参数为 true，这代表了该选项为下拉列表框的默认选框，在重置表单时，会将该选项处于被选中状态。第 5 个 Option 对象（option5）设置了 selected 参数为 true，这代表了该选项为当前被选中的选项。

（3）使用以下语句将第 1 个 Option 对象（option1）赋值给 Select 对象的 option[] 数组的第 1 个元素。由于在 HTML 代码中已经为 Select 表单元素设置了一个 Option 选项，因此，option[] 数组中第 1 个元素是存在的元素，以下代码将会替换 option[] 数组中第 1 个元素所代表的 Option 对象。因此，在图 13.9 中的下拉列表框中的第 1 个可选项为 "看书"，而不是 "游泳"。

图 13.9 sample25.htm 的运行结果

```
document.myForm.like.options[0] = option1;
```

（4）然后再使用以下语句将第 2～6 个 Option 对象分别赋值给 Select 对象的 option[] 数组的第 2～6 个元素。在初始状态下，option[] 数组不存在这些元素，因此 JavaScript 会自动增加 option[] 数组的长度，并为其中元素赋值。在图 13.9 的下拉列表框中的第 2～6 个选项就是以下语句所创建的选项。

```
document.myForm.like.options[1] = option2;
document.myForm.like.options[2] = option3;
document.myForm.like.options[3] = option4;
document.myForm.like.options[4] = option5;
document.myForm.like.options[5] = option6;
```

（5）最后使用以下语句创建一个新的 Option 对象，并赋值给 Select 对象的 option[] 数组的第 8 个元素。

```
document.myForm.like.options[7] = new Option("发呆","发呆");
```

在经过第（4）步之后，option[] 数组中拥有了 6 个元素，但以上语句是为 option[] 数组的第 8 个元素赋值，因此，JavaScript 会先使用以下语句创建 option[] 数组的第 7 个元素，然后将第 8

个元素赋值。因此，在图 13.9 中，第 7 个可选项为没有文字的、value 值为空字符串的选项。

```
document.myForm.like.options[6] = new Option("","");
```

13.7.6 选项对象属性

Option 对象虽然是 Select 对象的子对象，但该对象也拥有属于自己的属性。常用的 Option 对象的属性如表 13.17 所示。

表 13.17 Option 对象常用的属性

属　　性	说　　明
defaultSelected	该属性值为布尔值，用于声明在创建该 Option 对象时，该选项是否是默认的选项。即在重置表单时，该选项是否默认处于被选状态
index	该属性可以返回当前 Option 对象在 option[] 数组中的位置，该属性为只读属性
selected	该属性可以返回或设置当前 Option 对象是否被选中。该属性值为布尔值，属性值为 true 时，当前 Option 对象为被选中状态；为 false 时，当前 Option 对象为未选中状态
text	该属性可以返回或设置选项中的文字。该属性的初始值由 <option> 标签与 </option> 标签之间的文字所决定
value	该属性可以返回或设置选项中的值。该属性的初始值由 option 元素的 value 属性值所决定

在 sample25.htm 中依次添加下拉列表框中的选项，事实上可以先将 Option 对象的 text 属性值和 value 属性值存放在数组中，再通过一个循环来添加下拉列表框中的选项。至于默认选项和当前选项，可以通过 Option 对象的属性来单独进行设置。

【实例 13.26】请看以下代码，注意加粗的文字。

```
01  <html>
02    <head>
03      <title> 创建下拉列表框 </title>
04    </head>
05    <body>
06      <form name="myForm">
07        您的爱好是什么？ <br>
08        <select name="like">
09          <option> 游泳 </option>
10        </select>
11        <input type="reset" value=" 重置 ">
12      </form>
13      <script type="text/javascript">
14      <!--
15        // 创建数组
16        var optionArr = new Array();
17        optionArr[0] = [" 看书 "," 看书 "];
18        optionArr[1] = [" 上网 "," 上网 "];
19        optionArr[2] = [" 看电视 "," 看电视 "];
20        optionArr[3] = [" 下棋 "," 下棋 "];
21        optionArr[4] = [" 钓鱼 "," 钓鱼 "];
22        optionArr[5] = [" 打牌 "," 打牌 "];
23        optionArr[6] = [" 发呆 "," 发呆 "];
24
25        // 通过循环为下拉列表框创建选项
```

```
26              for (i=0;i<6;i++)
27              {
28                  document.myForm.like.options[i] = new
29                      Option(optionArr[i][0],optionArr[i][1]);
30              }
31              // 单独为下拉列表框创建选项
32              document.myForm.like.options[7] = new
33                  Option(optionArr[6][0],optionArr[6][1]);
34              // 设置下拉列表框中的第 2 个选项为默认选项，重置表单时该选项会被选中
35              document.myForm.like.options[1].defaultSelected = true;
36              // 设置下拉列表框中的第 5 个选项为当前选中的选项
37              document.myForm.like.options[4].selected = true;
38          -->
39          </script>
40      </body>
41  </html>
```

【代码说明】上一个案例创建的是 Option 对象，本例代码第 16 ~ 23 行创建的是一个数组，然后通过代码第 26 ~ 30 行为下拉列表框创建选项。

【运行效果】以上代码为本书配套代码文件目录"代码 \ 第 13 章 \sample26.htm"里的内容，本例的运行结果与 sample25.htm 运行结果相同。

13.7.7 同时显示多行的下拉列表框

前面例子中的下拉列表框在网页上都只显示一行，在 HTML 4.01 中，可以创建同时显示多行的下拉列表框。创建同时显示多行的下拉列表框，只需要设置 size 属性即可。

【实例 13.27】请看以下代码，注意加粗的文字。

```
01  <html>
02      <head>
03          <title>创建下拉列表框</title>
04      </head>
05      <body>
06          <form name="myForm">
07              您的爱好是什么？ <br>
08              <select name="like">
09                  <option value=" 看书 "> 看书 </option>
10                  <option value=" 上网 "> 上网 </option>
11                  <option value=" 看电视 "> 看电视 </option>
12                  <option value=" 下棋 "> 下棋 </option>
13                  <option value=" 钓鱼 "> 钓鱼 </option>
14                  <option value=" 打牌 "> 打牌 </option>
15                  <option value=" 发呆 "> 发呆 </option>
16              </select><br><br>
17              <select name="likes"size="4">
18                  <option value=" 看书 "> 看书 </option>
19                  <option value=" 上网 "> 上网 </option>
20                  <option value=" 看电视 "> 看电视 </option>
21                  <option value=" 下棋 "> 下棋 </option>
22                  <option value=" 钓鱼 "> 钓鱼 </option>
23                  <option value=" 打牌 "> 打牌 </option>
24                  <option value=" 发呆 "> 发呆 </option>
25              </select>
26          </form>
27          <script type="text/javascript">
```

```
28          <!--
29            document.write(" 第 1 个下拉列表框的类型为:
30            ",document.myForm.elements[0].type,", 同时显示的行数为:
31            ",document.myForm.elements[0].size,"<br>");
32            document.write(" 第 2 个下拉列表框的类型为:
33            ",document.myForm.elements[1].type,", 同时显示的行数为:
34            ",document.myForm.elements[1].size,"<br>");
35          -->
36          </script>
37       </body>
38    </html>
```

【运行效果】以上代码为本书配套代码文件目录"代码 \ 第 13 章 \sample27.htm"里的内容,其运行结果如图 13.10 所示。

【代码说明】在该图中可以看出,在没有为 select 元素设置 size 属性时,默认只显示一行选项,并且该 Select 对象的 size 属性值默认为 0。而在为 select 元素设置 size 属性后,默认显示行数为 size 属性值,并且该 Select 对象的 size 属性值也与 select 元素中设置的 size 属性值相同。

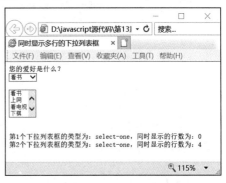

图 13.10　sample27.htm 的运行结果

13.7.8　可以同时选择多个选项的下拉列表框

在默认情况下,一个下拉列表框只能有一个选项被选中,此时与单选框组类似。但是在为 select 元素设置了 multiple 属性之后,就可以同时选择多个选项,此时与复选框类似。multiple 属性没有属性值。

【实例 13.28】请看以下代码,注意加粗的文字。

```
01    <html>
02      <head>
03        <title> 同时显示多行的下拉列表框 </title>
04      </head>
05      <body>
06        <form name="myForm">
07          您的爱好是什么? <br>
08          <select name="like" size="7">
09            <option value=" 看书 "> 看书 </option>
10            <option value=" 上网 " selected> 上网 </option>
11            <option value=" 看电视 "> 看电视 </option>
12            <option value=" 下棋 "> 下棋 </option>
13            <option value=" 钓鱼 " selected> 钓鱼 </option>
14            <option value=" 打牌 "> 打牌 </option>
15            <option value=" 发呆 "> 发呆 </option>
16          </select><br><br>
17          <select name="likes" size="7" multiple>
18            <option value=" 看书 "> 看书 </option>
19            <option value=" 上网 " selected> 上网 </option>
20            <option value=" 看电视 "> 看电视 </option>
21            <option value=" 下棋 "> 下棋 </option>
22            <option value=" 钓鱼 " selected> 钓鱼 </option>
```

```
23          <option value="打牌">打牌</option>
24          <option value="发呆" selected>发呆</option>
25        </select><br><br>
26      </form>
27      <script type="text/javascript">
28      <!--
29        document.write("第 1 个下拉列表框的类型为:
30          ",document.myForm.elements[0].type,"<br>");
31        document.write("第 2 个下拉列表框的类型为:
32          ",document.myForm.elements[1].type,"<br>");
33      -->
34      </script>
35    </body>
36  </html>
```

【运行效果】以上代码为本书配套代码文件目录"代码\第 13 章\sample28.htm"里的内容，其运行结果如图 13.11 所示。

【代码说明】在该图中可以看出，第 1 个下拉列表框中虽然有两个选项都设置了 selected 属性，但是只有最后一个设置为 selected 属性的选项处于被选中状态。而第 2 个下拉列表框中所有设置了 selected 属性的选项都处于被选中状态。另外，代表第 1 个下拉列表框中的 Select 对象的 type 属性值为 "select-one"，代表第 2 个下拉列表框中的 Select 对象的 type 属性值为 "select-multiple"。

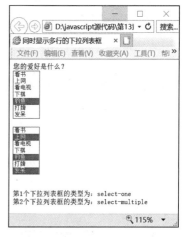

图 13.11　sample28.htm 的运行结果

提示	按下 Ctrl 键可以在可多选的下拉列表框中选择多个选项。

13.7.9　利用下拉列表框翻页

在下拉列表框中，可以将选项值设置为要跳转的 URL，通过 Select 对象的 value 属性值可以得到该跳转的 URL。再通过 Location 对象的 href 属性可以跳转页面。

【实例 13.29】请看以下的代码，注意加粗的文字。

```
01  <html>
02    <head>
03      <title>利用下拉列表框翻页</title>
04      <script type="text/javascript">
05      <!--
06        function goPage()
07        {
08          // 获得下拉列表框的 value 属性值，即被选中的可选项的值
09          goUrl = document.myForm.goto.value;
10          if (goUrl!="")
11          {
12            // 跳转页面
13            location.href=goUrl;
14          }
```

```
15                }
16          -->
17        </script>
18      </head>
19      <body>
20        <form name="myForm">
21          <select name="goto" onchange="goPage()">
22            <option value="">请选择您要跳转的网页</option>
23            <option value="sample01.htm">sample01.htm</option>
24            <option value="sample02.htm">sample02.htm</option>
25            <option value="sample03.htm">sample03.htm</option>
26            <option value="sample04.htm">sample04.htm</option>
27            <option value="sample05.htm">sample05.htm</option>
28            <option value="sample06.htm">sample06.htm</option>
29            <option value="sample07.htm">sample07.htm</option>
30          </select>
31        </form>
32      </body>
33    </html>
```

【代码说明】代码第 21 ~ 30 行创建了一个下拉列表框，从代码第 21 行可以看出其包括一个 onchange 事件，调用了 goPage() 函数。第 6 ~ 15 行的该函数就是实现跳转网页的目的。

【运行效果】以上代码为本书配套代码文件目录"代码\第 13 章\sample29.htm"里的内容，读者可以自己运行该文件查看效果。

13.7.10 简单的选课程序

利用下拉列表框的多选、多行显示，以及随意添加、删除其中选项的特点，可以制作一个简单的选课程序。

【实例 13.30】请看以下代码，注意加粗的文字。

```
01    <html>
02      <head>
03        <title>简单的选课程序</title>
04        <script type="text/javascript">
05        <!--
06          // 将选课从"可选课程"下拉列表框移到"已选课框"下拉列表框中
07          function toMyCourse()
08          {
09            // 判断"可选课程"下拉列表框的选项个数
10            var courseCount = document.myForm.course.length;
11            // 从"可选课程"下拉列表框的最后一个选项开始循环，到第 1 个选项为止
12            for(i=courseCount-1;i>-1;i--)
13            {
14              // 如果该选项处于选择状态，则执行以下代码
15              if (document.myForm.course[i].selected)
16              {
17                // 创建一个新的 Option 对象，该对象的 text 与 value 属性值为
18                // 当前"可选课程"下拉列表框的选项的 text 与 value 属性值
19                var myOption = new
20    Option(document.myForm.course[i].text,document.myForm.course[i].value);
21                // 在"已选课程"下拉列表框中添加一个选项
22                document.myForm.myCourse.options[
23                document.myForm.myCourse.options.length]=
```

```
24              myOption;
25                      // 删除当前选项
26                      document.myForm.course.remove(i);
27                  }
28              }
29          }
30      //将选课从"已选课框"下拉列表框移到"可选课框"下拉列表框中
31      function toCourse()
32      {
33          var myCourseCount = document.myForm.myCourse.length - 1;
34          for(i=myCourseCount;i>-1;i--)
35          {
36              if (document.myForm.myCourse[i].selected)
37              {
38                  var myOption = new
39          Option(document.myForm.myCourse[i].text,
40          document.myForm.myCourse[i].value);
41                  document.myForm.course.options[
42          document.myForm.course.options.length]=myOption;
43                  document.myForm.myCourse.remove(i);
44              }
45          }
46      }
47      -->
48      </script>
49  </head>
50  <body>
51      <form name="myForm">
52          <table>
53              <tr>
54                  <td> 可选课程 </td>
55                  <td></td>
56                  <td> 已选课程 </td>
57              </tr>
58              <tr>
59                  <td>
60                      <select name="course"size="7" multiple>
61                      <option value=" 语文 "> 语文 </option>
62                      <option value=" 数学 "> 数学 </option>
63                      <option value=" 英语 "> 英语 </option>
64                      <option value=" 化学 "> 化学 </option>
65                      <option value=" 物理 "> 物理 </option>
66                      <option value=" 政治 "> 政治 </option>
67                      <option value=" 音乐 "> 音乐 </option>
68                      </select>
69                  </td>
70                  <td>
71                      <input type="button" value=">>"
72                          onclick="toMyCourse()"><br>
73                      <input type="button" value="<<"onclick="toCourse()">
74                  </td>
75                  <td>
76                      <select name="myCourse"size="7" multiple>
77                      </select>
78                  </td>
79              </tr>
80          </table>
```

```
81         </form>
82       </body>
83    </html>
```

【运行效果】以上代码为本书配套代码文件目录"代码\
第 13 章 \ sample30.htm"里的内容，其运行结果如图 13.12
所示。

【代码说明】本例的实现原理如下。

（1）如图 13.12 所示，在本例中创建了两个下拉列表
框，一个下拉列表框用于显示可选课程的名称，而另一个下
拉列表框用于显示已经选择的课程名称。

（2）在两个下拉列表框之间有两个按钮。当单击" >>"
按钮时，将左侧下拉列表框中已经选择的选项移动到右侧下
拉列表框中。当单击" <<"按钮时，将右侧下拉列表框中已
经选择的选项移动到左侧下拉列表框中。

图 13.12　sample30.htm 的运行结果

（3）在" >>"按钮中添加 onclick 属性，属性值为 toMyCourse()。当单击该按钮时，自动调
用 toMyCourse() 函数。

（4）在 toMyCourse() 函数中，首先使用以下语句用于判断左侧下拉列表框中的选项个数。

```
document.myForm.course.length
```

（5）由于在本例中下拉列表框中的选项可能随时会被删除，因此使用正序的方法不太方
便。假设下拉列表框中有 7 个选项，删除 2 个选项后就只剩 5 个选项，那么在循环到 document.
myForm.course[5] 时，将会产生错误。因此，在本例中使用倒序的方法判断下拉列表框中的选项
是否被选中。即从下拉列表框的最后一个选项开始判断，直到第 1 个选项为止。

```
for(i=courseCount-1;i>-1;i--)
```

（6）在循环体中，使用以下语句判断该选项是否处于被选中状态。

```
if (document.myForm.course[i].selected)
```

（7）如果该选项处于被选中状态，则使用以下代码在右侧下拉列表框中添加一个选项。

```
var myOption = new Option(document.myForm.course[i].text,document.myForm.course[i].value);
document.myForm.myCourse.options[document.myForm.myCourse.options.length]=myOption;
```

在以上代码的第 1 行中，创建了一个新的 Option 对象。该 Option 对象的 text 属性值
为 document. myForm.course[i] 所代表的选项的 text 属性值，该 Option 对象的 value 属性值为
document. myForm.course[i] 所代表的选项的 value 属性值。

在以上代码的第 2 行中，将新 Option 对象添加给右侧下拉列表框。右侧下拉列表框中的
options[] 数组的最大下标为 document.myForm.myCourse.options.length-1，因此为下标为 document.
myForm. myCourse.options.length 的 options[] 数组元素赋值也就相当于在 option[] 数组中添加了一
个元素。

（8）最后，再使用以下代码将左侧下拉列表框中的已选择的选项删除。

```
document.myForm.course.remove(i);
```

（9）对"<<"按钮的 click 事件的处理方式与">>"按钮的处理方式类似，在此就不再赘述了。

13.7.11 二级联动菜单

二级联动菜单就是当第 1 个菜单的选项改变时，第 2 个菜单中的选项会随之改变。当然，除了有二级联动菜单之外，还可以有三级、四级联动菜单，创建这些联动菜单的原理都是相同的。

【**实例** 13.31】通常使用两个下拉列表框来制作二级联动菜单，请看以下代码，注意加粗的文字。

```
01    <html>
02      <head>
03        <title> 联动菜单 </title>
04      </head>
05      <body>
06        <form name="myForm">
07          <select name="chapter"onchange="setSection(this.selectedIndex)">
08          </select>
09          <select name="section">
10          </select>
11        </form>
12        <script type="text/javascript">
13        <!--
14            // 创建数组，以下几个数组都用于存放 Option 对象的 text 和 value 属性值
15            // 本数组为第 1 个下拉列表框中选择第 1 个选项时，第 2 个下拉列表框中的
16            //Option 对象的 text 和 value 属性值
17            var section1 = new Array();
18            section1[0] = ["1.1   脚本语言的介绍 ","section1.1"]
19            section1[1] = ["1.2   JavaScript 的作用 ","section1.2"]
20            section1[2] = ["1.3   JavaScript 的版本与支持 ","section1.3"]
21            // 本数组为第 1 个下拉列表框中选择第 2 个选项时，第 2 个下拉列表框中的
22            //Option 对象的 text 和 value 属性值
23            var section2 = new Array();
24            section2[0] = ["2.1   常量 ","section2.1"]
25            section2[1] = ["2.2   变量 ","section2.2"]
26            section2[2] = ["2.3   数据类型 ","section2.3"]
27            // 本数组为第 1 个下拉列表框中选择第 3 个选项时，第 2 个下拉列表框中的
28            //Option 对象的 text 和 value 属性值
29            var section3 = new Array();
30            section3[0] = ["3.1   表达式 ","section3.1"]
31            section3[1] = ["3.2   操作数 ","section3.2"]
32            section3[2] = ["3.3   运算符介绍 ","section3.3"]
33
34            // 本数组为第 1 个下拉列表框中的 Option 对象的 text 和 value 属性值
35            // 数组中的第 3 个元素用于指定在选择第 1 个下拉列表框选项时，第 2 个下拉列
36            // 表框应该显示哪个数组中的元素
37            var chapterArr = new Array();
38            chapterArr[0] = [" 第 1 章   JavaScript 基础 ","chapter1",section1];
39            chapterArr[1] = [" 第 2 章   常量、变量与数据类型 ","chapter2",section2];
40            chapterArr[2] = [" 第 3 章   表达式与运算符 ","chapter3",section3];
41
42            // 设置菜单联动
43            function setSection(chapter)
44            {
```

```
45                    // 清除第 2 个下拉列表框中的所有选项
46                    for (var i=document.myForm.section.length-1;i>-1;i--)
47                    {
48                        document.myForm.section.remove(i);
49                    }
50                    // 调用数组
51                    var arr = chapterArr[chapter][2];
52                    // 通过循环添加选项
53                    for (var i=0;i<arr.length;i++)
54                    {
55                        document.myForm.section.options[i] = new
56                            Option(arr[i][0],arr[i][1]);
57                    }
58                }
59
60                // 初始化第 1 个下拉列表框
61                for (var i=0;i<chapterArr.length;i++)
62                {
63                    document.myForm.chapter.options[i] = new
64                        Option(chapterArr[i][0],chapterArr[i][1]);
65                }
66                // 初始化第 2 个下拉列表框
67                setSection(0);
68            -->
69            </script>
70        </body>
71    </html>
```

【运行效果】以上代码为本书配套代码文件目录"代码\第 13 章\sample31.htm"里的内容,其运行结果如图 13.13 所示。读者可以自己运行该文件查看效果。

【代码说明】本例中的代码有点长,但并不复杂,以下为本例的实现原理。

(1) 在网页上创建两个下拉列表框,当第 1 个下拉列表框中的选项改变时,第 2 个下拉列表框中的选项(包括 text 属性和 value 属性)也会随之改变。

(2) 为了方便控制,先使用以下代码创建一个名为 chapterArr 的数组。可以使用该数组中的元素来创建第 1 个下拉列表框中的选项(Option 对象)。该数组中的元素

图 13.13　sample31.htm 的运行结果

也是一个数组,一共有 3 个元素,第 1 个元素为 Option 对象的 text 属性值,第 2 个元素为 Option 对象的 value 属性值,第 3 个元素也是一个数组,该数组存放的是第 2 个下拉框所要用到的数据。

```
var chapterArr = new Array();
chapterArr[0] = [" 第 1 章  JavaScript 基础 ","chapter1",section1];
chapterArr[1] = [" 第 2 章  常量、变量与数据类型 ","chapter2",section2];
chapterArr[2] = [" 第 3 章  表达式与运算符 ","chapter3",section3];
```

(3) 再通过一个循环为第 1 个下拉列表框创建选项,如以下代码所示。

```
for (var i=0;i<chapterArr.length;i++)
{
    document.myForm.chapter.options[i] = new Option(chapterArr[i][0],chapterArr[i][1]);
}
```

（4）在第 1 个下拉列表框中设置 onchange 属性，属性值为：setSection(this.selectedIndex)。在该下拉列表框中选项改变时，会激活 setSection() 函数，并将当前选项在 options[] 数组中的下标传递给 setSection() 函数。

（5）在 setSection() 函数体中，首先使用以下语句将第 2 个下拉列表框中的选项全部删除。该操作是为了避免在第 2 个下拉列表框联动时还遗留以前的选项。

```
for (var i=document.myForm.section.length-1;i>-1;i--)
{
    document.myForm.section.remove(i);
}
```

（6）在 setSection() 函数体中，通过以下代码可以获得第 2 个下拉列表框所要显示的信息。

```
chapterArr[chapter][2]
```

其中 chapter 是从 change 事件中传递过来的参数，也就是第 1 个下拉列表框中的当前选项的索引数。例如第 1 个下拉列表框中的当前选项为第 2 个选项，那么 chapter 值为 1。chapterArr[1][2] 将返回数组 section2。数组 section2 就是第 2 个下拉列表框中要显示的内容。

（7）section2 数组中的内容可以使用以下代码来定义。

```
var section2 = new Array();
section2[0] = ["2.1  常量","section2.1"]
section2[1] = ["2.2  变量","section2.2"]
section2[2] = ["2.3  数据类型","section2.3"]
```

（8）与第（5）步类似，以下语句使用一个循环，在第 2 个下拉列表框中添加选项。

```
var arr = chapterArr[chapter][2];
for (var i=0;i<arr.length;i++)
{
    document.myForm.section.options[i] = new Option(arr[i][0],arr[i][1]);
}
```

（9）最后，使用以下语句将第 2 个下拉列表框初始化。

```
setSection(0);
```

13.8　文件上传框

文件上传框（FileUpload 对象）从某个角度上看与文本框很相似，但是文件上传框是由一个文本框与一个按钮共同组成。单击按钮后会出现一个可以选择文件的对话框。选择文件后，文件的路径会显示在文本框中。

13.8.1　创建文件上传框

在 HTML 代码中，可以使用 input 元素来创建文本上传框，其语法代码如下：

```
<input type="file" name=name size=size>
```

其中属性解释如下。

❑ name：文件上传框的名称。

❑ size：文件上传框中文本框的宽度。

以上属性为文件上传框中常用的属性，其他属性请参考 HTML 4.01 标准。

【实例 13.32】有关文件上传框的使用方式请看以下代码，注意加粗的文字。

```
01    <html>
02      <head>
03        <title>创建文件上传框</title>
04      </head>
05      <body>
06        <form name="myForm" enctype="mulitipart/form-data" method="post">
07          请选择文件：<input type="file"name="myFile" size="40">
08        </form>
09      </body>
10    </html>
```

【运行效果】以上代码为本书配套代码文件目录"代码\第 13 章\sample32.htm"里的内容，其运行结果如图 13.14 所示。

图 13.14　sample32.htm 的运行结果

【代码说明】从该图中可以看出，虽然源代码中只使用了一个 input 元素，但是创建了一个文本框和一个按钮，单击按钮时将会弹出一个对话框，在该对话框中可以选择文件，如图 13.15 所示。

图 13.15　选择文件的对话框

在该对话框中选择文件之后单击"打开"按钮，返回到如图 13.14 所示页面，此时页面显示如图 13.16 所示。在该图中可以看出，文本框中自动显了文件的 URL。

图 13.16　选择文件后的页面

13.8.2　文件上传框的属性

与 Form 对象的其他子对象一样，FileUpload 对象也拥有自己的属性。常用的 FileUpload 对象的属性如表 13.18 所示。

表 13.18　FileUpload 对象常用的属性

属　　性	说　　明
accessKey	该属性可以返回或设置访问文件上传框的快捷键。该属性的初始值由 input 元素的 accessKey 属性值决定。Netscape 浏览器不支持该属性
disabled	该属性可以返回或设置文件上传框是否被禁用。属性值为 true 时禁用文件上传框，属性值为 false 时启用文件上传框
form	该属性可以返回包含文件上传框元素的 Form 对象的引用
id	该属性可以返回或设置文件上传框的 id 属性值。该属性的初始值由 input 元素中的 id 属性值所决定
name	该属性可以返回文件上传框的名称，该属性值由 input 元素的 name 属性值所决定
size	该属性可以返回或设置文件上传框的文本框的大小
tabIndex	该属性可以返回或设置文件上传框的 tab 顺序索引。该属性的初始值由 input 元素的 tabIndex 属性值所决定。Netscape 浏览器不支持该属性
type	该属性可以返回文本框的类型。通常返回"file"
value	该属性可以返回文件上传框的文本框中的文本，通常该值是在提交表单时被提交的数据

13.8.3　文件上传框的方法

与 Form 对象的其他子对象一样，FileUpload 对象也拥有属于自己的方法。常用的 FileUpload 对象的方法如表 13.19 所示。

表 13.19　FileUpload 对象常用的方法

方　　法	说　　明
blur()	该方法可以将焦点从文件上传框中移开
click()	该方法可以模拟文件上传框被鼠标单击
focus()	该方法可以将焦点赋给文件上传框

13.8.4 文件上传框的事件

与 Form 对象的其他子对象一样，FileUpload 对象也拥有自己的事件。常用的 FileUpload 对象的事件如表 13.20 所示。

表 13.20 FileUpload 对象常用的事件

事 件	说 明
blur	当焦点从文件上传框中移开时激发的事件
change	当文件上传框中的内容改变并失去焦点时激发的事件
click	单击文件上传框时激发的事件
dblclick	双击文件上传框时激发的事件
focus	当焦点赋给文件上传框时激发的事件
keydown	当用户按下键盘上的键时激发的事件
keypress	当用户按下并释放键盘上的键时激发的事件
keyup	当用户释放键盘上的键时激发的事件
mousedown	在文件上传框上按下鼠标键（并没有释放）时激发的事件
mouseup	在文件上传框上释放鼠标键时激发的事件
mouseover	移动鼠标到文件上传框上时激发的事件
mousemove	在文件上传框上移动鼠标时激发的事件
mouseout	将鼠标从文件上传框上移开时激发的事件
select	当文件上传框中的文字被选中并失去焦点时激发的事件

13.8.5 使用文件上传框的注意事项

文件上传框比较简单，但使用该对象时有以下几点是需要注意的。

❑ 由于文件上传框通常用于上传文件，而文件上传所用到的表单数据编码方式和传输方式与普通的文本不同，因此必须要在 form 元素中设置 enctype 属性与 method 属性，其中 enctype 属性值必须为"mulitipart/form-data"，method 属性值必须为"post"。

❑ 出于安全方面考虑，文件上传框的 value 属性值是只读的属性值，只能由用户选择或输入，不能在 JavaScript 程序中输入。

❑ 由于不能在文件上传框中设置 value 属性值，所以也不会存在 defaultValue 属性。

❑ 由于文件上传框里填入的内容应该是文件在本地计算机里的绝对路径，而这个路径的长短也是不一致的，为了可以完整显示该绝对路径，因此也不会存在文本框里的 maxlength 属性。

13.8.6 图片预览

在论坛中发帖的时候、在网上卖东西的时候，常常需要上传图片。通常的做法是使用文件上传框选择要上传的图片，然后单击提交按钮上传图片。常常有粗心的用户在选择文件的时候选错文件，如果能让用户在选择完图片之后，在上传图片之前，可以先预览一下图片，这样将会大大减少出错率。

【实例 13.33】 请看以下代码，注意加粗的文字。

```
01    <html>
02      <head>
03        <title>图片预览</title>
04        <script type="text/javascript">
05        <!--
06          function lookImg()
07          {
08            // 获得选择的文件的 URL
09            var fileURL = document.myForm.myFile.value;
10            // 获得文件的扩展名
11            fileURLSplit = fileURL.split(".");
12            fileExt = fileURLSplit[fileURLSplit.length-1].toLowerCase();
13            // 判断是否是图片文件
14            if (fileExt=="jpg" || fileExt=="gif" || fileExt=="bmp")
15            {
16              // 图片预览
17              document.images[0].src = fileURL;
18            }
19            else
20            {
21              alert(" 请选择 jpg、gif 或 bmp 图片文件 ");
22            }
23          }
24        -->
25        </script>
26      </head>
27      <body>
28        <form name="myForm" enctype="mulitipart/form-data" method="post">
29            请选择图片: <input type="file" name="myFile"onchange="lookImg()"><br>
30            <img src="img/img.gif">
31        </form>
32      </body>
33    </html>
```

【代码说明】 本例的实现过程如下。

（1）在 HTML 代码中添加一个文件上传框和一张图片。文件上传框用于选择文件，选择文件后可以通过修改 Image 对象的 src 属性来预览图片。

（2）在文件上传框中添加 onchange 属性，属性值为 lookImg()。当文件上传框中的文本框中的文字改变后，会自动调用 lookImg() 函数。

（3）在 lookImg() 函数体中，使用以下代码获得文件上传框中的文字，也就是用户选择的文件的 URL。

```
var fileURL = document.myForm.myFile.value;
```

（4）使用以下代码获得用户选择文件的扩展名，通过扩展名可以判断用户选择的是否是图片文件。

```
fileURLSplit = fileURL.split( "." );
fileExt = fileURLSplit[fileURLSplit.length-1].toLowerCase();
```

（5）通过扩展名可以判断用户选择的是否是图片文件，如果是图片，则使用以下语句在网页中显示图片。如果不是图片，则弹出警告框。

```
document.images[0].src = fileURL;
```

【运行效果】以上代码为本书配套代码文件目录"代码\第 13 章\sample33.htm"里的内容。读者可自行测试程序。

13.9　隐藏域

隐藏域（Hidden 对象）是不会在浏览器窗口中显示的对象，因此该对象多用于向服务器提交一些不希望用户看到的数据。

13.9.1　创建隐藏域

在 HTML 中可以使用 input 元素创建隐藏域，其语法代码如下：

```
<input type="hidden" name=name value=value>
```

其中属性解释如下。

❑ name：隐藏域的名称。

❑ value：隐藏域的值。

【实例 13.34】有关隐藏域的使用方法请看以下代码，注意加粗的文字。

```
01    <html>
02      <head>
03        <title>隐藏域</title>
04      </head>
05      <body>
06        <form name="myForm">
07          <input type="hidden" name="myHidden" value="hello">
08        </form>
09        <script type="text/javascript">
10        <!--
11                document.write(document.myForm.myHidden.value);
12        -->
13        </script>
14      </body>
15    </html>
```

【代码说明】代码第 7 行创建了一个 <input> 标签，通过设置其 type 属性为 hidden，就生成一个隐藏域。代码第 11 行是获取隐藏域的内容。

【运行效果】以上代码为本书配套代码文件目录"代码\第 13 章\sample34.htm"里的内容，其运行结果如图 13.17所示。在该图中可以看出，隐藏域在浏览器窗口中什么也没有显示出来。

图 13.17　sample34.htm 的运行结果

13.9.2　隐藏域的属性

因为 Hidden 对象在浏览器窗口并没有任何显示，因此，该对象不会产生任何事件，也就不会有任何事件处理程序。但是 Hidden 对象还是拥有属于自己的属性。常用的 Hidden 对象的属性如表 13.21 所示。

表 13.21 Hidden 对象常用的属性

属　　性	说　　明
defaultValue	该属性可以返回或设置隐藏域中的初始值。该属性的初始值由 input 元素中的 value 属性值所决定
form	该属性可以返回包含隐藏域元素的 Form 对象的引用
id	该属性可以返回或设置隐藏域的 id 属性值。该属性的初始值由 input 元素中的 id 属性值所决定
name	该属性可以返回隐藏域的名称，该属性值由 input 元素的 name 属性值所决定
type	该属性可以返回隐藏域的类型。通常返回"hidden"
value	该属性可以返回隐藏域的值，通常该值是在提交表单时被提交的数据

13.9.3　输入提示

使用隐藏域可以记录一些不希望被用户看到的信息。以下例子使用隐藏域记录了用户前一次输入的信息，在用户再一次输入信息时，可以显示上次输入的内容。

【**实例** 13.35】请看以下代码，注意加粗的文字。

```
01    <html>
02      <head>
03       <title>输入提示</title>
04       <script type="text/javascript">
05          function inputCheck()
06          {
07              // 如果隐藏域中的 value 属性值为空，则是第 1 次输入文字
08              if (myForm.oldName.value.length==0)
09              {
10                  alert("您是第一次输入姓名，本次输入的姓名为：" +
11                    myForm.myName.value)
12              }
13              else
14              {
15                  // 如果隐藏域中的 value 属性值不为空，则显示其中的内容
16                  alert("您上次输入的姓名为："+ myForm.oldName.value+"\n 本次
17                    输入的姓名为："+myForm.myName.value)
18              }
19              // 设置隐藏域中的 value 属性值
20              myForm.oldName.value = myForm.myName.value;
21          }
22       </script>
23      </head>
24      <body>
25       <form name="myForm">
26          请输入您的姓名：<input type="text" name="myName">
27          <input type="hidden" name="oldName" value="">
28          <input type="button" onclick="inputCheck()" value="确定">
29       </form>
30      </body>
31    </html>
```

【**代码说明**】代码第 27 行创建了一个隐藏域，名为 oldName。代码第 8 ～ 18 行判断隐藏域中的 value 属性值为空，根据判断结果进行不同的操作提示。

【**运行效果**】以上代码为本书配套代码文件目录"代码\第 13 章\sample35.htm"里的内容，读者可以自己运行该文件查看效果。

13.10 Fieldset 元素

在 HTML 5 中，可以使用 Fieldset 元素为表单中的元素进行分组，所有在 <fieldset> 标签与 </fieldset> 标签之间的表单元素可以划分为一组。

13.10.1 创建分组

fieldset 元素的用法比较简单，该元素没有什么属性，其语法代码如下：

```
<fieldset></fieldset>
```

fieldset 元素产生的是视觉上的效果，浏览器通常会用一个小方框将包含在 <fieldset> 标签和 </fieldset> 标签中的对象框在一起。小方框的样式在不同浏览器里显示有所不同的。虽然 fieldset 元素只能产生视觉上的效果，但是 fieldset 元素却也是 Form 对象的 elements[] 数组中的一员。

【实例 13.36】请看以下代码，注意加粗的文字。

```
01  <html>
02    <head>
03      <title>表单分组</title>
04    </head>
05    <body>
06      <form name="myform">
07        <p align="center">用户注册</p>
08        必填信息：<br>
09        <fieldset name="fieldset1">
10          用户名：<input type="text" name="username"><br>
11          密码：<input type="password" name="password"><br>
12        </fieldset><br>
13        详细信息：<br>
14        <fieldset name="fieldset2">
15          性别：
16          <input type="radio" name="sex" value="man">男
17          <input type="radio" name="sex" value="woman">女<br>
18          QQ 号码：<input type="text" name="qq"><br>
19        </fieldset><br>
20        基本设置：<br>
21        <fieldset name="fieldset3">
22          选择 Cookies 的保留时间：
23          <input type="radio" name="cookies" value="day">一天
24          <input type="radio" name="cookies" value="month">一个月
25          <input type="radio" name="cookies" value="year">一年
26          <input type="radio" name="cookies" value="none">不保留 <br>
27        </fieldset>
28      </form>
29      <script type="text/javascript">
30        document.write(" 本例中的 Form 对象的 elements 元素共有：
31          ",myform.elements.length,"个 <br>");
32        document.write(" 这些表单元素分别为：<br>");
33        for (i=0;i<myform.elements.length-1;i++)
34        {
35          document.write(" 名为：",myform.elements[i].name,"的
36          ",myform.elements[i].type," 元素 <br>");
37        }
38      </script>
39    </body>
40  </html>
```

【代码说明】代码第 9 ～ 27 行创建了 3 个 fieldset 元素，然后代码第 33 ～ 37 行通过 myform. elements[i].name 输出元素的名称，通过 myform.elements[i].type 输出元素的类型。

【运行效果】以上代码为本书配套代码文件目录 "代码 \ 第 13 章 \sample36.htm" 里的内容，其运行结果如图 13.18 所示。在该图中可以看出，Fieldset 对象也是 elements[] 数组中的一员，但对象连最基本的 type 属性都不存在。

图 13.18 sample36.htm 的运行结果

13.10.2 描述分组信息

在 HTML 5 里有一个 legend 元素可以用来描述组信息，legend 标签必须是放在 fieldset 标签之内，在显示时，<legend> 标签与 </legend> 标签的之间的内容会放在组边框的左上方。

【实例 13.37】请看以下代码，注意加粗的文字。

```
01    <html>
02      <head>
03        <title> 表单分组 </title>
04      </head>
05      <body>
06        <form name="myform">
07          <p align="center"> 用户注册 </p>
08          <fieldset name="fieldset1">
09            <legend> 必填信息 </legend>
10            用户名:<input type="text"name="username"><br>
11            密码: <input type="password"name="password"><br>
12          </fieldset><br>
13          <fieldset name="fieldset2">
14            <legend> 详细信息 </legend>
15            性别:
```

```
16          <input type="radio" name="sex"value="man"> 男
17          <input type="radio" name="sex"value="woman"> 女 <br>
18          QQ 号码: <input type="text"name="qq"><br>
19      </fieldset><br>
20      <fieldset name="fieldset3">
21          <legend> 基本设置 </legend>
22          选择 Cookies 的保留时间:
23          <input type="radio" name="cookies" value="day"> 一天
24          <input type="radio" name="cookies" value="month"> 一个月
25          <input type="radio" name="cookies" value="year"> 一年
26          <input type="radio" name="cookies" value="none"> 不保留 <br>
27      </fieldset>
28      </form>
29      <script type="text/javascript">
30      document.write(" 本例中的 Form 对象的 elements 元素共有:
31          ",myform.elements.length," 个 <br>");
32      document.write(" 这些表单元素分别为: <br>");
33      for (i=0;i<myform.elements.length-1;i++)
34      {
35          document.write(" 名为: ",myform.elements[i].name," 的
36          ",myform.elements[i].type," 元素 <br>");
37      }
38      </script>
39      </body>
40  </html>
```

【代码说明】代码第 8 ~ 27 行创建了 3 个 fieldset，其中每个都包含一个 <legend> 用来描述每组的信息。

【运行效果】以上代码为本书配套代码文件目录"代码 \ 第 13 章 \sample37.htm"里的内容，其运行结果如图 13.19 所示。在该图中可以看出，legend 标签并不是 elements[] 数组中的一员。

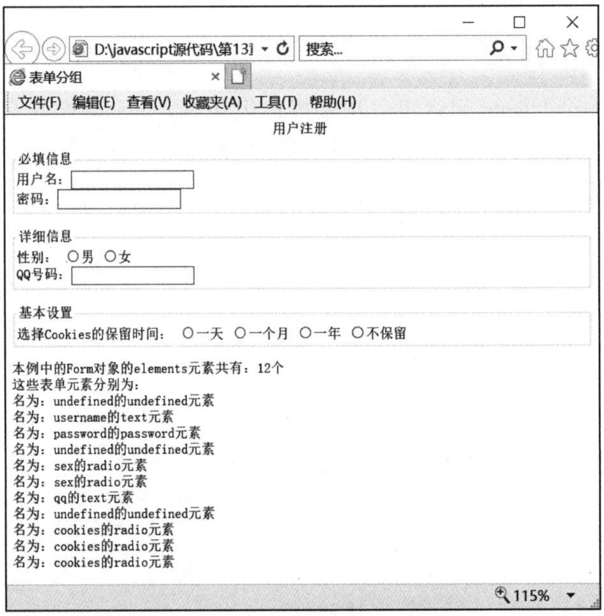

图 13.19　sample37.htm 的运行结果

13.11 小结

在本章中介绍了 Form 对象以及其子对象。其中 Form 对象所代表的是 HTML 文档中的表单，而 Form 对象的子对象所代表的是表单中对各种表单对象，这些表单对象包括文本框、按钮、单选框、复选框、下拉列表框、文件上传框和隐藏域等。Form 对象及其子对象都包含了不少属性、方法和事件，在本章中列举了大量的例子来介绍这些属性、方法和事件，希望读者可以掌握其用法。在第 14 章里将会介绍 Document 对象中的 Cookie 对象。

13.12 本章练习

1. 获取单选框的长度代码是_____？

   A. document.forms[0].groupName.length

   B. document.forms[1].groupName.length

   C. document[0].groupName.length

   D. document[1].groupName.length

2. JavaScript 中的焦点顺序如何设置？代码是_____。

   A. document.getElementByid（"表单元素"）.Index = 1

   B. document.getElementByid（"表单元素"）.tabIndex = 1

   C. document.getElementByid（"表单元素"）.tab = 1

   D. document.getElementByid（"表单元素"）.sort = 1

3. 表单元素失去焦点或获取焦点的方法分别是_____和_____。

第 14 章　cookie

Document 对象中包含一个名为 cookie 的属性，该属性可以对 cookie 进行读写操作。cookie 俗称小甜饼，是所有开发网站的程序员所必须了解的内容。cookie 保存在客户端的机器上，读者可以在自己的 Windows 操作系统下找到 cookie 文件，但那是加密过后的文件。

本章重点：

❏ 认识 cookie；
❏ 设置和保存 cookie；
❏ 掌握使用 cookie 的技巧；
❏ 了解 Web 编程中 cookie 的应用方法。

14.1　cookie 介绍

随着网络技术的发展，客户端与服务器之间的联系变得越来越重要。在客户端与服务器联系时，很有可能需要某些信息，例如用户名等信息，这些信息可以保存在客户端计算机上，这就需要使用 cookie。

14.1.1　什么是 cookie

cookie 实际上就是一些信息，这些信息以文件的形式存储在客户端计算机上。使用 cookie 可以与某个网站进行联系，并在浏览器与服务器之间传递信息。在 JavaScript 中，cookie 主要用来保存状态，或用于识别身份。除了 JavaScript 可以操作 cookie 之外，服务器端的动态程序也可以对 cookie 进行操作。

虽然 cookie 以文件的形式存储在客户端计算机上，但是为了安全起见，浏览器只会让创建 cookie 的网站访问该 cookie。因此，不用担心个人信息被泄漏。

14.1.2　cookie 的作用

cookie 的主要作用是保存信息，并与服务器互动，因此在很多情况下都可以使用 cookie。下面几种场合常用到 cookie。

❏ 用户登录：对于论坛、博客、留言板，用户通常需要登录才能发表内容。使用 cookie，可以在用户登录一次之后，记录下这些登录信息。用户需要再次发表内容时，可以直接从 cookie 中读取登录信息，并传送给服务器，从而省略登录操作。

❏ 电子商务：电子商务中用到 cookie 的地方更多，如记录用户浏览过的产品，用户在下次访问电子商务网站时，就可以知道自己曾经浏览过哪些产品；记录用户放在购物车中的产品，用户可以先选择产品放入购物车中，最后再统一结账，购物车通常使用的也是 cookie 技术。

❑ 定制用户页面：很多网站都可以让用户自己定制属于自己的页面风格，例如网页的背景颜色、文字颜色等。这些信息通常也记录在 cookie 中。用户定制完自己的页面风格之后，每次打开网页，都可以从 cookie 中读取这些信息并用于显示。

❑ 收集用户喜好：使用 cookie 可以记录用户在网站中浏览过的产品的特性，并分析这些特性来为不同用户显示不同的网页内容。例如用户在一个家具网站上经常浏览复古型家具，那么商家就可以把一些复古型家具放在页面显眼的位置，以达到吸引用户的目的。

14.2　创建与读取 cookie

在 JavaScript 中，可以通过 cookie 名和值的方式来创建 cookie。一个网站可以创建多个 cookie，不同的 cookie 可以拥有不同的值。例如将用户名和密码存在 cookie 中，那么就有可能用到两个 cookie：一个 cookie 用于存放用户名；另一个 cookie 用于存放密码。使用 Document 对象的 cookie 属性可以设置与读取 cookie。

创建 cookie 的代码语法如下所示：

```
document.cookie ="name=value"
```

在以上代码中，name 为 cookie 的名称、value 为 cookie 的值。如果要创建多个 cookie，可以多次使用 document.cookie 语句。

使用 Document 对象的 cookie 属性也可以读取 cookie 文件中的内容，其语法代码如下所示：

```
document.cookie
```

【实例 14.1】有关 cookie 的创建与读取的方法请看以下代码，注意加粗的文字：

```
01    <html>
02       <head>
03          <title>创建 cookie</title>
04          <script type="text/javascript>"
05             <!--
06             function setCookie()
07             {
08                // 设置第 1 个 cookie，即名为 cookieName 的 cookie
09                document.cookie ="cookieName ="+
10                  document.myForm.myName.value;
11                // 设置第 2 个 cookie，即名为 cookiePassword 的 cookie
12                document.cookie ="cookiePassword ="+
13                  document.myForm.myPassword.value;
14                // 读取 cookie 文件中的内容
15                alert(" 当前 cookie 中的内容为：\n"+document.cookie);
16             }
17             -->
18          </script>
19       </head>
20       <body>
21          <form name="myForm">"
```

```
22              姓名: <input type="text"name="myName"><br>
23              密码: <input type="password"name="myPassword"><br>
24              <input type="button"value=" 确定 "onclick="setCookie"()>
25          </form>
26      </body>
27  </html>
```

【运行效果】以上代码为本书配套代码文件目录"代码 \ 第 14 章 \sample01.htm"里的内容，其运行结果如图 14.1 所示。

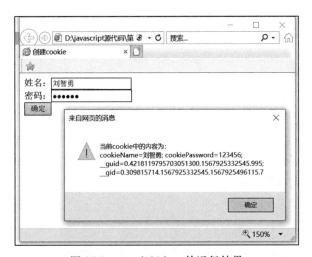

图 14.1　sample01.htm 的运行结果

【代码说明】在本例中，使用以下两个语句创建了两个 cookie。一个 cookie 名为 "cookieName"，值为文本框中的值。另一个 cookie 名为 cookiePassword，值为密码框中的值。

```
document.cookie ="cookieName ="+ document.myForm.myName.value;
document.cookie ="cookiePassword ="+ document.myForm.myPassword.value;
```

使用以下语句可以获得 cookie 文件中的内容，从图 14.1 中可以看出，使用以下语句获得的 cookie 文件内容，是上面两个语句所创建的内容。

```
document.cookie
```

从本例中可以看出，在一个网页中可以设置多个 cookie，但只要是同一个网页创建的 cookie，都会写在同一个 cookie 文件中。因此，在读取 cookie 时，只会读取 cookie 文件中的所有内容。这也是在本例中读取 cookie 时会得到两个 cookie 内容的原因。

注意

（1）一个 cookie 文件中可以存放多个 cookie 内容，但浏览器并不会为每一个网页创建一个 cookie 文件，而是为一个网站的某个路径创建 cookie 文件，具体情况将在后续章节介绍。

（2）cookie 的值也可以被改写，要改写 cookie 的值，只需要使用相同的 cookie 名和新的 cookie 值再设置一次即可。

14.3 获取 cookie 的值

使用 Document 对象的 cookie 属性可以获得的 cookie，准确来说应该是可以获得 cookie 文件的内容。事实上 cookie 文件中存放的就是一个字符串，而这个字符串包含了当前网站目录下的所有 cookie 的名字和值。因此，在获取指定的 cookie 时，还需要使用 String 对象中的方法才能获得需要的 cookie 值。

【实例 14.2】请看以下代码，注意加粗的文字：

```
01   <html>
02      <head>
03         <title> 获取 cookie 的值 </title>
04         <script type="text/javascript">
05            <!--
06            // 设置 cookie
07            function setCookie()
08            {
09               // 设置第 1 个 cookie，即名为 cookieName 的 cookie
10               document.cookie ="cookieName ="+
11                  document.myForm.myName.value;
12               // 设置第 2 个 cookie，即名为 cookiePassword 的 cookie
13               document.cookie = cookiePassword =  +
14                  document.myForm.myPassword.value;
15               alert(cookie 文件中的内容为: + document.cookie + \n +
16      cookieName 的值为: + getCookieValue(cookieName) + \ncookiePassword 的值为:
17       + getCookieValue(cookiePassword));
18            }
19
20            // 返回 cookie 的值
21            function getCookieValue(cookieName)
22            {
23               // 读取整个 cookie 文件中的内容
24               var cookies = document.cookie;
25               // 查找 cookie 名在字符串的开始位置
26               var cookieIndex = cookies.indexOf(cookieName+=);
27               // 如果在 cookie 文件中查找到 cookie 名，则进一步查找它的值
28               if (cookieIndex!=-1)
29               {
30                  //cookie 值的开始位置: cookie 名的开始位置加上 1（等于号占 1 位）
31                  var cookieValueStart = cookieIndex + cookieName.length + 1;
32                  //cookie 值的结束位置: 分号所在位置，从 cookie 值开始位置开始查
33                  找
34                  var cookieValueEnd = cookies.indexOf(;,cookieValueStart);
35                  // 如果从 cookie 值开始位置到最后也没有查找到分号的位置，那该
36                  cookie 值的结束位置是字符串的最后
37                  if (cookieValueEnd == -1)
38                  {
39                     cookieValueEnd = cookies.length;
40                  }
41                  // 获得 cookie 值
42                  var cookieValue =
43                     cookies.substring(cookieValueStart,cookieValueEnd);
44                  // 返回 cookie 值
45                  return cookieValue;
46               }
47            }
```

```
48              -->
49          </script>
50      </head>
51      <body>
52          <form name=myForm>
53              姓名：<input type=text name=myName><br>
54              密码：<input type=password name=myPassword><br>
55              <input type=button value= 确定 onclick=setCookie()>
56          </form>
57      </body>
58  </html>
```

【运行效果】以上代码为本书配套代码文件目录"代码\第14章\sample02.htm"里的内容，其运行结果如图 14.2 所示。

图 14.2　sample02.htm 的运行结果

【代码说明】在本例中，先设置了 cookie 然后再读取 cookie。设置 cookie 之后，cookie 文件中的内容如下所示：

```
cookieName= 刘智勇 ; cookiePassword=test
```

要从以上字符串中得到一个 cookie 值，就必须使用 String 对象中的一些方法，下面以获得名为"cookieName"的 cookie 值为例，说明如何获得 cookie 值。

（1）首先，使用以下代码获取 cookie 文件中的内容。

```
var cookies = document.cookie;
```

（2）然后，判断 cookie 名称在字符串中的位置，例如判断 cookieName 在字符串中的位置可以使用以下代码：

```
var cookieIndex = cookies.indexOf(cookieName+=);
```

以上代码是判断字符串 cookieName= 在 cookie 中的位置，之所以要加上"="，是为了防止有类似的 cookie 名称。例如以下字符串，如果只是判断 cookieName 在字符串中的位置，将会产生错误。

```
cookieNames= 刘智勇 ; cookieName=test
```

（3）得到 cookie 名称在字符串中的开始位置之后，就可以算出 cookie 值在字符串中的开始位置。计算 cookie 值在字符串中的开始位置的方法如以下代码所示。也就是 cookie 名称在字符串中的开始位置加上 cookie 名称的长度，再加上等于号所占用的 1 位。

```
var cookieValueStart = cookieIndex + cookieName.length + 1;
```

（4）知道 cookie 值的开始位置之后，还要获得 cookie 值的结束位置。从 cookie 文件中存放的字符串中可以看出，cookie 之间是使用分号作为分隔符的。因此，只要获得从 cookie 值在字符串中的开始位置起的第 1 个分号的所在位置，就是 cookie 值的结束位置，如下代码所示。

```
var cookieValueEnd = cookies.indexOf(;,cookieValueStart);
```

（5）需要注意的是，最后一个 cookie 的值后面没有分号，因此，如果从 cookie 值在字符串中的开始位置起，查找不到分号，那么 cookie 值的结束位置，就是字符串的长度。如以下代码所示。

```
cookieValueEnd = cookies.length;
```

（6）最后通过 cookie 值在字符串的开始位置和结束位置可以得到 cookie 的值。如以下代码所示。

```
var cookieValue = cookies.substring(cookieValueStart,cookieValueEnd);
```

14.4　cookie 的编码

在前面章节中可以看出，cookie 都是使用未编码的格式存入在 cookie 文件中的。但是在 cookie 中是不允许包含空格、分号、逗号等特殊符号的。如果要将这些特殊符号写入 cookie 中，就必须在写入 cookie 之前，使用 escape() 函数将 cookie 值进行编码，在读取 cookie 时再通过 unescape() 函数将其还原。

【实例 14.3】请看以下代码，注意加粗的文字：

```
01    <html>
02      <head>
03        <title>cookie 的编码 </title>
04        <script type=text/javascript>
05          <!--
06          function setCookie()
07          {
08            // 设置第 1 个 cookie, 即名为 cookieName 的 cookie
09            document.cookie = cookieName =  +
10                escape(document.myForm.myName.value);
11            // 设置第 2 个 cookie, 即名为 cookiePassword 的 cookie
12            document.cookie = cookiePassword =  +
13                escape(document.myForm.myPassword.value);
14            // 读取 cookie
15            alert( 当前 cookie 中的内容为: \n + document.cookie + \n 解码后的
16                cookie 内容为: \n + unescape(document.cookie));
17          }
```

```
18              -->
19          </script>
20      </head>
21      <body>
22          <form name=myForm>
23              姓名: <input type=text name=myName><br>
24              密码: <input type=password name=myPassword><br>
25              <input type=button value= 确定 onclick=setCookie()>
26          </form>
27      </body>
28  </html>
```

【代码说明】代码第 8 ～ 13 行设置了两个 cookie, 其中都使用了 escape() 函数, 然后代码第 16 行读取时使用了 unescape() 函数将其还原。

【运行效果】以上代码为本书配套代码文件目录 "代码\第 14 章\sample03.htm" 里的内容, 其运行结果如图 14.3 所示。

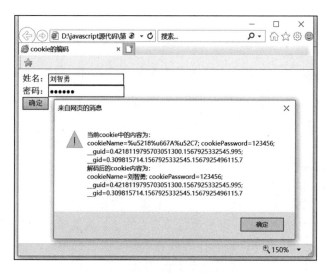

图 14.3　sample03.htm 的运行结果

14.5　cookie 的生存期

在默认情况下, cookie 是临时存在的。在一个浏览器窗口打开时, 可以设置 cookie, 只要该浏览器窗口没有关闭, cookie 就一直有效, 而一旦浏览器窗口关闭, cookie 也就随之消失。如果想要 cookie 在浏览器窗口关闭之后还能继续使用, 就需要为 cookie 设置一个生存期。所谓生存期也就是 cookie 的终止日期, 在这个终止日期到达之前, 浏览器都可以读取该 cookie。一旦终止日期到达之后, 该 cookie 将会从 cookie 文件中删除。

注意　在一个浏览器窗口设置的 cookie, 可以在该浏览器窗口通过 window.open() 方法新开的窗口中继续使用。在该浏览器窗口中使用超链接打开的其他窗口也可能继续使用该 cookie。

设置 cookie 的生存期可以使用以下代码：

```
document.cookie = name=value; expires=date
```

其中 expires 可以用来指定 cookie 的生存期，但 date 的值必须是 GMT 格式的日期型字符串。其格式如下：

```
Wdy, DD-Mon-YY HH:MM:SS GMT
```

解释如下所示。
- Wdy：用英文表示的星期数。
- DD：用两位数表示的日期数。
- Mon：用三个字符表示月份的简写。
- YY：用两位数表示的年份。
- HH：用两位数表示的小时数。
- MM：用两位数表示的分钟数。
- SS：用两位数表示的秒种数。
- GMT：用于说明该格式是 GMT 格式。

例如以下代码为 GMT 的日期型字符串：

```
Sat, 15 Sep 2019 06:49:16 GMT
```

由于 GMT 格式使用起来很不方便，因此，可以先定义一个 Date 对象，再通过 toGMTString() 方法来得到 GMT 格式的日期型字符串。

【实例 14.4】请看以下代码，注意加粗的文字：

```
01    <html>
02      <head>
03        <title>cookie 的生存期 </title>
04        <script type=text/javascript>
05        <!--
06          if(document.cookie==)
07          {
08              document.write( 当前没有 cookie);
09          }
10          else
11          {
12              document.write(cookie 文件中的内容为: <br>);
13              document.write(document.cookie,<br>);
14              document.write(cookieName 的值为:
15                  ,getCookieValue(cookieName),<br>);
16              document.write(cookiePassword 的值为: ,
17                  getCookieValue(cookiePassword),<br>);
18          }
19
20          function setCookie()
21          {
22              var cookie1 = cookieName =  +
23                  escape(document.myForm.myName.value);
24              var cookie2 = cookiePassword =  +
25                  escape(document.myForm.myPassword.value);
26              if (myForm.cookieDate.value!=0)
```

```
27              {
28                  // 获取当前日期
29                  var now = new Date();
30                  // 在当前日期上加上 cookie 的存活时间
31                  now.setDate(now.getDate() +
32                      parseInt(myForm.cookieDate.value));
33                  cookie1 = cookie1+;expires= + now.toGMTString();
34                  cookie2 = cookie2+;expires= + now.toGMTString();
35              }
36          document.cookie = cookie1;
37          document.cookie = cookie2;
38          alert(cookie 设置完毕 );
39          }
40
41          function getCookieValue(cookieName)
42          {
43              var cookies = unescape(document.cookie);
44              var cookieIndex = cookies.indexOf(cookieName+=);
45              if (cookieIndex!=-1)
46              {
47                  var cookieValueStart = cookieIndex + cookieName.length + 1;
48                  var cookieValueEnd = cookies.indexOf(;,cookieValueStart);
49                  if (cookieValueEnd == -1)
50                  {
51                      cookieValueEnd = cookies.length;
52                  }
53                  var cookieValue =
54                  cookies.substring(cookieValueStart,cookieValueEnd);
55                  return cookieValue;
56              }
57          }
58      -->
59      </script>
60   </head>
61   <body>
62      <form name=myForm>
63          姓名: <input type=text name=myName><br>
64          密码: <input type=password name=myPassword><br>
65          选择 cookie 的保留时间:
66          <select name=cookieDate>
67              <option value=1>1 天 </option>
68              <option value=30>30 天 </option>
69              <option value="365">365 天 </option>
70              <option value=0 selected> 不保留 </option>
71          </select><br>
72          <input type=button value= 确定 onclick="setCookie()">
73      </form>
74   </body>
75 </html>
```

【运行效果】以上代码为本书配套代码文件目录"代码 \ 第 14 章 \sample04.htm"里的内容，在第 1 次打开该文件时，运行结果如图 14.4 所示。

在文本框和密码框中输入内容，并在下拉列表框中选择 cookie 的保留时间，然后单击"确定"按钮，就可以为 cookie 设置保留时间。在 cookie 保留时间到达之前，再次运行该文件，其运行结果如图 14.5 所示。

图 14.4　第 1 次运行 sample04.htm 的结果　　图 14.5　设置 cookie 生存期后运行 sample04.htm 的结果

【代码说明】 本例中的实现过程比较简单，只是在实例 14.3 的基础上添加了一些代码，使得写入 cookie 的字符串格式为 name=value; expires=date。其具体实现过程如下所示。

（1）在本例中，添加了一个下拉列表框，在该下拉列表框中可以选择 cookie 保存的时间。选择完毕后单击按钮，调用 setCookie() 函数。

（2）在 setCookie() 函数中，先使用以下语句设置 cookie 的名称和值部分。

```
var cookie1 = cookieName =  + escape(document.myForm.myName.value);
var cookie2 = cookiePassword =  + escape(document.myForm.myPassword.value);
```

（3）然后准备设置 cookie 的生存期部分，其原理为：先得到当前日期，再用当前日期加上 cookie 所要保留的时间，得到 cookie 的生存期（有点像是食品的保质期）。使用以下代码可以得到当前日期。

```
var now = new Date();
```

使用以下代码可以在当前日期上添加 cookie 保留时间。注意在本例中使用了 parseInt() 函数将字符型的数据转换成了整型的数据，否则将会产生错误。

```
now.setDate(now.getDate() + parseInt(myForm.cookieDate.value));
```

（4）再使用以下语句设置写入 cookie 的值的字符串。

```
cookie1 = cookie1+;expires= + now.toGMTString();
cookie2 = cookie2+;expires= + now.toGMTString();
```

（5）最后，再写入 cookie 文件。

提示

（1）cookie 只能创建，不能删除，如果要删除一个 cookie，只需要用一个已经过期的时间设置其生存期。

（2）即使 cookie 已经过期了，浏览器也不会立即删除该 cookie，cookie 的信息还可以保存在 cookie 文件中，可以通过修改时间的方法来查看存在该 cookie 中的数据。因此，如果要删除一个 cookie，除了设置其过期时间之外，最好再用相同的 cookie 名和一个新的无用的 cookie 值，再设置一次 cookie。

14.6　cookie 的路径

cookie 虽然是由一个网页所创建的，但并不只是创建 cookie 的网页才能读取该 cookie。在默认情况下，与创建 cookie 的网页在同一目录或子目录下的所有网页都可以读取该 cookie。假设，有一个名为"userName"的 cookie 是由以下网页创建的：

```
http://www.aspxfans.com/BookSupport/JavaScript/14/sample05.htm
```

那么以下两个网页都可以取读该 cookie。

```
http://www.aspxfans.com/BookSupport/JavaScript/14/sample05_read.htm
http://www.aspxfans.com/BookSupport/JavaScript/14/cookies/sample05_read.htm
```

即只要是 http://www.aspxfans.com 网站上的 /BookSupport/JavaScript/14/ 虚拟目录以及该虚拟目录下的所有子目录都可以读取该 cookie，但是，以下网页就不能读取该 cookie 了。

```
http://www.aspxfans.com/BookSupport/JavaScript/sample05_read.htm
```

【实例 14.5】请看以下代码，注意加粗的文字：

```
01    <html>
02      <head>
03        <title>设置 cookie 的路径</title>
04        <script type="text/javascript">
05          <!--
06            // 获取当前日期
07            var now = new Date();
08            //cookie 的保留时间为 1 天
09            now.setDate(now.getDate() + 1);
10            // 设置 cookie
11            var cookies = userName =  + escape(刘智勇) + ;expires= +
12              now.toGMTString();
13            document.cookie = cookies;
14            // 输出 cookie 内容
15            document.write(""cookie 文件中的内容为:
16              <br>"",unescape(document.cookie));
17          -->
18        </script>
19      </head>
20      <body>
21      </body>
22    </html>
```

本例比较简单，只是写入 cookie 并读取一个 cookie。再看以下代码，注意加粗的文字。

```
23    <html>
24      <head>
25        <title>设置 cookie 的路径</title>
26        <script language=javascript type=text/javascript>
27          <!--
28            // 输出 cookie 内容
29            document.write(""cookie 文件中的内容为:
30              <br>"",unescape(document.cookie));
31          -->
32        </script>
33      </head>
```

```
34        <body>
35        </body>
36    </html>
```

以上代码为本书配套代码文件目录 "代码\第 14 章\sample05_read.htm" 里的内容，该代码将会输出 cookie 文件中的内容。

【代码说明】 下面将 sample05.htm 文件放在 " http://192.168.1.103/BookSupport/JavaScript/14/ " 目录下，并将 sample05_read.htm 文件分别放在以下目录下：

```
http://192.168.1.103/BookSupport/JavaScript/14/cookies/
http://192.168.1.103/BookSupport/JavaScript/
```

【运行效果】 分别打开在这 3 个目录下的 sample05_read.htm 文件，其运行结果如图 14.6 所示。从图中可以看出，只有与 sample05.htm 文件在同一目录或其子目录下的 sample05_read.htm 文件才能读取由 sample05.htm 文件创建的 cookie，而在其目录下的 sample05_read.htm 文件是不能读取由 sample05.htm 文件创建的 cookie 的。

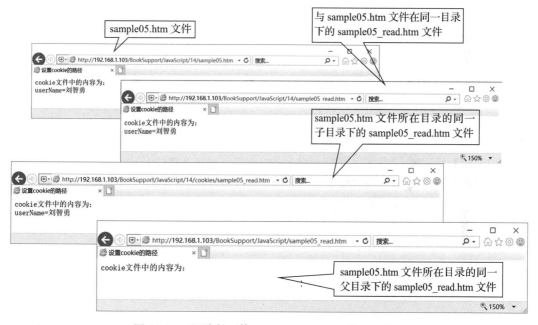

图 14.6　不同路径下的 sample05_read.htm 的运行结果

如果要让网站上其他目录中的文件也能读取 sample05.htm 创建的 cookie 文件，就必须使用 path 设置 cookie 的路径。假设有一个网页的 URL 如下所示：

```
http://192.168.1.103/BookSupport/JavaScript/14/sample06.htm
```

在默认情况下，网页创建的 cookie 的路径与网页的路径相同。那么该网页的路径如下所示。

```
http://192.168.1.103/BookSupport/JavaScript/14/
```

如果想让以下路径中的文件也可以读取该网页创建的 cookie，则要将 cookie 的路径设为 " /BookSupport/javascript"。

```
http://192.168.1.103/BookSupport/JavaScript/
```

如果想让整个网站都可以读取该网页创建的 cookie，则要将 cookie 的路径设为 /。设置 path 的方法与设置 expires 的方法类似，只要使用分号将其与其他参数分隔开即可。

【实例 14.6】请看以下代码，注意加粗的文字：

```
01    <html>
02      <head>
03        <title>设置 cookie 的路径</title>
04        <script type="text/javascript">
05          <!--
06            // 获取当前日期
07            var now = new Date();
08            //cookie 的保留时间为 1 天
09            now.setDate(now.getDate() + 1);
10            // 设置 cookie
11            var cookies ="userName ="+ escape(刘智勇) +";expires="+
12               now.toGMTString()+";path=/";
13            document.cookie = cookies;
14            // 输出 cookie 内容
15            document.write(""cookie 文件中的内容为:
16               <br>"",unescape(document.cookie));
17          -->
18        </script>
19      </head>
20      <body>
21      </body>
</html>
```

【代码说明】代码第 12 行通过设置 path=/ 来实现整个网站都能访问 cookie 的目的。

【运行效果】以上代码为本书配套代码文件目录"代码 \ 第 14 章 \sample06.htm"里的内容，将该文件放在"http://192.168.1.103/BookSupport/JavaScript/14/"目录下运行之后，以下 URL 中的文件也可以读取该文件创建的 cookie，运行结果如图 14.7 所示。

```
http://192.168.1.103/BookSupport/JavaScript/14/sample05_read.htm
http://192.168.1.103/BookSupport/JavaScript/14/cookies/sample05_read.htm
http://192.168.1.103/BookSupport/JavaScript/sample05_read.htm
```

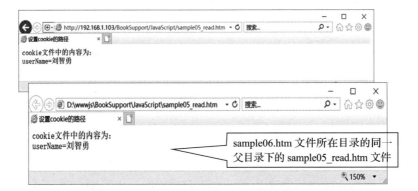

图 14.7 父级目录下的 sample05_read.htm 的运行结果

14.7　cookie 的 secure

　　在默认情况下，cookie 在网络上传输采用的是普通的、不加密的 HTTP 传输方法。如果 cookie 中的信息很重要，这种传输方式很容易被别人窃听。因此，在 JavaScript 中，可以设置 cookie 的 secure。如果设置了 cookie 的 secure，那么 cookie 就只能通过 HTTPS 或在其他安全协议下才能被传输。cookie 的 secure 是一个布尔类型的值。

　　【实例 14.7】其使用方法请看以下代码，注意加粗的文字：

```
01    <html>
02      <head>
03        <title>设置 cookie 的 secure</title>
04        <script type="text/javascript">
05          <!--
06            // 获取当前日期
07            var now = new Date();
08            //cookie 的保留时间为 1 天
09            now.setDate(now.getDate() + 1);
10            // 设置 cookie
11            var cookies ="userName ="+ escape"(刘智勇)"+";expires="+
12              now.toGMTString() +";secure="true"";
13            document.cookie = cookies;
14            // 输出 cookie 内容
15            document.write(""cookie 文件中的内容为:
16              <br>"",unescape(document.cookie));
17          -->
18        </script>
19      </head>
20      <body>
21      </body>
    </html>
```

　　【代码说明】在没有安全的 HTTPS 协议支持时，是不会设置 cookie 的。所有在代码第 12 行中使用了 secure，通过运行效果读者可以看出区别。

　　【运行效果】以上代码为本书配套代码文件目录"代码 \ 第 14 章 \sample07.htm"里的内容，将该文件放置在"http://192.168.1.103/BookSupport/JavaScript/14/"虚拟目录下的运行结果如图 14.8 所示。在该图中可以看出 cookie 并没有写入到 cookie 文件中。

图 14.8　sample07.htm 的运行结果

14.8　使用 cookie 的注意事项

　　虽然 cookie 的作用很大，但是在使用 cookie 时，以下事项是必须要注意的：

- 由于 cookie 是存放在客户端上的文件，可以使用第三方工具来查看 cookie 的内容。因此，cookie 并不是十分安全的。
- 每个 cookie 存放的数据一般不能超过 4KB。
- 每个 cookie 文件最多只能存储 300 个 cookie。
- 不同的浏览器允许每个域名所包含的 cookie 数是不同的。
- cookie 的生存期是以毫秒为单位计算的。
- 客户端浏览器可以通过设置来接受或拒绝 cookie。

14.9　小结

本章介绍了 cookie 以及 cookie 的用法。cookie 中有 6 个要点：name、value、expires、path、domain 和 secure。要注意 cookie 和 cookie 文件的区别，第 15 章中将会介绍 Ajax（Asynchronous JavaScript And XML，异步 JavaScript 和 XML）的相关内容。

14.10　本章练习

1. 以下代码哪里错了？

```
<script type=text/javascript>
    document.cookie=ck1= 你好 ;
    var cc =document.cookie;
    alert(cc);
    var tt =new Date();
    tt.setDate(tt.getDate()-1);
    document.cookie=ck1= 你好 ;expire=tt.toGMTString();
    var kk =document.cookie;
    alert(kk);
    这段代码是到时间把 cookie 里的内容删除
</script>
```

提示　关键代码换成这个：document.cookie=ck1= 你好 ;expire=+tt.toGMTString();。

2. 简述 cookie 的作用域。
3. cookie 保存的位置是＿＿＿？

　A. 服务器　　　　　　　　B. 客户端

第三篇
Ajax 篇

第 15 章　Ajax 介绍

前面章节介绍了绝大多数 JavaScript 的基础知识和常见的应用，包括基础语法、面向对象编程和类的封装、XML 和常见 ActiveX 的使用，自本章开始，将对 Ajax 技术进行比较详细的讲解。Ajax（Asynchronous JavaScript And XML）是异步 JavaScript 和 XML 技术的缩写。从 Ajax 的名字就可以看出 Ajax 是多种技术的集合，至少包括 JavaScript 和 XML 两项技术。事实上，Ajax 也并不是什么新技术，而是由 HTML、XHTML、CSS、DOM、XML、XSTL 和 HMLHttpRequest 等技术组合而成的一种浏览器端技术，用于实现与服务器进行异步交互的功能。

15.1　传统的 Web 技术

传统的 Web 技术采取的是同步交互的技术，比如一个用户要浏览一个网页，那么就需要经过以下几个步骤。

1）在浏览器中输入网址（或者是单击网页中的超链接，也有可能是触发了某个事件而打开一个网页）。

2）浏览器向 Web 服务器发送请求。

3）Web 服务器接受浏览器发送的请求，并从服务器取得浏览器请求的网页，返回给浏览器。

4）浏览器接收网页，并显示给用户。

在这一系列过程中，用户的大多数时间是处于等待状态，等待浏览器向 Web 服务器发送请求，等待 Web 服务器的响应。在网络带宽比较小的地区，这种等待将尤为明显。

相信很多读者都遇到过这样一种情况，当从一个网页跳转到另一个网页时，或者将一个表单提交到服务器上时，浏览器窗口上可能会显示一片空白。在网络速度比较慢的时候，甚至有可能会出现超时的情况，并被服务器告知请求的页面不可用，这就是传统的 Web 技术的缺陷所在，在传统的 Web 技术中，所有请求都是同步进行的。因此，哪怕只要提交小小的数据或改变网页中的小小一部分，就必须要重新加载整个网页。

15.2 Ajax 技术原理

与传统的 Web 技术不同，Ajax 采用的是异步交互处理的技术。Ajax 技术的出现，打破了传统 Web 技术的局限性。当用户提交数据或在网页中更改少量数据时，可以不用加载整个网页。Ajax 的异步处理，可以在后台处理提交的数据，并在更改数据时不刷新网页。

Ajax 在用户和服务器之间加入了一个 Ajax 引擎，Ajax 引擎由浏览器实现，通过 Ajax 引擎将用户与服务器之间的交流实现异步化。下面以用户提交一个表单为例来说明 Ajax 技术与传统 Web 技术的区别。

在传统 Web 技术中，用户提交一个表单需要经过以下几个步骤。

1）用户填写表单，并单击"提交"按钮。

2）浏览器将向 Web 服务器发送请求，并将所有的表单数据发送给 Web 服务器。

3）Web 服务器接受请求，并接收表单数据。

4）Web 服务器处理表单数据，并将处理结果返回给浏览器。

5）浏览器接收返回的结果，并显示给用户。

在以上步骤中，用户填写完表单并单击提交按钮时，就处于等待状态，此时浏览器窗口无任何显示。一直到执行完第 2、3、4 步之后，才能显示 Web 服务器返回的结果。

如果使用 Ajax 技术，用户提交一个表单则需要经过以下几个步骤。

1）用户填写表单，并单击"提交"按钮。

2）浏览器将提交给服务器的表单数据传递给 Ajax 引擎。注意，此时传递给 Ajax 引擎的数据为要提交给服务器的数据，而不是所有数据。

3）Ajax 引擎创建一个异步调用的对象，然后向 Web 服务器发送一个 HTTP 请求。

4）Web 服务器接受请求，并接收表单数据。

5）Web 服务器处理表单数据，并将处理结果返回。

6）Ajax 引擎接收返回的结果，并通过 JavaScript 语句显示在浏览器窗口上。

在以上步骤中，用户填写完表单并单击提交按钮时，只是将数据传递给了 Ajax 引擎，并没有提交到 Web 服务器上。因此，提交前的网页内容依然还会显示在浏览器窗口中，用户仍然可以浏览网页内容。这种处理方式被称为异步处理。

15.3 Ajax 技术的优点和缺点

Ajax 技术的优点几乎都是由异步处理技术所带来的，其优点主要如下所示：

❑ Ajax 在提交数据时，只提交有用的数据，而不是整个网页的所有数据。因此，可以减少数据的冗余程度，也可以减少对网络带宽的压力和服务器的负担。

❑ Ajax 可以通过 JavaScript 技术来对网页的局部进行更新。因此，在用户传递数据等待服务器响应的过程中，浏览器窗口中不会显示空白。

❑ 由于 Ajax 只提交和接收有用的数据，因此响应速度会加快很多。

❑ Ajax 可以让一些原本由服务器承担的计算内容转嫁到客户端计算机中，减轻服务器的负担。

❑ 使用 Ajax 技术可以获得其他网页的内容并填充到自身网页中。

虽然 Ajax 的优点很多，但也不是完全没有缺点的。Ajax 的缺点如下所示：

❑ Ajax 需要使用 Ajax 引擎，但 Ajax 引擎是由浏览器所实现的。因此，不同的浏览器对 Ajax 的支持就有所不同，一些老版本的浏览器甚至不能支持 Ajax。

❑ 由于 Ajax 采用的是局部更新的方式，因此浏览器中的后退功能是无效的。单击浏览器窗口中的"后退"按钮，不能回退到局部更新之前的网页内容。

❑ Ajax 不能被搜索引擎所支持。

❑ 很多智能终端设备（如手机、PDA 等）都不能很好地支持 Ajax。

15.4 Ajax 技术的组成部分

前面提到过，Ajax 并不是新技术，而是包括 HTML、XHTML、CSS、DOM、XML、XSTL 和 HMLHttpRequest 等技术在内的技术的集合。只是在 Ajax 之前，这些技术大多都独立运用，后来随着网络的发展，这些技术之间的综合运用越来越广，才逐步形成了 Ajax。

当然，也不是要将以上几种技术一起使用才叫 Ajax 技术。在 Ajax 包含的几种技术中，使用得最多的是 JavaScript、XMLHttpRequest、CSS、DOM 和 XML。

15.4.1 JavaScript

JavaScript 这种客户端的脚本语言是本书的重点，也是 Ajax 技术的主要开发语言。使用 JavaScript 可以组织要传递给 Web 服务器的数据，并将这些数据传递给 Ajax 引擎。在 Ajax 引擎获得 Web 服务器返回的数据之后，也可以通过 JavaScript 来选择要在浏览器窗口中哪个位置显示哪些数据。

在 Ajax 中，更多的是使用 JavaScript 来检验表单数据的有效性，或通过 JavaScript 来操作 XMLHttpRequest 以达到与 Web 服务器或数据库交互的目的。

15.4.2 XMLHttpRequest

XMLHttpRequest 是 XMLHTTP 组件的一个对象，也是 Ajax 异步处理的核心所在。XMLHttpRequest 允许以异步方式从服务器中获取数据，而不需要每次都刷新网页，也不需要将所有的数据都交给服务器处理。因此，可以大大加快响应速度、减少用户等待的时间，也可以减轻服务器的负担。

由于 Ajax 引擎是由浏览器所实现的，因此，不同浏览器的 XMLHttpRequest 对象会有所不同。在 IE 浏览器中，使用的是 HMLHTTP 组件中的 XMLHttpRequest 对象。而在 Netscape 浏览器中则直接使用 XMLHttpRequest 组件。虽然两个浏览器的组件不同，但是 XMLHttpRequest 对象与 XMLHttpRequest 组件的方法和属性都十分类似，只是创建异步调用对象的语句有少许区别而已。

15.4.3 CSS

CSS（Cascading Style Sheet）是层叠样式表的简称。CSS 的主要作用是分担 HTML 的功能，

让 HTML 只承担数据以及结构方面的功能，而 CSS 则负责显示文档的功能（即元素的样式）。例如显示文字大小及颜色、网页的背景及颜色、元素与元素之间的距离等。

在 Ajax 中，可以在异步获得服务器数据之后，根据实际需要来更改网页中某些元素样式。CSS 不是本书介绍的重点，有兴趣的读者可以自己查阅相关内容。

15.4.4　DOM

DOM（Document Object Model）是文档对象模型的简称。在 DOM 中将 HTML 文档看成是树形结构，DOM 是可以操作 HTML 和 XML 的一组应用程序接口（API）。通过 DOM 可以获得树形结构中的某一个元素，并通过 DOM 提供的方法和属性操作该元素。

在 Ajax 中，DOM 的主要作用是刷新局部数据。DOM 不是本书介绍的重点，有兴趣的读者可以自己查阅相关内容。

15.4.5　XML

XML 与 HTML 都是 SGML（Standard Generalized Markup Language，通用标识语言标准）延伸出来的标记性语言。HTML 是为了设计网页而出现的语言，主要着重于数据的显示。XML 是以数据的建立和管理为目标，可以当作一种通用数据库，也能使不同的应用程序来读取 XML 里的数据。网页的发展方向将会是用 XML 来建立数据，再由 HTML 结合 CSS 来显示。

在 Ajax 中，XML 主要存储数据和文档，并让其他程序共享。XML 不是本书介绍的重点，有兴趣的读者可以自己查阅相关内容。

15.5　XMLHttpRequest 对象

Ajax 的核心是异步处理和局部刷新，而异步处理的核心是 XMLHttpRequest 对象。无论是在 IE 浏览器中使用的 HMLHTTP 组件中的 XMLHttpRequest 对象，还是在 Netscape 浏览器中使用 XMLHttpRequest 组件，其方法和属性都十分类似。这些方法与属性如下所示。

15.5.1　XMLHttpRequest 的方法

XMLHttpRequest 的方法都是与发送 HTTP 请求相关，其中最常用的方法有设置请求 URL 的 open() 方法、发送请求的 send() 方法和停止请求的 abort() 方法。表 15.1 列出来 XMLHttpRequest 常用的方法。

表 15.1　XMLHttpRequest 对象的常用方法

方　　法	说　　明	参　　数
abort()	停止当前的请求	
getAllResponseHeaders()	获取响应的所有 HTTP 头	
getResponseHeader(header)	从响应的信息中获取指定的 HTTP 头	header：要获取的 HTTP 头的名称，如 Content-Type。

（续）

方　法	说　明	参　数
open(method, URL, flag, name, pwd)	创建一个新的 HTTP 请求，并指定该 HTTP 请求的方法、URL 以及验证信息	method：HTTP 的请求方法，一共有 get、post、head、put、delete 五种方法，常用的方法为 get 和 post。 URL：HTTP 请求的 URL 地址，可以是绝对 URL，也可以是相对 URL。 flag：可选的布尔型参数，用于指定是否使用异步方式。true 表示异步方式、false 表示同步方式，默认为 true。 name：可选参数，如果服务器需要验证，可以输入用户名。 pwd：可选参数，如果服务器需要验证，可以输入密码。
send(data)	将请求发送给 Web 服务器	data：可选参数，发送请求的数据。
setRequestHeader(name, value)	单独指定请求的 HTTP 头	name：HTTP 头名称。 value：HTTP 头的值。

15.5.2　XMLHttpRequest 的属性

XMLHttpRequest 的属性的主要作用是控制异步请求。常用的 XMLHttpRequest 属性如表 15.2 所示。

表 15.2　XMLHttpRequest 对象的常用属性

属　性	说　明
readyState	该属性可以返回 HTTP 请求的当前状态，其属性值如下所示： 0、该属性值表示请求已经创建，但还没有初始化。 1、该属性值表示请求已经初始化，但还没有发送。 2、该属性值表示请求已经发送，正在等待服务器响应。 3、该属性值表示正在接收数据，但还没有传送完毕。 4、该属性值表示数据接收完毕，可以使用 responseText 或 responseXML 来获取数据。
reponseText	将响应的信息以字符串的形式返回。
reponseXML	将响应的信息以 XML 的形式返回。
status	返回 HTTP 状态码，常用的状态码如表 15.3 所示
statusText	返回 HTTP 状态文本

表 15.3　常用的 HTTP 状态

状　态　码	状　态　文　本	说　明
0	Unknown	未初始化，或不能理解的 HTTP 状态。
100	Continue	继续发送请求。
101	Switching Protocols	转换 HTTP 协议版本。
200	OK	成功。
201	Created	提示知道新文件的 URL。
202	Accepted	接受和处理，但处理未完成。
203	Non-Authoritative Information	返回信息不确定或不完整。
204	No Content	请求收到，但是返回的信息为空。
205	Reset Content	服务器已经完成了请求，浏览器必须复位当前已浏览过的文件。
206	Partial Content	服务器已经完成了部分用户的 GET 请求。
300	Multiple Choices	请求的资源可在多处得到。
301	Moved Permanently	删除请求的数据。

（续）

状 态 码	状 态 文 本	说 明
302	Found	在别处发现了请求的数据。
303	See Other	建议用户访问其他 URL 或其他访问方式。
304	Not Modified	客户端已经执行了 GET，但文件未变化。
305	Use Proxy	请求的资源必须从服务器指定的地址中得到。
306		前一版本 HTTP 中使用的代码，现在版本不再使用。
307	Temporary Redirect	请求的资源被临时性删除。
400	Bad Request	错误的请求信息。
401	Unauthorized	请求授权失败。
402	Rayment Required	保留有效的响应。
403	Forbidden	请求不允许。
404	Not Found	没有发现文件。
405	Method Not Allowed	用户定义的方法不允许。
406	Not Acceptable	请求的资源不可访问。
407	Proxy Authentication Required	请求授权失败，用户必须先在代理服务器上取得授权。
408	Request Timeout	请求超时，没有在指定的时间内完成请求。
409	Conflict	当前资源不能完成请求。
410	Gone	请求的资源在服务器上不存在，并且没有参考地址。
411	Length Required	服务器拒绝用户定义的 Content-Length 属性请求。
412	Precondition Failed	一个或多个请求在当前请求中错误。
413	Request Entity Too Large	请求的资源大于服务器允许的大小。
414	Request-URI Too Long	请求的资源 URL 长度大于服务允许的长度。
415	Unsupported Media Type	请求的资源不支持请求项目的格式。
416	Requested Range Not Suitable	请求中包含 Range 请求头字段，但在请求的资源范围内没有 Range 指示值，请求中也不包含 If-Range 请求头字段。
417	Expectation Failed	服务器不能满足请求 Expect 头字段指定的期望值。
500	Internal Server Error	服务器内部错误。
501	Not Implemented	服务器不支持请求的函数。
502	Bad Gateway	服务器暂时不可用。
503	Service Unavailable	服务器过载或暂停维修。
504	Gateway Timeout	网关超时。
505	HTTP Version Not Supported	服务器不支持或拒绝请求头中指定的 HTTP 版本。

提示 在 HTTP 状态中，如果为 0，则表示不能理解的 HTTP 状态，有可能该文本是在本地打开，而不是通过 Web 服务器打开。如果为 1 开头，则表示请求已经收到，但还需要继续处理。如果为 2 开头，则表示请求已经成功接收，服务器正在分析和处理。如果为 3 开头，则表示要完成此请求，还必须要进一步处理。如果为 4 开头，则表示请求包含一个错误的语法或不能完成。如果为 5 开头，则表示请求有效但服务器执行失败。

15.5.3 XMLHttpRequest 的事件

XMLHttpRequest 对象可以响应 readystatechange 事件，该事件在 XMLHttpRequest 对象的 readyState 属性值产生变化时所要激发。

15.6 实现 Ajax 的步骤

Ajax 的主要作用是异步调用和局部刷新。要实现异步调用就需要使用 XMLHttpRequest 对象，要实现局部刷新就需要使用 JavaScript 和 DOM。下面介绍使用 XMLHttpRequest 和 JavaScript 来实现 Ajax 的方法。

15.6.1 实现 Ajax 的步骤

要完整实现一个 Ajax 异步调用和局部刷新，通常需要使用以下几个步骤：

1) 创建 XMLHttpRequest 对象，也就是创建一个异步调用对象。
2) 创建一个新的 HTTP 请求，并指定该 HTTP 请求的方法、URL 以及验证信息。
3) 设置响应 HTTP 请求状态变化的函数。
4) 发送 HTTP 请求。
5) 获取异步调用返回的数据。
6) 使用 JavaScript 和 DOM 实现局部刷新。

15.6.2 创建 XMLHttpRequest 对象

不同的浏览器使用的异步调用对象有所不同，在 IE 浏览器中异步调用使用的是 XMLHTTP 组件中的 XMLHttpRequest 对象，而在 Netscape、Firefox 浏览器中则直接使用 XMLHttpRequest 组件。因此，在不同浏览器中创建 XMLHttpRequest 对象的方法都有所不同。

在 IE 浏览器中创建 XMLHttpRequest 对象的方式如下所示。

```
var xmlHttp = new ActiveXObject("Microsoft.XMLHTTP");
```

在 Netscape 浏览器创建 XMLHttpRequest 对象的方式如下所示。

```
var xmlHttp = new XMLHttpRequest();
```

由于无法确定用户使用的是什么浏览器，所以在创建 XMLHttpRequest 对象时，最好将以上两种方法都加上。请看以下代码，注意加粗的文字：

```
<html>
    <head>
        <title>创建 XMLHttpRequest 对象</title>
        <script type="text/javascript">
        <!--
            // 定义一个变量，用于存放 XMLHttpRequest 对象
            var xmlHttp;
            // 定义一个用于创建 XMLHttpRequest 对象的函数
            function createXMLHttpRequest()
            {
                if (window.ActiveXObject)
                {
                    xmlHttp = new ActiveXObject("Microsoft.XMLHTTP");
                    document.write(" 在 IE 浏览器中创建 XMLHttpRequest 对象 ");
                }
                else if (window.XMLHttpRequest)
                {
                    xmlHttp = new XMLHttpRequest();
```

```
                    document.write(" 在 Netscape 浏览器中创建 XMLHttpRequest 对象 ");
                }
            }
            // 创建 XMLHttpRequest 对象
            createXMLHttpRequest();
        -->
        </script>
    </head>
    <body>
    </body>
</html>
```

以上代码为本书配套代码文件目录"代码 \ 第 15 章 \sample01.htm"的内容。在本例中，使用以下语句判断是否使用 IE 浏览器。其中 ActiveXObject 并不是 Window 对象的标准属性，这是 IE 浏览器中专有的属性，可以用于判断浏览器是否支持 ActiveX 控件，通常只有 IE 浏览器或以 IE 浏览器为核心的浏览器才能支持 Active 控件。

```
if (window.ActiveXObject)
```

如果浏览器支持 ActiveX 控件，那么就可以使用以下语句来创建 XMLHttpRequest 对象。

```
xmlHttp = new ActiveXObject("Microsoft.XMLHTTP");
```

如果浏览器不支持 ActiveX 控件，那么用户有可能使用 Netscape 浏览器、Opera 浏览器或 Firefox 浏览器。在这种情况下，就有可以使用第二种创建 XMLHttpRequest 对象的方法。如以下代码所示。

```
xmlHttp = new XMLHttpRequest();
```

为了防止一些浏览器既不支持 ActiveX 控制，也不支持 XMLHttpRequest 组件，因此在以上代码前加上了如下所示的判断。其中 XMLHttpRequest 属性也不是 Window 对象的标准属性，但可以用来判断浏览器是否支持 XMLHttpRequest 组件。

```
else if (window.XMLHttpRequest)
```

在本例中，将创建 XMLHttpRequest 对象的两个方法放在了函数中，可以通过调用函数的方式来创建 XMLHttpRequest 对象。如果浏览器既不支持 ActiveX 控件，也不支持 XMLHttpRequest 组件，那么就不会为 xmlHttp 变量赋值。

在本例中，还使用 document.write() 方法输出用户当前使用什么浏览器。该方法主要是方便用户判断是否已经创建了 XMLHttpRequest 对象。在实现 Ajax 时，可以不需要该语句。用户可以自己运行该文件查看效果。

15.6.3　创建 HTTP 请求

创建了 XMLHttpRequest 对象之后，必须为 XMLHttpRequest 对象创建 HTTP 请求，用于说明 XMLHttpRequest 对象要从哪里获取数据。通常要获取的数据可以是网站中的数据，也可以是本地其他文件中的数据。

创建 HTTP 请求可以使用 XMLHttpRequest 对象的 open() 方法，其语法代码如下所示：

```
XMLHttpRequest.open(method,URL,flag,name,password)
```

其中参数解释如下所示。

- method：该参数用于指定 HTTP 的请求方法，一共有 get、post、head、put、delete 五种方法，常用的方法为 get 和 post。
- URL：该参数用于指定 HTTP 请求的 URL 地址，可以是绝对 URL，也可以是相对 URL。
- flag：该参数为可选参数，参数值为布尔型。该参数用于指定是否使用异步方式。true 表示异步方式、false 表示同步方式，默认为 true。
- name：该参数为可选参数，用于输入用户名。如果服务器需要验证，则必须使用该参数。
- password：该参数为可选参数，用于输入密码。如果服务器需要验证，则必须使用该参数。

通常可以使用以下代码来访问一个网站文件的内容。

```
xmlHttp.open("get","http://www.aspxfans.com/BookSupport/JavaScript/ajax.htm",true);
```

或者使用以下代码来访问一个本地文件的内容。

```
xmlHttp.open("get","ajax.htm",true);
```

> **注意**　如果 HTML 文件放在 Web 服务器上，在 Netscape 浏览器中的 JavaScript 安全机制不允许与本机之外的主机进行通信。也就是说，使用 open() 方法只能打开与 HTML 文件在同一个服务器上的文件。而在 IE 浏览器中则无该限制（虽然可以打开其他服务器上的文件，但也会有警告提示）。

15.6.4　设置响应 HTTP 请求状态变化的函数

在创建完 HTTP 请求之后，应该就可以将 HTTP 请求发送给 Web 服务器了。然而，发送 HTTP 请求的目的是为了可以接收从服务器中返回的数据。从创建 XMLHttpRequest 对象开始，到发送数据、接收数据，XMLHttpRequest 对象一共会经历以下 5 种状态。

1）未初始化状态。在创建完 XMLHttpRequest 对象时，该对象处于未初始化状态，此时 XMLHttpRequest 对象的 readyState 属性值为 0。

2）初始化状态。在创建完 XMLHttpRequest 对象后使用 open() 方法创建了 HTTP 请求时，该对象处于初始化状态。此时 XMLHttpRequest 对象的 readyState 属性值为 1。

3）发送数据状态。在初始化 XMLHttpRequest 对象后，使用 send() 方法发送数据时，该对象处于发送数据状态，此时 XMLHttpRequest 对象的 readyState 属性值为 2。

4）接收数据状态。Web 服务器接收完数据并处理完毕之后，向客户端传送返回的结果。此时，XMLHttpRequest 对象处于接收数据状态，XMLHttpRequest 对象的 readyState 属性值为 3。

5）完成状态。XMLHttpRequest 对象接收数据完毕后，进入完成状态，此时 XMLHttpRequest 对象的 readyState 属性值为 4。此时，接收完毕后的数据存入在客户端计算机的内存中，可以使用 responseText 属性或 responseXml 属性来获取数据。

只有在 XMLHttpRequest 对象完成了以上 5 个步骤之后，才可以获取从服务器端返回的数据。因此，如果要获得从服务器端返回的数据，就必须要先判断 XMLHttpRequest 对象的状态。

XMLHttpRequest 对象可以响应 readystatechange 事件，该事件在 XMLHttpRequest 对象状态改变时（也就是 readyState 属性值改变时）激发。因此，可以通过该事件调用一个函数，并在该函数体中判断 XMLHttpRequest 对象的 readyState 属性值。如果 readyState 属性值为 4，则使用 responseText 属性或 responseXml 属性来获取数据。具体代码如下所示：

```
// 设置当XMLHttpRequest对象状态改变时调用的函数，注意函数名后面不要添加小括号
xmlHttp.onreadystatechange = getData;
// 定义函数
function getData()
{
    // 判断XMLHttpRequest对象的readyState属性值是否为4，如果为4表示异步调用完成
    if (xmlHttp.readyState==4)
    {
        // 设置获取数据的语句
    }
}
```

15.6.5 设置获取服务器返回数据的语句

在上一节中，设置了响应HTTP请求状态变化的函数，当XMLHttpRequest对象的readyState属性值改变时，会自动激发该函数。如果XMLHttpRequest对象的readyState属性值等于4，则表示异步调用过程完毕，就可以通过XMLHttpRequest对象的responseText属性或responseXml属性来获取数据。

但是，异步调用过程完毕，并不代表异步调用成功了，如果要判断异步调用是否成功，还要判断XMLHttpRequest对象的status属性值，如果该属性值为200，才表示异步调用成功。因此，要获取服务器返回数据的语句，还必须要先判断XMLHttpRequest对象的status属性值是否等于200，如以下代码所示：

```
if (xmlHttp.status==200)
{
    // 使用以下语句将返回结果以字符串形式输出
    document.write(xmlHttp.responseText);
    // 或者使用以下语句将返回结果以XML形式输出
    //document.write(xmlHttp.responseXML);
}
```

> **注意** 如果HTML文件不是在Web服务器上运行，而是在本地运行，则xmlHttp.status的返回值为0。因此，如果该文件在本地运行，而应该加上xmlHttp.status==0的判断。

通常将以上代码放在响应HTTP请求状态变化的函数体内，如以下代码所示：

```
// 设置当XMLHttpRequest对象状态改变时调用的函数，注意函数名后面不要添加小括号
xmlHttp.onreadystatechange = getData;
// 定义函数
function getData()
{
    // 判断XMLHttpRequest对象的readyState属性值是否为4，如果为4表示异步调用完成
    if (xmlHttp.readyState==4)
    {
        // 设置获取数据的语句
        if (xmlHttp.status==200 || xmlHttp.status==0)
        {
            // 使用以下语句将返回结果以字符串形式输出
            document.write(xmlHttp.responseText);
            // 或者使用以下语句将返回结果以XML形式输出
            //document.write(xmlHttp.responseXML);
        }
    }
}
```

15.6.6 发送 HTTP 请求

在经过以上几个步骤的设置之后，就可以将 HTTP 请求发送到 Web 服务器上了。发送 HTTP 请求可以使用 XMLHttpRequest 对象的 send() 方法，其语法代码如下所示：

```
XMLHttpRequest.send(data)
```

其中 data 是个可选参数，如果请求的数据不需要参数，则可以使用 null 来替代。data 参数的格式与在 URL 中传递参数的格式类似，以下代码为一个 send() 方法中的 data 参数的示例。

```
name=myName&value=myValue
```

只有在使用 send() 方法之后，XMLHttpRequest 对象的 readyState 属性值才会开始改变，也才会激发 readystatechange 事件，并调用函数。

15.6.7 局部更新

在通过 Ajax 的异步调用获得服务器端数据之后，可以使用 JavaScript 或 DOM 来将网页中的数据进行局部更新。在 JavaScript 中常用的局部更新的方式有以下三种。

1. 表单对象的数据更新

表单对象的数据更新，通常都是只要更改表单对象的 value 属性值，其语法代码如下所示：

```
FormObject.value=" 新数值 "
```

有关表单对象的数据更新的示例请看以下代码，注意加粗的文字：

```html
<html>
    <head>
        <title>局部更新 </title>
        <script ype="text/javascript">
        <!--
            function changeData()
            {
                document.myForm.myText.value = " 更新后的数据 ";
            }
        -->
        </script>
    </head>
    <body>
        <form name="myForm">
            <input type="text" value=" 原数据 " name="myText">
            <input type="button" value=" 更新数据 " onclick="changeData()">
        </form>
    </body>
</html>
```

以上代码为本书配套代码文件目录"代码 \ 第 15 章 \sample02.htm"的内容，读者可以自己运行该文件查看效果。

2. IE 浏览器中标签间文本的更新

在 HTML 代码中，除了表单元素之外，还有很多其他的元素，这些元素的开始标签与结束标签之间往往会有一点文字（如以下代码所示），对这些文字的更新，也是局部更新的一部分。

```
<p> 文字 </p>
<span> 文字 </span>
<div> 文字 </div>
<label> 文字 </label>
<b> 文字 </b>
<i> 文字 </i>
```

在 IE 浏览器中，可以 innerText 或 innerHTML 属性来更改标签间文本的内容。其中 innerText 属性用于更改开始标签与结束标签之间的纯文本内容。而 innerHTML 属性用于更改开始标签与结束标签之间的 HTML 内容。请看以下代码，注意加粗的文字：

```
<html>
    <head>
        <title> 局部更新 </title>
        <script type="text/javascript">
        <!--
            function changeData()
            {
                myDiv.innerText = " 更新后的数据 ";
            }
        -->
        </script>
    </head>
    <body>
        <div id="myDiv"> 原数据 </div>
        <input type="button" value=" 更新数据 " onclick="changeData()">
    </body>
</html>
```

以上代码为本书配套代码文件目录"代码 \ 第 15 章 \sample03.htm"的内容，读者可以自己运行该文件查看效果。

3. DOM 技术的局部刷新

innerText 和 innertHTML 两个属性都是 IE 浏览器中的属性，在 Netscape 浏览器中并不支持该属性。但是无论是 IE 浏览器还是 Netscape 浏览器，都支持 DOM。在 DOM 中，可以修改标签间的文本内容。

在 DOM 中，将 HTML 文档中的每一对开始标签和结束标签都看成是一个节点。例如，HTML 文档中有一个标签如下所示，那么该标签在 DOM 中被称为一个"节点"。

```
<div id="myDiv"> 原数据 </div>
```

在 DOM 中使用 getElementById() 方法可以通过 id 属性值来查找到该标签（或者说是节点），如以下语句所示。

```
var node = document.getElementById("myDiv");
```

注意　在一个 HTML 文档中，每个标签中的 id 属性值是不能重复的。因此，使用 getElementById() 方法获得的节点是惟一节点。

在 DOM 中，认为开始标签与结束标签之间的文本是该节点的子节点，而 firstChild 属性可以获得一个节点下的第 1 个子节点。如以下代码可以获得 <div> 节点下的第 1 个子节点，也就是

 标签与 标签之间的文字节点。

```
node.firstChild
```

注意，以上代码获得的是文字节点，而不是文字内容。如果要获得节点的文字内容，则要设置节点的 nodeValue 属性。通过设置 nodeValue 属性值，可以改变文字节点的文本内容。完整的代码如下所示，请注意加粗的文字：

```
<html>
    <head>
        <title>局部更新</title>
        <script type="text/javascript">
        <!--
            function changeData()
            {
                // 查找标签（节点）
                var node = document.getElementById("myDiv");
                // 在 DOM 中标签中的文字被认为是标签中的子节点
                // 节点的 firstChild 属性为该节点下的第 1 个子节点
                //nodeValue 属性为节点的值，也就是标签中的文本值
                node.firstChild.nodeValue = " 更新后的数据 ";
            }
        -->
        </script>
    </head>
    <body>
        <div id="myDiv"> 原数据 </div>
        <input type="button" value=" 更新数据 " onclick="changeData()">
    </body>
</html>
```

以上代码为本书配套代码文件目录"代码 \ 第 15 章 \sample04.htm"的内容，读者可以自己运行该文件查看效果。

注意　（1）目前主流的浏览器都支持 DOM 技术的局部刷新。
（2）DOM 并不是本书所要介绍的重点，有兴趣的读者可以参考相关资料。

15.6.8　一个完整的 Ajax 实例

经过前面章节的介绍，相信读者对实现一个 Ajax 的步骤已经有所了解。以下为一个完整的 Ajax 异步调用的实例，请注意加粗的文字。

```
<html>
    <head>
        <title>Ajax 实例 </title>
        <script type="text/javascript">
        <!--
            // 定义一个变量，用于存放 XMLHttpRequest 对象
            var xmlHttp;
            // 定义一个用于创建 XMLHttpRequest 对象的函数
            function createXMLHttpRequest()
            {
                if (window.ActiveXObject)
                {
                    //IE 浏览器中的创建方式
```

```
                    xmlHttp = new ActiveXObject("Microsoft.XMLHTTP");
                }
                else if (window.XMLHttpRequest)
                {
                    //Netscape 浏览器中的创建方式
                    xmlHttp = new XMLHttpRequest();
                }
            }

            // 响应 HTTP 请求状态变化的函数
            function httpStateChange()
            {
                // 判断异步调用是否完成
                if (xmlHttp.readyState==4)
                {
                    // 判断异步调用是否成功, 如果成功则开始局部更新数据
                    if (xmlHttp.status==200 || xmlHttp.status==0)
                    {
                        // 查找节点
                        var node = document.getElementById("myDiv");
                        // 更新数据
                        node.firstChild.nodeValue = xmlHttp.responseText;
                    }
                    else
                    {
                        // 如果异步调用未成功, 弹出警告框, 并显示出错信息
                        alert("异步调用出错 \n 返回的 HTTP 状态码为: " + xmlHttp.status + "\n
                            返回的 HTTP 状态信息为: " + xmlHttp.statusText);
                    }
                }
            }

            // 异步调用服务器端数据
            function getData()
            {
                // 创建 XMLHttpRequest 对象
                createXMLHttpRequest();
                if (xmlHttp!=null)
                {
                    // 创建 HTTP 请求
                    xmlHttp.open("get","ajax.txt",true);
                    // 设置响应 HTTP 请求状态变化的函数
                    xmlHttp.onreadystatechange = httpStateChange;
                    // 发送请求
                    xmlHttp.send(null);
                }
            }
        -->
        </script>
    </head>
    <body>
        <div id="myDiv"> 原数据 </div>
        <input type="button" value=" 更新数据 " onclick="getData()">
    </body>
</html>
```

　　以上代码为本书配套代码文件目录"代码 \ 第 15 章 \sample05.htm"的内容。通过 IIS 配置好本地服务器后，把 sample05.htm 和 ajax.txt 文件存放在网站所在目录下，然后运行测试即可。在

本例中异步调用了 ajax.txt 文件，该文件的内容如图 15.1 所示。在初次打开 sample05.htm 文件时，其运行结果如图 15.2 所示。单击按钮之后其运行结果如图 15.3 所示，在该图中可以看出，XMLHttpRequest 对象获得了 ajax.txt 文件中的数据，并通过 DOM 把网页中的内容刷新。

图 15.1　ajax.txt 文件内容

图 15.2　sample05.htm 的运行结果

图 15.3　单击按钮后的运行结果

15.7　小结

Ajax 不是一种语言，而是集成了很多方法与技术的集合。Ajax 有很多优点，如可以异步调用数据、减少网络延迟等。Ajax 最大的两个优点是异步调用和局部刷新。实现 Ajax 的步骤通常为：创建 XMLHttpRequest 对象 → 创建 HTTP 请求 → 设置响应 HTTP 请求状态的函数 → 获取服务器返回的数据 → 刷新网页局部内容。在下一章里将会介绍一些与 Ajax 相关的技术。

15.8　本章练习

1. 以下不是 Ajax 主要技术的是＿＿＿＿。
A. JavaScript　　　B. XML　　　C. CSS　　　D. JUnit
2. 发送 HTTP 请求可以使用 XMLHttpRequest 对象的＿＿＿＿方法。
A. open()　　　B. abort()　　　C. send()　　　D. setRequestHeader()
3. 简述 Ajax 的优点和缺点。
4. 简述 Ajax 的实现步骤。

第 16 章　深入分析 Ajax

由于 Ajax 包含的技术种类很多，因此 Ajax 的运用范围很广。单纯掌握 JavaScript 语言还不能将 Ajax 运用得淋漓尽致，要想全面掌握 Ajax，还必须掌握以下技术。

16.1　客户端脚本语言

客户端脚本语言可以说是 Ajax 的核心，无论 Ajax 功能有多么强大，如果没有客户端脚本语言的支持，都形同虚设。从创建 HTTP 请求到发送 HTTP 请求、从接收服务器端返回的数据到处理并显示这些数据，都离不开客户端脚本语言。

虽然 Ajax 是 Asynchronous JavaScript And XML 的简称，但除了 JavaScript 之外，目前所有主流的客户端脚本语言都支持 Ajax，如 VBScript、JScript、ECMAScript 等。因此，要想将 Ajax 运用到极致，至少要掌握一门客户端脚本语言。

16.1.1　使用 JavaScript 的局部刷新技术

Ajax 的主要作用是异步调用和局部刷新，其实使用客户端脚本语言即使不通过 Ajax 也可以实现局部刷新的功能。例如前面章节里介绍过的二级联动菜单，就是局部刷新的一个例子。该例子代码如下所示，注意加粗的文字：

```html
<html>
    <head>
        <title>二级联动菜单</title>
    </head>
    <body>
        <form name="myForm">
            <select name="chapter" onchange="setSection(this.selectedIndex)">
            </select>
            <select name="section">
            </select>
        </form>
        <script type="text/javascript">
        <!--
            var section1 = new Array();
            section1[0] = ["1.1  脚本语言的介绍","section1.1"]
            section1[1] = ["1.2  JavaScript 的作用","section1.2"]
            section1[2] = ["1.3  JavaScript 的版本与支持","section1.3"]

            var section2 = new Array();
            section2[0] = ["2.1  常量","section2.1"]
            section2[1] = ["2.2  变量","section2.2"]
```

```
        section2[2] = ["2.3  数据类型 ","section2.3"]

        var section3 = new Array();
        section3[0] = ["3.1  表达式 ","section3.1"]
        section3[1] = ["3.2  操作数 ","section3.2"]
        section3[2] = ["3.3  运算符介绍 ","section3.3"]

        var chapterArr = new Array();
        chapterArr[0] = [" 第 1 章  JavaScript 基础 ","chapter1",section1];
        chapterArr[1] = [" 第 2 章  常量、变量与数据类型 ","chapter2",section2];
        chapterArr[2] = [" 第 3 章  表达式与运算符 ","chapter3",section3];

        function setSection(chapter)
        {
            for (var i=document.myForm.section.length-1;i>-1;i--)
            {
                document.myForm.section.remove(i);
            }
            var arr = chapterArr[chapter][2];
            for (var i=0;i<arr.length;i++)
            {
                document.myForm.section.options[i] = new Option(arr[i][0],arr[i][1]);
            }
        }

        for (var i=0;i<chapterArr.length;i++)
        {
            document.myForm.chapter.options[i] = new Option(chapterArr[i][0],chapterArr[i][1]);
        }
        setSection(0);
    -->
    </script>
  </body>
</html>
```

以上代码为本书配套代码文件目录 "代码 \ 第 16 章 \sample01.htm" 的内容，本例在第 13 章曾经介绍过，在此不再赘述。在本例中，选择第 1 个下拉列表框中的选项时，第 2 个下拉列表框中的选项也会随之改变。

16.1.2　使用 Iframe 的局部刷新技术

使用 JavaScript 技术进行局部刷新的速度是最快的，因为该技术在数据一次性下载完毕后，就不再需要与服务器互动了，这是使用 JavaScript 技术进行局部刷新的优势，但也同样是它的缺点。因为在使用 JavaScript 技术进行局部刷新时，必须要将所有可能出现的数据都下载到客户端，这样就会让客户端代码变得十分冗长。

在 Ajax 出现之前，有很多程序员使用了 Iframe 技术来实现局部刷新。在 Iframe 技术中，将要局部刷新的部分放在 Iframe 当中。在需要局部刷新时，使用 JavaScript 更改 Iframe 中加载的文件。这样可以达到 "按需分配" 的目的，需要显示哪部分的内容，就返回客户端显示哪个部分的内容，在客户端不会出现大量冗余代码。请看以下代码，注意加粗的文字：

```
<html>
    <head>
        <title> 二级联动菜单 </title>
```

```
            <script type="text/javascript">
            <!--
                function setSection(selectIndex)
                {
                    selectIndex++;
                    window.frames[0].location.href = "sample02_" + selectIndex + ".htm";
                }
            -->
            </script>
        </head>
        <body>
            <form name="myForm">
                <select name="chapter" onchange="setSection(this.selectedIndex)">
                    <option> 第 1 章　 JavaScript 基础 </option>
                    <option> 第 2 章　 常量、变量与数据类型 </option>
                    <option> 第 3 章　 表达式与运算符 </option>
                </select><br>
                <iframe name="myFrame" src="sample02_1.htm" scrolling="0" frameborder="0"
                    height="25" width="220"></iframe>
            </form>
        </body>
    </html>
```

以上代码为本书配套代码文件目录"代码\第 16 章\
sample02.htm"的内容，其运行结果如图 16.1 所示。

本例是一个使用 JavaScript 实现局部刷新的例子。在本
例中，当选择第 1 个下拉列表框中的选项时，第 2 个下拉列
表框中的选项也会随之改变。本例的实现原理如下所示。

1）创建第 1 个下拉列表框，且下拉列表框中有 3 个
选项。

2）创建一个 Iframe，Iframe 的作用是显示不同的
HTML 文档。当第 1 个下拉列表框中的选项改变时，将在
Iframe 里加载不同的 HTML 文档。

图 16.1　 sample02.htm 运行结果

3）分别创建三个 HTML 文件：sample02_1.htm、sample02_2.htm 和 sample02_3.htm，每个文
件中都只有一个下拉列表框。sample02_1.htm 文件中的下拉列表框对应第 1 个下拉列表框中第 1
个选项；sample02_2.htm 文件中的下拉列表框对应第 1 个下拉列表框中第 2 个选项；sample02_3.
htm 文件中的下拉列表框对应第 1 个下拉列表框中第 3 个选项。

4）在第 1 个下拉列表框中设置 onchange 属性，当选项改变时自动激发 setSection() 函数。

5）在 setSection() 函数中使用以下代码改变 Iframe 中加载的文件。

```
window.frames[0].location.href = "sample02_" + selectIndex + ".htm";
```

16.2　服务器端脚本语言

如果说客户端脚本语言是 Ajax 的核心，那么异步存取就是 Ajax 的灵魂。在异步存取时，通
常都会与服务器互动。在上一章中列举的 Ajax 的例子只是简单地从 Web 服务器上获取一个文本
文件而已，并没有与服务器进行真正意义上的"互动"。如果要和服务器互动，就需要使用服务

器端的脚本语言，常用的服务器端脚本语言有 ASP、JSP、PHP、ASP.NET 等。

16.2.1　改进的 Iframe 局部刷新

在上一节中介绍了如何使用 Iframe 技术实现局部刷新，使用 Iframe 技术的好处如下所示：

❑ 可以减少客户端代码，加载客户端文件比较快；

❑ 可以根据需要显示指定的文件。

但是使用 Iframe 技术需要制作很多个 HTML 文件，如上例中第 1 个下拉列表框中有 3 个选项，就必须要创建 3 个 HTML 文件。这还只是二级联动的菜单，如果是三级或更多级的联动菜单，或者菜单中的选项比较多的话，那么要制作的 HTML 文件就会更多。如果使用服务器端脚本语言制作网页，就可以将这些 HTML 文件都合并到一个网页中。下面以 ASP 为例，介绍如何改进 Iframe 局部刷新技术。

首先，将 HTML 文件修改如下，请注意加粗的文字：

```html
<html>
    <head>
        <title>二级联动菜单</title>
        <script type="text/javascript">
        <!--
            function setSection(selectIndex)
            {
                window.frames[0].location.href = "sample03.asp?listName="+selectIndex;
            }
        -->
        </script>
    </head>
    <body>
        <form name="myForm">
            <select name="chapter" onchange="setSection(this.selectedIndex)">
                <option> 第 1 章　JavaScript 基础 </option>
                <option> 第 2 章　常量、变量与数据类型 </option>
                <option> 第 3 章　表达式与运算符 </option>
            </select><br>
            <iframe name="myFrame" src="sample03.asp?listName=0" scrolling="0"
                frameborder="0" height="25" width="220"></iframe>
        </form>
    </body>
</html>
```

以上代码为本书配套代码文件目录"代码 \ 第 16 章 \sample03.htm"的内容。代码与 sample02.htm 的主要区别是 Iframe 中加载的文件不同。在本例中，Iframe 中加载的文件为 sample03.asp 文件，该文件是使用 ASP 语言所编写的文件，可以与用户互动，其互动过程如下所示。

1）客户端为 sample03.asp 文件传递一个参数。如以下语句传递的参数名为 listName，参数值为 0。

```
sample03.asp?listName=0
```

2）sample03.asp 文件接收 listName 参数，并通过参数值将数据返回客户端。不同的参数值可以返回不同的数据。

3）客户端接收服务器端返回的数据，并显示在浏览器。至此，就完成了交互过程。

sample03.asp 文件的源代码如下所示，请注意加粗的文字：

```html
<html>
    <head>
        <title> 列表 </title>
    </head>
    <body style="margin:0px">
        <select name="section">
        <%
            listName = trim(request("listName"))
            if listName=0 then
        %>
        <option>1.1  脚本语言的介绍 </option>
        <option>1.2  JavaScript 的作用 </option>
        <option>1.3  JavaScript 的版本与支持 </option>
        <%
            elseif listName=1 then
        %>
        <option>2.1  常量 </option>
        <option>2.2  变量 </option>
        <option>2.3  数据类型 </option>
        <%
            elseif listName=2 then
        %>
        <option>3.1  表达式 </option>
        <option>3.2  操作数 </option>
        <option>3.3  运算符介绍 </option>
        <%
            end if
        %>
        </select>
    </body>
</html>
```

以上代码为本书配套代码文件目录"代码 \ 第 16 章 \sample03.asp"的内容。在以上代码中，包含在"<%"与"%>"之间的代码为服务器端的脚本语言代码，这些代码在最后返回客户端浏览器时是看不见的。在本例中，通过以下语句接收传递过来的 listName 参数值，再通过 if 语句来选择输出的 HTML 代码。

```
listName = trim(request("listName"))
```

注意　由于服务器端脚本语言不是本书所要介绍的内容，在此就不详细介绍了，有兴趣的读者可以参考相关资料。服务器端脚本文件必须放在 Web 服务器上才能生效。

16.2.2　Ajax 与服务器互动

在数据量比较大的情况下，使用 Iframe 技术进行局部刷新，对服务器的压力是最大的。因为每一次加载数据，都必须与服务器进行一次交互，这样会影响整个系统的响应速度。而使用 Ajax 技术实现局部刷新，就不会产生这种情况。因为在 Ajax 取回数据之后，会将其放在内存中，可以重复调用。下面介绍 Ajax 是如何与服务器进行互动的，请看以下代码，注意加粗的文字：

```html
<html>
```

```
<head>
    <title>二级联动菜单</title>
    <script type="text/javascript">
    <!--
        //定义一个变量，用于存放 XMLHttpRequest 对象
        var xmlHttp;
        //定义一个用于创建 XMLHttpRequest 对象的函数
        function createXMLHttpRequest()
        {
            if (window.ActiveXObject)
            {
                xmlHttp = new ActiveXObject("Microsoft.XMLHTTP");
            }
            else if (window.XMLHttpRequest)
            {
                xmlHttp = new XMLHttpRequest();
            }
        }
        //响应 HTTP 请求状态变化的函数
        function httpStateChange()
        {
            if (xmlHttp.readyState==4)
            {
                if (xmlHttp.status==200 || xmlHttp.status==0)
                {
                    var arr = xmlHttp.responseText.split("|");
                    //删除原有选项
                    for (var i=document.myForm.section.length-1;i>-1;i--)
                    {
                        document.myForm.section.remove(i);
                    }
                    //通过循环添加选项
                    for (var i=0;i<arr.length;i++)
                    {
                        document.myForm.section.options[i] = new Option(arr[i],arr[i]);
                    }
                }
            }
        }
        //异步调用服务器端数据
        function setSection(selectIndex)
        {
            createXMLHttpRequest();
            if (xmlHttp!=null)
            {
                xmlHttp.open("get","sample04.asp?listName="+selectIndex,true);
                xmlHttp.onreadystatechange = httpStateChange;
                xmlHttp.send(null);
            }
        }
    -->
    </script>
</head>
<body onload="setSection(0)">
    <form name="myForm">
        <select name="chapter" onchange="setSection(this.selectedIndex)">
            <option>第 1 章　JavaScript 基础</option>
            <option>第 2 章　常量、变量与数据类型</option>
            <option>第 3 章　表达式与运算符</option>
```

447

```
            </select>
            <select name="section">
            </select>
        </form>
    </body>
</html>
```

以上代码为本书配套代码文件目录"代码\第 16 章 \sample04.htm"的内容。本例的代码与上一章最后一个例子中的代码只有少数区别，在此就不再详细介绍了。在本例中，使用 Ajax 从 sample04. asp 中取回数据，然后处理取回的数据并将处理结果显示在第 2 个下拉列表框中。sample04.asp 中的代码如下所示，注意加粗的文字：

```
<%
    listName = trim(request("listName"))
    if listName=0 then
%>
1.1   脚本语言的介绍 |1.2   JavaScript 的作用 |1.3   JavaScript 的版本与支持
<%
    elseif listName=1 then
%>
2.1   常量 |2.2   变量 |2.3   数据类型
<%
    elseif listName=2 then
%>
3.1   表达式 |3.2   操作数 |3.3   运算符介绍
<%
    end if
%>
```

以上代码为本书配套代码文件目录"代码\第 16 章 \sample04.asp"的内容。本段代码比较简单，其作用是接收通过 URL 传递的 listName 参数。如果参数值为 0、1 或 2，则分别返回以下内容。

```
1.1   脚本语言的介绍 |1.2   JavaScript 的作用 |1.3   JavaScript 的版本与支持
2.1   常量 |2.2   变量 |2.3   数据类型
3.1   表达式 |3.2   操作数 |3.3   运算符介绍
```

在客户端接收到以上内容之后，可以使用 String 对象的 split 方法将其分割成数组，并通过一个循环将其设置为第 2 个下拉列表框中的选项。

注意 服务器端脚本文件必须放在 Web 服务器上才能生效。

16.3 文档对象模型

文档对象模型（Document Object Model，DOM）是可以操作 HTML 和 XML 的一组应用程序接口（API）。在 DOM 中，将 HTML 文档结构看成是一个树形结构，HTML 文档中的每个标签都是树形结构中的一个节点。开始标签与结束标签之间的文本也是树形结构中的一个节点。通过 DOM 提供的方法和属性可以处理这些节点，并达到局部刷新的目的。

在 IE 浏览器中可以使用 innerText 属性或 innerHTML 属性来更改开始标签与结束标签之间的

文字，但是在 Netscape 浏览器中却不支持该属性。因此，可以使用 DOM 来完成局部刷新操作。
有关 DOM 与 Ajax 的结合运用请看以下代码，注意加粗的文字：

```html
<html>
    <head>
        <title>用户注册</title>
        <script type="text/javascript">
        <!--
            // 定义一个变量，用于存放 XMLHttpRequest 对象
            var xmlHttp;
            // 定义一个用于创建 XMLHttpRequest 对象的函数
            function createXMLHttpRequest()
            {
                if (window.ActiveXObject)
                {
                    xmlHttp = new ActiveXObject("Microsoft.XMLHTTP");
                }
                else if (window.XMLHttpRequest)
                {
                    xmlHttp = new XMLHttpRequest();
                }
            }

            // 判断用户名是否已经被使用
            function showUserErr()
            {
                if (xmlHttp.readyState==4)
                {
                    if (xmlHttp.status==200 || xmlHttp.status==0)
                    {
                        // 获取用户名单，并放入数组中
                        var registerNames = xmlHttp.responseText;
                        var registerName = registerNames.split("|");
                        var bFlag = true;
                        // 判断已输入的用户名是否在数组中已经存在
                        for (var i=0;i<registerName.length;i++)
                        {
                            if (registerName[i]==document.myForm.userName.value)
                            {
                                bFlag = false;
                                break;
                            }
                        }
                        // 使用 DOM 中的 getElementById() 方法查找到要显示文字的节点
                        // (<userNameNode> 节点)
                        var node = document.getElementById("userNameNode");
                        if (bFlag)
                        {
                            //<userNameNode> 标签与 </userNameNode> 标签之间的文字，
                            // 是 DOM 中的文本节点。
                            // 可以使用 firstChild 属性来获取 <userNameNode> 节点下的第 1 个
                            // 子节点，即 <userNameNode> 标签与 </userNameNode> 标签之间的文字
                            //nodeValue 属性可以设置节点的值，在文本节点中为文本内容
                            node.firstChild.nodeValue = "该用户名没有注册，请放心使用";
                        }
                        else
                        {
                            node.firstChild.nodeValue = "该用户名有人注册，不能使用";
```

```
            }
        }
        else
        {
            // 如果异步调用未成功, 弹出警告框, 并显示出错信息
            alert(" 异步调用出错 \n 返回的 HTTP 状态码为: " + xmlHttp.status +
                "\n 返回的 HTTP 状态信息为: " + xmlHttp.statusText);
        }
    }
}

// 准备 HTTP 请求并发送
function checkUser()
{
    // 判断是否输入用户名
    if (document.myForm.userName.value.length==0)
    {
        var node = document.getElementById("userNameNode");
        node.firstChild.nodeValue = " 请输入用户名 ";
    }
    else
    {
        createXMLHttpRequest();
        if (xmlHttp!=null)
        {
            // 从 sample05.txt 文件提取已注册人名单
            xmlHttp.open("get","sample05.txt",true);
            xmlHttp.onreadystatechange = showUserErr;
            xmlHttp.send(null);
        }
    }
}

// 检查密码长度
function PWDLength()
{
    var node = document.getElementById("userPWDNode1");
    if (document.myForm.userPWD1.value.length==0)
    {
        node.firstChild.nodeValue = " 请输入密码 ";
    }
    else if (document.myForm.userPWD1.value.length<6)
    {
        node.firstChild.nodeValue = " 密码长度不能小于 6 位 ";
    }
    else
    {
        node.firstChild.nodeValue = "";
    }
}
// 判断两次输入的密码是否相同
function PWDSame()
{
    var node = document.getElementById("userPWDNode2");
    if (document.myForm.userPWD1.value!=document.myForm.userPWD2.value)
    {
        node.firstChild.nodeValue = " 两次密码输入不一致 ";
    }
    else
```

```
                    {
                        node.firstChild.nodeValue = "";
                    }
                }
            -->
            </script>
    </head>
    <body>
        <h1 align="center">用户注册</h1>
        <form action="submit.htm" name="myForm" method="post">
            用   户   名: <input type="text" name="userName" onblur="checkUser()">
                <span id="userNameNode"> </span><br>
            密      码: <input type="password" name="userPWD1" onblur=
                "PWDLength()"><span id="userPWDNode1"> </span><br>
            重复密码: <input type="password" name="userPWD2" onblur="PWDSame()"><span id=
                "userPWDNode2"> </span><br>
            电子邮件: <input type="text" name="userEmail"><br>
            <input type="submit" value=" 提交 " name="mySubmit"><input type="reset" value=" 重置 ">
        </form>
    </body>
</html>
```

以上代码为本书配套代码文件目录"代码 \ 第 16 章 \sample05.htm"的内容，其运行结果如图 16.2 所示。

本例是一个典型的通过 Ajax 完成用户注册的使用方法。其关键知识点如下所示。

1）当用户输入用户名并将焦点从文本框中移开时，自动激发 checkUser() 函数。

2）在 checkUser() 函数中使用 Ajax 获取服务器上的 sample05.txt 文件中的数据。

3）通过 sample05.txt 文件中的数据来判断用户名是否已经注册（为了方便，在本例中将 manage、user 和 admin 三个用户名作为已注册名写在 sample05.txt 文件中。现实运用中，通常在数据库中判断用户名是否已注册）。

图 16.2　sample05.htm 的运行结果

4）在本例中，如果输入的用户名为 manage、user 或 admin，在"用户名"文本框的后面会出现"该用户名有人注册，不能使用"的提示，否则会出现"该用户名没有注册，请放心使用"的提示。此处的局部刷新技术使用的就是 DOM 技术。

5）首先，在 HTML 代码中使用以下语句创建一个可以显示文字的区域。

```
<span id="userNameNode"> </span>
```

6）在 DOM 中，将 <span> 标签看成是一个节点，因此，可以通过 DOM 中的 Document 对象的 getElementById() 方法找到该节点。其中 userNameNode 为节点的 ID 属性值。

```
var node = document.getElementById("userNameNode");
```

注意 DOM 中的 Document 对象与 JavaScript 中的 Document 对象是两个不同的对象。

7）在 DOM 中，将开始标签与结束标签之间的文本看成是一个文本节点。因此，可以通过以下语句找到该文本节点。

```
node.firstChild
```

8）文本节点的 nodeValue 属性值就是在网页中显示的文字内容。因此，可以通过以下语句来设置 <span> 标签与 </span> 标签之间的文字。

```
node.firstChild.nodeValue = "该用户名没有注册，请放心使用";
```

9）当然，在不同的情况下可以显示不同的文字内容，如以下代码所示。

```
node.firstChild.nodeValue = "该用户名有人注册，不能使用";
```

10）在本例中，还有两个密码框。当第 1 个密码框失去焦点时，会自动激发 PWDLength() 函数，该函数的作用是检查第 1 个密码框中的文字长度是否超过 6 位，如果没有超过 6 位则使用 DOM 技术进行局部刷新。在密码框后显示错误提示，由于提示方式与"用户名"文本框的提示方式相同，在此不再赘述。

11）当第 2 个密码框失去焦点时，会自动激发 PWDSame() 函数，该函数的作用是判断两个密码框中输入的内容是否相同。如果不相同，同样使用 DOM 技术显示错误提示。

注意　DOM 并不是本书所要介绍的内容，有兴趣的读者可以自己查看相关资料。

16.4　层叠样式表

层叠样式表（Cascading Style Sheet，CSS）可以用来创建精美的网页风格。CSS 在 Ajax 中也经常用到，其主要作用是在 Ajax 从服务器中获取数据之后，根据数据需要创建不同的样式。设置样式的方法如下所示：

```
element.style.attribute = value
```

其中解释如下。
- element：HTML 中的元素名，通常由标签的 id 属性值指定。
- style：关键字，用于声明元素的样式。
- attribute：样式的属性，也就是指定什么样式。
- value：样式的属性值。

在上例中，"用户名"文本框后有如下代码：

```
<span id="userNameNode"> </span>
```

如果要设置 <span> 标签与 </span> 标签之间的文本颜色为红色，那么可以使用以下代码：

```
var node = document.getElementById("userNameNode");
node.style.color = "red";
```

其中，第 1 行为 DOM 技术，获取 id 属性值为 userNameNode 的节点。第 2 行虽然使用了

DOM 接口，但却是 CSS 技术。其中 color 为 CSS 中的属性，用于设置颜色；red 为 color 的属性值，设置颜色为红色。有关 CSS 与 Ajax 相合的例子请看以下代码，注意加粗的文字：

```
<html>
    <head>
        <title>用户注册</title>
        <script type="text/javascript">
        <!--
            var xmlHttp;
            function createXMLHttpRequest()
            {
                if (window.ActiveXObject)
                {
                    xmlHttp = new ActiveXObject("Microsoft.XMLHTTP");
                }
                else if (window.XMLHttpRequest)
                {
                    xmlHttp = new XMLHttpRequest();
                }
            }

            // 判断用户名是否已经被使用
            function showUserErr()
            {
                if (xmlHttp.readyState==4)
                {
                    if (xmlHttp.status==200 || xmlHttp.status==0)
                    {
                        var registerNames = xmlHttp.responseText;
                        var registerName = registerNames.split("|");
                        var bFlag = true;
                        for (var i=0;i<registerName.length;i++)
                        {
                            if (registerName[i]==document.myForm.userName.value)
                            {
                                bFlag = false;
                                break;
                            }
                        }

                        var node = document.getElementById("userNameNode");
                        if (bFlag)
                        {
                            node.firstChild.nodeValue = "该用户名没有注册，请放心使用";
                            // 如果用户名没有被使用，则用绿色的字进行提示
                            node.style.color = "green";
                        }
                        else
                        {
                            node.firstChild.nodeValue = "该用户名有人注册，不能使用";
                            // 如果用户名没有被使用，则用红色的字进行提示
                            node.style.color = "red";
                        }
                    }
                    else
                    {
                        alert("异步调用出错 \n 返回的 HTTP 状态码为: " + xmlHttp.status +
                            "\n 返回的 HTTP 状态信息为: " + xmlHttp.statusText);
```

```
                }
            }
        }

        function checkUser()
        {
            if (document.myForm.userName.value.length==0)
            {
                var node = document.getElementById("userNameNode");
                node.firstChild.nodeValue = "请输入用户名";
                // 如果没有输入用户名，则用红色的字进行提示
                node.style.color = "red";
            }
            else
            {
                createXMLHttpRequest();
                if (xmlHttp!=null)
                {
                    xmlHttp.open("get","sample05.txt",true);
                    xmlHttp.onreadystatechange = showUserErr;
                    xmlHttp.send(null);
                }
            }
        }
        -->
    </script>
</head>
<body>
    <h1 align="center"> 用户注册 </h1>
    <form action="submit.htm" name="myForm" method="post">
        用   户   名: <input type="text" name="userName" onblur=
            "checkUser()"><span id="userNameNode"> </span><br>
        电子邮件: <input type="text" name="userEmail"><br>
        <input type="submit" value=" 提交 " name="mySubmit"><input type="reset" value=" 重置 ">
    </form>
</body>
</html>
```

　　以上代码为本书配套代码文件目录 "代码 \ 第 16 章 \sample06.htm" 的内容，本例只是将 sample05.htm 稍作修改，在局部刷新时，会以不同颜色的文字提示。

注意　CSS 并不是本书所要介绍的内容，有兴趣的读者可以自己查看相关资料。

16.5　XML

　　XML 也是在 Ajax 中使用最多的技术之一。可以将一些数据存入在 XML 文件中，然后使用 Ajax 读取 XML 文件中的数据，再通过 DOM 筛选有用的数据显示在网页中。假设有一个 XML 文件，其内容如下所示。

```
<?xml version="1.0" encoding="utf-8" ?>
<users>
    <user>
        <name>admin</name>
```

```
            <sex> 男 </sex>
            <job> 经理 </job>
            <address> 北京市朝阳区 </address>
        </user>
        <user>
            <name>manage</name>
            <sex> 女 </sex>
            <job> 业务员 </job>
            <address> 北京市东城区 </address>
        </user>
    </users>
```

以上代码为本书配套代码文件目录"代码\第 16 章\sample07.xml"的内容，该 XML 文件中存放了两个用户信息，可以使用 Ajax 来读取这个 XML 文件。当用户在姓名文本框中输入姓名时，使用 Ajax 读取 sample07.xml 文件中的内容，并比较文本框中的内容与 <name> 标签中的文字内容，如果相同，则将 <sex>、<job>、<address> 标签中的内容显示在网页上。完整的 HTML 代码如下所示，请注意加粗的文字：

```
<html>
    <head>
        <title> 用户注册 / 修改用户信息 </title>
        <script language="javascript" type="text/javascript">
        <!--
            var xmlHttp;
            function createXMLHttpRequest()
            {
                if (window.ActiveXObject)
                {
                    xmlHttp = new ActiveXObject("Microsoft.XMLHTTP");
                }
                else if (window.XMLHttpRequest)
                {
                    xmlHttp = new XMLHttpRequest();
                }
            }

            // 判断用户名是否已经被使用
            function showUserErr()
            {
                if (xmlHttp.readyState==4)
                {
                    if (xmlHttp.status==200 || xmlHttp.status==0)
                    {
                        // 获取 XML 代码
                        var myXML = xmlHttp.responseXML;
                        // 在 XML 代码中查找所有 <name> 节点
                        var node = myXML.getElementsByTagName("name");
                        // 通过循环查看 <name> 与 </name> 之间的文字是用户输入的文字是否一样
                        for (var i=0;i<node.length;i++)
                        {
                            if(node[i].firstChild.nodeValue==document.myForm.userName.value)
                            {
                                // 如果输入一样，则在其他文本框中输出相应内容
                                var sexNode = node[i].parentNode.getElementsByTagName("sex");
                                document.myForm.userSex.value = sexNode[0].
                                    firstChild.nodeValue;
                                var jobNode = node[i].parentNode.
```

```
                                    getElementsByTagName("job");
                    document.myForm.userJob.value = jobNode[0].
                        firstChild.nodeValue;
                    var addressNode = node[i].parentNode.getElementsByTagName
                        ("address");
                    document.myForm.userAddress.value = addressNode[0].
                        firstChild.nodeValue;
                    document.myForm.mySubmit.value = " 修改 ";
                    break;
                    }
                }
            }
            else
            {
                alert(" 异步调用出错 \n 返回的 HTTP 状态码为: " + xmlHttp.status +
                    "\n 返回的 HTTP 状态信息为: " + xmlHttp.statusText);
            }
        }
    }

    function checkUser()
    {
        document.myForm.mySubmit.value = " 注册 ";
        if (document.myForm.userName.value.length==0)
        {
            var node = document.getElementById("userNameNode");
            node.firstChild.nodeValue = " 请输入用户名 ";
            node.style.color = "red";
        }
        else
        {
            createXMLHttpRequest();
            if (xmlHttp!=null)
            {
                xmlHttp.open("get","sample07.xml",true);
                xmlHttp.onreadystatechange = showUserErr;
                xmlHttp.send(null);
            }
        }
    }
    -->
    </script>
</head>
<body>
    <h1 align="center"> 用户注册 / 修改用户信息 </h1>
    <form action="submit.htm" name="myForm" method="post">
        姓名: <input type="text" name="userName" onblur="checkUser()">
            <span id="userNameNode"> </span><br>
        性别: <input type="text" name="userSex"><br>
        职位: <input type="text" name="userJob"><br>
        地址: <input type="text" name="userAddress"><br>
        <input type="submit" value=" 注册 " name="mySubmit"><input type="reset" value=" 重置 ">
    </form>
</body>
</html>
```

　　以上代码为本书配套代码文件目录 "代码 \ 第 16 章 \sample07.htm" 的内容, 当用户输入的用户名不是 admin 或 manage 时, 其运行结果如图 16.3 所示。此时网页为用户注册页面, 提交按钮上的文字为"注册"。当用户输入的用户名是 admin 或 manage 时，Ajax 会从服务器上获取相应的数据显示在相应的文本框中。其运行结果如图 16.4 所示，此时网页为修改用户信息页面，提交按钮上的文字为"修改"。

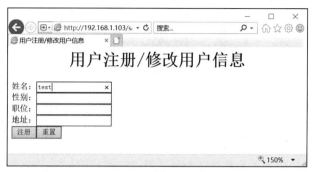

图 16.3　用户注册页面

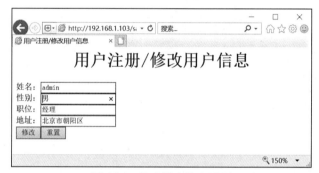

图 16.4　修改用户信息页面

注意　（1）XML 并不是本书所要介绍的内容，有兴趣的读者可以自己查看相关资料。
（2）本例要放在 Web 服务器上才会有效果。

16.6　小结

在本章中先介绍了 JavaScript 中的一些局部刷新技术，然后介绍了一些与 Ajax 相关的其他技术，如服务器端脚本语言、DOM、CSS、XML 等。在学习完 JavaScript 之后，可以进一步学习这些方面的技术，掌握更先进的网页制作技能。

16.7　本章练习

1. Ajax 包括哪些关键技术？
2. 简述 XML 的解析方式。
3. Ajax 技术如何实现局部刷新？
4. 简述列举 DOM 里 document 的查找访问节点的常用方法。

第17章　常见的 Ajax 框架

第 16 章讲述了 Ajax 的应用。用一个函数封装了 XMLHTTP 控件的接口，构造了多线程的 Ajax 应用，讲解了轻量级数据传输格式 JSON 的特点和实现方式，并构造了一个基于 Ajax 和 JSON 的、动态载入结点的 HTML 导航树。

实际上，为了提高代码的重用性和兼容性，很多工作小组编写了大量的 JavaScript 框架。在 Ajax 技术出现后，针对 Ajax 的框架也纷纷涌现，本章将对几个常见的 Ajax 框架进行讲解。

说明	本章介绍的框架内容均为目前互联网上流行的主流开源 JavaScript 框架，部分说明内容来自于互联网。

本章重点：

❑ 框架技术的含义和优势；

❑ Prototype 框架中的常用函数和 Ajax.Request、Ajax.Updater 类；

❑ JQuery 框架中的核心函数和 $.ajax、$.get 等 Ajax 函数。

17.1　什么是框架

程序设计中的框架（FrameWork）概念不同于 HTML 中的框架（Frame 与 Iframe）。前者是一种应用程序的半成品，提供了可在不同应用程序之间共享的、可供重复使用的公共结构。程序开发者以框架作为程序设计的基础与起点，对其加以扩展，以满足具体的程序设计需要。和框架概念类似的是工具包，两者的不同之处在于，框架提供了一致的结构，而不仅仅是一组工具类。

17.1.1　框架的定义

框架实质上就是一组组件，供程序员选用，用于完成需要的程序功能。也就是别人预定义好的功能模块。框架一般属于已经成熟的、不断升级的软件。

可以说，一个框架就是一个可以重用的设计组件，其规定了应用的体系结构，阐明了整个设计、协作组件之间的依赖关系、责任分配和控制流程，表现为一组抽象类以及其实例之间协作的方法。框架为组件重用提供了上下文（Context）关系。因此组件库的大规模重用也需要框架。

组件领域框架的设计方法，在很大程度上借鉴了硬件技术发展的成就，是构件技术、软件体系结构研究和应用软件开发三者发展结合的产物。在很多情况下，框架通常以组件库的形式出现，但组件库只是框架的一个重要部分。框架的关键还在于框架内对象间的交互模式和控制流模式。

　　框架比组件可定制性强。在某种程度上，将组件和框架看成两个不同但彼此协作的技术或许更好。框架为组件提供重用的环境，为组件处理错误、交换数据及激活操作提供了标准的方法。

　　应用框架的概念也很简单，其并不是包含组件应用程序的小片程序，而是实现了某应用领域通用完备功能（除去特殊应用的部分）的底层服务。使用这种框架的编程人员可以在一个通用功能已经实现的基础上开始具体的系统开发。框架提供了所有应用期望的默认行为的类集合。具体的应用通过重写子类（该子类属于框架的默认行为）或组装对象来支持应用专用的行为。

　　应用框架强调的是软件的设计重用性和系统的可扩充性，以缩短大型应用软件系统的开发周期，提高开发质量。与传统的基于类库的面向对象重用技术比较，应用框架更注重面向专业领域的软件重用。应用框架具有领域相关性，构件根据框架进行复合而生成可运行的系统。框架的力度越大，其中包含的领域知识就越完整。

17.1.2　框架和设计模式的关系

　　框架、设计模式这两个概念总容易被混淆，其实两者还是有区别的。组件通常是代码重用，而设计模式是设计重用，框架则介于两者之间，部分代码重用，部分设计重用，有时分析也可重用。在软件生产中有 3 种级别的重用：内部重用，即在同一应用中能公共使用的抽象块；代码重用，即将通用模块组合成库或工具集，以便在多个应用和领域都能使用；应用框架的重用，即为专用领域提供通用的或现成的基础结构，以获得最高级别的重用性。

　　框架与设计模式虽然相似，但却有着根本不同。设计模式是对在某种环境中反复出现的问题以及解决该问题的方案的描述，比框架更加抽象。框架可以用代码表示，也能直接执行或重用，对模式而言，只有实例才能用代码表示。设计模式是比框架更小的元素，一个框架中往往含有一个或多个设计模式，框架总是针对某一特定应用领域，但同一模式却可适用于各种应用。可以说，框架是软件，而设计模式是软件的知识。

17.1.3　为什么要用框架

　　软件系统发展到今天已经很复杂了，特别是服务器端软件，涉及的知识、内容、问题太多。在某些方面使用已经成熟的框架，相当于让别人帮助完成一些基础工作，程序员只需要集中精力完成系统的业务逻辑设计即可。而且框架一般是成熟、稳健的，可以处理系统很多细节问题、例如，事务处理、安全性、数据流控制等问题。框架一般都经过很多人使用测试，因此通常结构和扩展性均很好，而且绝大多数框架都是不断升级的，使用框架可以直接享受别人升级代码带来的好处。

　　框架一般为处在低层应用平台和高层业务逻辑之间的中间层。衡量应用系统设计开发水平高低的标准就是解耦性，即应用系统各个功能是否能够彻底脱离，是否不相互依赖？通过框架设计的思想，可以实现可维护性、可拓展性的软件设计目标。

　　框架的最大好处就是重用。面向对象系统获得的最大的重用方式就是框架，一个大的应用系统往往可能由多层互相协作的框架组成。

　　由于框架能重用代码，因此从一个已有组件库中建立应用变得非常容易，因为构件都采用框架统一定义的接口，从而使构件间的通信变得简单。

　　框架能重用设计。其提供可重用的抽象算法及高层设计，并能将大系统分解成更小的组件，而且能描述组件间的内部接口。这些标准接口使在已有的组件基础上通过组装建立各种各样的系统成为可能。只要符合接口定义，新的组件就能插入框架中，组件设计者就能重用构架的设计。

框架还能重用分析。所有人员若按照框架的思想来分析事务，就能将其划分为同样的组件，采用相似的解决方法，从而使采用同一框架的分析人员之间能进行沟通。

17.1.4　框架技术的特点

应用框架技术进行软件开发的主要特点如下所示。

❏ 领域内的软件结构一致性好。

❏ 可以建立更加开放的系统。

❏ 重用代码大大增加，软件生产效率和质量也得到了提高。

❏ 软件设计人员要专注于对领域的了解，使需求分析更充分。

❏ 积累了经验，可以让那些经验丰富的人员去设计框架和领域构件，而不必限于低层编程。

❏ 允许采用快速原型技术。

❏ 有利于在一个项目内多人协同工作。

❏ 大量的重用使得平均开发费用降低，开发速度加快，开发人员减少，维护费用降低，而参
　数化框架使得适应性、灵活性增强。

17.2　Prototype 框架

这里所说的 Prototype 不是 JavaScript 编程中的原型（prototype），而是由 Sam Stephenson 写的一个 JavaScript 类库。这个构思奇妙，而且兼容标准的类库，能帮助程序员轻松建立有高度互动的 Web 2.0 特性的富客户端页面。

很多人初次接触 Prototype，都是从其 $ 系列函数开始的，这些类似于桌面应用程序的快捷方式，是 Prototype 框架中使用频率最高的一组函数。此外，Prototype 对 Ajax 的支持也是让开发人员很感兴趣的地方。当然 Prototype 的功能并不仅限于此，其对 JavaScript 内置对象进行了大量的扩展，同时也定义了很多新的对象。

17.2.1　Prototype 框架简介

Prototype 是目前应用最为广泛的 Ajax 开发框架，其特点是功能实用且尺寸较小，非常适合在中小型的 Web 应用中使用。开发 Ajax 应用需要编写大量的客户端 JavaScript 脚本，而 Prototype 框架可以大大简化 JavaScript 代码的编写工作。更难得的是，Prototype 具备兼容各个浏览器的优秀特性，使用该框架可以不必考虑浏览器兼容性的问题。

Prototype 对 JavaScript 的内置对象（如 String 对象、Array 对象等）进行了很多有用的扩展，同时该框架中也新增了不少自定义的对象，包括对 Ajax 开发的支持等都是在自定义对象中实现的。Prototype 可以帮助开发人员实现以下的目标。

❏ 对字符串进行各种处理。

❏ 使用枚举的方式访问集合对象。

❏ 以更简单的方式进行常见的 DOM 操作。

❑ 使用 CSS 选择符定位页面元素。

❑ 发起 Ajax 方式的 HTTP 请求并对响应进行处理。

❑ 监听 DOM 事件并对事件进行处理。

Prototype 代码的获取，可以通过 Prototype 的官方网站下载。Prototype 官方网站的首页地址为 http://www.prototypejs.org。

目前该网站提供了 Prototype 1.7.3 版本的源代码。该站点的首页上即有最新版本的下载链接，如图 17.1 所示。

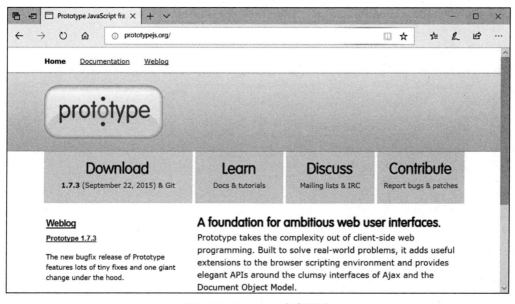

图 17.1　Prototype 官方首页

说明　读者也可以在本书配套代码文件 D:\javascript 源代码\ 第 17 章 \inc\js 目录下找到名为 Prototype.js 的文件，即该框架的 1.7.3 版本。

Prototype 1.7.3 版本的浏览器兼容性见表 17.1。

表 17.1　Prototype 1.7.3 版本兼容性

浏　览　器	版　本　号
Mozilla Firefox	≥ 1.5
Microsoft Internet Explorer	≥ 6.0
Microsoft Edge	所有版本
Apple Safari	≥ 2.0.4
Opera	≥ 9.25
Google Chrome	≥ 1.0

17.2.2　Prototype 框架功能详解——使用实用函数

Prototype 框架的实现仅仅包含一个 JavaScript 即可，1.7.3 版本的 Prototype.js 的文件大小为

103KB。在页面中应用的语法类似于：

```
<script type="text/javascript"src="D:\javascript 源代码 \ 第 17 章 \inc\js\Prototype.js"></script>
```

　　然后就可以在后继的脚本中享受该框架带来的便利了。该框架中有很多预定义的对象和实用函数，可以将程序员从重复地打字中解放出来。

　　（1）使用 $() 函数。此函数类似于本书代码中反复出现的同名函数，用于替代 document. getElementById 方法，获取具有指定 id 属性的 HTML 元素。该框架中的 $() 还更胜一筹，它可以传入多个 id 作为参数，然后返回一个带有所有要求的元素的 Array 对象。

　　【实例 17.1】页面 sample01.htm 是一个使用 $() 函数的例子。

```
01  <html>
02  <head>
03  <meta http-equiv="Content-Type" content="text/html; charset=utf-8" />
04  <title>"$A()" 函数—"Prototype" 框架应用 </title>
05  <script type="text/javascript" src="D:\javascript 源代码 \ 第 17 章 \inc\js\Prototype.js"></script>
06  <script>
07  window.onload=function(){
08      var str = "";
09      var divs = $("hutia", "axiang", "humi");
10      for(var i=0; i<divs.length; i++)str += divs[i].innerHTML + "\r\n";
11      alert(str);
12  }
13  </script>
14  </head>
15  <body>
16  <div id="hutia"> 这里是 "hutia" 内容 </div>
17  <div id="axiang"> 这里是 "axiang" 内容 </div>
18  <div id="humi"> 这里是 "humi" 内容 </div>
19  </body>
20  </html>
```

　　【代码说明】代码第 9 行使用了 $() 函数来替换 document. getElementById 方法，用来调用表单第 16 ～ 18 行的 3 个控件。

　　【运行效果】其执行结果如图 17.2 所示。

图 17.2　$() 函数——Prototype 框架应用

　　注意　另外一个好处是，这个函数能传入用 string 表示的对象 ID，也可以传入对象本身，这样，在建立其他能传两种类型的参数的函数时非常有用。

　　（2）使用 $F() 函数。此函数是另一个大受欢迎的"快捷键"，能用于返回任何表单输入控件的值，比如多行文本框和下拉列表框等控件。此方法也能用元素 id 或元素本身作为参数。例如：

```
01    <script type="text/javascript" src="D:\javascript 源代码 \ 第 17 章 \inc\js\Prototype.js"></script>
02    <script>
03    window.onload=function(){
04        alert($F("hutia"));
05    }
06    </script>
07    </head>
08    <body>
09        <input id="hutia" value="test">
10    </body>
```

（3）使用 $A() 函数。此函数能将其接收到的单个的参数转换成一个 Array 对象。

这个方法，结合被此框架扩展了的 Array 类，能方便地把任何可枚举列表转换成或复制到一个 Array 对象。一个推荐的用法就是把 DOM 结点集对象转换成一个普通的 Array 对象，从而更有效率地遍历。

【实例 17.2】sample02.htm 是一个使用 $A() 函数的例子。

```
01    <html>
02    <head>
03    <meta http-equiv="Content-Type" content="text/html; charset=utf-8" />
04    <title>"$A()" 函数—"Prototype" 框架应用 </title>
05    <script type="text/javascript" src="D:\javascript 源代码 \ 第 17 章 \inc\js\Prototype.js"></script>
06    <script>
07    window.onload=function(){
08        var ops = $("hutia").getElementsByTagName("option");
09        var a = $A(ops);
10        a.each(function(node){
11            $("output").innerHTML += node.value + " -> " + node.innerHTML + "<br>";
12        });
13    }
14    </script>
15    </head>
16    <body>
17    <select id="hutia" style="display:none;">
18        <option value=" 骑士八德之一 ">谦卑 (Hamility)</option>
19        <option value=" 骑士八德之二 ">荣誉 (Honor)</option>
20        <option value=" 骑士八德之三 ">牺牲 (Sacrifice)</option>
21        <option value=" 骑士八德之四 ">英勇 (Valor)</option>
22        <option value=" 骑士八德之五 ">怜悯 (Compassion)</option>
23        <option value=" 骑士八德之六 ">精神 (Spirituality)</option>
24        <option value=" 骑士八德之七 ">诚实 (Honesty)</option>
25        <option value=" 骑士八德之八 "> 公正 (Justice)</option>
26    </select>
27    <div id="output"></div>
28    </body>
29    </html>
```

【代码说明】代码第 5 行在此页面中引入了 Prototype.js 文件。第 7 ～ 12 行通过这个文件的一些方法获取代码第 17 ～ 26 行的内容并输出。

【运行效果】程序执行结果如图 17.3 所示。

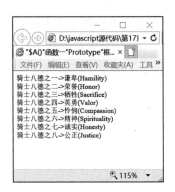

图 17.3 $A() 函数——Prototype 框架应用

（4）使用 $H() 函数。此函数把一些对象转换成一个可枚举的和联合数组类似的 Hash 对象。
例如：

```
01    <script>
02    function testHash(){
03        var a = { first: 10, second: 20, third: 30 };        // 构造一个对象
04        var h = $H(a);                                        // 转换为 Hash 对象
05        alert(h.toQueryString());                             // 调用 Hash 对象的方法
06    }
07    </script>
```

则输出一个内容为"first=10&second=20&third=30"的警告框。

（5）使用 $R() 函数。此函数是 new ObjectRange(lowBound,upperBound,excludeBounds) 的缩写，
用于建立一个范围对象。例如：

```
01    function test_range(){
02        var range = $R(10, 20, false);
03        range.each(function(value, index){
04            alert(value);
05        });
06    }
```

（6）使用 Try.these() 函数。Try.these() 方法用于调用不同的方法直到其中的一个成功。此函数
把一系列的方法作为参数，并且按顺序逐一执行这些方法，直到其中的一个成功执行，返回成功
执行的那个方法的返回值。Try.these() 函数可以用于处理兼容性问题。

在下面的例子中，xmlNode.text 在一些浏览器中好用，但是 xmlNode.textContent 在另一些浏
览器中正常工作。使用 Try.these() 方法可以得到正常工作的那个方法的返回值。

```
01    <script>
02    function getXmlNodeValue(xmlNode){
03        return Try.these(
04            function() {return xmlNode.text;},
05            function() {return xmlNode.textContent;}
06        );
07    }
08    </script>
```

17.2.3 Prototype 框架功能详解——Ajax.Request 类

很多程序员对 Prototype 框架感兴趣的原因，很可能是由于其 Ajax 能力。在此框架中，Ajax 对象是一个预定义对象，由这个包创建，封装和简化编写 Ajax 功能涉及的代码。这个对象包含一系列封装 Ajax 逻辑的类。

一个最基本的 Ajax 应用是使用 Ajax.Request 类。Ajax.Request 类是一个 Prototype 框架中封装的 XMLHTTP 控件，用于获取远程服务器上的数据。

【实例 17.3】sample03.hta 是一个使用此类来建立 Ajax 应用的例子。

```
01  <html>
02  <head>
03  <meta http-equiv="Content-Type" content="text/html; charset=utf-8" />
04  <title>Ajax.Request 类—"Prototype" 框架应用 </title>
05  <style>
06  * { font-size:12px; }
07  body { overflow:auto; }
08  fieldset { padding:10px; }
09  </style>
10  <script type="text/javascript" src="D:\javascript 源代码 \ 第 17 章 \inc\js\Prototype.js"></script>
11  <script>
12  baseURL = "http://www.google.cn/search?hl=zh-CN&meta=&aq=f&q=";
13  function do_search(){
14      var key = $F("txt_search");
15      if(!key)return;
16      var myAjax = new Ajax.Request(
17          baseURL + key,
18          {
19          method: "get",
20          parameters: "",
21          onComplete: showResponse
22          }
23      );
24  }
25
26  function showResponse(originalRequest){
27      $("output").innerHTML = originalRequest.responseText;
28  }
29  </script>
30  </head>
31  <body>
32  <fieldset>
33      <legend>Google 搜索 </legend>
34      <div>
35          <label for="txt_search"> 输入需要搜索的内容: </label>
36          <input id="txt_search">
37          <input type="button" value=" 搜索 " onclick="do_search();">
38      </div>
39  </fieldset>
40  <div id="output"></div>
41  </body>
42  </html>
```

【代码说明】代码第 16 行通过 new Ajax.Request(url，para) 来实现 Ajax 调用，访问指定的页面。参数 url 为需要访问的 URL 地址。第 2 个参数 para 为设定的 Ajax 参数。注意到本例中以

{...} 形式书写了匿名对象。para 参数中的 onComplete 指向 Ajax 数据载入完成时所需要调用的函数句柄。

【运行效果】程序的执行效果如图 17.4 所示。

图 17.4　Ajax.Request 类——Prototype 框架应用

17.2.4　Prototype 框架功能详解——Ajax.Updater 类

如果服务器的另一端返回的信息已经是 HTML 了，那么使用 Prototype 框架中 Ajax.Updater 类将使 Ajax 的程序编写变得更加容易。只需提供哪一个元素需要被 Ajax 请求返回的 HTML 填充即可实现 Ajax 的内容更新。

【实例 17.4】sample04.hta 是一个使用此类构造函数的例子。

```
01    <html>
02    <head>
03    <meta http-equiv="Content-Type" content="text/html; charset=utf-8" />
04    <title>Ajax.Updater 类—"Prototype" 框架应用 </title>
05    <style>
06    * { font-size:12px; }
07    body { overflow:auto; }
08    #output { border:1px solid black; padding:15px; }
09    </style>
10    <script type="text/javascript" src="D:\javascript 源代码 \ 第 17 章 \inc\js\Prototype.js"></script>
11    <script>
12    baseURL = "httpS://news.163.com";
13    function getNews(){
14        var myAjax = new Ajax.Updater(
15            "output",
```

```
16              baseURL,
17              {
18              method: "get"
19              }
20          );
21      }
22      </script>
23      </head>
24      <body>
25      <input type="button" value="获取 163 新闻" onclick="getNews();" />
26      <div id="output"></div>
27      </body>
28      </html>
```

【代码说明】此 Ajax 封装类与 Ajax.Request 类相似，但是不需要捕获 onComplete 事件。Ajax. Updater 接收的第一个参数是需要更新的 HTML 容器元素。

【运行效果】代码执行效果如图 17.5 所示。

图 17.5 Ajax.Updater 类——Prototype 框架应用

17.3 jQuery 框架

jQuery 是一款同 Prototype 一样优秀的 JavaScript 框架，特别是其对 CSS 和 XPath 的支持，使 JavaScript 的书写变得更加方便。其宗旨是——写更少的代码，做更多的事情。其是轻量级的 JavaScript 框架（压缩后只有 21KB），这是其他的 JavaScript 框架所不及的。该框架兼容 CSS3，还兼容各种浏览器（IE 9+、Chrome、Edge、Opera、Safari、Firefox）。

jQuery 是一个快速的、简洁的 JavaScript 框架，使用户能更方便地处理 HTML 文档、事件、实现动画效果，并且方便地为网站提供 Ajax 交互。jQuery 还有一个比较大的优势是，其文档说明很全，而且各种应用也说得很详细，同时还有许多成熟的插件可供选择。jQuery 能够使用户的 HTML 页保持代码和内容的分离，也就是说，不用再在 HTML 里面插入一堆 JavaScript 来调用命令了，只需定义其 ID 属性即可。

　　jQuery 框架的官方网站地址为 http://jquery.com/。该站点的首页上同样提供开源的、免费的下载，如图 17.6 所示。

图 17.6　jQuery 官方网站首页

该框架同样仅仅由一个 JavaScript 文件构成，目前最新的版本为 3.4.1，大小约 86KB。

> **说明**　读者可以在本书的本书配套代码文件中，\inc\js\ 目录下找到名为 jquery-3.4.1.min.js 的文件，即此框架的组成文件。

17.3.1　jQuery 框架功能详解——使用实用函数

　　下面将就 jQuery 框架中的核心函数进行讲解：

　　（1）jQuery 中的核心函数是 \$。此函数接受一个字符串参数，可以是 CSS 选择器、XPath 或 HTML 代码。此函数返回一个自定义的 jQuery 对象。例如下面的代码：

```
<p>hutia</p>
<div>
    <p>axiang</p>
</div>
<p>humi</p>
<script>
alert($("div > p").html());
</script>
```

　　则弹出一个内容为 axiang 的警告框。此处 div > p 即为一个 CSS 选择符。\$ 函数还可以接收 HTML 元素结点作为参数，将一个普通的 HTML 结点转换为 jQuery 对象。例如：

```
function hutia(){
```

```
    $(document.body).background("black");
}
```

上面的函数可以将 document.body 对象的 style.backgroundColor 属性设置为 black，即背景色设置为黑色。

（2）each 函数。此函数用于将给定的函数作用于每一个匹配的对象上。语法为：

```
JQueryObject.each(fn);
```

jQueryObject 是一个通过 $ 函数获取的 JQuery 对象。参数 fn 是需要作用在每个 HTML 元素上的函数。例如下面的代码：

```
<img src="1.jpg"/>
<img src="1.jpg"/>
<a href="#" id="更改图片" onClick="hutia()">jQuery</a>
<script>
function hutia(){
    $("img").each(function(){
        this.src = "2.jpg"; });
}
</script>
```

在"更改图片"的链接上单击鼠标后，页面中的两个图片的 src 属性将都变为 2.jpg。

（3）eq 与 get 函数。eq 用于减少匹配对象到一个单独的 dom 元素，语法为：

```
JQueryObject.eq(index);
```

参数 index 为期望限制的索引，自 0 开始。例如下面的代码：

```
<p>hutia</p>
<p>axiang</p>
<script>
alert($("p").eq(0).html());
</script>
```

将弹出一个内容为 hutia 的警告框。

get 函数返回匹配元素中的某一个元素，语法为：

```
JQueryObject.get(index);
```

参数 index 为期望限制的索引，自 0 开始。例如下面的代码：

```
<p>hutia</p>
<p>axiang</p>
<script>
alert($("p").get(1).innerHTML);
</script>
```

将弹出一个内容为 axiang 的警告框。

注意　get 和 eq 的区别在于，eq 返回的是 jQuery 对象，get 返回的是所匹配的 DOM 对象，所以取 $("p").eq(0) 对象的内容用 jQuery 方法 html()，而取 $(p).get(1) 的内容用 innerHTML。

17.3.2　jQuery 框架功能详解——Ajax 支持

$.ajax 函数允许通过一个 Ajax 请求来获取远程数据, 其语法为:

```
$.ajax(prop);
```

此函数接收的参数 prop 是一个 hash 表 (即形如 {"name1":"value1", "name2":"value2"} 的数据), 可以传递的名值对见表 17.2。

表 17.2　prop 参数中可能的 hash 取值

变量类型	变量名称	说　明
字符串型	type	定义数据传递方式, 可能的取值为 get 或 post
字符串型	url	定义数据请求页面的 URL
字符串型	data	传递数据的参数字符串, 只适合 POST 方式
字符串型	dataType	期待数据返回的数据格式 (例如 xml, html, script, 或 json)
布尔型	ifModified	当最后一次请求的响应有变化时才成功返回, 默认值是 false
数值型	timeout	设置时间延迟请求的时间。可以参考 $.ajaxTimeout
布尔型	global	是否为当前请求触发 Ajax 全局事件, 默认为 true
函数句柄	error	当请求失败时触发的函数
函数句柄	success	当请求成功时触发函数
函数句柄	complete	当请求完成后触发函数

【实例 17.5】下面是一个使用 $.ajax 函数的例子:

```
01    $.ajax({url: "ajax.aspx",
02        type:"get",
03        dataType:"html",
04        data: "name=John&location=Boston",
05        success:function(msg){
06            $("#a").html(msg);
07        }
08    });
```

【代码说明】上述代码应用了 $.ajax 函数, 其具体的参数可参考表 17.2。

【运行效果】使用 GET 方法访问服务器上的 ajax.aspx 页面, 提交数据 name=John&location=Boston, 并将服务器返回的数据设置为 HTML 页面中 id 为 a 的元素的内容。

(1) 函数 $.ajaxTimeout(time) 用于设置请求超时的时间, 例如:

```
$.ajaxTimeout( 5000 )
```

(2) 函数 $.get(url, params, callback) 用 GET 方式向远程页面传递参数, 请求完成后调用处理函数。参数除了 url 外, 其他参数可选。例如:

```
$.get( "ajax.htm" , function(data){ $("#a").html(data)  })
```

或

```
$.get(
    "ajax.asp",
    { name: "young", age: "25" },
```

```
    function(data){ alert("Data Loaded: " + data); }
)
```

（3）函数 $.getIfModified(url, params, callback)：用 GET 方式向远程页面传递参数，从最后一次请求后如果数据有变化才做出响应，执行函数 callback。

（4）函数 $.getJSON(url, params, callback)：用 GET 方式向远程 JSON 对象传递参数，请求完成后处理函数 callback。

（5）函数 $.getScript(url, callback)：用 GET 方式载入并运行一个远程 JavaScript 文件。请求完成后处理函数 callback。

（6）函数 $.post(url, params, callback)：用 POST 方式向远程页面传递参数，请求完成后处理函数 callback。

（7）函数 load(url, params, callback)：载入一个远程文件并载入页面 DOM 中，并执行函数 callback。例如：

```
$("#a").load("ajax.htm", function() { alert("load is done"); } );
```

向 ajax.htm 页面发出请求，将返回结果装入 id 为 a 的内容中，然后再执行函数 callback。

（8）函数 loadIfModified(url, params, callback)：用 GET 方式向远程页面传递参数，从最后一次请求后如果数据有变化才做出响应，将返回结果载入页面 DOM 中，并执行函数 callback。

（9）函数 ajaxStart(callback)：当 Ajax 请求开始时执行函数 callback。

（10）函数 ajaxComplete(callback)：当 Ajax 请求完成时执行函数 callback。

（11）函数 ajaxError(callback)：当 Ajax 请求发生错误时执行函数 callback。

（12）函数 ajaxStop(callback)：当 Ajax 请求停止时执行函数 callback。

（13）函数 ajaxSuccess(callback)：当 Ajax 请求成功时执行函数 callback。

17.4　小结

重用其他程序员已经做好的半成品代码，即框架，来构建复杂的应用程序，可以起到事半功倍的作用。本章介绍了框架的概念和两个目前最为流行的 JavaScript Ajax 框架。如果读者要了解 jQuery 和 Prototype 的更多信息，可参考专门介绍有关这两个框架的书籍。

17.5　本章练习

1. JavaScript 常见的框架有哪些？

2. Prototype 框架都能实现什么功能？

3. jQuery 框架都能实现什么功能？

4. Prototype 框架和 jQuery 框架的区别？

推 荐 阅 读

HTML 5与CSS 3权威指南（第4版·上册）

作者：陆凌牛 ISBN：978-7-111-61923-9 定价：109.00元

HTML 5与CSS 3权威指南（第4版·下册）

作者：陆凌牛 ISBN：978-7-111-61884-3 定价：79.00元

Web前端自动化构建

作者：Stefan Baumgartner ISBN：978-7-111-57883-3 定价：59.00元

Effective JavaScript

作者：David Herman ISBN：978-7-111-44623-1 定价：49.00元

推荐阅读

JavaScript编程精解（原书第3版）

作者：Marijn Haverbeke ISBN：978-7-111-64836-9 定价：99.00元

世界级JavaScript程序员力作，JavaScript之父Brendan Eich高度评价并强力推荐

本书从JavaScript的基本语言特性入手，提纲挈领地介绍JavaScript的主要功能和特色，包括基本结构、函数、数据结构、高阶函数、错误处理、正则表达式、模块、异步编程、浏览器文档对象模型、事件处理、绘图、HTTP表单、Node等，可以帮助你循序渐进地掌握基本的编程概念、技术和思想。而且书中提供5个项目实战章节，涉及路径查找、自制编程语言、平台交互游戏、绘图工具和动态网站，可以帮助你快速上手实际的项目。此外，本书还介绍了JavaScript性能优化的方法论、思路和工具，以帮助我们开发高效的程序。

本书与时俱进，这一版包含了JavaScript语言ES6规范的新功能，如绑定、常量、类、promise等。通过本书的学习，你将了解JavaScript语言的新发展，编写出更强大的代码。